ELECTRIC POWER EQUIPMENT RELAY PROTECTION

TECHNICAL HANDBOOK

电力设备继电保护

技术手册

毛锦庆 屠黎明 编

中国电力出版社

CHINA ELECTRIC POWER PRESS

内 容 提 要

随着电力技术装备的快速发展，大型发电机和变压器、高压母线和电动机以及电容器和电抗器等电力主设备不断涌现，因此为了保证电力设备安全、稳定、可靠地运行，继电保护能够正确、可靠地动作，组织编写了《电力设备继电保护技术手册》一书。

本手册共分九章，全面系统地介绍了电力主设备结构知识、继电保护配置、整定计算、故障分析、检测手段和自动装置保护等内容，具体有发电机基础知识、发电机保护、变压器保护、母线保护、并联电抗器保护、电容器保护、电动机保护、发电厂厂用电系统保护和抽水蓄能水轮发电机保护等。

本手册可作为从事电力设备继电保护的设计人员、生产人员、运行人员、检修人员和调试人员必备工具书，还可作为大专院校电力设备继电保护教学课程。

图书在版编目(CIP)数据

电力设备继电保护技术手册/毛锦庆，屠黎明编. —北京：中国电力出版社，2014.4（2019.9 重印）

ISBN 978-7-5123-5078-6

Ⅰ.①电… Ⅱ.①毛… ②屠… Ⅲ.①电力设备-继电保护-技术手册 Ⅳ.①TM77-62

中国版本图书馆 CIP 数据核字(2013)第 250057 号

中国电力出版社出版、发行

（北京市东城区北京站西街 19 号 100005 http://www.cepp.sgcc.com.cn）

三河市百盛印装有限公司印刷

各地新华书店经售

*

2014 年 4 月第一版 2019 年 9 月北京第二次印刷

787 毫米×1092 毫米 16 开本 21.75 印张 595 千字

印数 3001—4000 册 定价 **69.00** 元

序　言

　　我国电力工业正面临着深刻的改革，随着超高压、特高压电网的建设和全国联网局面的形成，电力设备（发电机、变压器、电抗器、母线、电动机等）向着大容量、高电压的方向快速发展。电力设备造价昂贵且重要性高，其运行状况在很大程度上会影响电力系统的安全稳定运行，因此对保护装置的选择性、快速性、可靠性和灵敏性提出了更高的要求。

　　长期以来，电力设备保护的正确动作率远低于线路保护，如何提高电力设备保护的正确动作率是继电保护技术人员面临的主要课题。本手册以一种精心组织同时又提供充分信息的方式，涵盖了电力系统各种电力设备的保护，包括发电机、变压器、电容器、电抗器、母线、电动机、厂用电系统特殊内容和抽水蓄能水轮发电机。手册中系统地介绍了相关的基础知识、典型的保护配置及各种保护原理，非常详细。作者还结合自身多年从事继电保护产品研发，对于存在的主要问题进行了分析。

　　作者多年来长期从事继电保护产品研发和技术管理工作，为我国微机保护的诞生和推广做出了卓越的贡献。作者以其丰富的实践经验和充实的专业理论，全面系统地介绍了电力设备保护及相关技术。这本手册给我的印象是介绍的内容非常广泛、信息量非常大、知识点非常多。除保护原理外，本手册还介绍了很多相关的知识，比如电机学知识、互感器知识等，实用性很强。相信本手册的出版一定能为我国电力设备继电保护技术的发展做出重要贡献。

杨奇逊

2013 年 10 月

前　言

　　电力工业快速发展，超临界大容量汽轮发电机组、巨型水轮发电机组、高电压等级的变压器和电抗器等电力主设备得到广泛应用，这对电力设备的继电保护技术提出了更高的要求。另外，新的电力电子技术在电力系统不断应用，给原有的保护配置方式带来了新的问题。同时，计算机和微电子学的飞速发展也为继电保护技术的创新提供了技术基础。为了帮助继电保护人员掌握新技术、解决新问题，编者结合多年工作经验，编写了《电力设备继电保护技术手册》一书。

　　为适应我国电力建设发展的需要，本手册介绍了各种电力设备的基础理论知识及相关的继电保护技术，并介绍了当前特高压电网建设和电力电子等新技术应用引入给继电保护带来的新问题及其解决方案。

　　本手册的主要特点有以下几点：

　　（1）本手册涵盖的电力设备种类多且全，包括发电机、变压器、母线、并联电抗器、电容器、电动机、发电厂厂用电系统和抽水蓄能水轮发电机的保护等；

　　（2）各章节系统地介绍了各种电力设备的保护配置、各种类型保护的原理和整定计算原则等，实用性很强，并将各种基础知识与对应的保护介绍相结合，方便读者阅读和理解；

　　（3）调试非常方便是微机保护广泛被应用的主要原因之一，本手册主要基于目前广泛应用的微机继电保护来介绍，也偶尔穿插有传统、有特色的继电保护内容；

　　（4）结合国内应用情况，介绍了主流继电保护厂家产品的原理和特色；

　　（5）结合新的电力电子技术在电力系统应用出现的新问题，本手册对于可控高压并联电抗器等新型设备的继电保护方案及配置，以及对加装变频器后的变频电动机保护配置和实现均做了介绍。

　　本手册的主要内容有：第一章介绍了发电机的基础知识，本章中的发电机的基本概念、运行特性、功率特性等作为发电机保护原理的基础知识，既可以作为第二章学习的基础知识，也可以在第二章保护原理理解存在困难时及时查阅。第二章发电机保护，总体介绍了发电机的各种故障及保护配置，重点总结了配置中存在的问题，接着分别介绍了每种保护原理、保护存在的主要问题及保护的整定计算原则。第三章变压器保护，系统介绍了变压器保护的特殊问题、保护配置和各种保护原理，并总结了变压器相关知识。第四章母线保护，系统介绍了各种类型母线保护的原理、整定计算、各种母线保护类型和国内主流母线保护装置的功能特点。第五章并联电抗器保护，除了介绍常规的高压并联电抗器，还介绍了新型可控高压并联电抗器的保护配置和保护原理。第六章电容器保护，介绍了各种类型的电容器组及其应用场合，故障电流分析计算及保护配置和原理；还介绍了并联电容补偿装置保护。第七章电动机保护，不仅介绍了高压/低压异步电动机保护、同步电动机保护，还介绍了加装变频器后的变频运行电动机保护。第八章发电厂厂用电系统保护，介绍了发电厂厂用电系统及相关各种类型变压器、电缆保护等。第九章抽水蓄能水轮发电机保护，介绍了抽水蓄能机组特殊的启动方式、各种运行工况和机组的各种保护原理及特点。

本手册在编写过程中，得到了中国工程院杨奇逊院士全稿审阅并题了序言，华北电力大学王增平教授、华中电网公司柳焕章专家提出宝贵意见，北京四方继保自动化股份有限公司李营、张涛等领导的支持和帮助，在此深表感谢。同时，对北京四方继保自动化股份有限公司邹卫华、苏毅、聂娟红、彭世宽等高级工程师所提供的资料、技术说明书等表示衷心的感谢。

另外，在编写中还参阅了相关参考文献、技术标准和技术说明书等，在此对以上专家和相关作者表示衷心的感谢。

由于编者水平有限，错误和疏漏之处在所难免，恳请广大读者批评指正。

编　者

2013 年 10 月

目　录

序言

前言

第一章　发电机基础知识 ……………………………………………………………… 1

　第一节　发电机基本概念 …………………………………………………………… 1

　　　一、同步发电机基本工作原理(1)　二、同步发电机额定转速(1)　三、两种旋转
　　磁场(2)　四、同步发电机冷却方式(2)　五、铭牌(2)

　第二节　同步发电机运行特性 ……………………………………………………… 3

　　　一、空负荷特性(3)　二、短路特性(3)　三、负荷特性(4)　四、外特性(4)
　　五、调整特性(4)　六、同步发电机有功功率的输出(5)

　第三节　同步发电机电抗 …………………………………………………………… 5

　　　一、隐极同步发电机同步电抗 X_d(5)　二、凸极同步发电机同步电抗 X_d、X_q(6)
　　三、纵轴暂态电抗 x'_d、纵轴次暂态电抗 x''_d 及其表示式(6)　四、横轴瞬态电抗 x'_q、
　　次暂态电抗 x''_q 及其表示式(8)　五、同步发电机序分量电抗 X_1、X_2、X_0(9)

　第四节　同步发电机功率特性及静态稳定极限角 ………………………………… 9

　　　一、同步发电机功率特性(9)　二、静态稳定极限角(11)

　第五节　发电机与电力系统同步运行稳定性及振荡 ……………………………… 12

　　　一、静态稳定(13)　二、暂态稳定(13)　三、动态稳定(13)　四、发电机与系统
　　之间振荡(14)

　第六节　同步发电机失磁物理特性 ………………………………………………… 19

　　　一、发电机失磁运行及其产生的影响(19)　二、发电机失磁后机端测量阻抗(20)

　第七节　同步发电机内部故障及异常运行 ………………………………………… 23

第二章　发电机保护 …………………………………………………………………… 24

　第一节　发电机故障及其保护配置 ………………………………………………… 24

　　　一、同步发电机故障及不正常工作情况(24)　二、发电机应装设的保护(25)
　　三、发电机—变压器组继电保护配置总体要求(26)　四、水轮发电机—变压器组继电
　　保护配置的特点(27)　五、装设发电机—变压器组大差动保护的问题(27)　六、发电
　　机—变压器组反应相间和接地故障的后备保护装置设置切母联(分段)断路器的
　　问题(27)　七、发电机、变压器装设阻抗保护的问题(27)　八、发电机保护种类及其
　　出口方式(28)

　第二节　发电机纵联差动保护 ……………………………………………………… 30

一、保护原理(30)　二、完全纵差保护特点(36)　三、对纵联差动保护的要求(36)　四、逻辑图(36)

第三节　发电机匝间保护 ·· 38

一、发电机匝间短路故障特点(38)　二、匝间保护动作原理(38)

第四节　发电机短路后备保护 ··· 42

一、概述(42)　二、发电机相间短路后备保护及整定(42)　三、自并励发电机外部短路电流计算(44)　四、电力系统振荡时阻抗继电器动作特性分析(46)　五、变压器电抗计算(47)

第五节　发电机定子接地保护 ··· 47

一、发电机中性点接线方式(47)　二、发电机装设定子绕组单相接地保护(48)　三、现代大型发电机应装设100%定子接地保护(49)　四、同步发电机定子绕组单相接地的零序电压和零序电流(49)　五、利用基波零序电压的发电机定子单相接地保护的特点(51)　六、利用三次谐波电压构成的100%发电机定子绕组接地保护的工作原理(52)　七、反应基波零序电压和利用三次谐波电压构成的100%定子接地保护(52)　八、发电机定子接地保护的整定计算(55)　九、外加交流电源式100%定子绕组单相接地保护(58)　十、零序方向型定子接地保护(64)

第六节　发电机转子接地保护 ··· 65

一、发电机励磁回路故障(65)　二、发电机转子一点接地保护(66)　三、转子绕组两点接地保护(76)

第七节　发电机过负荷保护 ·· 78

一、发电机过负荷(78)　二、定子绕组过负荷保护(78)　三、励磁绕组过负荷保护(80)　四、负序过负荷保护(81)

第八节　发电机过电压保护及过励磁保护 ··· 85

一、过电压保护(85)　二、过励磁保护(87)

第九节　发电机逆功率保护 ·· 91

一、逆功率保护(91)　二、程序跳闸(92)　三、整定计算(92)

第十节　发电机失磁保护 ·· 93

一、发电机失磁电气特征(93)　二、发电机失磁对系统和发电机本身影响和汽轮发电机允许失磁运行的条件(93)　三、准静稳极限阻抗苹果圆(93)　四、发电机失磁保护装置组成和整定原则(94)　五、失磁保护中U_e-P元件和汽轮发电机与水轮发电机U_e-P元件的动作特性曲线(95)　六、由阻抗继电器构成的失磁保护工作原理(98)　七、具有自动减负荷的失磁保护装置的组成原则(99)　八、发电机低励失磁保护判据(99)　九、系统联系电抗X_{con}计算(100)

第十一节　发电机失步保护 ·· 101

一、大型发电机组装设失步保护的原因(101)　二、双阻抗元件失步保护(103)　三、遮挡器原理失步保护(104)　四、三元件失步保护(104)　五、多区域特性失步保护(106)

第十二节　发电机频率异常保护 ·· 107

一、频率异常对发电机的危害(107)　二、大型汽轮发电机组对频率异常运行的

要求(109)　三、对发电机频率异常运行保护的要求(109)　四、整定计算(109)

第十三节　发电机其他保护 ·· 110

一、启动和停机保护(110)　二、误上电保护(111)　三、断口闪络保护(113)
四、轴电流保护(115)

第十四节　发电机低功率保护(主变压器正功率突降保护) ···················· 115

一、主变压器正功率突降保护动作条件(115)　二、参数整定(116)　三、不同工
况下的保护行为(120)　四、有关说明(121)　五、新型零功率保护(122)

第十五节　发电机自动装置 ·· 123

一、发电机自动励磁调节(123)　二、发电机同期并列装置(124)

第十六节　电流互感器和电压互感器 ·· 126

一、电流互感器(126)　二、电流互感器饱和与剩磁(132)　三、电流互感器应用
实例(137)　四、电磁式电压互感器(140)　五、发电机—变压器组保护对电压互感器
的要求(141)　六、电容式电压互感器(141)

第三章　变压器保护 ·· 142

第一节　变压器概述 ·· 142

一、变压器励磁涌流(143)　二、变压器和应涌流(144)　三、变压器外部故障切
除后的恢复性涌流(146)　四、变压器过励磁(146)

第二节　变压器瓦斯保护 ·· 147

第三节　变压器纵联差动保护 ·· 148

一、纵差保护工作原理及其特殊问题(148)　二、差电流速断保护(151)　三、速
饱和特性的差动继电器(151)　四、防止励磁涌流采取的闭锁措施(152)　五、变压器
励磁涌流和差动接线的问题(155)　六、比率制动特性的纵差保护(156)　七、关于变
压器纵差保护的几个观点(159)　八、新研制的比率制动差动保护(160)　九、标积制
动式差动保护(162)　十、故障分量比率制动式差动保护(163)　十一、分侧纵联差动
保护(164)　十二、零序纵联差动保护(165)　十三、纵联差动保护电流回路的断线闭
锁措施(167)

第四节　变压器电流速断保护 ·· 168

第五节　变压器后备保护 ·· 169

一、过电流保护(169)　二、低电压过电流保护(170)　三、复合电压过电流保护
(171)　四、电流限时速断保护(171)　五、负序电流保护(171)　六、阻抗保护(171)
七、500kV 变压器反时限过电流保护(175)　八、66kV 及以下电压等级变压器接地保
护(176)　九、大电流接地系统变压器接地保护(176)　十、后备保护段多段时间的跳
闸问题(178)　十一、特殊问题处理(179)

第六节　变压器过励磁保护 ·· 180

第七节　变压器过负荷保护 ·· 180

第八节　电压互感器断线检测 ·· 181

第九节　微机型变压器保护 ·· 181

一、微机型变压器保护的构成(182)　二、微机型变压器保护配置(182)　三、微
机型变压器保护功能特点(185)

　　第十节　变压器相关知识 ⋯⋯⋯⋯⋯⋯⋯⋯⋯⋯⋯⋯⋯⋯⋯⋯⋯⋯ 186

　　　　一、系统接地(186)　二、变压器正序、负序、零序参数(187)　三、变压器匝间
短路电气量特点分析(187)　四、不对称短路故障时变压器两侧电流、电压关系(188)
五、自耦变压器(190)　六、变压器零序阻抗等值电路(194)　七、Vv 接线变压器短路
阻抗及等值电路(196)　八、接地变压器(198)　九、线路—变压器组保护(200)
十、断路器非全相运行保护(201)　十一、变压器断路器失灵保护(202)

第四章　母线保护 ⋯⋯⋯⋯⋯⋯⋯⋯⋯⋯⋯⋯⋯⋯⋯⋯⋯⋯⋯⋯⋯⋯⋯ 204
　第一节　母线概述 ⋯⋯⋯⋯⋯⋯⋯⋯⋯⋯⋯⋯⋯⋯⋯⋯⋯⋯⋯⋯⋯⋯⋯ 204
　第二节　母线差动保护 ⋯⋯⋯⋯⋯⋯⋯⋯⋯⋯⋯⋯⋯⋯⋯⋯⋯⋯⋯⋯⋯ 204

　　　　一、母线完全差动保护(204)　二、固定连接方式差动保护在发生区内、外故障
时的电流分布(205)　三、固定连接破坏后差动保护在发生区内、外故障时的电流分
布(205)　四、对母线保护的基本要求(205)　五、对电流互感器的要求(207)　六、复
合电压闭锁元件(209)　七、母线差动保护整定计算(209)

　第三节　母线保护类型 ⋯⋯⋯⋯⋯⋯⋯⋯⋯⋯⋯⋯⋯⋯⋯⋯⋯⋯⋯⋯⋯ 210

　　　　一、带速饱和变流器电流差动式保护(210)　二、母联电流比相式母线保护(211)
三、中阻抗型比率制动式母线保护(212)

　第四节　微机型母线保护 ⋯⋯⋯⋯⋯⋯⋯⋯⋯⋯⋯⋯⋯⋯⋯⋯⋯⋯⋯⋯ 216

　　　　一、BP-2B 微机母线保护装置(216)　二、RCS-915 微机母线保护装置(220)
三、CSC-150 微机母线保护装置(223)

　第五节　母联保护 ⋯⋯⋯⋯⋯⋯⋯⋯⋯⋯⋯⋯⋯⋯⋯⋯⋯⋯⋯⋯⋯⋯⋯ 230

　　　　一、母联死区保护(230)　二、母联充电保护(230)　三、母联失灵保护(231)
四、母联过电流保护(231)　五、母联非全相运行保护(231)

　第六节　断路器失灵保护 ⋯⋯⋯⋯⋯⋯⋯⋯⋯⋯⋯⋯⋯⋯⋯⋯⋯⋯⋯⋯ 232

　　　　一、概述(232)　二、双母线接线方式断路器失灵保护设计原则(232)　三、断路
器失灵保护(233)　四、断路器失灵保护整定计算(235)　五、3/2 接线方式断路器失
灵保护(236)

　第七节　低压系统母线保护 ⋯⋯⋯⋯⋯⋯⋯⋯⋯⋯⋯⋯⋯⋯⋯⋯⋯⋯⋯ 238

　　　　一、母线不完全差动保护(238)　二、馈线电流闭锁式母线保护(238)

第五章　并联电抗器保护 ⋯⋯⋯⋯⋯⋯⋯⋯⋯⋯⋯⋯⋯⋯⋯⋯⋯⋯⋯⋯⋯ 239
　第一节　电抗器保护 ⋯⋯⋯⋯⋯⋯⋯⋯⋯⋯⋯⋯⋯⋯⋯⋯⋯⋯⋯⋯⋯⋯ 239

　　　　一、概述(239)　二、瓦斯保护(239)　三、纵联差动保护(239)　四、过电流保护
(240)　五、匝间短路保护(240)　六、过负荷保护(241)　七、零序小电抗器保护
(241)　八、过电压保护(242)　九、零序差动保护(242)　十、负序功率方向原理的匝
间保护(244)　十一、绝对值比较式负序及零序复合型方向的匝间保护(246)

　第二节　可控高压并联电抗器 ⋯⋯⋯⋯⋯⋯⋯⋯⋯⋯⋯⋯⋯⋯⋯⋯⋯⋯ 246

　　　　一、概述(246)　二、保护配置(248)　三、纵联差动保护(248)　四、大差动保护
(249)　五、容错复判自适应匝间保护(250)　六、电抗器二次侧后备保护(251)

第六章　电容器保护 ·· 253

　第一节　概述 ·· 253

　　　一、电容器组接线方式(253)　二、并联补偿电容器组保护方式(254)　三、电容器内部故障电流(254)

　第二节　电容器继电保护 ·· 254

　　　一、熔断器保护(254)　二、过电流保护(256)　三、不平衡电压保护和不平衡电流保护(256)　四、过电压保护(264)　五、低电压保护(264)

　第三节　并联电容器补偿装置 ·· 264

　　　一、过电流保护(265)　二、电流速断保护(265)　三、差电流保护(265)　四、谐波过电流保护(265)　五、过电压保护(265)　六、低电压保护(265)　七、差电压保护(265)

第七章　电动机保护 ·· 267

　第一节　概述 ·· 267

　第二节　电动机保护装置装设原则 ·· 267

　第三节　高压电动机保护 ·· 268

　　　一、电流保护(268)　二、速断保护(269)　三、纵联差动保护(269)　四、接地保护(269)　五、磁通平衡式纵差保护(270)　六、负序电流保护(270)　七、电动机过负荷保护(271)　八、电动机低电压保护(271)

　第四节　微机电动机保护 ·· 272

　　　一、异步电动机特性(272)　二、电流速断保护(274)　三、纵联差动保护(275)　四、电动机堵转保护(276)　五、电动机长启动保护(277)　六、过负荷保护(277)　七、负序电流保护(不平衡电流保护)(278)　八、热过负荷保护(281)　九、接地保护(284)　十、低电压保护(285)　十一、高压熔断器(286)

　第五节　同步电动机保护 ·· 287

　　　一、同步电动机失步(287)　二、反应定子过负荷的过负荷保护兼作失步保护(287)　三、反应转子回路出现交流分量的失步保护(288)　四、失步保护(288)　五、失磁保护(289)　六、非同步冲击保护(290)

　第六节　低压电动机保护 ·· 291

　　　一、相间短路保护(291)　二、过负荷保护(291)　三、接地保护(292)　四、低电压保护(292)

　第七节　应用变频器高压电动机保护 ·· 292

　　　一、变频器(292)　二、变频电动机继电保护(295)　三、变频后电动机微机型保护的问题(295)　四、变频电动机微机保护(297)　五、变频电动机电流互感器(300)　六、应用变频器后高压电动机的继电保护整定(300)　七、应用软启动器后电动机的继电保护(301)

第八章　发电厂厂用电系统保护 ·· 302

　第一节　高压厂用电系统中性点接地设备 ···································· 302

　第二节　高压厂用系统短路电流及自启动电流计算 ···························· 303

一、高压厂用系统短路电流计算(303)　二、380V 动力中心短路电流计算(304)　三、电动机正常启动时的电压计算(305)　四、电动机群自启动时厂用母线电压的计算(306)　五、电动机启动电流值的计算(306)　六、电动机群自启动电流值计算(306)

第三节　启动/备用变压器和高压厂用变压器 ……………………………………………… 307
一、变压器纵联差动保护(307)　二、变压器高压侧过电流保护(308)　三、变压器高压侧接地保护(309)　四、变压器低压侧分支限时速断保护(310)　五、变压器低压侧分支过电流保护(311)　六、变压器低压侧接地保护(312)

第四节　高压厂用电缆馈线 …………………………………………………………………… 312
一、电缆纵差保护(313)　二、定时限过电流保护(313)　三、电流速断及延时速断保护(314)　四、单相接地保护(314)

第五节　低压厂用变压器 ……………………………………………………………………… 315
一、电流速断保护(315)　二、过电流保护(315)　三、反时限过电流保护(316)　四、负序过电流保护(317)　五、高压侧单相接地零序过电流保护(317)　六、低压侧中性点零序过电流保护(319)

第九章　抽水蓄能水轮发电机保护 ………………………………………………………… 320
第一节　概论 …………………………………………………………………………………… 320
第二节　抽水蓄能机组启动方式 …………………………………………………………… 320
一、异步启动(320)　二、同轴小电动机启动(320)　三、同步启动又称"背靠背"启动(321)　四、半同步启动(321)　五、变频启动(321)　六、低频启动时低频特性(323)

第三节　抽水蓄能机组各种运行工况 ……………………………………………………… 323
一、电气接线及其对工况转换的有关设备(323)　二、抽水蓄能机组各种工况的转换(324)　三、运行工况识别(325)

第四节　抽水蓄能机组各种保护 …………………………………………………………… 325
一、差动保护(326)　二、负序过电流保护(328)　三、低压过电流保护(329)　四、次同步过电流保护(329)　五、定子接地保护(329)　六、逆功率保护(330)　七、低功率保护(330)　八、溅水功率保护(331)　九、低频保护(331)　十、过励磁保护(331)　十一、电压相序保护(331)　十二、失磁保护和失步保护(332)　十三、低阻抗保护(332)　十四、发电机断路器失灵保护(332)　十五、主变压器过电流保护(333)　十六、电动机锁滞保护(333)

参考文献 ………………………………………………………………………………………… 334

第一章

发电机基础知识

第一节　发电机基本概念

发电机是将汽轮机、水轮机或其他动力机械的机械能转化为电能的电力设备。本手册主要以汽轮机和水轮机为对象进行讲解，它们是同步发电机。

一、同步发电机基本工作原理

发电机主要由定子和转子两部分构成。在定子与转子间留有适当的间隙，通常将该间隙称为气隙。

极对数为1的三相交流同步发电机的结构示意图如图1-1所示。

在定子铁芯上设置有槽，每个定子槽分上槽和下槽，上槽及下槽中设置有定子绕组。每台发电机的定子绕组为三相对称式绕组，如图1-1中的a-x、b-y、c-z所示。所谓三相对称绕组是指三个绕组（即 a-x、b-y、c-z）的匝数相等，其空间分布相对位置相距120°。在定子铁芯的上槽与下槽之间设置有屏蔽层。

在转子铁芯上也有槽，槽内设置有转子绕组（见图1-1中的R-L所示）。

在转子绕组中（见图1-1中的R-L）通入直流，产生一恒定磁场（其两极极性分别为N-S）。发电机转子由汽轮机或水轮机拖着旋转，恒定磁场变成旋转磁场（通常称为气隙磁场）。转子旋转磁场切割定子绕组，必将在定子绕组产生感应电动势。

由于转子磁场在气隙中按正弦分布，而转子以恒定速度旋转，从而使定子绕组中的感应电动势按正弦波规律变化。

发电机并网运行时，定子绕组中出现感应电流，向系统输出电能。

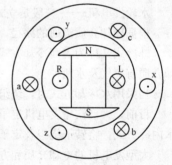

图1-1　三相交流同步发电机的结构示意图

二、同步发电机额定转速

转子磁场旋转时，每转过一对磁极，定子绕组中的电动势便历经一个周期。因此，定子绕组中电动势的频率可由每秒钟转过磁极的极对数来表示。设同步发电机的极对数（即一个 N，一个 S）为 p，每分钟的转速为 n，则

频率为

$$f = \frac{pn}{60}$$

转速为

$$n = \frac{60f}{p}$$

汽轮发电机的极对数 $p=1$，当电网的频率 $f=50\,Hz$ 时，$n=3000\,r/min$。对于水轮发电机，其极对数较多，故允许其转速较低，当 $p=4$ 时，水轮机的转速 $n=750\,r/min$，当极对数 $p=24$ 时，其转速为 $125\,r/min$。

三、两种旋转磁场

1. 直流励磁旋转磁场

直流励磁旋转磁场，又称为机械旋转磁场、主磁场。在同步发电机转子上装设有转子绕组，通入直流后产生直流励磁的磁极，当转子旋转时，在气隙中形成旋转磁场。该旋转磁场与转子无相对运动。气隙旋转磁场的转速与转子的转速相同。发电机正常运行时，转速为同步速。

2. 交流励磁旋转磁场

发电机定子三相对称电流流过三相对称绕组时，将在气隙中产生旋转磁场。该旋转磁场由三相交流产生，故称交流励磁的旋转磁场，又称为电枢反应磁场。

发电机正常运行时，这两种旋转磁场的转速均等于同步速，它们之间无相对运动。又因为转子的转速也等于同步速，因此，定子旋转磁场与转子之间无相对运动，而转子磁场紧拉着定子旋转磁场转动。

当发电机带上负荷，三相绕组中的定子电流（电枢电流）在气隙中合成的旋转磁场与转子以同速度、同方向旋转，故称为同步发电机。

四、同步发电机冷却方式

同步发电机的种类按原动机不同来分，可分为：

汽轮发电机——一般是卧式的，转子是隐极式的，为一个极对数。

水轮发电机——一般是立式的，转子是凸极式的，为多个极对数。

根据冷却介质流通的路径，同步发电机的冷却方式，可分为外冷式及内冷式两种。

外冷式又称为表面冷却方式，其冷却介质有空气及氢气两种；内冷式称为直接冷却方式，其冷却介质有氢气及水两种。

当采用水冷却方式时，绕组为空心铜制绕组，冷却水直接由绕组内流通。

目前，大型汽轮发电机定子绕组的冷却方式，多采用水冷方式。有些发电机的转子绕组也采用水内冷方式。将转子绕组及定子绕组均由水内冷冷却的发电机，称为双水内冷发电机。

大型发电机的冷却介质和方式还可以有不同的组合，如水-氢-氢（定子绕组水内冷，转子绕组氢内冷，铁芯氢冷），水-水-空（定子、转子水内冷，铁芯空冷），水-水-氢（定子、转子绕组水内冷，铁芯氢冷）等。

五、铭牌

电机上的铭牌是制造厂向使用单位介绍该台电机的特点和额定数据用的。其所标的量，如容量、电流、电压等都是额定值。所谓额定值，就是能保证电机正常连续运行的最大限值，即在此额定数据的情况下运行，发电机寿命可以达到预期的年限。

铭牌上标的主要项目有：

（1）额定电流。额定电流是该台电机正常连续运行的最大工作电流。

（2）额定电压。额定电压是该台电机长期安全运行的最高电压。发电机的额定电压指的是线电压。

（3）额定容量。额定容量是指该台电机长期安全运行的最大输出功率。有的制造厂用有功功率的千瓦数来表示，也有的是用视在功率的千伏安数来表示。

（4）额定功率因数 $\cos\varphi$。同步发电机的额定功率因数是额定有功功率和额定视在功率的比值。铭牌上一般标有功功率和 $\cos\varphi$ 值，或标视在功率和 $\cos\varphi$ 值。

第二节　同步发电机运行特性

同步发电机的运行特性，一般是指发电机的空负荷特性、短路特性、负荷特性、外特性和调整特性五种。从运行的角度看，外特性和调整特性是主要的运行特性，根据这些特性，运行人员可以判断发电机的运行状态是否正常，以便及时调整，保证高质量安全发电。空负荷特性、短路特性和负荷特性则是检验发电机基本性能的特性，用于测量、计算发电机的各项基本参数。

一、空负荷特性

发电机空负荷特性是指发电机以额定转速空负荷运行时其电动势 E_0 与励磁电流 I_1 之间的关系曲线。当发电机处于空负荷运行状态，其端电压 U 就等于电动势 E_0，因此该曲线也就是空负荷时端电压与励磁电流的关系曲线。

电动势决定于气隙磁通，空负荷时的气隙磁通决定于转子磁动势，转子磁动势又决定于励磁电流，所以这曲线表达了发电机中"电"与"磁"的联系。

如图1-2所示为空负荷特性曲线，$E_0 = f(I_1)$。做空负荷特性试验时，应维持发电机转速不变，逐渐增加励磁电流，直至端电压等于额定电压的130％时为止。

空负荷特性曲线实际上是一条具有发电机这样一个特定磁路的磁化曲线，因此它有磁化曲线的特征。它的开始部分接近于直线，E_0 与 I_1 成直线关系，说明铁芯未饱和。曲线的后一段弯曲，E_0 与 I_1 不成直线关系，说明铁芯已经逐渐饱和，而且随着 I_1 的增大，饱和越来越严重。

空负荷特性曲线是发电机的一条最基本的特性曲线。可以用它来求发电机的电压变化率、未饱和的同步电抗值等参数。在实际工作中，它还可以用来判断励磁绕组及定子铁芯有无故障等。

二、短路特性

所谓短路特性，是指发电机在额定转速下，定子三相绕组短路时，定子稳态短路电流 I 与励磁电流 I_1 的关系曲线，即 $I = f(I_1)$，如图1-3所示。

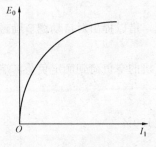
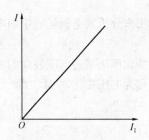

图1-2　空负荷特性曲线　　　　图1-3　短路特性曲线

在做短路特性试验时，要先将发电机三相绕组的出线端短路。然后，维持转速不变，增加励磁，读取励磁电流及相应的定子电流值，直到定子电流 I 达到额定电流值时为止。

短路试验测得的短路特性曲线，不但可以用来求取同步发电机的重要参数未饱和的同步电抗与短路比外，在电厂中，也常用它来判断励磁绕组有无匝间短路等故障。显然，励磁绕组存在匝间短路时，因安匝数的减少，短路特性曲线是会降低的。

短路比是同步发电机的一个重要数据，就是在对应于空负荷额定电压的励磁电流激励下，定子稳态短路电流与定子额定电流之比。短路比大则同步电抗小，静态稳定极限高，电压随负荷波动小,短路电流大。

三、负荷特性

负荷特性是当转速、定子电流为额定值,功率因数 $\cos\varphi$ 为常数时,发电机电压与励磁电流之间的关系,即 $U=f(I_1)$。如图1-4所示为不同功率因数时的负荷特性曲线。

当 $\cos\varphi$ 值不同,即可得到不同负荷种类的负荷特性曲线。

最有实用意义的是纯感性负荷特性曲线,即 $\cos\varphi=0$ 的负荷特性曲线,它是一条与空荷特性曲线 $E_0=f(I_1)$ 大体上平行的曲线,如图1-4所示,$\varphi>0°$ 表示滞后,$\varphi<0°$ 表示超前。

用负荷特性与空负荷、短路特性,可以测定发电机的基本参数,是发电机设计、制造的主要技术数据。

四、外特性

发电机带上负荷以后,端电压就会有所变化,外特性就是反映这种变化规律的曲线。所谓外特性,就是指励磁电流、转速、功率因数为常数的条件下,变更负荷(定子电流 I)时端电压 U 的变化曲线,即 $U=f(I)$。如图1-5所示为几个不同功率因数下的外特性曲线。从图中可以看出,在滞后的功率因数($\cos\varphi$)情况下,当定子电流增加时,电压降落较大,这是由于此时电枢反应是去磁的。在超前的功率因数 $\cos-\varphi$ 的情况下,定子电流增加时,电压反应升高,这是由于电枢反应是助磁的。在 $\cos\varphi=1$ 时,电压降落较小。$\cos\varphi$ 表示滞后,$\cos-\varphi$ 表示超前。

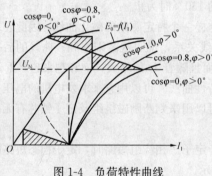

图1-4 负荷特性曲线

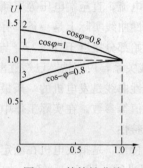

图1-5 外特性曲线

外特性可以用来分析发电机运行中的电压波动情况,借以提出对自动调节励磁装置调节范围的要求。

一般用电压变化率来描述电压波动的程度。从发电机的空负荷到额定负荷,端电压变化对额定电压的百分数,称为电压变化率 ΔU,即

$$\Delta U = \frac{E_0 - U_N}{U_N} \times 100\%$$

式中 E_0——发电机空负荷电动势或电压;

U_N——额定电压。

汽轮发电机的 $\Delta U = 30\% \sim 48\%$。

五、调整特性

电压会随负荷的变化而变动,要维持端电压不变,必须在负荷变动时调整励磁电流。所谓调整特性,就是指电压、转速、功率因数为常数的条件下,变更负荷(定子电流 I)时励磁电流 I_1 的变化曲线,即 I_1 的变化曲线,即 $I_1=f(I)$,如图1-6所示。

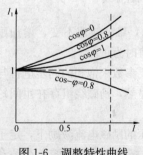

图1-6 调整特性曲线

从图 1-6 所示不同功率因数下的调整特性可以看出，在滞后的功率因数情况下，负荷增加，励磁电流也必须增加。这是因为此时去磁作用加强，要维持气隙磁通，必须增加转子磁动势。在超前的功率因数下，负荷增加，励磁电流一般还要降低。这是因为电枢反应有助磁作用的缘故。

调整特性可以使运行人员了解：在某一功率因数时，定子电流到多少而不使励磁电流超过制造厂的规定值，并能维持额定电压。利用这些曲线，可使电力系统无功功率分配更合理一些。

六、同步发电机有功功率的输出

当发电机空负荷时，定子绕组中的电流 $I = 0$，即电枢不会产生磁动势。此时发电机中，只有由转子主磁极的励磁磁动势所建立的主磁场。这时发电机的端电压等于由主磁场产生的空负荷电动势 E_0，原动机输给发电机的功率 P_1 只要克服空负荷损耗就行了。

当发电机定子绕组端接上纯电阻负荷时，定子绕组中就出现了电流 I，发电机向负荷输出有功功率，于是发电机转子受到一个制动转矩的作用，这个制动转矩和空负荷转矩加起来，比原动机的拖动转矩要大，使得转子转动的速度变慢。为了保持同步发电机以同步转速运转，就必须增加原动机的拖动转矩（原动机的输入功率），于是转子又要加速，直到原动机所供给的机械功率与发电机输出的电功率（还要加上发电机内部的损耗）重新达到平衡，发电机才重新以稳定的同步转速运转。

由于定子绕组中出现了电流，则在发电机定、转子和气隙中，由绕组电流产生的磁动势 F 建立了第二个磁场——电枢反应磁场。电枢反应磁场对主磁场的影响称为电枢反应，如果负荷是纯电阻性的，气隙磁路是均匀的，那么电枢反应的结果是使发电机的气隙磁场发生相移，即气隙合成磁场对于主磁场来说，逆着转子旋转的方向偏转了一个 δ 角度。

如果继续使负荷增大，即发电机输出的有功功率增加，那么原动机的输入功率也必须增加。但是负荷的增加就表示着定子绕组电流的增加，即电枢磁动势要增加。因此，电枢反应作用增强，使得发电机气隙磁场轴线与主磁极磁场轴线之间的夹角 δ 继续增大。发电机气隙磁场轴线滞后转子主磁场轴线之间的夹角 δ 的大小，与同步发电机输出的有功功率大小有关，角 δ 称为功率角。

如果发电机的负荷是纯电抗（纯电感或纯电容），那么发电机中就只有去磁或助磁电枢反应，其结果只是使发电机的磁场削弱或增强，而不会使磁场歪扭。由于感性负荷的去磁性电枢反应，使得发电机向纯电感负荷送电时，发电机气隙磁场由于去磁作用而将被削弱，端电压就要降低；当负荷为容性时，电枢反应是助磁性质的，将使端电压升高。一般情况下，负荷常常是电感性的，所以它即有使主磁场相当于电阻负荷的相移，又有相当于电感性负荷的去磁作用。这样，发电机就向负荷既送出了有功功率，又送出了无功功率。一般汽轮发电机在额定负荷下运行时，角 δ 约为 $25°\sim30°$。

第三节　同步发电机电抗

一、隐极同步发电机同步电抗 X_d

电枢反应磁场在定子每相绕组中所感应的电枢反应电动势 E_a，可以把它看作相电流所产生的一个电抗电压降，这个电抗便是电枢反应电抗 X_a。即 $E_a = -jX_a$，进一步再把 X_a 与漏磁 X_σ 合并为一个电抗 $X_s = X_a + X_\sigma$，X_s 称为同步电抗。考虑定子的铜耗，则可写出同步阻抗 $Z_s = r_a + jX_s$ 的表示式。

就物理意义而言，同步电抗包含两部分，一部分对应于定子绕组的漏磁通，另一部分对应于定子电流所产生的空气隙旋转磁场。在实际应用上，通常不把它们分开，而把 $X_a + X_\sigma$ 当作一个同步电抗来处理。

电枢反应电抗对应于通过空气隙的互磁通，亦即对应于定子旋转磁场，因此它的数值很大。显然要大于与定子绕组漏磁通相应的定子漏抗。因为漏抗 X_σ 数值甚小，所以同步电抗与电枢反应电抗在数值上相差不大。

二、凸极同步发电机同步电抗 X_d、X_q

发电机定子绕组是三相对称的，而转子则为不对称系统，但转子有两个对称的轴线，时间相量电动势 E_0，空间矢量磁动势 F，它们始终与转子的轴线方向一致，称纵轴或 d 轴，两极中间轴线称为横轴或 q 轴，如图1-7所示。

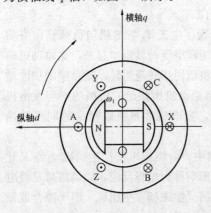

图1-7 凸极同步发电机的轴线示意图

对凸极同步发电机，因磁路并不是均匀的，所以把电枢电流需要分解为纵轴分量 I_d 和横轴分量 I_q 来分别讨论。

横轴同步电抗 X_q：电枢反应的存在是实现能量传递的关键，假如 $\beta = 0°$，$\dot{I}$ 与 $\dot{E}_0$ 同相，根据左手定则，电磁力将构成反转子方向的转矩，此时的电流为有功电流 $I = I_q$，I_q 所产生的电磁转矩与原动转矩相平衡。此时电枢反应在定子绕组中产生的电动势 E_{aq} 与 I（或 I_q）成正比，它们之间的比例常数为电枢反应横轴电抗 X_{aq}，于是有 $E_{aq} = -jX_{aq}I_q$。考虑定子的漏磁，横轴同步电抗 $X_q = X_{aq} + X_\sigma$。

纵轴同步电抗 X_d：同理，当 $\beta = 90°$，则得到纵轴同步电抗 X_d，$X_d = X_{ad} + X_\sigma$。

对凸极同步发电机而言，d 轴的磁路和 q 轴的磁路是不相同的，而且磁动势所产生的磁密分布波也已不再是正弦波，这里讨论的均为正弦基波参数的同步电抗，对隐极机而言两个轴向的磁路基本相同，因而电枢反应也就无需分解为纵轴分量和横轴分量了，$X_d = X_q$ 需用一个参数 $X_s = X_a + X_\sigma$ 来代表同步电抗。

同步电抗为同步发电机的重要参数，常用标幺值表示，以每相额定电压为电压的基值，相额定电流为电流基值，这两基值的比值为阻抗的基值。隐极同步发电机的同步电抗标幺值在 0.9～3.5 之间；凸极式同步发电机的纵轴同步电抗在 0.6～1.6 之间，横轴同步电抗在 0.4～1.0 之间。

三、纵轴暂态电抗 x'_d、纵轴次暂态电抗 x''_d 及其表示式

1. 纵轴暂态电抗 x'_d

三相稳态短路时，端电压 U 等于零，电枢反应为纯去磁作用。如不计电枢电阻和漏磁通的影响，由定子电流所产生的电枢反应磁通 Φ_{ad} 与由转子电流所产生的磁通 Φ_0，大小相等，方向相反。电枢反应的磁通所经的路线如图1-8（a）所示。图中 Φ_0 为直流励磁电流所激励的转子磁通，Φ_{ad} 为电枢反应磁通，Φ_σ 和 Φ_f 分别为定子绕组和转子绕组的漏磁通。稳态短路时，电枢反应磁通将穿过转子铁芯而闭合，所遇到的磁阻较小，定子电流所遇到的电抗便为数值较大的同步电抗 X_d。图1-8（b）为三相突然短路初瞬时的情形。设发生短路前发电机为空负荷，故转子绕组只键链磁通 Φ_0 和 Φ_f。短路发生瞬间，按照磁链不能突变的原则，转子绕组所键链的磁通不能突变，即短路瞬间，转子中产生了一个磁化方向与电枢磁场相反的感应电流，该电流产生的磁通恰巧抵消了要穿过转子绕组的电枢反应磁通；于是保持了转子绕组所键链的磁通"守恒"。也可以换一种分析方法来理解，即在短路初瞬，由于磁链不变原则，短路电流所产生的电枢反应磁通不能通过转子铁芯去键链转子绕组，而是像图1-8（b）中所示的 Φ'_{ad}，被挤到转子绕组外侧的漏磁路中去了。定子短路电流所产生的磁通 Φ'_{ad} 所经路线的磁阻变大，此时限制电枢电流的电抗变小，使

突然短路初瞬有较大的短路电流。这个限制电枢电流的电抗称为纵轴暂态电抗，用 x'_d 表示，可见 x'_d 远小于 X_d。

由于转子绕组有电阻，上述感应电流将因电阻的阻尼作用而衰减消失，然后电枢磁通便将穿过转子铁芯，其路径如图 1-8（a）所示。也就是说，由于转子绕组有电阻，使突然短路时较大的冲击电流逐渐减小，最后短路电流受 X_d 所限制。这时发电机已从突然短路状态过渡到稳定短路状态。短路电流的衰减按时间常数衰减。需要指出的是：图 1-8 中电枢反应磁通 Φ_{ad} 是由三相交流电共同激励产生的，但为图形表达清晰起见，图中的定子绕组仅画了一相，不能误解为仅一相有短路电流，也不应误解 Φ_{ad} 为某一相所产生；同样为了表达清晰简洁，图中的磁通只画出半边，实际上两边是对称的。

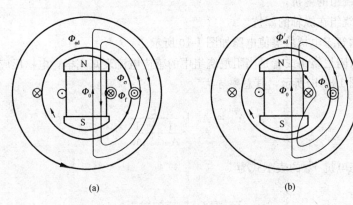

图 1-8　当没有阻尼绕组的同步发电机短路时电枢磁通所经的途径示意图

（a）稳定短路；（b）突然短路初瞬

2. 纵轴次暂态电抗 x''_d

当转子上装有阻尼绕组时，则因阻尼绕组也为闭合回路，它的磁链也不能突然改变。同理，在短路初瞬，电枢磁通将被排挤在阻尼绕组以外。也就是说，电枢磁通将依次经过空气隙、阻尼绕组旁的漏磁路和励磁绕组旁的漏磁路，如图 1-9 中 Φ''_{ad} 所示。这时磁路的磁阻更大了，与之相应的电抗将有更小的数值 x''_d，x''_d 称为纵轴次暂态电抗。

在短路初瞬，定子绕组中的短路电流将受 x''_d 所限制，由于阻尼绕组中的感应电流衰减得较快，故在最初几个周波以后，电枢磁通即可穿过阻尼绕组而取得如图 1-8（b）中 Φ'_{ad} 的路线。这时定子电流将受 x'_d 所限制。最后达到稳态值时，定子电流便受 X_d 所限制。

3. x''_d 和 x'_d 的表示式

下面来推导 x''_d 和 x'_d 的表示式。当同步发电机装有阻尼绕组时，电枢磁通在短路初瞬所经的路线如图 1-9 所示。设 Λ_{ad} 代表空气隙的磁导，Λ_{1d} 代表阻尼绕组旁的漏磁路的磁导，Λ_f 代表励磁绕组旁的漏磁路的磁导，则得该磁路的总磁导为 Λ''_d，即有

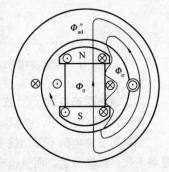

图 1-9　当同步发电机有阻尼绕组时在短路初瞬电枢磁通所经的路线示意图

$$\Lambda''_{ad} = \cfrac{1}{\cfrac{1}{\Lambda_{ad}} + \cfrac{1}{\Lambda_f} + \cfrac{1}{\Lambda_{1d}}}$$

再把电枢漏磁路线的磁导加上，则得全部电枢磁通所经磁路的总磁导为

$$\Lambda''_d = \Lambda_\sigma + \Lambda''_{ad} = \Lambda_\sigma + \cfrac{1}{\cfrac{1}{\Lambda_{ad}} + \cfrac{1}{\Lambda_f} + \cfrac{1}{\Lambda_{1d}}}$$

由于电抗和磁导成正比，故上式可以改写为

$$x''_d = x_\sigma + \cfrac{1}{\cfrac{1}{x_{ad}} + \cfrac{1}{x_f} + \cfrac{1}{x_{1d}}}$$

式中　　x_σ——定子绕组的漏抗；

　　　　x_{ad}——纵轴电枢反应电抗；

　　　　x_f——励磁绕组的漏抗；

　　　　x_{1d}——阻尼绕组在纵轴的漏抗。

由此可得纵轴次暂态电抗的等值电路如图 1-10 所示。

如在转子上没有阻尼绕组或者是当阻尼绕组中的感应电流衰减完毕，电枢反应磁通可以穿过阻尼绕组时，磁路如图 1-8（b）所示，其总磁导为

$$\Lambda'_d = \Lambda_\sigma + \cfrac{1}{\cfrac{1}{\Lambda_{ad}} + \cfrac{1}{\Lambda_f}}$$

同理，纵轴暂态电抗 x'_d 的表示式为

$$x'_d = x_\sigma + \cfrac{1}{\cfrac{1}{x_{ad}} + \cfrac{1}{x_f}}$$

$$= x_\sigma + \frac{x_{ad}x_f}{x_{ad} + x_f}$$

纵轴暂态电抗的等值电路如图 1-11 所示。

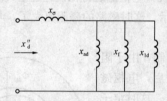 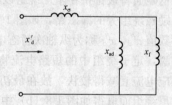

图 1-10　纵轴次暂态电抗的等值电路图　　　　图 1-11　纵轴暂态电抗的等值电路图

四、横轴瞬态电抗 x'_q、次暂态电抗 x''_q 及其表示式

在稳定短路情况下，电枢反应磁通 Φ_{ad} 全部穿过转子铁芯，这时的纵轴同步电抗 $x_d = x_\sigma + x_{ad}$。

如果同步发电机不是出线端处发生短路，而是经过负荷阻抗短路，则由短路电流所产生的电枢磁场不仅有纵轴分量，而且也有横轴分量。由于沿着横轴的磁路与沿着纵轴的磁路有不同的磁阻，相应的电抗也有不同的数值。对于凸极机而言，横轴同步电抗 x_q 较纵轴同步电抗 x_d 为小。在突然短路初瞬，沿着横轴的电抗便为 x'_q 和 x''_q。x'_q 称为横轴暂态电抗，x''_q 称为横轴次暂态电抗。它们和相应的纵轴参数有不同的数值。

因为同步发电机在横轴没有励磁绕组，故一般来说，横轴暂态电抗和横轴同步电抗相等，亦即

$$x'_q = x_q$$

在有阻尼的情况下，由于阻尼绕组为一不对称绕组，它在横轴所起的阻尼作用与在纵轴所起的

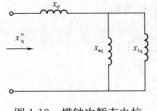

图 1-12　横轴次暂态电抗
的等效电路图

阻尼作用不同。横轴次暂态电抗的等效电路如图 1-12 所示。

由图可得

$$x''_q = x_\sigma + \frac{x_{aq} x_{1q}}{x_{aq} + x_{1q}}$$

阻尼绕组在纵轴所起的作用较在横轴所起的作用大，故 x''_q 也就较 x''_d 略大。在不用阻尼绕组

而由整块铁芯起阻尼作用的隐极式发电机中，x''_d 和 x''_q 近似相等。

五、同步发电机序分量电抗 X_1、X_2、X_0

分析同步发电机不对称运行的基本方法是对称分量法。应用对称分量法，可以把发电机不对称的三相电压、电流及其所激励的磁动势分解为正序分量、负序分量和零序分量，然后对各个分量分别建立的端点方程式和相序方程式，求解各序分量并研究各序分量分别所产生的效果，最后，将它们叠加起来，就得出实际不对称运行的结果和影响。实践证明，在不计饱和时，上述方法所求得的结果，特别是对于基波分量基本上是正确的。

在不对称运行时，同步发电机的空气隙磁场为一椭圆形旋转磁场，即除了正序旋转磁场以外，尚有负序旋转磁场。因为它们的旋转方向不同，所以转子回路的反应也各不相同；对不同相序的电流，同步发电机呈现的电抗也就有不同的数值。

当同步发电机对称运行时，定子电流为一稳定的对称三相电流，实际上即一组正序分量，它们所产生的旋转磁场（即正序旋转磁场）和转子之间没有相对运动，这个磁场并不能在转子绕组中产生感应电动势，这个电流所遇到的电抗便是同步电抗。故同步发电机的正序电抗 X_1 即是同步电抗。

不对称运行时，负序电流所产生的负序旋转磁场以同步速向着和转子转向相反的方向旋转，即该磁场将以两倍同步速切割转子绕组，将在转子绕组中感应一个两倍于电源频率的交变电流。对于负序旋转磁场而言，转子绕组的作用为一短路绕组，致使负序电流所遇到的不再是同步电抗，而是另一个电抗 X_2，称它为负序电抗，其数值远小于同步电抗。

负序旋转磁场在转子励磁绕组和阻尼绕组中所感应的两倍频率的交变电流，将引起附加的铜损耗；负序旋转磁场还将在转子表面产生涡流，从而引起附加表面损耗。这些损耗都将使转子温升提高。此外，负序旋转磁场还将在转子轴和定子机座引起振动。

有关规程规定：在额定负荷连续运行时，汽轮发电机三相电流之差不得超过额定值的 10%，水轮发电机和同步补偿机的三相电流之差不得超过额定值的 20%，同时任一相的电流不得大于额定值。在低于额定负荷连续运行时，各相电流之差可以大于上面所规定的数值，但应根据试验确定。

当零序电流流过定子绕组时，由各相零序电流所产生的三个脉动磁动势，其幅值相等，时间上同相，而三者在空间上各相隔 120°电角度，因此三相零序基波脉动磁动势恰相互抵消，不形成气隙互磁通，只存在一些漏磁场，数值一般很小。零序电流所遇到的电抗为带有漏抗性质的零序电抗，用 x_0 代表，x_0 较 x_2 更小。

第四节　同步发电机功率特性及静态稳定极限角

一、同步发电机功率特性

图 1-13 是当忽略发电机定子绕组的电阻及联系电抗中的电阻成分，在不饱和情况下，凸极同

步发电机向系统输电的相量图。由该相量图推导出同步发电机的功率特性方程。

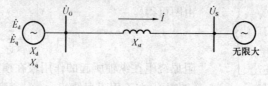

(a)

(b)

图 1-13　横轴次暂态电抗的等值电路图

(a) 网络图；(b) 相量图

$\dot{E}_d$—纵轴同步电动势，也称为空负荷电动势，是仅由励磁绕组的励磁磁动势在定子中所感应的电动势，如果不计及饱和，它是和励磁电流成正比的；$\dot{U}_G$—发电机的端电压；$\dot{U}_S$—无限大系统母线电压；$\dot{I}$—定子电流，它分解为纵轴电流 I_d 及横轴电流 I_q；X_d—纵轴同步电抗；X_q—横轴同步电抗；β—发电机的内功率因数角；φ_G—发电机的功率因数角；φ_S—无限大系统端的功率因数角；δ_G—功率角，δ_G 有双重的物理意义，一个意义是电动势 $\dot{E}_d$ 和端电压 $\dot{U}_G$ 间的相角差，另一个意义是产生电动势 $\dot{E}_d$ 的转子主磁通 $\dot{\Phi}_0$ 和产生端电压 $\dot{U}_G$ 的合成磁通 $\dot{\Phi}_\Sigma$ 之间的相角差（$\dot{\Phi}_\Sigma$ 为 $\dot{\Phi}_0$ 与 $\dot{\Phi}_k$ 的相量和，而 $\dot{\Phi}_k$ 为定子电枢反应磁通加漏磁通）；δ—功率角，为 $\dot{E}_d$ 与 $\dot{U}_S$ 间的相角差

由图 1-13 可得

$$I_d X_d = E_d - U_G \cos \delta_G$$

$$I_d = \frac{E_d - U_G \cos \delta_G}{X_d}$$

$$I_q X_q = U_G \sin \delta_G$$

$$I_q = \frac{U_G \sin \delta_G}{X_q}$$

$$\varphi_G = \beta - \delta_G$$

因为忽略定子绕组的电阻，则发电机的电磁功率就等于输出的有功功率 P_G。

$$P_G = U_G I \cos \varphi_G = U_G I \cos (\beta - \delta_G)$$

$$= U_G I \cos \beta \cos \delta_G + U_G I \sin \beta \sin \delta_G$$

$$=U_G I_q \cos \delta_G + U_G I_d \sin \delta_G$$

$$=U_G \cos \delta_G \frac{U_G \sin \delta_G}{X_q} + U_G \sin \delta_G \frac{E_d - U_G \cos \delta_G}{X_d}$$

$$=\frac{E_d U_G}{X_d} \sin \delta_G + \frac{U_G^2}{X_q} \sin \delta_G \cos \delta_G - \frac{U_G^2}{X_d} \sin \delta_G \cos \delta_G$$

$$=\frac{E_d U_G}{X_d} \sin \delta_G + \frac{U_G^2}{2} \left(\frac{X_d - X_q}{X_d X_q} \right) \sin 2\delta_G$$

发电机输出的无功功率为

$$Q_G = U_G I \sin \varphi_G = U_G I \sin(\beta - \delta_G)$$

$$= U_G I \sin \beta \cos \delta_G - U_G I \cos \beta \sin \delta_G$$

$$= U_G I_d \cos \delta_G - U_G I_q \sin \delta_G$$

$$= U_G \cos \delta_G \frac{E_d - U_G \cos \delta_G}{X_d} - U_G \sin \delta_G \frac{U_G \sin \delta_G}{X_q}$$

$$= \frac{E_d U_G}{X_d} \cos \delta_G - \frac{U_G^2}{X_d} \left(\cos^2 \delta_G + \frac{X_d \sin^2 \delta}{X_q} \right)$$

$$= \frac{E_d U_G}{X_d} \cos \delta_G - \frac{U_G^2}{X_d} \left(1 + \frac{X_d - X_q}{X_q} \sin^2 \delta_G \right)$$

水轮发电机的 $X_d \neq X_q$，上式就是水轮发电机输出的有功功率及无功功率的特性方程。

对汽轮发电机而言，$X_d \approx X_q$，则汽轮发电机输出的有功功率及无功功率的特性方程变为

$$P_G = \frac{E_d U_G}{X_d} \sin \delta_G$$

$$Q_G = \frac{E_d U_G}{X_d} \cos \delta_G - \frac{U_G^2}{X_d}$$

二、静态稳定极限角

从图 1-13 中的 $\dot{E}_d$、$\dot{U}_S$ 所组成的电压三角形中，可分别得出水轮发电机及汽轮发电机输电系统中，发电机功率输送到无限大系统母线端的有功功率 P_S 及无功功率 Q_S 的特性方程。

水轮发电机输电系统的 P_S、Q_S 值为

$$P_S = \frac{E_d U_S}{X_d + X_S} \sin \delta + \frac{U_S^2 (X_d - X_q)}{2(X_d + X_S)(X_q + X_S)} \sin 2\delta$$

$$Q_S = \frac{E_d U_S}{X_d + X_S} \cos \delta - \frac{U_S^2}{X_d + X_S} \left(1 + \frac{X_d - X_q}{X_q + X_S} \sin^2 \delta \right)$$

汽轮发电机输电系统的 P_S、Q_S 值为

$$P_S = \frac{E_d U_S}{X_d + X_S} \sin \delta$$

$$Q_S = \frac{E_d U_S}{X_d + X_S} \cos \delta - \frac{U_S^2}{X_d + X_S}$$

无限大系统相当于一个等值大发电机，该等值发电机的内阻抗为零，则其端电压 U_S 等于电动势 E_S，并为常数；又其转动惯量 $M = \infty$，则其频率 f_S 也为常数。这里讨论单机经一定的联系电抗与无限大系统相接的情况，不仅能使研究的问题简化，而且也符合实际情况，因为在现代大电网中运行的发电机，在绝大多数场合，系统对它们而言都可以认为是无限大的。另外，在实际计算中，通常忽略联系电抗 X_S 中的电阻成分，只计及其电抗成分，因此，发电机机端输出的有功功率 P_G

值与输送到无限大系统母线端的有功功率 P_S 值是相等的。凸极同步发电机的电磁功率包括两部分，①基本电磁功率，它与稳极同步发电机的电磁功率具有同样的性质；②附加电磁功率，它有两个特点，其一是与励磁电流无关，其二是由于凸极发电机的纵、横轴电流不同引起的。

对于某特定的发电机（X_d 为常数）及一定的运行方式（X_S 为常数），在励磁固定的情况下（E_d 为常数），传输功率 P_S 与功率角 δ 的关系曲线称为功角特性曲线。汽轮发电机输电系统的功角特性曲线见图 1-14，水轮发电机输电系统的功角特性曲线见图 1-15。图 1-14 及图 1-15 中曲线的最大值 P_{max} 称为系统的自然功率极限，理论上它是传输功率的最大值。为运行可靠起见，必须有一定的储备或裕度，运行点 P_0 应比自然功率极限低些，这个裕度称为静态稳定储备系数，通常不小于 15%。

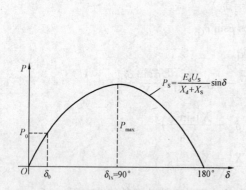

图 1-14　汽轮发电机输电系统的功角特性曲线

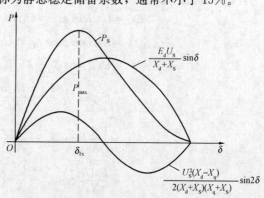

图 1-15　水轮发电机输电系统的功角特性曲线

众所周知，在图 1-14 及图 1-15 功角特性曲线的上升部分的所有点，其 $\dfrac{dP}{d\delta} > 0$，都是静态稳定的。相反，在曲线下降部分的所有点，其 $\dfrac{dP}{d\delta} < 0$，都是静态不稳定的。而曲线的顶点，即代表自然功率极限值之处，其 $\dfrac{dP}{d\delta} = 0$，则是由静态稳定过渡到静态不稳定的转折点，即发电机开始与系统失步的转折点，或称为临界失步点。临界失步点对应的 δ 角，称为静态稳定极限角，或称为临界失步角，用符号 δ_{1x} 表示。

由稳极同步发电机的功角特性曲线得知最大的电磁功率在 $\delta = 90°$，由凸极同步发电机的功角特性得知最大电磁功率大于基本电磁功率的最大值，且出现在 $\delta < 90°$ 处。

第五节　发电机与电力系统同步运行稳定性及振荡

按照我国的现行规程，把电力系统的同步运行稳定性分为三类，即静态稳定、动态稳定和暂态稳定。

为了便于定性说清楚电力系统的同步运行稳定性问题，先研究单机对无穷大系统这种最简单的，也是最基本的一种运行方式，如图 1-16 考虑联络线阻抗为纯电感，则由发电机向无穷大系统送出的有功功率 P 是

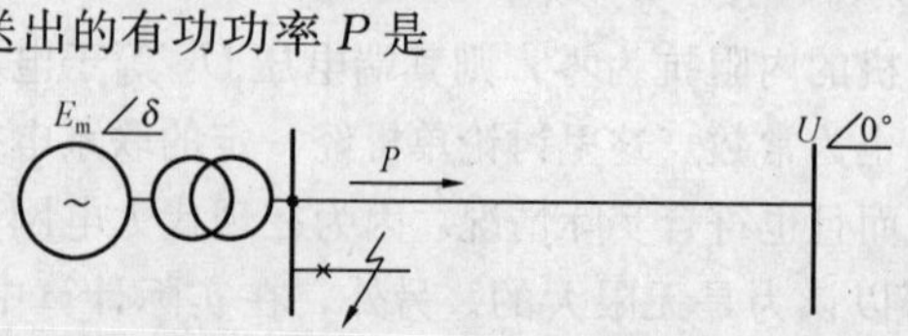

图 1-16　单机对无穷大系统送电方式

$$P = \frac{E_d U}{Z_\Sigma} \sin \delta$$

式中　Z_Σ ——包括发电机阻抗在内的发电机电动势到无穷大系统母线的总阻抗。

$P = f(\delta)$ 关系，如图 1-17 所示。假定发电机送出的有功功率为 P_0。

一、静态稳定

理论上发电机可运行在 S_1 点或 S_2 点。发电机运行在 S_1 点，是静态稳定，因为当系统状态发生微量扰动引起发电机的输出功率变化时，δ 角可以作相适量的微量变化；而 S_2 点则是不稳定运行点，当系统状态发生微量扰动时，发电机的 δ 角或者在扰动后跑回到 S_1 点或者不断向 180° 增大而与系统失去稳定。显然，静态稳定运行的极限送电角 $\delta = 90°$。实际，必须小于 90° 才有可能运行。

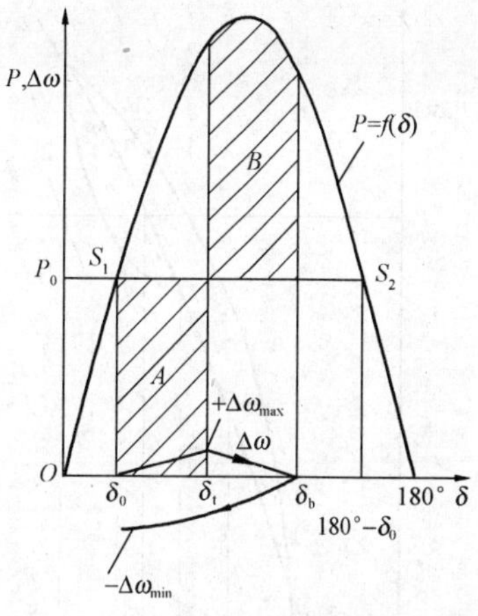

二、暂态稳定

假定在高压母线出口空负荷分支短线上发生金属性三相短路故障（见图 1-16）。发生故障前，发电机向系统送出的有功功率为 P_0。以无穷大系统母线电压为基准（所谓无穷大系统，是指具有无限大惯性，内阻抗为零的一个假想系统。它的内电动势的绝对值及相位角都相对于额定转速固定不变，母线电压和无穷大系统的内电动势完全一样）。在发生三相短路期间，高压侧母线电压为零，发电机完全不能送出有功功率，而输入到发电机组的机械功率来不及变化，于是功率过剩，使发电机组转子加速，发电机的内电动势角也相对于无穷大系统电压而不断增大。到故障切除时，转子角已增至 δ_t（见图 1-17），送电恢复，但此时的送电功率大于机械输入功率 P_0，于是转子开始减速。到 δ_b 时，面积 B 等于面积 A。面积 A 代表了发电机转轴系统获得的加速能量，而面积 B 则表示了制动能量，因而到 δ_t 时，发电机组转速恢复到额定转速 ω_0，但对应于 δ_t 时的 P 值仍然大于 P_0，发电机组转子将继续制动减速，δ 角回摆。若故障切除时间增大，δ_t 与 δ_b 也将随之增大，至 δ_b 到达与 δ_0 对称的一点（180°－δ_0）时，是暂态稳定的极限情况，对应于此时的 δ_t 角为临界切除角，相应的故障切除时间则称为临界切除时间。如果切除时间更迟，在跨过（180°－δ_0）那一点后，发电机组在没有得到恢复平衡所需要的足够面积时，又滑入加速过程，于是 δ 角将继续增大超过 180°，迅速对无穷大系统失去同步。用加速面积 A 等于制动面积 B 作判据来判定发电机的暂态稳定性，这称为等面积定则。

在图 1-17 上，还画出了在上述短路情况下可以保持暂态稳定的发电机组转子的转速变化 $\Delta\omega$ 情况。故障前，发电机具有额定转速 ω_0，$\Delta\omega = 0$，短路后，到 δ_t 时，$\Delta\omega$ 为正的最大值，到 δ_b 时，$\Delta\omega = 0$，随 δ 的回摆，发电机因制动而减速，$\Delta\omega$ 变为负，到对应于 δ_0 处时为负的最大，然后逐渐恢复。

三、动态稳定

动态稳定涉及发电机的阻尼力矩问题。所谓阻尼力矩是指当发电机转速变化时，发电机本身所具有的反应于这种转速变化的力矩。所谓正阻尼力矩，是指这种力矩的方向正好制止（阻尼）转速变化，即当转速增高到大于额定转速时，这个力矩起制动作用；而当转速降低到低于额定转速时，则起加速作用。反之，称为负阻尼力矩。而负阻尼力矩的作用，则是进一步推动转速的变化，使之不断加大。影响发电机阻尼力矩的有多种因素，单就发电机本身结构来看，水轮发电机转子上的阻尼绕组或者是汽轮发电机整体转子本身，当发电机转速与电枢反应产生的旋转磁场的转速不相同，即 $\Delta\omega \neq 0$ 时，产生的是正阻尼力矩。十分显然，如果 $\Delta\omega = 0$，阻尼力矩也当然为零，也就无所谓正负了。

由此可见，动态稳定问题发生在当发电机转子转速有所变化的情况下。仍以图 1-16 的情况为例，先说微扰动情况，假定由于系统微小的状态变化，见图 1-17，例如无穷大系统母线侧电压微有

图 1-17　送电功角曲线 $P = f(\delta)$

13

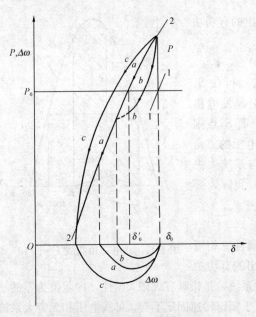

图 1-18 微扰动的动态稳定情况

1—1 扰动前功角曲线；2—2 扰动后功角曲线
a—无阻尼力矩情况；b—正阻尼力矩情况；
c—负阻尼力矩情况

增大，发电机的功角曲线将由曲线 1 跳到曲线 2，并且应当稳定到新的角度 δ'_0。在电压变化的开始，发电机输出的电功率大于机械输入功率 P_0，转子制动，转速开始降低，$\Delta\omega$ 为负值，δ 角也开始回摆。以没有阻尼的情况为标准，如果发电机有正阻尼力矩，在整个转速下降过程中，这个阻尼力矩是加速力矩，因而由始点开始的功角曲线斜度将相对增大，在 δ 大于 δ'_0 时就将达到 P_0 值，然后向最后平衡点靠拢，经过一二个摇摆周期后，就可以达到新的稳定平衡，见图 1-18 中的曲线 b；如果发电机有负阻尼力矩，由始点开始的功角曲线将变得较为平坦，因为在转速下降过程中，这个阻尼力矩将是制动力矩，使得在 δ 小于 δ'_0 时才能达到 P_0 值，然后进一步离开最终平衡点，经过这样的角度摇摆，δ 角越摆越大，直到超过 $180° - \delta'_0$ 而失去稳定，见图 1-18 中的曲线 c。为了说清楚问题，图 1-18 中画出了第一个摇摆周期时，不同阻尼情况下的功角曲线 $P = f(\delta)$ 和 $\Delta\omega = f(\delta)$ 曲线。

动态稳定性是指电力系统受到小的或大的干扰后，在自动调节和控制装置的作用下，保持长过程的运行稳定性的能力。

产生动态不稳定的根本原因，是系统的阻尼力矩为负值。无论发生大或小的扰动引起系统运行状态波动，均将因此而使振荡逐渐发散，或者最终引起系统暂态稳定破坏，或者由于系统某些参数的非线性而使振荡的幅值趋于某一定值。

四、发电机与系统之间振荡

（一）系统振荡

1. 电力系统振荡和短路的主要区别

（1）振荡时系统各点电压、电流值均作往复性摆动，而短路时电流、电压值是突变的。此外，振荡时电流、电压值的变化速度较慢，而短路时电流、电压值突然变化量很大。

（2）振荡时系统任何一点电流与电压之间的相位角都随功角 δ 的变化而改变，而短路时电流与电压之间的相位角是基本不变的。

2. 振荡种类

（1）同步振荡。运行中的发电机因事故与系统振荡，振荡开始时，振幅大，周期短，经过一段异步运行和摆动后，振荡逐渐减小，周期增大，形成衰减性质的振荡，最后又拉入同步。

（2）失步振荡。运行中的发电机失稳后，在振荡中两侧电源 $\dot{E}_M$、$\dot{E}_N$ 间夹角 δ 由 $0°$ 逐渐增大，到 $180°$ 后继续增大到 $360°$ 即为非同期振荡一个周期，然后再次增大 $720°$ 以至很大，不能拉入同步，可能导致系统稳定破坏，而系统瓦解。

3. 失步振荡的特点

（1）发电机内电流按转差频率周期性变化。

（2）电力系统不同点电压按转差频率周期性变化，其变化辐值各不相同，在振荡中心，两侧电源电动势夹角 $\delta = 180°$ 时的电压等于或接近于零。

（3）发电机有功功率以双倍转差频率呈周期性变化。

发电机失稳后振荡，半周期为发电机运行，半周期为电动机运行，其转子电流、定子电流、有功功率、无功功率都在大幅度摆动。摆动的周期和持续时间长短，决定于功率不平衡程度，在振荡的全过程中，振荡周期是变化的，据资料统计，振荡开始第一周期一般较长（1～2s），振荡过程中，振荡周期较短，最短一般为 0.1～0.3s，个别情况可能小于 0.1s，拉入同步前最后一个振荡周期也较长，约为 1.0s。在继电保护有关规程中保护的动作时间规定 1.5s 及以上时，该保护在振荡中不会误动。否则为防止误动，保护中加设振荡闭锁元件。

（二）电力系统振荡计算

1. 振荡电流测量

如图 1-19 所示系统。系统 S1 向系统 S2 送电，设某种原因引起的系统振荡，$\dot{E}_M$ 超前 $\dot{E}_N$ 的相角为 δ，其相对关系可看作 $\dot{E}_N$ 相对静止。而 $\dot{E}_M$ 相对 $\dot{E}_N$ 逆时针旋转，在两电动势差 $\dot{E}_M - \dot{E}_N$ 的作用下，系统就产生振荡电流 $\dot{I}$。

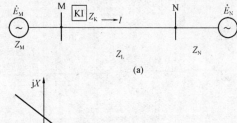

图 1-19　振荡电流、电压相量图

$$\dot{I} = \frac{\dot{E}_M - \dot{E}_N}{Z_\Sigma}$$

$$Z_\Sigma = Z_M + Z_L + Z_N$$

该两侧电源电动势辐值相等，即 $E = |\dot{E}_M| = |\dot{E}_N|$，则 $I = \dfrac{2E}{Z_\Sigma}\sin\dfrac{\delta}{2}$。

当 $\delta = 180°$ 时，$I_{max} = \dfrac{2E}{Z_\Sigma}$。

2. 振荡电压测量

根据振荡电流，可求任意点的电压，如图 1-19 中 A 点电压 $\dot{U}_A$ 为

$$\dot{U}_A = \dot{E}_M - \dot{I}Z_A$$

式中　Z_A——电源 $\dot{E}_M$ 至 A 点之间的阻抗。

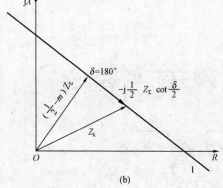

(a)

(b)

图 1-20　振荡时的系统阻抗

（a）系统接线图；（b）振荡时测量阻抗相量末端的轨迹

振荡中心 B 点位于 $\dfrac{1}{2}Z_\Sigma$ 的电压 $\dot{U}_B$ 为

$$\dot{U}_B = E\cos\dfrac{\delta}{2}$$

当 $\delta = 180°$ 时，$\dot{U}_B = 0$。

3. 振荡阻抗的测量

单相阻抗继电器的动特性可用测量阻抗来分析。振荡时三相对称，接地和相间阻抗继电器的测量阻抗相同，都等于同名相电压与电流之比，因此可用图 1-20 的阻抗图进行分析。

假定距离保护安装在变电站 M 侧，用以切除线路 MN 上的故障，如图 1-20（a）所示。当电力系统振荡时，振荡电流为

$$\dot{I} = \frac{\dot{E}_M - \dot{E}_N}{Z_M + Z_L + Z_N} = \frac{\dot{E}_M - \dot{E}_N}{Z_\Sigma}$$

设 $Z_M = mZ_\Sigma$，$\dot{U}_M = \dot{E}_M - \dot{I}Z_M = \dot{E}_M - \dot{I}mZ_\Sigma$，则阻抗继电器的测量阻抗为

$$Z_K = \frac{\dot{U}_M}{\dot{I}} = \frac{\dot{E}_M - \dot{I}mZ_\Sigma}{\dot{I}}$$

$$= \frac{\dot{E}_M}{\dot{E}_M - \dot{E}_N}Z_\Sigma - mZ_\Sigma$$

设 $\dot{E}_M$、$\dot{E}_N$ 间的夹角为 δ，且 $|\dot{E}_M| = |\dot{E}_N|$，则 $Z_K = \frac{1}{1 - e^{-j\delta}}Z_\Sigma - mZ_\Sigma$，

将 $1 - e^{-j\delta} = \dfrac{2}{1 - j\cot\dfrac{\delta}{2}}$ 代入，得

$$Z_K = \left(\frac{1}{2} - m\right)Z_\Sigma - j\frac{1}{2}Z_\Sigma\cot\frac{\delta}{2}$$

Z_K 的阻抗轨迹在 $R - X$ 复平面上是一直线。在不同 δ 下，相量 $-j\dfrac{1}{2}Z_\Sigma\cot\dfrac{\delta}{2}$ 是一条与 $\left(\dfrac{1}{2} - m\right)Z_\Sigma$ 垂直的直线1。对应不同的 δ，反应在继电器端子上测量阻抗 Z_K 相量末端应落在直线1上。当 $\delta = 180°$ 时，$Z_K = \left(\dfrac{1}{2} - m\right)Z_\Sigma$，即保护安装地点到振荡中心之间的阻抗，如图1-20（b）所示。

图1-21　发电机振荡电流示意图

当 m 为不同数值时，测量阻抗的轨迹应是平行于直线1的一组直线，当 $m = \dfrac{1}{2}$ 时，直线过坐标原点。

（三）发电机振荡电流热效应

电力系统振荡情况可用图1-21标示。图中 E 为发电机电动势，U 为系统电源电压。

振荡电流最大值为

$$I_{max} = (E + U)/Z$$

振荡电流最小值为

$$I_{min} = (E - U)/Z$$

振荡电流（包络线）暂态值为

$$I_t = \frac{\dot{E} - \dot{U}}{Z} = \frac{E(\cos\omega t + j\sin\omega t) - U}{Z}$$

$$= \frac{\sqrt{(E\cos\omega t - U)^2 + (E\sin\omega t)^2}}{Z} = \frac{\sqrt{E^2 + U^2 - 2EU\cos\omega t}}{Z}$$

振荡电流（包络线）有效值为

$$I_e = \sqrt{\frac{1}{T}\int_0^T I_t^2 \, dt} = \sqrt{\frac{1}{T}\int_0^T \frac{E^2 + U^2 - 2EU\cos\omega t}{Z^2} \, dt}$$

$$= \frac{1}{Z}\sqrt{\frac{1}{T}\left(E^2 + U^2 - 2EU\frac{\sin\omega t}{\omega}\right)\Big|_0^T}$$

$$= \frac{\sqrt{E^2+U^2}}{Z}$$

$$= \frac{\sqrt{E^2+U^2}}{E+U} I_{\max}$$

振荡电流瞬时值为

$$i = I_{t}\sin\omega_0 t$$

振荡电流有效值为

$$I = \sqrt{\frac{1}{T}\int_0^T i^2 \mathrm{d}t} = \sqrt{\frac{1}{T}\int_0^T (I_{t}\sin\omega_0 t)^2 \mathrm{d}t}$$

$$= \frac{1}{Z}\sqrt{\frac{1}{T}\int_0^T (E^2+U^2-2EU\cos\omega t)\sin^2\omega_0 t \mathrm{d}t}$$

$$= \frac{1}{Z}\sqrt{\frac{1}{T}\left[(E^2+U^2)\int_0^T \sin^2\omega_0 t \mathrm{d}t - 2EU\int_0^T \cos\omega t\,\sin^2\omega_0 t \mathrm{d}t\right]}$$

$$= \frac{1}{Z}\sqrt{\frac{1}{T}\left[(E^2+U^2)\int_0^T \sin^2\omega_0 t \mathrm{d}t - 2EU\int_0^T \cos\omega t\left(\frac{1}{2}-\frac{\cos 2\omega t}{2}\right)\mathrm{d}t\right]}$$

$$= \frac{1}{Z}\sqrt{\frac{1}{T}\left\{(E^2+U^2)\left(\frac{t}{2}-\frac{\cos 2\omega_0 t}{4\omega_0}\right)-EU\left[\frac{\sin\omega t}{\omega}-\frac{\sin(\omega-2\omega_0)t}{2(\omega-2\omega_0)}+\frac{\sin(\omega+2\omega_0)t}{2(\omega+2\omega_0)}\right]\right\}\Big|_0^T}$$

$$= \frac{\sqrt{E^2+U^2}}{\sqrt{2}Z}$$

$$= \frac{\sqrt{E^2+U^2}}{\sqrt{2}(E+U)} I_{\max}$$

$$= \frac{I_{e}}{\sqrt{2}}$$

由以上推导可得知振荡电流的有效值为振荡电流包络线有效值的 $1/\sqrt{2}$。

如 $E=U$，则

$$I = \frac{I_{e}}{\sqrt{2}} = \frac{\sqrt{E^2+U^2}}{E+U} I_{\max} \times \frac{1}{\sqrt{2}} = 0.5 I_{\max} = \frac{U}{Z}$$

如 $E=1.2U$，则

$$I = \frac{\sqrt{1.2^2+1^2}}{\sqrt{2}(1.2+U)} I_{\max} = 0.502 I_{\max} = 0.502 \frac{E+U}{Z}$$

振荡电流有效值 I 约为振荡幅值 $I_{\max}$ 的一半，振荡电流发热量 $I^2 t$ 也约为 $I_{\max}$ 的稳态交流电流的一半。

发电机绕组允许的过负荷时间可用下式计算

$$(I^2-1)t = 37.5$$

发电机—变压器组高压侧短路电流约为额定电流的 2.5 倍，如果振荡电流幅值等于高压侧短路电流，则定子绕组发热允许时间为 17.6s。

$$t = \frac{37.5}{\left(\frac{2.5^2}{2}-1\right)} = \frac{37.5}{3.125-1} = 17.6\text{s}$$

(四) 大型汽轮发电机的失步振荡

当系统发生振荡后，努力保持电网的完整性，既不允许线路乱跳闸，也不允许机组乱解列，为此要求大机组具有必要的承受失步振荡能力，机组容量越大，承受电气扰动冲击的能力越低，所以在大机组投入系统运行后，如何处理机组安全与电网完整性的矛盾是一个非常重要的问题。

失步振荡时对汽轮发电机组的影响主要表现如下：

(1) 失步振荡对汽轮发电机轴系产生的扭应力，可能导致疲劳损坏或减少其寿命。

简单的失步振荡不会对机组轴系产生影响。一般大型发电机的设计可承受一定数量的带励磁失步振荡周期，但失步振荡往往是在短路和故障清除后发生，这样两者都对轴系产生影响，并可能累加而形成比失步本身高得多的轴应力，最严重的是在发电机近处三相短路延时切除导致失步的情况，这比发电机机端三相短路还严重。

(2) 长期失步振荡对发电机绕组产生的机械和热应力，可能造成损坏或减少寿命。

系统振荡时，是否迅速将大机组解列，世界各国的做法是不同的，英美认为失步运行时，使汽轮发电机电磁应力超过额定值的 5 倍，发电机应装设失步保护并在第一振荡周期将其解列；法国、意大利、俄罗斯等国认为大机组在一定限制条件下，承受短时间的振荡是允许的，主要目的是保持电网的完整性，使机组可恢复再同步，迅速恢复电网正常运行，如果受到系统稳定的要求，不允许大机组在系统内失步运行，则失步保护应在第一振荡周期内解列。

对发电机装设失步保护的要求如下：

(1) 汽轮发电机带励磁失步时，如失步振荡中心位于发电机—升压变压器组以外，且振荡电流低于发电机出口三相或相间短路电流的 60%～70% 时，一般应能允许振荡持续 15～20 个振荡周期 (特殊情况由制造厂协商确定)，上述情况消除失步振荡宜由系统控制装置而不是发电机保护来处理。

(2) 失步振荡中心位于发电机—升压变压器组内部时，允许启动发电机失步保护跳闸。

(3) 对于振荡摆角小于 120°～150°，可以恢复的系统摇摆失步保护不应启动。

(五) 次同步振荡

当发电机经由串联电容补偿的线路接入系统时，如果串联补偿度较高，网络的电气谐振频率较容易和大型汽轮发电机轴系的自然扭振频率产生谐振，造成发电机大轴扭振破坏，此谐振频率通常低于同步 (50Hz) 频率，称为次同步振荡。对高压直流输电线路 (HVDC)，静止无功补偿器 (SVC)，当其控制参数选择不当时，也可能激发次同步振荡。

(六) 低频振荡

并列运行的发电机间在小干扰发生的频率为 0.2～2.5Hz 范围内的持续振荡现象称为低频振荡

低频振荡产生的原因是由于电力系统的负阻尼效应，常出现在弱联系、远距离、重负荷的输电线路上，在采用快速高效大倍数励磁系统的条件下，更容易发生。

(七) 发电机进相运行

发电机进相运行，是指发电机发出有功功率而吸收无功功率的稳定运行状态，有如下特点：

(1) 进相运行时，由于发电机内部电动势降低，静态储备降低，使静态稳定性降低。

(2) 由于发电机的输出功率 $P = \dfrac{E_d U}{X_d}\sin\delta$。在进相运行时，$E_d$、$U$ 均有所降低，在输出功率 P 不变的情况下，功角 δ 增大，导致动稳定水平降低。

(3) 进相运行时由于助磁性的电枢反应，使发电机端部漏磁增加，端部漏磁引起定子端部温度升高。

（4）厂用电电压降低，不利于厂用电动机的运行。

（5）由于机端电压降低，在输出功率不变的情况下，发电机定子电流增加，而造成过负荷。

第六节 同步发电机失磁物理特性

一、发电机失磁运行及其产生的影响

大型同步发电机励磁系统故障的种类很多，例如灭磁开关误跳闸而转子绕组经灭磁电阻短接、转子绕组短路、转子绕组回路断线而开路、硅整流的故障以及自动调节励磁装置的故障等，都将导致发电机全部或部分失磁。这对发电机本身及电力系统有时会造成重大危害，尤其是在失磁而失步以后。因此，现代大型发电机装设失磁保护与失磁失步保护。

当发电机完全失去励磁时，励磁电流将逐渐衰减至零。由于发电机的感应电动势 E_d 随着励磁电流的减小而减小，因此，其电磁转矩也将小于原动机的转矩，因而引起转子加速，使发电机的功角 δ 增大。当 δ 超过静态稳定极限角时，发电机与系统失去同步。发电机失磁后将从并列运行的电力系统中吸取电感性无功功率供给转子励磁电流，在定子绕组中感应电动势。在发电机超过同步转速后，转子回路中将感应出频率为 $f_G - f_S$（f_G 为对应发电机转速的频率，f_S 为系统的频率）的电流，此电流产生异步制动转矩，当异步转矩与原动机转矩达到新的平衡时，即进入稳定的异步运行。

当发电机失磁后而异步运行时，将对电力系统和发电机产生以下影响：

（1）需要从电网中吸收很大的无功功率以建立发电机的磁场。所需无功功率的大小，主要取决于发电机的参数（X_1、X_2、X_{aq}）以及实际运行时的转差率。例如，汽轮发电机与水轮发电机相比，前者的同步电抗 $X_d = (X_1 + X_{aq})$ 较大，则所需无功功率较小。又当转差率 s 增大时，反应发电机功率大小的等效电阻减小，电流随之增大，则相应所需的无功功率也要增加。假设失磁前发电机向系统送出无功功率 Q_1，而在失磁后从系统吸收无功功率 Q_2，则系统中将出现 $Q_1 + Q_2$ 的无功功率差额。

（2）由于从电力系统中吸收无功功率将引起电力系统的电压下降，如果电力系统的容量较小或无功功率的储备不足，则可能使失磁发电机的机端电压、升压变压器高压侧的母线电压或其他邻近点的电压低于允许值，从而破坏了负荷与各电源间的稳定运行，甚至可能因电压崩溃而使系统瓦解。

（3）由于失磁发电机吸收了大量的无功功率，因此为了防止其定子绕组的过电流，发电机所能发出的有功功率将较同步运行时有不同程度的降低，吸收的无功功率越大，则降低得越多。

（4）失磁后发电机的转速超过同步转速，因此，在转子及励磁回路中将产生频率为 $f_G - f_S$ 的交流电流，因而形成附加的损耗，使发电机转子和励磁回路过热。显然，当转差率越大时，所引起的过热也越严重。

（5）发电机受交变的异步转矩的冲击而发生振动，转差率越大，振动也越厉害。

根据以上分析，结合汽轮发电机来看，由于其异步功率比较大，调速器也比较灵敏，因此当超速运行后，调速器立即关小汽门，使汽轮机的输出功率与发电机的异步功率很快达到平衡，在转差率小于 0.5% 的情况下即可稳定运行。故汽轮发电机在很小的转差下异步运行一段时间，原则上是安全允许的。此时，是否需要并允许其异步运行，则主要取决于电力系统的具体情况。例如，当电力系统的有功功率供应比较紧张，同时一台发电机失磁后，系统能够供给它所需要的无功功率，并能保证电网的电压水平时，则失磁后就应该继续运行；反之，如系统中有功功率有足够的储备，或者系统没有能力供给它所需要的无功功率，则失磁以后就不应该继续运行。

对水轮发电机而言，考虑到：①其异步功率较小，必须在较大的转差率下（一般达到 $1\% \sim 2\%$）运行，才能发出较大的功率；②由于水轮机的调速器不够灵敏，时滞较大，甚至可能在功率尚未达到平衡以前就大大超速，从而使发电机与系统解列；③其同步电抗较小，如果异步运行，则需要从电网吸收大量的无功功率；④其纵轴和横轴很不对称，异步运行时，机组振动较大等因素的影响，因此水轮发电机一般不允许在失磁以后继续运行。

为此，在发电机上，尤其是在大型发电机上应装设失磁保护，以便及时发现失磁故障，并采取必要的措施，例如发出信号由运行人员及时处理、自动减负荷或动作于跳闸等，以保证电力系统和发电机的安全。

二、发电机失磁后机端测量阻抗

以汽轮发电机经一联络线与无穷大系统并列运行为例，其等值电路和正常运行的相量图如图 1-22 所示。图中 $\dot{E}_d$ 为发电机的同步电动势，$\dot{U}_G$ 为发电机端的相电压，$\dot{U}_S$ 为无穷大系统的相电压；$\dot{I}$ 为发电机的定子电流，X_d 为发电机的同步电抗，X_S 为发电机与系统之间的联系电抗，$X_\Sigma = X_d + X_S$，φ 为受端的功率因数角，δ 为 $\dot{E}_d$ 与 U_S 之间的夹角（即功角）。

根据电机学中的分析，发电机送到受端的功率 $W = P - jQ$ 分别为

$$P = \frac{E_d U_S}{X_\Sigma} \sin \delta$$

$$Q = \frac{E_d U_S}{X_\Sigma} \cos \delta - \frac{U_S^2}{X_\Sigma}$$

受端的功率因数角为

$$\varphi = \arctan \frac{Q}{P}$$

在正常运行时，$\delta < 90°$。一般当不考虑励磁调节器的影响时，$\delta = 90°$ 为稳定运行的极限，$\delta > 90°$ 后发电机失步。

发电机从失磁开始到进入稳态异步运行，一般可分为以下三个阶段：

1. 失磁后到失步前

在失磁后到失步前的阶段中，转子电流逐渐衰减，$\dot{E}_d$ 随之减小，发电机的电磁功率 P 开始减小，由于原动机所供给的机械功率还来不及减小，于是转子逐渐加速，使 $\dot{E}_d$ 与 $\dot{U}_S$ 之间的功角 δ 随之增大，P 又要回升。在这一阶段中，$\sin\delta$ 的增大与 $\dot{E}_d$ 的减小相补偿，基本上保持了电磁功率 P 不变。

与此同时，无功功率 Q 将随着 $\dot{E}_d$ 的减小和 δ 的增大而迅速减小，Q 值将由正变为负，即发电机变为吸收感性的无功功率。

在这一阶段中，发电机端的测量阻抗为

$$Z_G = \frac{\dot{U}_G}{\dot{I}} = \frac{\dot{U}_S + \dot{I}_i X_S}{\dot{I}} = \frac{\dot{U}_S \hat{U}_S}{\dot{I} \hat{U}_S} + jX_S$$

$$= \frac{U_S^2}{W} + jX_S$$

$$= \frac{U_S^2}{2P} \times \frac{P - jQ + P + jQ}{P - jQ} + jX_S$$

$$= \frac{U_S^2}{2P} \left(1 + \frac{P + jQ}{P - jQ}\right) + jX_S$$

$$= \frac{U_S^2}{2P}\left(1 + \frac{We^{j\varphi}}{We^{-j\varphi}}\right) + jX_S$$

$$= \left(\frac{U_S^2}{2P} + jX_S\right) + \frac{U_S^2}{2P}e^{j2\varphi}$$

如上所述，式中的 U_S、X_S 和 P 为常数，而 Q 和 φ 为变量，因此它是一个圆的方程式，在复数阻抗平面上表示如图 1-23 所示，其圆心 O' 的坐标为 $\left(\frac{U_S^2}{2P}, X_S\right)$，半径为 $\frac{U_S^2}{2P}$。

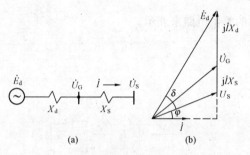

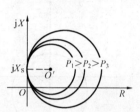

图 1-22　发电机于无限大系统并联运行
(a) 等值电路；(b) 相量图

图 1-23　等有功阻抗圆

由于这个圆是在某一定有功功率 P 不变的条件下作出的，因此称为等有功阻抗圆。机端测量阻抗的轨迹与 P 有密切关系，对应不同的 P 值有不同的阻抗圆，且 P 越大时圆的直径越小。

发电机失磁以前，向系统送出无功功率，φ 角为正，测量阻抗位于第一象限。失磁以后，随着无功功率的变化，φ 角由正值变为负值，因此测量阻抗也沿着圆周随之由第一象限过渡到第四象限。

2. 临界失步点

对汽轮发电机组，当 $\delta = 90°$ 时，发电机处于失去静稳定的临界状态，故称为临界失步点。此时输送到受端的无功功率为

$$Q = \frac{U_S^2}{X_\Sigma}$$

式中 Q 为负值，表明临界失步时，发电机自系统吸收无功功率，且为一常数，故临界失步点也称为等无功点。此时机端的测量阻抗为

$$Z_G = \frac{U_G}{I} = \frac{U_S^2}{W} + jX_S$$

$$= \frac{U_S^2}{-j2Q} \times \frac{P - jQ - (P + jQ)}{W} + jX_S$$

$$= \frac{U_S^2}{-j2Q}\left(1 - \frac{P + jQ}{P - jQ}\right) + jX_S$$

$$= \frac{U_S^2}{-j2Q}(1 - e^{j2\varphi}) + jX_S$$

将 Q 值代入并化简后可得

$$Z_G = \frac{X_d + X_S}{j2}(1 - e^{j2\varphi}) + jX_S$$

$$= -j\frac{X_d + X_S}{2} + j\frac{X_d + X_S}{2}e^{j2\varphi} + jX_S$$

$$=-\mathrm{j}\frac{X_d-X_S}{2}+\mathrm{j}\frac{X_d+X_S}{2}\mathrm{e}^{\mathrm{j}2\varphi}$$

发电机在输出不同的有功功率 P 而临界失步时，其无功功率 Q 恒为常数。因此，φ 为变量，也是一个圆的方程，如图 1-24 所示，其圆心 O' 的坐标为 $\left(0,-\mathrm{j}\frac{X_d-X_S}{2}\right)$，圆的半径为 $\frac{X_d+X_S}{2}$。这个圆称为临界失步阻抗圆，也称为等无功阻抗圆或静稳态极限阻抗圆。其圆周为发电机以不同的有功功率 P 临界失步时，机端测量阻抗的轨迹，圆内为失步区。

3. 失步后的异步运行阶段

失步后的异步运行阶段可用图 1-25 所示的等值电路来表示。

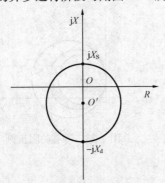

图 1-24　临界失步阻抗圆

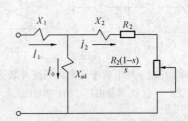

图 1-25　异步发电机的等值电路图

图 1-25 中 X_1 为定子绕组漏抗，X_2 为转子绕组漏抗，R_2 为转子绕组电阻，s 为转差率 $\dfrac{f_S-f_G}{f_S}$，反应发电机功率大小的等效电阻为 $\dfrac{R_2(1-s)}{s}$。

机端测量阻抗为

$$Z_G=-\left[\mathrm{j}X_1+\frac{\mathrm{j}X_{ad}\left(\dfrac{R_2}{s}+\mathrm{j}X_2\right)}{\dfrac{R_2}{s}+\mathrm{j}(X_{ad}+X_2)}\right]$$

当发电机运行在 $f_G=f_S$ 失磁时，$s\approx0$，$\dfrac{R_2}{s}\approx\infty$，此时机端的测量阻抗为最大。

$$Z_G=-\mathrm{j}X_1-\mathrm{j}X_{ad}=-\mathrm{j}X_d$$

当发电机在其他运行方式下失磁时，Z_G 将随着转差率的增大而减小，并位于第四象限内。极限情况是当 $f_G\rightarrow\infty$ 时，$s\rightarrow-\infty$，$\dfrac{R_2}{s}$ 趋近于零，Z_G 的数值为最小。

$$Z_G=-\mathrm{j}\left(X_1+\frac{X_2X_{ad}}{X_2+X_{ad}}\right)=-\mathrm{j}X_d'$$

失步后的异步运行阶段，在异步运行时机端测量阻抗与转差率 s 有关，当转差率 s 由 $-\infty\rightarrow\infty$ 变化时，机端测量阻抗变化的轨迹一定在阻抗圆内，其圆心和半径为 $\left[0,-\mathrm{j}\dfrac{1}{2}(X_d+X_d')\right]$、$\dfrac{1}{2}(X_d-X_d')$，该圆称为异步边界阻抗圆。

考虑到转子面上装有阻尼条，或是隐极机本身的整块转子具有阻尼绕组作用，因此式中的 X_d' 可用 X_d'' 代替。

对于发电机—变压器组，当发电机失磁后自系统吸取大量无功功率，在联系电抗 X_S 上有较大的电压降落，致使发电机电压及主变压器高压侧电压下降。根据分析，若保持变压器高压侧的电压为恒定，改变有功功率和无功功率，则机端测量阻抗的轨迹是一个圆，称为等电压圆，圆心和半径分别为 $\left[0, \dfrac{X_T - K^2(X_T + X_S)}{1 - K^2}\right]$、$\dfrac{K}{1 - K^2}\sqrt{X_S^2 - (1 - K^2)X_T^2}$。

其中，X_T 为变压器电抗，X_S 为变压器高压侧与无限大等值发电机之间的电抗，K 为变压器高压侧电压与无限大系统端电压（额定电压）之比，即高压侧电压标幺值。

汽轮发电机的阻抗特性如图 1-26 所示。

综上所述，当一台发电机失磁前在过激状态下运行时，其机端测量阻抗位于复数平面的第一象限（见图 1-27 中的 a 或 a' 点），失磁以后，测量阻抗沿等有功阻抗圆向第四象限移动。当它与临界失步圆相交时（b 或 b' 点），表明机组运行处于静稳定的极限。越过 b（或 b'）点以后，转入异步运行，最后稳定进行于 c（或 c'）点，此时，平均异步功率与调节后的原动机输入功率相平衡。

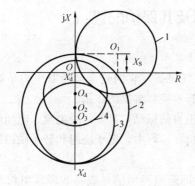

图 1-26　汽轮发电机的阻抗特性

$1-P=0.7P_N$ 等有功阻抗圆；2—静稳态极限阻抗圆；3—异步边界阻抗圆；4—$K=0.8$ 等电压圆

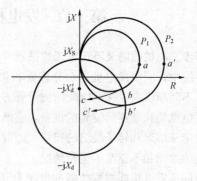

图 1-27　发电机机端测量阻抗在失磁后的变化轨迹

$a \rightarrow b \rightarrow c$ 为 P_1 较大时的轨迹；

$a' \rightarrow b' \rightarrow c'$ 为 P_2 较小时的轨迹

第七节　同步发电机内部故障及异常运行

保证发电机组安全经济运行和防止其遭受严重破坏，对电力系统的稳定运行和对用户不间断供电起着决定性的作用。在近代电力系统中，大容量发电机组所占的比重不断增加。由于采用了比较复杂的冷却方式，故障率提高；由于有效材料利用率提高使体积相对缩小，热容量相对降低，使承受过负荷的能力显著下降，因此，要不断改进和完善继电保护的功能，采取较为完善的保护配置方案，最大限度地保证电力系统安全运行，并将故障和不正常运行方式对电力系统的影响限制到最小范围。

发电机的故障类型主要有：定子绕组相间短路，定子绕组一相的匝间短路，定子绕组单相接地，转子绕组一点接地或两点接地，转子励磁回路励磁电流消失。

发电机的不正常运行状态主要有：由外部短路引起的定子绕组过电流，由负荷超过发电机额定容量而引起的三相对称过负荷，由外部不对称短路或不对称负荷（如单相负荷、非全相运行等）而引起的发电机负序过电流和过负荷，由突然甩负荷而引起的定子绕组过电压，由励磁回路故障或强励时间过长而引起的转子绕组过负荷，由汽轮机主汽门突然关闭而引起的发电机逆功率。对大型发电机，X_d、X_d'、X_d'' 电抗普遍增大，还应考虑发电机与系统产生振荡，振荡中心可能落入发电机—变压器组内，及低频、启停机、误上电、轴电流等现象。

第二章

发电机保护

第一节 发电机故障及其保护配置

一、同步发电机故障及不正常工作情况

电力系统中,同步发电机是十分重要和贵重的电气设备,它的安全运行对电力系统的正常工作、用户的不间断供电、保证电能的质量等方面,都起着极其重要的作用。

由于发电机是长期连续旋转的设备,它既要承受机身的振动,又要承受电流、电压的冲击,因而常常导致定子绕组和转子绕组的损坏。因此,发电机在运行中,定子绕组和转子励磁回路都有可能产生危险的故障和不正常的运行情况。

为了使同步发电机能根据故障的情况有选择地、迅速地发出信号或将故障发电机从系统中切除,以保证发电机免受更为严重的损坏,减少对系统运行所产生的不良后果,使系统其余部分继续正常运行,在发电机上装设能反应各种故障的继电保护是十分必要的。

一般来说,发电机的故障和不正常工作情况有以下几种:

(1) 定子绕组的多相相间故障:定子绕组的多相相间故障是对发电机危害最大的一种故障。故障时,短路电流可能把发电机烧毁。

(2) 定子绕组的匝间短路:定子绕组匝间短路时,在匝间电压的作用下产生环流,可能使匝间短路发展为单相接地短路和相间短路。

(3) 定子绕组的单相接地故障:定子绕组的单相接地故障是发电机内较常见的一种故障,故障时,发电机电压系统的电容电流流过定子铁芯,造成铁芯烧伤,当此电流较大时将使铁芯局部熔化。

(4) 发电机励磁电流急剧下降或消失:发电机励磁电流急剧下降或消失时,发电机将从系统吸收大量无功功率,发电机可能与系统失步并转入异步运行状态,从而引起系统电压下降,甚至可使系统崩溃。

(5) 发电机励磁回路一点接地或两点接地:发电机励磁回路一点或两点接地时,一般来说,转子一点接地对发电机的危害并不严重,但一点接地后,如不及时处理,就有可能导致两点接地,而发生两点接地时,由于破坏了转子磁通的平衡,可能引起发电机的强烈振动,或将转子绕组烧损。

(6) 调速系统惯性较大的发电机的过电压:调速系统惯性较大的发电机,如水轮发电机或大容量的汽轮发电机,在突然甩负荷时,可能出现过电压,造成发电机绕组绝缘击穿。

(7) 过负荷:超过发电机额定容量运行形成过负荷时,将引起发电机定子温度升高,加速绝缘老化,缩短发电机的寿命,长时间过负荷,可能导致发电机发生其他故障。

(8) 定子过电流:由于外部短路或系统振荡而引起定子过电流时,也将引起发电机定子温度升

高，加速绝缘老化等后果，长时间过电流，也可能导致发生其他故障。

二、发电机应装设的保护

对于发电机可能发生的故障和不正常工作状态，应根据发电机的容量有选择地装设以下保护：

(1) 纵联差动保护：为定子绕组及其引出线的相间短路保护。

(2) 匝间保护：为定子绕组一相匝间短路保护。当一相定子绕组有两个及以上并联分支而构成两个或三个中性点引出端时，可装设横联差动保护。

(3) 单相接地保护：为发电机定子绕组的单相接地保护。

(4) 励磁回路接地保护：为励磁回路的接地故障保护，分为一点接地保护和两点接地保护两种。水轮发电机都装设一点接地保护，动作于信号，而不装设两点接地保护。中小型汽轮发电机，当检查出励磁回路一点接地后再投入两点接地保护，大型汽轮发电机应装设一点接地保护。

(5) 低励、失磁保护：为防止大型发电机低励（励磁电流低于静稳极限所对应的励磁电流）或失去励磁（励磁电流为零）后，从系统中吸收大量无功功率而对系统产生不利影响，100MW 及以上容量的发电机都装设这种保护。

(6) 过负荷保护：发电机长时间超过额定负荷运行时作用于信号的保护。中小型发电机只装设定子过负荷保护，大型发电机应分别装设定子过负荷保护和励磁过负荷保护。

(7) 定子绕组过电流保护：当发电机纵差保护范围外发生短路，而短路元件的保护或断路器拒绝动作时，为了可靠切除故障，则应装设反应外部短路的过电流保护。这种保护兼作纵差保护的后备保护。

(8) 定子绕组过电压保护：中小型汽轮发电机通常不装设过电压保护。水轮发电机和大型汽轮发电机都装设过电压保护，以切除突然甩去全部负荷后引起的定子绕组过电压。

(9) 负序电流保护：电力系统发生不对称短路或者三相负荷不对称（如电气机车、电弧炉等单相负荷的比重太大）时，发电机定子绕组中就有负序电流。该负序电流产生反向旋转磁场，相对于转子为两倍同步转速，因此在转子中出现 100Hz 的倍频电流，它会使转子端部、护环内表面等电流密度很大的部位过热，造成转子的局部灼伤，因此应装设负序电流保护。中小型发电机都装设负序定时限电流保护；大型发电机都装设负序反时限过电流保护，其动作时限完全由发电机转子承受负序发热的能力决定，不考虑与系统保护配合。

(10) 失步保护：大型发电机应装设反应系统振荡过程的失步保护。中小型发电机都不装设失步保护，当系统发生振荡时，由运行人员判断，根据情况用人工增加励磁电流、增加或减少原动机出力、局部解列等方法来处理。

(11) 逆功率保护：当汽轮发电机主汽门误关闭，或机炉保护动作关闭主汽门而发电机出口断路器未跳闸时，发电机失去原动力变成电动机运行，从电力系统吸收有功功率。这种工况对发电机并无危险，但由于鼓风损失，汽轮机尾部叶片有可能过热而造成汽轮机事故，故大型机组要装设用逆功率继电器构成的逆功率保护，用于保护汽轮机。

上述各项保护，宜根据故障和异常运行状态的性质及动力系统具体条件，按规定分别动作于：

(1) 停机：断开发电机断路器、灭磁，对汽轮发电机，还要关闭主汽门；对水轮发电机还要关闭导水翼。

(2) 解列灭磁：断开发电机断路器、灭磁，汽轮机甩负荷。

(3) 解列：断开发电机断路器，汽轮机甩负荷。

(4) 减出力：将原动机出力减到给定值。

(5) 缩小故障影响范围：例如断开预定的其他断路器。

(6) 程序跳闸：对汽轮发电机首先关闭主汽门，待逆功率继电器动作后，再跳发电机断路器并灭磁。对水轮发电机，首先将导水翼关到空负荷位置，再跳开发电机断路器并灭磁。

（7）减励磁：将发电机励磁电流减至给定值。

（8）励磁切换：将励磁电源由工作励磁电源系统切换到备用励磁电源系统。

（9）厂用电源切换：由厂用工作电源供电切换到备用电源供电。

（10）分出口：动作于单独回路。

（11）信号：发出声光信号。

三、发电机—变压器组继电保护配置总体要求

大型发电机的造价高昂，结构复杂，一旦发生故障遭到破坏，其检修难度大，检修时间长，要造成很大的经济损失。大机组在电力系统中占有重要地位，特别是单机容量占系统容量较大比例的情况下，大机组的突然切除，会给电力系统造成较大的扰动。

在考虑大机组继电保护的总体配置时，比较强调最大限度地保证机组安全和最大限度地缩小故障破坏范围，尽可能避免不必要的突然停机，特别要避免保护装置误动和拒动。这样，不仅要求有可靠性、灵敏性、选择性和快速性好的保护装置，还要求在继电保护的总体配置上尽量做到完善、合理，并力求避免烦琐、复杂。

大型发电机—变压器组微机保护的配置与模拟式保护的配置有所不同，因为微机型主保护与后备保护综合在一起，所以对于200MW及以上的发电机和220kV及以上的变压器，宜装设包括主保护、后备保护和异常运行保护的两整套微机继电保护装置，每套各有单独的直流电源和电流互感器，独立的跳闸线圈出口，确保大型机组的安全，但在每套内，实现输入信息的资源共享。

大机组保护的配置原则应遵循以下几点：

（1）继电保护工作者应主动向电机设计制造厂索取对继电保护有要求的参数、特性及图纸资料，具体反映在发电机招标文件中应表明发电机中性点侧引出方式和中性点接地方式、电流互感器配置要求等。应该改变过去那种继电保护人员不过问主设备设计制造，直到发电机运到电厂才发现继电保护技术性能难以完善的局面。

（2）为了慎重选定发电机—变压器组内部故障主保护方案，继电保护设计人员应确切了解主设备内部故障时的电气特征，为此电机生产厂家应向继电保护设计或运行部门提供发电机的电磁设计资料，以供分析计算提出有关要求，这对水轮发电机尤其重要。

（3）大型发电机的保护装置即要保护机组设备的安全，也要避免不必要的停机而影响电力系统的安全供电。大型发电机的保护防止拒动是首要任务，同时误动的后果也是严重的，它危害电力系统的安全，而且对发电机和断路器本身也带来严重威胁，故要求发电机保护简单可靠，贯彻少而精的基本原则。增设新保护应以运行统计资料为依据，否则必将导致保护复杂化，带来不少副作用，并且增加误动的可能性和运行维护工作量。

（4）切实加强大型发电机—变压器组主保护，保证在保护范围内任一点发生各种故障，均有双重或多重主保护，有选择性地、快速地、灵敏地切除故障，使机组受到的损伤最轻、对电力系统的影响最小。

（5）在切实加强主保护的前提下，同时注意落实后备保护的简化。过于复杂的后备保护配置方案，不仅是不必要的，而且运行实践证明是有害的。例如GB/T 14285—2006《继电保护和安全自动装置技术规程》中不提及阻抗保护。

（6）发电机—变压器组保护的特点：

1）某些同类型的保护可以合并。例如，装设公共的后备保护、过负荷保护和过励磁保护等，可使保护装置简单、可靠和经济。

2) 发电机和系统之间没有直接电的联系，因此发电机定子接地保护可以简化。

3) 发电机变—压器组后备保护，必须注意经过变压器 Yd 接线后，对低压元件和阻抗元件的影响。

（7）应装设必要的异常工况保护和有足够灵敏度的长延时远后备保护，但应力求简化。

四、水轮发电机—变压器组继电保护配置的特点

水轮发电机—变压器组继电保护配置与汽轮发电机—变压器组继电保护配置主要的不同点如下：

（1）不装设励磁回路两点接地保护。

（2）不装设频率异常保护，但根据系统稳定需要可装设过频保护跳闸。

（3）与同容量的汽轮发电机相比，水轮发电机体积较大，热容量大，负序发热常数 A 值也大得多，所以水轮发电机的负序过负荷保护一般不必采用反时限特性。双水内冷式水轮发电机，其 A 值也不大，也应采用反时限特性的负序电流保护。

（4）水轮发电机的失磁保护经延时作用于跳闸，不作减负荷异步运行。

（5）水电厂的厂用变压器容量很小，发电机—变压器组公用纵差保护不在厂用变压器高压侧装设电流互感器。水电厂厂用变压器本身保护虽比较简单，但差动保护用电流互感器的设计选型问题不少。

（6）三次谐波电压式定子绕组单相接地保护对水轮发电机灵敏度比汽轮发电机的低，一般只要求它能消除基波电压式定子绕组单相接地保护的动作死区，即对发电机中性点附近约 10% 有保护作用。

五、装设发电机—变压器组大差动保护的问题

在发电机与变压器之间装设断路器，它有利于加快切除发电机机端断路器和主变压器断路器之间的短路电流，而且在发电机停机时保留厂用电源。此时，不应装设发电机—变压器组大差动保护。发电机与变压器间无断路器，根据微机保护配置两套完整的继电保护装置，则应分别设置各自的短路保护，故没有必要装设发电机—变压器组大差动保护。如果采用独立的纵差保护元件（包括国外的微机保护），对于 100~200MW 发电机—变压器组保护可公用一套大差动保护，由四个独立的差动保护元件简化成三个独立的差动保护元件。如果由于电流互感器的配置原因，发电机、变压器各自的差动保护外，其连接部分尚有死区，则可装设大差动保护。

六、发电机—变压器组反应相间和接地故障的后备保护装置设置切母联(分段)断路器的问题

发电机—变压器组的后备保护如低压过电流、负序过电流、零序过电流等保护除切除被保护设备外，增加缩小故障范围，故设时间段先切母联（分段）断路器，后切本侧断路器，这在实际运行中没有必要。为安全可靠性，不应切母联（分段）断路器，其理由如下：

（1）发电厂都与系统联网，当发电机—变压器组后备保护动作时，因延时较长，则线路对侧的断路器均由线路跳闸，没有缩小故障影响范围的效果。

（2）增加后备保护的一个 Δt 时间，不利于设备的安全。

（3）本设备的保护只切本设备的断路器，不宜切运行中其他断路器。运行实践说明在运行维护、保护试验中造成误切母联断路器的事例较多，增加不安全性。

（4）不符合"加强主保护简化后备保护"的原则，使接线复杂、连接片增多，增加误动几率。

七、发电机、变压器装设阻抗保护的问题

发电机、变压器内部故障所测的阻抗是一个很复杂的问题，经过仿真计算得知，以全阻抗测量元件为例，当发电机内部相间或匝间短路，阻抗测量绝大部分落在 x'_d 圆外，保护不能动作。当变压器内部故障，阻抗测量所测得的阻抗均是较大，几乎全部位于变压器短路阻抗为半径的圆以外，

有一部分测量阻抗还落到负荷阻抗之外，显然保护将拒动。因此阻抗保护不能作为发电机定子绕组和变压器各侧绕组内部短路的近后备保护。

八、发电机保护种类及其出口方式

发电机保护的种类及其出口方式见表 2-1。

表 2-1　　　　　　　　　　发电机保护的种类及其出口方式

发电机保护的种类		跳高压侧断路器	启动失灵	跳高压侧母联断路器	关主汽门	汽轮机甩负荷	跳灭磁开关	跳A断路器	启动A备用电源自动投入装置	跳B断路器	启动B备用电源自动投入装置	闭锁热工保护	发信	录波	遥信	保护范围
主保护	差动保护	√	√	√	√		√	√	√	√	√		√	√	√	全停
	裂相横差保护	√	√	√	√		√	√	√	√	√		√	√	√	全停
	不完全差动保护	√	√	√	√		√	√	√	√	√		√	√	√	全停
	匝间保护	√	√	√	√		√	√	√	√	√		√	√	√	全停
	励磁差动保护	√	√	√	√		√	√	√	√	√		√	√	√	全停
	转子两点接地保护	√	√	√	√		√	√	√	√	√		√	√	√	全停
短路后备保护	短路后备 T1			√												
	短路后备 T2 解列灭磁	√	√			√	√	√	√	√	√		√	√	√	解列灭磁
	短路后备 T2 全停	√	√			√	√	√	√	√	√		√	√	√	全停
	励磁过电流解列灭磁	√	√			√	√	√	√	√	√		√	√	√	解列灭磁
	励磁过电流全停	√	√			√	√	√	√	√	√		√	√	√	全停
接地保护	基波定子接地	√	√	√	√		√	√	√	√	√		√	√	√	全停
	三次谐波定子接地保护	√	√	√	√		√	√	√	√	√		√	√	√	全停
	转子一点接地保护				√							√	√	√	√	程跳
失磁保护	失磁机端低电压							√	√							切换厂用
	失磁母线低电压解列灭磁	√	√			√	√	√	√	√	√		√	√	√	解列灭磁
	失磁母线低电压程跳				√							√				程跳
	失磁长延时解列灭磁	√	√			√	√	√	√	√	√		√	√	√	解列灭磁
	失磁长延时程跳				√							√				程跳
过负荷保护	反时限定子过负荷解列	√	√			√		√	√	√	√		√	√	√	解列
	反时限定子过负荷程跳				√							√	√	√	√	程跳
	反时限负序过负荷解列	√	√			√		√	√	√	√		√	√	√	解列
	反时限负序过负荷程跳				√							√	√	√	√	程跳
	反时限转子过负荷	√	√			√	√	√	√	√	√		√	√	√	解列灭磁
电压保护	过电压	√	√			√	√	√	√	√	√		√	√	√	解列灭磁
	欠电压															
	过励磁解列灭磁	√	√			√	√	√	√	√	√		√	√	√	解列灭磁
	过励磁程跳	√	√			√	√	√	√	√	√		√	√	√	全停

续表

发电机保护的种类		跳高压侧断路器	启动失灵	跳高压侧母联断路器	关主汽门	汽轮机甩负荷	跳灭磁开关	跳A断路器	启动A备用电源自动投入装置	跳B断路器	启动B备用电源自动投入装置	闭锁热工保护	发信	录波	遥信	保护范围
功率保护	逆功率保护	√	√	√		√	√	√	√	√	√		√	√	√	全停
	程跳逆功率全停	√	√	√		√	√	√	√	√	√		√	√	√	全停
	程跳逆功率解列灭磁	√	√			√	√	√	√	√	√					解列灭磁
其他保护	失步解列	√	√										√	√		解列
	失步程跳			√								√				程跳
	频率异常			√												程跳
	启停机						√						√	√	√	跳灭磁开关
	误上电	√	√										√	√	√	跳开高压侧断路器并启动失灵
	轴电流												√	√	√	
	解列保护												√	√	√	
本体保护	热工保护	√	√		√		√	√	√	√	√					全停
	励磁系统故障			√								√			√	程跳
	冷却水故障解列灭磁	√	√			√	√	√	√	√	√		√	√	√	解列灭磁
	冷却水故障程跳			√								√				程跳
	母差及失灵	√	√				√	√	√	√	√				√	全停
	励磁变压器温度	√		√			√	√	√	√	√					全停Ⅲ
分出口	过负荷减出力															
	转子过负荷减励磁															
	失磁减出力															
发信	定子一点接地												√		√	
	转子一点接地												√		√	
	定子过负荷															
	负序过负荷															
	转子过负荷															
	过励磁															
	逆功率发信															
	失步保护															
	频率异常保护															
	轴电流															

第二节　发电机纵联差动保护

一、保护原理

保护发电机内部短路最灵敏、最简单的保护是纵联差动保护。发电机的纵联差动保护和变压器的纵联差动保护完全一样，采用环流法差动保护原理。

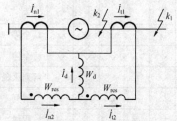

图 2-1　比率制动式差动保护原理接线图

（一）比率制动式纵差保护

比率制动式纵差保护仅反应相间短路故障。具有比率制动特性的差动保护的二次接线如图 2-1 所示。当差动线圈匝数 W_d 与制动线圈匝数 W_{res} 的关系为 $W_{res} = \frac{1}{2}W_d$ 时：

差动电流为 $\dot{I}_d = (\dot{I}_{n1} - \dot{I}_{t1})/n_a$；

制动电流为 $\dot{I}_{res} = \frac{1}{2}(\dot{I}_{n2} + \dot{I}_{t2})/n_a$。

式中　$\dot{I}_{n1}$、$\dot{I}_{t1}$——一次电流；

$\qquad$ $\dot{I}_{n2}$、$\dot{I}_{t2}$——二次电流；

$\qquad$ n_a——电流互感器变比。

外部短路时，$\dot{I}_{n1} = \dot{I}_{t1} = \dot{I}_k$，故 $\dot{I}_{res} = \dot{I}_k$，$\dot{I}_d = \dot{I}_{unb}$，纵差保护不动作。

内部短路时，$\dot{I}_d$ 为总短路电流，$\dot{I}_{res}$ 为两侧短路电流之差的一半，最不利的条件是发电机单独运行，$\dot{I}_d = \dot{I}_k$，$\dot{I}_{res} = \dot{I}_k/2$，因制动系数不能大于 0.5，保护灵敏度大于 2，故纵差保护动作。

差动保护的制动特性如图 2-2 中的折线 ABC 所示。图中，纵坐标为差动电流 I_d，横坐标为制动电流 I_{res}。

为了正确进行整定计算，首先应了解纵差保护的不平衡电流与负荷电流和外部短路电流间的关系。

发电机纵差保护用的 10P 级电流互感器，在额定一次电流和额定二次负荷条件下的比误差为 ±3%。因此，纵差保护在正常负荷状态下的最大不平衡电流不大于 6%。但随着外部短路电流的增大和非周期暂态电流的影响，不平衡电流将急剧增大，实际的不平衡电流与短路电流的关系曲线如图 2-2 中的曲线 0ED 所示。

发电机外部短路时，差动保护的最大不平衡电流由式（2-1）进行估算

$$I_{unb.max} = K_{ap}K_{cc}K_{er}I_{k.max}^{(3)}/n_a \qquad (2-1)$$

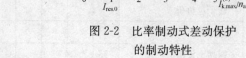

图 2-2　比率制动式差动保护的制动特性

式中　K_{ap}——非周期分量系数，取 1.5～2.0；

$\qquad$ K_{cc}——互感器同型系数，取 1.0；

$\qquad$ K_{er}——互感器比误差系数，取 0.1；

$\qquad$ $I_{k.max}^{(3)}$——最大外部三相短路电流周期分量。

比率制动特性纵差保护需要整定计算以下三个参数：

（1）确定差动保护的最小动作电流，即确定图 2-2 中 A 点的纵坐标 $I_{op.0}$ 为

$$I_{op.0} = (K_{rel} \times 2 \times 0.03 \times I_{GN})/n_a \qquad (2-2)$$

式中 K_{rel}——可靠系数，取 1.5；

I_{GN}——发电机额定电流。

$I_{unb.0}$ 为发电机额定负荷状态下，实测差动保护中的不平衡电流。如果实测 $I_{unb.0}$ 较大，则应尽快查清 $I_{unb.0}$ 增大的原因，并予消除，避免因 $I_{op.0}$ 过大而掩盖一、二次设备的缺陷或隐患。

曲线 $0ED$ 是按比误差系数计算的，实际的电流互感器的饱和误差是不可能实测的，由于剩磁影响电流互感器饱和程度，区外故障切除对电流互感器的暂态误差增大，因此无制动作用的最小动作电流不能按式（2-2）计算。

发电机内部短路时，特别是靠近中性点经过渡电阻短路时，机端或中性点侧的三相电流可能不大，为保证内部短路时的灵敏度，最小动作电流 $I_{op.0}$ 不应无根据地增大。一般宜选用 $I_{op.0} = (0.20 \sim 0.30)I_{GN}/n_a$，为安全可靠取 $0.30I_{GN}$。

（2）确定制动特性的拐点 B。定子电流等于或小于额定电流时，差动保护不必具有制动特性，因此，B 点横坐标为

$$I_{res.0} = (0.8 \sim 1.0)I_{GN}/n_a \tag{2-3}$$

当 $I_{res.0} > I_{GN}/n_a$ 时，应调整保护内部参数，使其满足式（2-3）。

（3）按最大外部短路电流下差动保护不误动的条件，确定制动特性的 C 点，并计算最大制动系数。

设 C 点对应的最大动作电流为 $I_{op.max}$，其值为

$$I_{op.max} = K_{rel}I_{unb.max} \tag{2-4}$$

式中 K_{rel}——可靠系数，取 1.3～1.5。

C 点对应的最大短路电流 $I_{k.max}^{(3)}$ 与最大制动电流 $I_{res.max}$ 相对应。C 点的最大制动系数 $K_{res.max}$ 按下式计算

$$K_{res.max} = I_{op.max}/I_{res.max} = K_{rel}K_{ap}K_{cc}K_{er} \tag{2-5}$$

式（2-5）的计算值 $K_{res.max} = 0.15$，可确保在最大外部短路时差动保护不误动。但考虑到电流互感器的饱和或其暂态特性畸变的影响，宜适当提高制动系数值。图 2-2 中，取 C 点的 $K_{res.max} \approx 0.30$。

该比率制动特性的比率制动斜率 S 为

$$S = \frac{I_{op.max} - I_{op.0}}{I_{k.max}/n_a - I_{res.0}}$$

斜率 S 说明各点的制动系数是变量，S 要计算最大的短路电流而得到。同时发现 $I_{k.max}$ 越大，$I_{op.max}$ 亦增大，但 S 值反而相应减小，这显然是不合适的，其原因是 $I_{op.0}$ 取得太低所造成的。

根据上述计算，由 A、B、C 三点确定的制动特性，确保在负荷状态和最大外部短路暂态过程中可靠不误动。

设拐点为 I_B，则其动作方程为

$$I_d > I_{op.0}, \quad I_{res} < I_B$$

$$I_d > S(I_{res} - I_B) + I_{op.0}, \quad I_{res} > I_B$$

为简化和可靠，使比例制动特性经过原点，即 K_{res} 是常数，则其动作方程为

$$I_d > I_{op.0}$$

$$I_d > K_{res}I_{res}$$

整定简化为：$I_{op.0} = 0.3I_{GN}$，$I_B = 1.0I_{GN}$，$K_{res} = 0.3$。

按上述原则整定的比率制动特性，当发电机机端两相金属性短路时，差动保护的灵敏系数一定满足 $K_{sen} \geqslant 2.0$ 的要求，不必进行灵敏度校验。

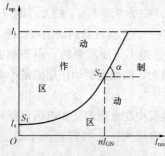

图 2-3　变斜率制动特性

发电机纵差保护选择过原点的无拐点的制动特性曲线，提高制动系数可以防止高压母线空充变压器或区外故障及切除后的发电机差动误动。如整定 $I_{op.0} = 0.3I_{GN}$，$K_{res} = 0.5$ 则相当于 $I_B = 0.6I_{GN}$。

（二）变斜率纵差保护

发电机变斜率完全纵差保护的基本工作原理与比率制动式完全纵差保护相同，只是制动特性是变斜率的。

变斜率制动特性如图 2-3 所示。

图中动作电流 I_{op}、制动电流 I_{res}；I_s 为最小动作电流；当制动电流 $I_{res} \leqslant nI_{GN}$ 时，制动特性斜率随 I_{res} 的增大而增大（称变斜率），其中 S_1 为起始斜率；当制动电流 $I_{res} > nI_{GN}$ 时，制动特性斜率固定为最大斜率 S_2，n 为常数，具体值参见厂家技术说明书。制动特性上方为动作区，下方为制动区，I_i 为差动速断动作电流。制动特性的动作区可用如下方程式表示

$$\begin{cases} I_{op} \geqslant I_s + \left(S_1 + S_\Delta \dfrac{I_{res}}{I_{GN}}\right) I_{res} & (I_{res} \leqslant nI_{GN} \text{ 时}) \\[2mm] I_{op} \geqslant I_s + (S_1 + nS_\Delta)nI_{GN} + S_2(I_{res} - nI_{GN}) & (I_{res} > nI_{GN} \text{ 时}) \end{cases}$$

式中　S_Δ——比率制动系数增量，$S_\Delta = \dfrac{S_2 - S_1}{2n}$。

变斜率制动特性要整定的参数是 I_s、S_1、S_2。

1. 发电机纵差

动作电流 $I_{op} = |\dot{I}_1 + \dot{I}_2|$，制动电流 $I_{res} = \dfrac{1}{2}|\dot{I}_1 - \dot{I}_2|$，其中 $\dot{I}_1$、$\dot{I}_2$ 分别为机端、中性点侧电流。n 固定为 4。

2. 变压器纵差

动作电流 $I_{op} = |\dot{I}_1 + \dot{I}_2 + \dot{I}_3 + \dot{I}_4 + \dot{I}_5|$，制动电流 $I_{res} = \dfrac{|\dot{I}_1| + |\dot{I}_2| + |\dot{I}_3| + |\dot{I}_4| + |\dot{I}_5|}{2}$，$n$ 固定为 6。

3. 整定计算

（1）计算发电机二次额定电流。

（2）确定起始斜率 S_1。因不平衡电流由电流互感器相对误差确定，所以 S_1 应为

$$S_1 = K_{rel}K_{cc}K_{er}$$

可取 $S_1 = 0.05 \sim 0.10$。

（3）确定最小动作电流 I_s。按躲过正常发电机额定负荷时的最大不平衡电流整定。

可取 $I_s = (0.2 \sim 0.3)I_{GN}$。为安全可靠取 $0.3I_{GN}$。

（4）确定最大斜率 S_2。按区外短路故障最大穿越性短路电流作用下可靠不误动条件整定，计算步骤如下：

1）机端保护区外三相短路时通过发电机的最大三相短路电流 $I_{k.max}^{(3)}$。

2）差动回路最大不平衡电流 $I_{unb.max}$。

3）此时最大制动电流 $I_{res.max} = I_{k.max}^{(3)}$，所以应满足关系式

$$I_s + (S_1 + nS_\Delta)nI_{GN} + S_2(I_{res.\,max} - nI_{GN}) \geqslant K_{rel}I_{unb.\,max}$$

4）计及 $S_\Delta = (S_2 - S_1)/2n$，上式可简化为

$$S_2 \geqslant \frac{K_{rel}I_{unb.\,max} - (I_s + \frac{n}{2}S_1 I_{GN})}{I_{res.\,max} - \frac{n}{2}I_{GN}}$$

其中，取可靠系数 $K_{rel} = 2$，$S_2 = 0.3 \sim 0.7$。厂家建议发电机纵差一般取 $S_1 = 0.05$，$S_2 = 0.5$；变压器纵差 $S_1 = 0.1$，$S_2 = 0.7$。

5）灵敏度计算。按上述计算设定的整定值，K_{sen} 总能满足要求，故不必进行灵敏度校验。

6）差动速断动作电流 I_i。躲过机组非同期合闸产生的最大不平衡电流整定，取 $4I_{GN}$。

（三）标积制动式纵差保护

纵差保护的制动作用不再是比率制动式那样，仅随外部短路电流线性增大，而是由两侧电流的标积决定。

1. 标积制动式纵差保护（一）

设发电机机端和中性点侧电流分别为 $\dot{I}_t$ 和 $\dot{I}_n$，它们的相位差为 φ，令标积 $I_t I_n \cos\varphi$ 为制动量，$|\dot{I}_t - \dot{I}_n|^2$ 为动作量，构成标积制动式纵差保护，其动作判据为

$$|\dot{I}_t - \dot{I}_n|^2 \geqslant K_{res}I_t I_n \cos\varphi \tag{2-6}$$

式中　K_{res}——制动系数，取 $0.8 \sim 1.2$。

外部短路时，$\varphi = 0°$，式（2-6）右侧表现为很大的制动作用。当发电机内部短路时，可能呈现 $90° < \varphi < 270°$，使 $\cos\varphi < 0$，式（2-6）右侧呈现负值，即不再是制动量而是助动量，保护灵敏动作。

2. 标积制动式纵差保护（二）

（1）发电机差动保护的工作特性如图 2-4 所示。

设两侧电流 $\dot{I}_1$ 和 $\dot{I}_2$ 的正方向定义均指向发电机，则：

差动电流为

$$I_d = |\dot{I}_1 + \dot{I}_2|$$

制动电流为

$$I_{res} = \begin{cases} \sqrt{I_1 I_2 \cos\alpha} & （当 \cos\alpha \geqslant 0） \\ 0 & （当 \cos\alpha < 0） \end{cases}$$

$$\alpha = (\dot{I}_1, -\dot{I}_2)$$

当发电机外部故障时，恒有 $-90° < \alpha < 90°$，$\cos\alpha > 0$，$I_{res} > 0$，而 I_d 很小，纵差保护可靠制动。

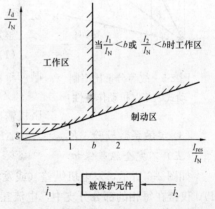

图 2-4　发电机差动保护的工作特性

若外部故障，短路电流很大，电流互感器严重饱和，I_d 可能较大。只要 $\dfrac{I_{res}}{I_N} > b$（工作特性开关点 b），且 $\dfrac{I_1}{I_N} > b$ 和 $\dfrac{I_2}{I_N} > b$，则保护动作电流切换到无穷大，不会动作（见图 2-4 中的工作区）。

当发电机内部故障时，一般情况 $90° < \alpha < 270°$，$\cos\alpha > 0$，$I_{res} = 0$，而 $I_d > I_g$ 保护灵敏动作。如果发电机内部故障，由于负荷电流等因素，导致 $-90° < \alpha < 90°$，$\cos\alpha > 0$ 和 $I_{res} \neq 0$，这时即使

$\frac{I_{res}}{I_N} > b$，只要 $\frac{I_1}{I_N}$ 和 $\frac{I_2}{I_N}$ 中有一个小于 b，保护仍按 v 的梯度进行动作。

（2）g 差动启动电流，安全整定为 $0.15I_N$，I_N 为发电机的额定电流，被保护设备的电流互感器有不同的精度，或者负荷太高，必须整定较高的值。

（3）v 制动比（经过"0"点的斜率），有 0.25 和 0.5 两极，发电机为 0.25。

（4）b 工作特性开关点，一般固定为 1.5，即 $1.5I_N$（I_N 为继电器额定电流）。

标积制动式纵差保护较比率制动式纵差保护灵敏，因设有 b 工作特性开关点，对于外部故障不会误动。当发电机定子绕组内部故障时，各相各分支电流是极其复杂的，但是纵然计及发电机相间短路时非故障相电流，或由于定子绕组互感的作用使非故障分支有小量流出电流，导致 $-90° < \alpha < 90°$，$\cos\alpha > 0$ 和 $I_{res} \neq 0$，这时即使 $\frac{I_{res}}{I_N} > b$，只要 $\frac{I_1}{I_N}$ 和 $\frac{I_2}{I_N}$ 中有一个小于 b，保护仍有灵敏的斜率动作特性。

（四）故障分量比率制动式纵差保护

该保护只与发生短路后的故障分量（或称增量）有关，与短路前的穿越性负荷电流无关，故有提高纵差保护灵敏度的效果。本保护仅反应相间短路故障，其动作判据为

$$|\Delta\dot{I}_t - \Delta\dot{I}_n|^2 \geqslant K_{res} \left|\frac{\Delta\dot{I}_t + \Delta\dot{I}_n}{2}\right|$$

式中　$\Delta\dot{I}_t$——发电机机端侧故障分量电流；

　　　$\Delta\dot{I}_n$——发电机中性点侧故障分量电流。

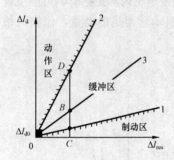

图 2-5　故障分量比率制动式纵差保护动作特性

故障分量纵差保护的动作特性如图 2-5 所示，图中 $\Delta\dot{I}_d = \Delta\dot{I}_t - \Delta\dot{I}_n$，$\Delta\dot{I}_{res} = (\Delta\dot{I}_t + \Delta\dot{I}_n)/2$。直线 1 为故障分量纵差保护在正常运行和外部短路时的制动特性；直线 2 为故障分量纵差保护在内部短路时的动作特性，其斜率 $S \geqslant 2.0$；直线 3 为故障分量纵差保护的整定特性。

整定计算如下：

（1）纵差保护动作特性（直线 3）的倾角 α，一般取 $\alpha = 45°$，即制动系数 $K_{res} = 1.0$。

（2）最小差动电流 $\Delta I_{d0} \approx 0.1I_{GN}/n_a$，或 ΔI_{d0} 大于负荷状态下微机输出最大不平衡增量差流。

（3）灵敏系数校验：$K_{sen} = \Delta I_d/\Delta I_{res} = DC/BC$，要求 $K_{sen} \geqslant 2.0$，一般不必进行校验计算。

（五）不完全纵差保护

如图 2-6 所示，发电机纵差（或发电机—变压器组纵差）保护在发电机中性点侧的电流互感器 TA1 仅接在每相的部分分支中，电流互感器 TA1 的变比减小为机端电流互感器 TA2 的一半，在正常运行或外部短路时仍有不平衡电流（理论上为零）。在内部相间短路、匝间短路时，不管短路发生在电流互感器所在分支或没有电流互感器的分支，不完全纵差保护均能动作，这主要依靠定子绕组之间的互感作用。TA3 与 TA4 将组成发电机—变压器组不完全纵差。

不完全纵差保护对定子绕组相间短路和匝间短路有保护作用，并能兼顾分支开焊故障。

设定子绕组每相并联分支数为 a，在构成纵差保护时，机端接入相电流［见图 2-7（a）中的 TA2］，但中性点侧 TA1 每相仅接入 N 个分支，a 与 N 的关系如下式

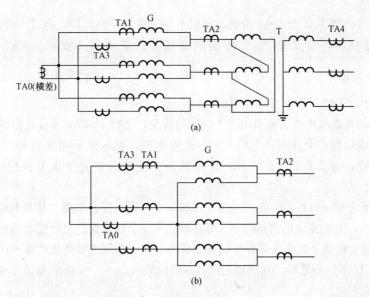

图 2-6　发电机中性点处引出端子

（a）引出 6 个端子；（b）引出 4 个端子

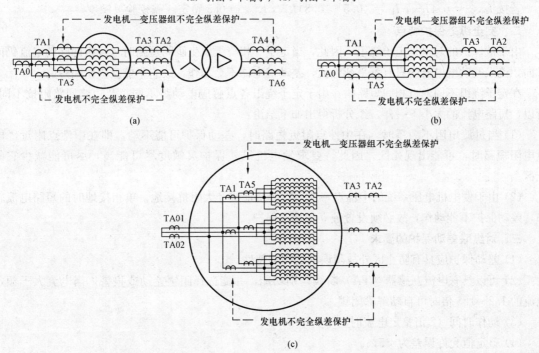

图 2-7　发电机和发电机—变压器组纵联差动保护的互感器配置

$$1 \leqslant N \leqslant \frac{a}{2}$$

式中，a 与 N 的取值见表 2-2。

表 2-2　　　　　　　　　　　　　a 与 N 的关系

a	2	3	4	5	6	7	8	9	10
N	1	1	2	2	2 或 3*	2 或 3*	3 或 4*	3 或 4*	4 或 5*

* 与装设一套或二套单元件横差保护有关。

图 2-7（a）中互感器 TA1 与 TA2 构成发电机不完全纵差保护。TA5 与 TA6 构成发电机—变压器组不完全纵差保护，而 TA3 与 TA4 构成变压器的完全纵差保护。TA1 的变比按 $n_a = \left(I_{GN}\dfrac{a}{N} \right)\big/ I_{2N}$ 条件选择，TA2 的变比按 I_{GN}/ I_{2N} 条件选择，因此 TA1 的变比一定不同于 TA2 的。对于微机保护，TA1、TA2 可取相同变比，由软件调平衡。

图 2-7（b）表示发电机中性点侧引出 4 个端子的情况，TA1 和 TA5 装设在每相的同一分支中。

图 2-7（c）表示每相 8 个并联分支的大型水轮发电机，发电机不完全纵差保护每相接入的中性点侧电流（TA1）分支数为 2、5、8，发电机—变压器组不完全纵差保护（TA5）则为 1、4、7。

本保护不仅反应相间短路，还能对匝间短路和分支开焊起保护作用，其基本原理是利用定子各分支绕组间的互感，使未装设互感器的分支短路时，不完全纵差保护仍可能动作。

比率制动特性发电机不完全纵差保护的整定计算工作，除互感器变比选择不同于完全纵差保护外，当 TA1 与 TA2 不同型号时，互感器的同型系数应取 $K_{cc} = 1.0$，尚应考虑每相分支电流的不平衡，故应适当提高定值。

整定简化为：$I_{op.0} = 0.4 I_{GN}$，$I_B = 1.0 I_{GN}$，$K_{res} = 0.4$。

若按 $I_{op.0} = 0.4 I_{GN}$，$I_B = (0.5 \sim 0.8) I_{GN}$，$K_{res} = 0.5$ 整定，需校验灵敏度。

二、完全纵差保护特点

由于被保护的对象是定子绕组，因此，当定子一相绕组发生匝间短路时，绕组两端的电流仍同方向，流入差动继电器的只有不平衡电流，差动继电器不会动作，故它不能反应匝间短路。

在定子绕组不同地点相间短路时，由于定子绕组各点感应电动势不同，及短路回路阻抗不同，所以，短路电流的大小不一样。经分析得出如下结论：

（1）当过渡电阻不为零时，在中性点附近短路时，差动保护可能不动，即在中性点附近经电弧电阻短路时，可能出现死区。因此，要求发电机纵差保护灵敏度尽可能高，尽可能减少它的死区。

（2）由于发电机电压系统的中性点一般不直接接地或经大阻抗接地，单相接地时的短路电流较小，差动保护不能动作，故必须设置独立的接地保护。

三、对纵联差动保护的要求

（1）差动保护应具有防止区外故障误动的制动特性。

（2）可以具有电流互感器（TA）断线判别功能，并能选择闭锁差动或报警，当电流大于额定电流的 1.2～1.5 倍时可自动解除闭锁。

（3）动作时间（2 倍整定电流时）不大于 30ms。

（4）整定值允许误差为±5%。

四、逻辑图

发电机完全纵差保护动作逻辑图见图 2-8。

为了加强可靠性，需要两相比率差动动作才出口跳闸，当只有一相比率差动动作，为了防止一点在区内、一点在区外的两点接地故障，需设有机端负序电压元件。在差动保护仅有一相满足动作条件时，除增加计算次数和 TA 异常判断次数外，同时机端负序电压大时，保护才发跳闸命令。

为了提高保护的可靠性，在稳态量差动判别的基础上，增加采样值差动作为辅助判据。同时具有完善的抗饱和能力以及故障恢复过程中不平衡电流对差动保护的影响。

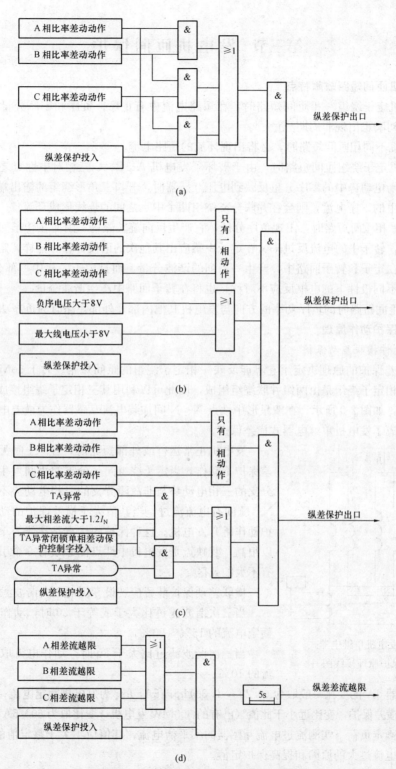

图 2-8 发电机完全纵差保护动作逻辑图

（a）两相及三相比率制动差动；（b）只有一相差动动作且有负序电压大或三相电压低
（一点在区内、一点在区外单相比率制动差动）；（c）只有一相差动动作且
发生 TA 异常；（d）差流越限

第三节　发电机匝间保护

一、发电机匝间短路故障特点

（1）发电机定子绕组一相匝间短路时，在短路电流中有正序、负序和零序分量且各序电流相等，同时短路初瞬也出现非周期分量。

（2）发电机不同相匝间短路时，必将出现环流的短路电流。

（3）发电机定子绕组匝间短路时，由于破坏了发电机 A、B、C 三相对中性点之间的电动势平衡，三相不平衡电动势中的零序分量反映到电压互感器时，开口三角形绕组的输出端就有 $3U_0$，而一次回路中产生的零序电流，则会在并联分支绕组两个中点之间的连线形成环流。

（4）由于一相匝间短路时，出现负序分量，它产生反向旋转磁场，因而在转子回路中感应出两倍频率的电流，转子中的电流反过来又在定子中感应出其他次的谐波分量，这样，定子和转子反复互相影响，就在定子和转子回路中，产生一系列的谐波分量。而且由于一相中一部分绕组被短接，就可能使得在不同极性下的电枢反应不对称，也将在转子回路中产生谐波分量。

（5）一相匝间短路时的负序功率的方向与发电机其他内部及外部短路时的负序功率方向相反。

二、匝间保护动作原理

（一）单元件横联差动保护

发电机纵差保护的原理决定了它不能反映一相定子绕组的匝间短路。对于 50MW 及以上的发电机，因为每相定子绕组是由两组并联绕组组成，因此可以利用其三相定子绕组接成双星形的特点装设横差保护，如图 2-9 所示。在双星形中性点 N、N′间加装电流互感器作为横差电流继电器的电流源，这就构成了发电机单继电器式横差保护。

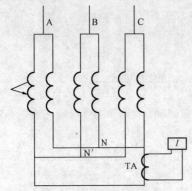

图 2-9　发电机单继电器式
横差保护原理接线图

发电机正常运行或外部短路时，N、N′间无电流流过，横差保护不动作。当定子绕组同一分支的匝间发生短路时，短路分支的三相电动势与非故障分支的三相电动势不平衡，于是在 N、N′间有电流流过，当其值大于横差保护的动作电流时，保护动作跳开发电机。这种保护的优点是接线简单，灵敏度也可以很高；其缺点是发电机中性点侧必须有 6 个引出端子，保护有不大的死区。

横联差动保护装置应装设专用的三次谐波滤过器。

当三次谐波滤过比大于或等于 30 时，动作电流取发电机额定电流的 $15\% \sim 20\%$。

当三次谐波滤过比大于 80 时，动作电流取发电机额定电流的 10%。

电流互感器 TA 的变比一般取为 $(0.20 \sim 0.30)I_{GN}/5A$，$I_{GN}$ 为发电机额定电流；但大型水轮发电机的高灵敏横差保护，变比远小于此值（已有的 300MW 发电机，变比取为 600/5A 和 200/5A）。

在发电机额定负荷下实测流过电流互感器的不平衡电流，其值应不大于整定值的 10%。否则，应检查不平衡电流过大的原因和提高保护定值。

接于发电机中性点连线的电流互感器 TA 用于单元件横差保护。TA 的变比选择，传统的做法按下式计算

$$n_a \approx 0.25\, I_{GN}/I_{2N}$$

式中　　I_{GN}——发电机额定电流；

I_{2N}——互感器 TA 的二次额定电流。

动作电流 I_{op} 按外部短路不误动的条件整定。当横差保护的三次谐波滤过比大于或等于 15 时，其动作电流为

$$I_{op} = (0.2 \sim 0.3) I_{GN}/n_a$$

中小型发电机在励磁回路一点接地保护动作后，发电机可继续运行，为防止励磁回路发生瞬时性第二点接地故障时横差保护误动，应切换为带 0.5～1.0s 延时动作于停机。

（二）高灵敏单元件横差保护

接于发电机中性点连线的电流互感器均为环氧树脂浇注的单匝母线式互感器（LMZ 型），应满足动、热稳定的要求。

高灵敏单元件横差保护用的互感器变比 n_a，根据发电机满负荷运行时中性点连线的最大不平衡电流，可选为 $600/I_{2N}$、$400/I_{2N}$、$200/I_{2N}$、$100/I_{2N}$。初步设计时，宜选前三组 n_a。

为了减小动作电流和防止外部短路时误动，在额定频率工况下，该保护的三次谐波滤过比 K_3 应大于 80。

高灵敏单元件横差保护动作电流设计值可初选为 $0.05 I_{GN}/n_a$。

作为该保护动作电流的运行值应按如下整定：

（1）在发电机作常规短路试验时，实测中性点连线电流的基波和三次谐波分量大小（$I_{unb.1}$ 和 $I_{unb.3}$），此即单元件横差保护的不平衡电流一次值，如图 2-10 的 $0C$ 和 $0A$（近似线性）。

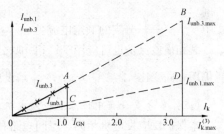

图 2-10 单元件横差保护的不平衡
电流（I_{unb}）测试和线性外推

（2）将直线 $0C$ 和 $0A$ 线性外推到 $I_{k.max}^{(3)}$（发电机机端三相最大短路电流），得直线 $0CD$ 和 $0AB$，确定最大不平衡电流 $I_{unb.1.max}$ 和 $I_{unb.3.max}$。

（3）计算和整定动作电流运行值

$$I_{op} = K_{rel} K_{ap} \sqrt{I_{unb.1.max}^2 + (I_{unb.3.max}^2/K_3)^2}$$

式中　K_{rel}——可靠系数，取 1.3～1.5；

　　　K_{ap}——非周分量系数，取 1.5～2.0；

　　　K_3——三次谐波滤过比，$K_3 \geqslant 80$。

（4）如不装励磁回路两点接地保护，则高灵敏单元件横差保护兼顾励磁回路两点接地故障的保护，瞬时动作于停机。

（5）如该保护中有防外部短路时误动的技术措施，动作电流 I_{op} 只需按发电机额定负荷时横差保护的不平衡电流整定。

（三）用相电流比率制动的横差保护

当发电机三相电流中的最大相电流超过额定电流时，采用相电流比率制动，其动作方程为

$$I_d > I_{op} \qquad\qquad (I_{max} \leqslant I_N)$$

$$I_d > \left(1 + k \frac{I_{max} - I_N}{I_N}\right) I_{op} \qquad (I_{max} > I_N)$$

相电流比率制动横差保护能保证外部故障不误动，内部故障时灵敏动作，横差保护动作电流定值只需按躲过正常运行时的不平衡电流整定，一般整定为 $0.05 I_{GN}/n_a$。

（四）裂相横差保护

裂相横差保护就是将一台每相并联分支数为偶数的发电机定子绕组一分为二，各配以电流互感

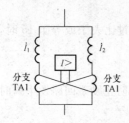

图 2-11 裂相横差
保护原理图

器 TA1，其变比为 $n_a = \dfrac{1}{a} I_{GN} / I_{2N}$，a 为每相并联分支数。裂相横差保护原理图见图 2-11。

正常工况下 $\dot{I}_1 = \dot{I}_2$，故流入差动元件的电流为零，当定子绕组的某一分支匝间短路或两分支不同匝间短路时，$\dot{I}_1 \neq \dot{I}_2$，故在差回路中产生差流，保护动作。

该保护采用比率制动特性，其整定计算与比率制动式纵差保护相似，但最小动作电流 $I_{op.0}$ 和最大制动系数 $K_{res.\,max}$ 均较大。

$I_{op.0}$ 由负荷工况下最大不平衡电流决定，它由两部分组成，即两组互感器在负荷工况下的比误差所造成的不平衡电流；由于定子与转子间气隙不同，使各分支定子绕组电流也不相同，产生的第二种不平衡电流。因此，裂相横差保护的 $I_{op.0}$ 比纵差保护的大。

$$I_{op.0} = 0.4\, I_{GN} / n_a$$
$$I_{res.0} = (0.8 \sim 1.0)\, I_{GN} / n_a$$
$$K_{res.\,max} = 0.4 \sim 0.5$$

式中　I_{GN}——分支的额定电流。

裂相横差保护也可应用于每相并联分支数为奇数的发电机，此时两个互感器的变比将不同，或者仍用相同变比 $n_a = \dfrac{1}{2} I_{GN} / I_{2N}$，增设中间互感器；微机保护可用软件调平衡。

（五）多分支分布中性点水轮发电机的综合差动保护

本保护反应发电机相间、匝间短路和分支开焊故障。

如图 2-12 所示，该发电机每相 6 并联分支装设 3 套差动保护，即：不完全纵差保护 1（②、④、⑥分支的 TA1 与 TA2）；裂相横差保护 2（①、③、⑤分支的 TA1 与②、④、⑥分支的 TA1）；高灵敏单元件横差保护 3（TA0）。

（六）纵向零序电压保护

零序电压匝间短路保护可用于各种发电机，尤其是中性点没有引出三相 6 端子的发电机（此时不能用横差保护）。零序电压匝间短路保护 $3U_0$ 原理接线图，如图 2-13 所示。

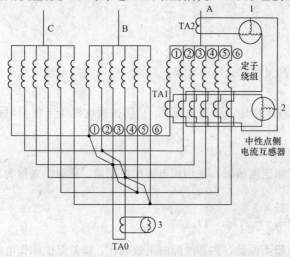

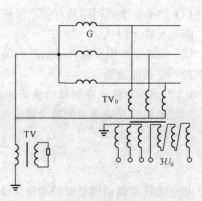

图 2-12　多分支分布中性点水
轮发电机综合差动保护二次接线图
1—不完全纵差保护；2—裂相横差保护；3—高灵敏
单元件横差保护

图 2-13　零序电压匝间短路保护
$3U_0$ 原理接线图

发电机定子绕组发生内部匝间短路时，其三相绕组的对称性遭到破坏，机端三相对发电机中性点出现基波零序电压 $3U_0$，因此 TV_0 有 $3U_0$ 输出。

发电机正常运行和外部相间短路时，$3U_0 = 0$。

发电机内部或外部发生单相接地故障时，一次系统出现对地零序电压 $3U_0$，发电机中性点电位升高 U_0，因 TV_0 一次侧中性点是接在发电机中性点上，因此开口三角绕组输出的 $3U_0$ 仍为零。

发电机定子电压含有三次谐波成分，三次谐波电压随定子电压升高、电流增大而相应增大，为此具有三次谐波滤过器，三次谐波电压滤过比大于80。

为防止外部故障和电压互感器二次回路异常时纵向零序电压元件误动，增设稳态量负序方向元件作为闭锁元件，负序方向元件电压取自机端 TV、电流可选择机端或中性点 TA，最大灵敏角一般为 $75° \sim 85°$。内部匝间故障时，负序功率由发电机流向系统，稳态量负序方向元件动作判据为

$$(I_2 > I_{2Q}) \bigcap (U_2 > U_{2Q}) \bigcap (P_2 > 0)$$

式中　I_{2Q}、U_{2Q} ——负序电流、电压门槛值，装置内部固定；

$\qquad P_2$ ——负序方向元件。

当发电机未并网时，由于无负序电流，此时以负序电压作为闭锁元件。当发电机机端专用 TV 一次回路异常时，闭锁纵向零序电压判据。

为了防止负序方向元件所用的 TA 断线或机端 TV 断线时，负序方向元件失去作用，此时发生匝间故障时可能闭锁匝间保护，为此自动投入一段高定值段，不经负序方向闭锁，经延时出口。高定值段的纵向零序电压和延时都可整定。

该保护应有电压互感器断线闭锁元件，零序过电压保护的动作电压可初选为

$$U_{0.op} = 2 \sim 3 \text{V}，即 2\% \sim 3\% U_N$$

自动投入高定值段零序电压为6V，时间不小于0.2s。

零序电压接入，需用两根连接线不得利用两端接地线来代替一根连接线，因为两个不同的接地端会由于其他使用接地线的电源通过大电流，而在两个接地点间产生电位差，造成零序电压继电器误动作（如使用电焊机、带地线的试验电源等）。发电机零序电压匝间保护的错误接线图见图2-14。

发电机纵向零序电压保护不采用负序方向闭锁，则可采用电流比率制动的纵向零序电压保护，即灵敏段匝间保护，其动作方程为

$$U_{z0.op} > [1 + K_{z0} I_m / I_N] \times U_{z0.set}$$

$$I_m = 3I_2 \qquad\qquad I_{max} < I_N$$

$$I_m > (I_{max} - I_N) + 3I_2 \qquad I_{max} \geqslant I_N$$

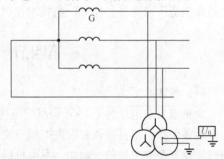

图 2-14　发电机零序电压匝间保护的
接线图（错误的接线）

式中　$U_{z0.set}$ ——零序电压整定值；

$\qquad I_{max}$ ——发电机机端最大相电流；

$\qquad I_2$ ——发电机机端负序电流；

$\qquad I_N$ ——发电机额定电流；

$\qquad K_{z0}$ ——制动系数。

电流比率制动原理匝间保护能保证外部故障时不误动，内部故障时灵敏动作，由于采用了电流比率制动的判据，零序电压整定值只需按躲过正常运行时最大不平衡电压整定，因此提高了发电机内部匝间短路时保护的灵敏度。

对于其他正常运行情况下纵向零序电压不平衡值的增大，纵向零序电压保护动作值具有浮动门槛的功能。

匝间保护一般经短延时 $0.10 \sim 0.20$s 出口。

（七）转子回路二次谐波电流保护

发电机定子绕组内部短路时产生的负序电流，可以用装设在转子回路中的电抗变压器以二次谐波电压的形式来反应。

该保护的二次谐波动作电压 U_{op} 应按下述原则整定：在发电机长期允许的负序电流 $I_{2\infty}$ 下，实测转子回路中的电抗变压器输出二次谐波电压 $U_{2\infty}$，则

$$U_{op} = K_{rel}U_{2\infty}$$

实测 $U_{2\infty}$ 是在做发电机常规短路试验时，在很低的励磁电压下，做机端两相稳态短路试验，使定子负序电流等于 $I_{2\infty}$，对应测得转子回路中电抗变压器的 $U_{2\infty}$。由于励磁电压变化范围大，为空负荷额定励磁电压的 $6\sim8$ 倍，可靠系数 K_{rel} 应取较大值，一般为 $1.5\sim2.0$。

发电机外部短路时，转子电流中也有二次谐波，因此必须增设机端的负序方向元件作闭锁。

负序功率方向元件采用动合触点。当发电机内部短路时，负序功率由发电机流入系统，方向元件动合触点闭合。为防止外部短路暂态过程中此保护瞬时误动，保护应增设 $0.1\sim0.2$ s 延时。

该保护在发电机并列前发生匝间短路，由于负序方向元件不动而拒动。

（八）故障分量负序方向保护

利用故障分量负序电压和电流（$\Delta \dot{U}_2$ 和 $\Delta \dot{I}_2$），构成故障分量负序方向保护，其动作判据为

$$\Delta P_2 = 3\mathrm{Re}\left[\Delta \dot{U}_2 \cdot \Delta \hat{\dot{I}}_2 \mathrm{e}^{\mathrm{j}\varphi_{sen2}}\right] \geqslant \varepsilon_{p2}$$

式中　$\Delta \hat{\dot{I}}_2$ —— $\Delta \dot{I}_2$ 的共轭相量；

　　　　φ_{sen2} —— 负序方向灵敏角，一般取 $75°$。

故障分量负序方向继电器是一种方向元件，其阈值 ε_{p2} 很小，具体数值由继电器制造厂家供给，一般不作整定计算。

故障分量负序方向保护无需装设 TV 或 TA 的断线闭锁元件，但 TV 断线应发信号，保护较简单；但当发电机未并网前，因 $\Delta I_2 = 0$，保护失效，为此还应增设各种辅助判据，其原理和定值整定随各制造厂家而异，详见厂家技术说明书。

第四节　发电机短路后备保护

一、概述

大机组所在电厂的 220kV 及以上电压等级的出线，要求配置双套快速主保护，并有比较完善的近后备保护，不再强调要求发电机—变压器组提供远后备保护。大型发电机—变压器组本身已配备双重或更多的主保护（例如，发电机纵差、变压器纵差、发电机—变压器组纵差、高灵敏单元件横差等）。尽管如此，大机组装设简化的后备保护仍是必要的。

对于中小型机组，不装设双重主保护，应配置常规后备保护，并使其对所连接高压母线和相邻线路的相间短路故障具有必要的灵敏度。

二、发电机相间短路后备保护及整定

发电机相间短路的后备保护在下述情况下应动作。

（1）发电机内部故障，而纵联差动保护或其他主要保护拒动时；

（2）发电机、发电机—变压器组的母线故障，而该母线没有母线差动保护或保护拒动时；

（3）当连接在母线上的电气元件（如变压器、线路）故障而相应的保护或断路器拒动时。

发电机的后备保护方式有：低电压启动的过电流保护、复合电压启动的过电流保护、负序电流

和单元件低压过电流保护以及阻抗保护。

（一）低电压启动的过电流保护

发电机低压过电流保护的电流继电器，接在发电机中性点侧三相星形连接的电流互感器上，电压继电器接在发电机出口端电压互感器的相间电压上，这样在发电机投入前发生故障时，保护也能动作。

过电流元件的动作电流

$$I_{op} = \frac{K_{rel}}{K_r} I_N$$

式中　　K_{rel} ——可靠系数，取 1.2；

　　　　K_r ——返回系数，取 0.85～0.95；

　　　　I_N ——发电机额定电流。微机保护一般取 1.3 I_N。

发电机过电流保护整定动作电流时，要考虑电动机自启动的影响，将使过电流元件整定值提高，降低了灵敏性，为提高过电流元件的灵敏性，采用低电压元件，应躲开电动机的自启动方式下的最低电压。

低压元件作用是更易区别外部故障时的故障电流和正常过负荷电流；正常过负荷时，保护装置不会动作。

汽轮发电机的低电压元件，按躲过电动机自启动和发电机失磁异步运行时的最低电压整定，即动作电压取

$$U_{op} = (0.5 \sim 0.6) U_N$$

式中　　U_N ——发电机额定电压。

水轮发电机不允许失磁运行，故动作电压为

$$U_{op} = 0.7 U_N$$

灵敏度按发电机出口短路校验，$K_{sen} \geqslant 1.5$。

发电机—变压器组的灵敏度按变压器高压侧出口短路时校验。若低压元件在高压侧短路不能满足灵敏度要求，则在高压侧加设低压元件。

保护动作时间，应比连接在母线上其他元件的保护最长动作时间大一个时限级差 Δt，一般为 5～6s。

（二）复合电压启动的过电流保护

复合电压启动是指负序电压和单元件相间电压共同启动过电流保护。在变压器高压侧母线不对称短路时，电压元件的灵敏度与变压器绕组的接线方式无关，有较高的灵敏度。

负序电压元件的动作电压应躲过正常运行时最大不平衡电压，一般为

$$U_2 = (0.06 \sim 0.08) U_N$$

（三）负序电流和单元件低压过电流保护

发电机负序电流保护采用两段式定时限负序电流保护，由于不能反应三相对称短路，故加设单元件低压过电流保护作为三相短路的保护；对于发电机—变压器组，宜在变压器两侧均设低压元件。两段式定时限负序保护的灵敏段作为发电机不对称过负荷保护，经延时作用于信号。灵敏段负序动作电流按躲开发电机正常运行时的最大不平衡电流整定，即

$$I_{2.op} = 0.1 I_N$$

其动作时间取 6～8s。

定时限负序电流保护作为发电机不对称短路的后备保护，它和单元件低压过电流共用时间元件。

负序电流保护的动作电流应考虑下述因素：

（1）负序电流保护与相邻元件保护在选择性上相配合。

（2）满足保护灵敏度要求，例如发电机—变压器组按变压器高压侧两相短路，其灵敏度大于1.5。

（3）按发电机转子发热条件整定，发电机可以承受的负序电流与允许持续通过电流的时间，可用发热过程特性方程式来表示，即

$$I_{2*}^2 t = A$$

式中　I_{2*} ——负序电流以发电机额定电流为基准的标幺值；

　　　　t ——负序电流允许持续时间，一般取120s；

　　　　A ——与发电机类型及冷却方式有关的允许热时间常数。

（4）防止电流回路断线引起误动作。不反应零序分量的负序滤波器，当负序电流的定值大于 $0.58 I_N$ 时，则任一相电流回路断线，均不能误动作。

综合上述因素，负序电流一般为

$$I_{2.op} = (0.5 \sim 0.6)I_N$$

（四）阻抗保护

发电机—变压器组的阻抗保护一般接在发电机端部，阻抗元件一般为全阻抗继电器。但阻抗元件易受系统振荡及发电机失磁等的影响。

阻抗元件的阻抗值整定，应与线路距离保护的定值相配合。

$$Z_{op} = 0.7Z_T + 0.8 \frac{1}{K_{br}} Z_L$$

及

$$Z_{op.k} = \frac{K_I}{K_U} Z_{op}$$

式中　Z_T ——主变压器阻抗，折算为低压侧的每相欧姆值；

　　　　Z_L ——与其相配合的相邻线路距离保护的定值，折算为低压侧的每相欧姆值；

　　　　K_{br} ——分支系数，取各种可能出现的运行方式下的最大值；

　　　　K_I ——电流互感器变比；

　　　　K_U ——电压互感器变比。

动作时间与所配合的距离保护段时间相配合。灵敏度按高压侧母线故障校验，不少于1.5。为防止阻抗元件在振荡及失磁时误动，也可采用带偏移特性的阻抗继电器。但阻抗元件受 Yd 接线变压器和弧光电阻的影响，将缩短保护范围。同时，阻抗保护应有可靠的失电压闭锁装置。由于动作时间较长，不设振荡闭锁装置。

为防止电压断线造成误动，采用负序电流或相电流启动。

阻抗保护无法确定发电机、变压器内部故障位置的正确性，不适合作为发电机、变压器内部故障的后备保护，因此可在变压器高压侧设置，作为主变压器高压引线、高压母线和相邻高压线路的后备保护。阻抗元件采用偏移特性，阻抗元件的阻抗值与线路距离保护的定值相配合，$Z_{op} = 0.8 \frac{1}{K_{br}} Z_L$，$Z_L$ 为与之相配合线路的距离保护段动作阻抗，时间尚需防止系统振荡的误动，一般大于1.5s。也可与之相配合的线路距离保护灵敏度段的时间大 Δt，若小于1.5s，则应校核在振荡时不误动。

三、自并励发电机外部短路电流计算

设短路前发电机端电压为空负荷额定，即 $E = U_{q0} = 1$，$I_{d0} = 0$；计及由阻尼绕组引起的次暂态分量；不同励磁方式下，发电机外部三相短路时，其短路电流的表达式是不同的。

（1）发电机带常规励磁时，外部三相短路电流的表达式为

$$i_d = i_d'' + i_d' + i_\infty$$

$$= \left(\frac{1}{X_d'' + X_s} - \frac{1}{X_d' + X_s}\right)e^{-t/T_d''} + \left(\frac{1}{X_d' + X_s} - \frac{1}{X_d + X_s}\right)e^{-t/T_d'} + \frac{1}{X_d + X_s}$$

式中　　X''_d、X'_d、X_d——发电机次暂态、暂态及同步电抗；

　　　　T''_d、T'_d——发电机次暂态及暂态时间常数；

　　　　X_s——发电机外部电抗（这里 X_s 包含升压变压器和输电线等电抗）。

（2）自并励发电机外部三相短路电流的表达式为

$$i_d = i''_d + i'_d = \left(\frac{1}{X''_d + X_s} - \frac{1}{X'_d + X_s} \right) e^{-t/T''_d} + \left(\frac{1}{X'_d + X_s} \right) e^{-t/T_{dk}}$$

$$T_{dk} = T'_d \frac{R_{FD}}{\left(1 - C_a \frac{X_s}{X_d + X_s} \right) (R_{FD} + R_D)}$$

$$C_a = \frac{\cos\alpha_k}{\cos\alpha_0}$$

式中　　T_{dk}——自并励发电机等效时间常数；

　　　　R_{FD}——转子回路电阻（有名值）；

　　　　R_D——整流变换弧电抗的直流等效电阻（有名值），通常取 $\frac{R_{FD}}{R_{FD} + R_D} = 0.90 \sim 0.96$；

　　　　C_a——发电机电压不变时强励电压与空负荷励磁电压之比；

　　　　α_k——强励时，全控桥晶闸管的控制角；

　　　　α_0——空负荷时，全控桥晶闸管的控制角。

由自并励发电机与常规他励发电机外部短路电流计算的比较，可以看出：

1）两种励磁系统的发电机，外部短路电流次暂态分量的初始值及变化规律是相同的。这是因为次暂态分量是由阻尼绕组的参数决定的，与励磁方式无关。

2）两种励磁系统的发电机，外部短路电流暂态分量的初始值也是相同的。这是因为该分量是由励磁绕组磁链不变决定的，也与励磁方式无关。但暂态分量的变化规律是有区别的。常规励磁的发电机，其暂态分量按 T'_d 衰减，最后衰减到稳态值 $i_\infty = \frac{1}{X_d + X_s}$。自并励的发电机，其暂态分量按 T_{dk} 衰减，变化情况由其他因素决定。

3）自并励发电机的短路电流变化规律取决于 T_{dk}。随着 X_s、C_a 的增大，短路电流可能会出现三种情况：

a. 电流衰减至零；

b. 保持不变；

c. 持续上升但受饱和的限制而维持某一定值。

4）继电保护整定计算中的不对称短路计算主要是两相短路计算。通常等效地处理为短路点经附加电抗 $X_\Delta^{(2)} = X_{2\Sigma}$ 后发生三相短路，从而计算出短路电流的初始值。而其衰减时间常数近似取为

$$T''^{(2)}_d \approx T''^{(3)}_d$$

$$T'^{(2)}_d = T_{d0} \frac{X'_d + X_s + X_{2\Sigma}}{X_d + X_s + X_{2\Sigma}}$$

$$T^{(2)}_{dk} = T'^{(2)}_d \frac{R_{FD}}{R_{FD} + R_D} \Big/ \left(1 - C_a \frac{X_s + X_{2\Sigma}}{X_d + X_s + X_{2\Sigma}} \right)$$

式中　　T_{d0}——励磁绕组本身的时间常数。

对于自并励发电机。在短路故障后电流衰减变小，故障电流在过电流保护动作出口前，就可能已经返回。因此，在复合电压过电流保护启动后，过电流元件需要带有记忆功能，用复合电压自保持，使保护能可靠动作出口。

发电机复压过电流保护逻辑框图如图 2-15 所示。

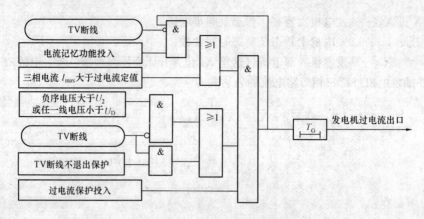

图 2-15 发电机复合电压过电流保护逻辑框图

发电机复压过电流保护动作跳发电机—变压器组高压侧母联断路器应考虑当发电机相间故障，保护动作断开高压侧断路器，但由于发电机灭磁时间长的影响而继续动作使复合电压过电流保护误断开高压侧母联断路器，为此要加判高压侧断路器并网状态，同时应退出电流记忆功能。最好不跳母联断路器。

四、电力系统振荡时阻抗继电器动作特性分析

为简化装置接线，发电机用的阻抗保护可以用延时动作躲开系统振荡，不宜装设复杂的振荡闭锁装置。因此，在阻抗保护的整定计算中，须分析阻抗继电器在电力系统发生振荡时的动作行为，并求出躲开振荡所需的时间。

设电厂有 n 台同容量发电机组在主变压器高压侧并联运行。当电厂与电力系统发生振荡时，电厂及电力系统阻抗如图 2-16 所示。而对于在每台机组上的继电器测量阻抗来说，相当于图 2-17 所示的情况。

用作图法求解振荡时继电器的动作情况，见图 2-18。按比例画出 $GT = X_d'$，$TB = X_t$，$BS = nZ_s$，通过 GS 中点 H 作垂线 PQ，PQ 即为两侧电动势大小相等时系统振荡中心点的阻抗轨迹。设全阻抗继电器装于主变压器高压侧 B 点，继电器的动作阻抗圆与 PQ 线交于 KL 两点，当系统两侧电动势摆开角度等于 $\angle GKS$ 时，阻抗继电器动作，摆开角度等于 $\angle GLS$ 时，继电器返回，继电器动作的角度范围是 $\theta = \angle GLS - \angle GKS$，继电器动作时间是

$$T_1 = \frac{\theta}{360} T_s$$

式中　T_s——系统最大振荡周期。

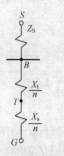

图 2-16　电厂及
电力系统阻抗

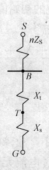

图 2-17　每台机组上
继电器测量阻抗

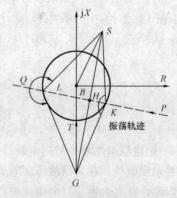

图 2-18　作图法求解振荡时
继电器动作特性

当阻抗保护的整定时限 t_{set} 大于继电器动作时间 t_1 时，即可躲开系统振荡。

如阻抗继电器装于发电机出口 T 点，整定方法步骤同前，阻抗继电器的动作特性如图 2-19 所示。

五、变压器电抗计算

在短路电流计算或保护装置整定计算中，在涉及变压器阻抗时，通常都略去变压器绕组的电阻，而只计及变压器绕组的电抗，即漏抗。制造厂给出的变压器电抗值一般是归算至变压器额定容量为基准的数值，三绕组变压器各绕组的容量组合有 100/100/100，100/100/50，100/50/100。自耦变压器的绕组容量组合有 100/100/50 和 100/50/100 两种。制造厂给出的自耦变压器电抗，有时并没有归算至额定容量，使用时应引起注意，如果制造厂提供的是未经归算过的电抗值，在计算时应归算到变压器的额定容量。

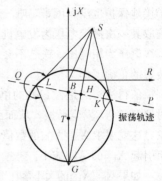

图 2-19 装于发电机出口阻抗
继电器动作特性

绕组带调压分接头的变压器，制造厂给出的电抗是调压分接头在额定位置时的值，此时变压器电抗的有名值及标幺值分别按下式计算

$$X_T = \frac{U_T \%}{100} \times \frac{U_N^2}{S_N}$$

$$X_{T*} = \frac{U_T \%}{100} \times \frac{S_B}{S_N}$$

式中　　X_T——变压器电抗的有名值，Ω；

　　X_{T*}——变压器电抗的标幺值；

　　$U_T \%$——变压器短路电压的百分值；

　　U_N——变压器的额定电压，kV；

　　S_N——变压器最大容量绕组的额定容量，MVA；

　　S_B——计算用的基准容量，通常取 $S_B = 100\text{MVA}$ 或 $S_B = 1000\text{MVA}$。

当变压器调压分接头在极限位置时，变压器的电抗按下式计算

$$X_{Tm} = X_T \times \frac{U_m \%}{U_T \%} \times \alpha_m^2$$

式中　　X_{Tm}——调压分接头在极限位置时变压器电抗；

　　$U_m \%$——调压开关在极限位置时，短路电压最大值的百分数；

　　α_m——调压开关在极限位置时电压的标幺值，等于 $1 + \Delta U \% / 100$（或 $1 - \Delta U \% / 100$），

　　ΔU 为调压范围中偏离额定值的最大值。

第五节　发电机定子接地保护

一、发电机中性点接线方式

发电机中性点的接地方式与定子单相接地故障电流的大小、定子绕组的过电压、定子接地保护的实现等因素有关，尽管接地方式不同，但均要求单相接地电流尽量小些，动态过电压倍数低些和易于实现高灵敏度的定子接地保护。我国目前应用的发电机中性点接地方式主要有：

（1）中性点不接地或经单相电压互感器接地。

（2）中性点经配电变压器高阻接地。

（3）中性点经消弧线圈（欠补偿）接地。

（一）中性点经单相电压互感器（TV0）接地

实际上这是一种中性点不接地方式，单相电压互感器仅用来测量发电机中性点的基波电压和三次谐波电压。对于单相接地电容电流小于安全电流的发电机可采用这种接地方式，实现无死区的定子接地保护也没有困难，唯一应当注意的是所用的单相电压互感器铁芯工作磁密不应太高，一般宜选取其一次额定电压为发电机的额定电压。这样当发电机机端发生单相接地故障时，中性点 TV0 一次电压为相电压，铁芯不会饱和，二次电压将比较真实地反映一次电压，从而保证定子接地保护装置的正确工作。

值得注意的是，TV0 的单相绕组在额定相电压 U_N 作用下的励磁电抗 X_{LN} 有可能与发电机每相对地容抗 X_{c0} 发生谐振，从而引起过电压，试验研究表明，当 $X_{c0}/X_{LN} < 0.01$ 时不会发生谐振现象，这就要求 X_{c0}/X_{LN} 的数值尽可能减小。一般情况下都能满足，前提是电压互感器不能饱和，以免引起 X_{LN} 的急剧减小。

如果 X_{c0}/X_{LN} 的大小落在谐振区，则应采取消振措施。最简单的办法就是在 TV0 的开口三角绕组接入消振电阻 R，R 越小，消振作用越大，一般 R 约为几十到几万欧姆，具体数值不难由实际试验确定。

对于 6～10kV 的电压互感器，宜于采用 200W 的白炽灯泡作为非线性的消振电阻，这样既能有效消振，又不必增大电压互感器的容量。

（二）中性点经配电变压器高阻接地

这种方法在国外用得较多，它是靠调整中性点接地变压器二次侧的电阻来限制接地故障时的有功电流（如限制在 15A 以下认为是安全的）。采用这种接地方式的目的，主要是为了降低机端金属性接地时，健全相发电机定子绕组过电压，减小发生谐振的可能性。

对于中性点经配电变压器的接地方式，一旦定子绕组发生单相接地故障，接地电流必然增大，为保证发电机的安全，定子接地保护必须立即动作于停机。

（三）中性点经消弧线圈接地（欠补偿方式）

为减小单相接地故障电流，使之低于安全电流。选用 100% 无死区的定子接地保护，当发生接地故障时，定子接地保护灵敏动作，发出警告，采取措施，转移负荷，平稳停机。可选择发电机中性点经消弧线圈接地。在定子绕组发生单相接地故障的状态下，消弧线圈将在零序电压作用下产生电感电流，补偿发电机电压系统的接地电容电流，使单相接地电流小于安全电流。

制造连续平滑调整电感量的消弧线图，直接接于发电机中性点与大地之间。

发电机中性点消弧线圈容量的选择不同于 35kV 等电压不接地系统所用消弧线圈，因为后者要考虑系统配电线路的检修停用，防止发生电感电容的谐振现象。所以，35kV 等电压不接地系统的消弧线圈采用过补偿方式；而发电机组的三相对地电容，始终保持固定不变，不存在改变的问题。为了减少高压侧接地故障对发电机的传递过电压幅值，应采用欠补偿方式。很多权威资料也介绍，对于采用单元件连接的发电机中性点的消弧线圈，为了减少耦合传递过电压以及频率变动等对发电机中性点位移电压的影响，一般采用欠补偿方式。

发电机中性点经消弧线圈接地后，可使接地故障电流减小到安全电流以下（300MW 及以上发电机一般都欠补偿到 1A 以下），从而有效地防止了接地故障发展成间或匝间短路，使故障点电弧存在的时间大为缩短，特别是在补偿良好时更是如此。这对构成无死区的 100% 定子接地保护没有任何困难，甚至比其他中性点接地方式的发电机定子接地保护具有更高的灵敏度。

二、发电机装设定子绕组单相接地保护

发电机是电力系统中最重要的设备之一，其外壳都进行安全接地。发电机定子绕组与铁芯间的绝缘破坏，就形成了定子单相接地故障，这是一种最常见的发电机故障。发生定子单相接地故障后，接地电流经故障点、三相对地电容、三相定子绕组而构成通路。当接地电流较大时，能在故障点引起电弧时，将使定子绕组的绝缘和定子铁芯烧坏，也容易发展成危害更大的定子绕组相间或匝间短路，为此，应装设发电机定子绕组单相接地保护。

当发电机单相接地电流不超过允许值时，单相接地保护可带时限动作于信号。

三、现代大型发电机应装设 100％定子接地保护

100MW 以下发电机，应装设保护区不小于 90％的定子接地保护；100MW 及以上的发电机，应装设保护区为 100％的定子接地保护。

发电机中性点附近是否可能首先发生接地故障，过去曾有过两种不同的观点，一种观点认为发电机定子绕组是全绝缘的（中性点和机端的绝缘水平相同），而中性点的运行电压很低，接地故障不可能首先在中性点附近发生。另一种观点则认为，如果定子绕组绝缘的破坏是由于机械的原因，例如水内冷发电机的漏水、冷却风扇的叶片断裂飞出，则完全不能排除发电机中性点附近发生接地故障的可能性。另外，如果中性点附近的绝缘水平已经下降，但尚未到达能为定子接地继电器检测出来的程度，这种情况具有很大的潜在危险性。因为一旦在机端又发生另一点接地故障，使中性点电位骤增至相电压，则中性点附近绝缘水平已经下降的部位，有可能在这个电压作用下发生击穿，故障立即转为严重的相间或匝间短路。我国一台大型水轮发电机，在定子接地保护的死区范围内发生接地故障，后发展为相间短路，致使发电机严重损坏。

鉴于现代大型发电机在电力系统中的重要地位及其制造工艺复杂、铁芯检修困难等情况，故要求装设 100％定子接地保护，而且要求在中性点附近绝缘水平下降到一定程度时，保护就能动作。

综上所述，大中型发电机中性点接地方式和定子接地保护应满足三个基本条件，即：

(1) 接地故障点电流不应超过安全电流，确保定子铁芯安全。

(2) 保护动作区覆盖整个定子绕组，保护区内任一点接地故障应有足够的灵敏度（即经一定过渡电阻接地仍能动作）。

(3) 暂态过电压数值较小，不威胁发电机的安全运行。

四、同步发电机定子绕组单相接地的零序电压和零序电流

定子绕组中性点不接地的发电机，当发生 A 相接地时发电机中性点电位将发生位移，产生零序电压。由于接地电流非常小，定子绕组感抗又远小于对地容抗，所以可以完全忽略定子绕组感抗压降，这样零序电压 $\dot{U}_{k0}$ 既是发电机中性点的位移电压，也是定子绕组任一相和任一点的零序电压。如图 2-20 所示。

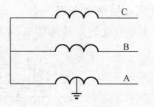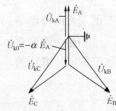

图 2-20 发电机中性点零序电压示意图

由图 2-20 可见

$$\left.\begin{array}{l} \dot{U}_{kA} = (1-\alpha)\dot{E}_{A} \\ \dot{U}_{kB} = E_{B} - \alpha\dot{E}_{A} \\ \dot{U}_{kC} = E_{C} - \alpha\dot{E}_{A} \end{array}\right\}$$

式中 α——中性点到接地故障的匝数占每相一分支总匝数的百分比。

对地 A 相电压 $\dot{U}_{kA}$ 下降，非故障相对地电压 $\dot{U}_{kB}$、$\dot{U}_{kC}$ 上升，则故障点的零序电压为

$$\dot{U}_0 = \frac{1}{3}(\dot{U}_{kA} + \dot{U}_{kB} + \dot{U}_{kC}) = -\alpha\dot{E}_A$$

当故障点在机端时，$\alpha = 1.0$，$U_0 = E_{ph}$（相电动势），如图 2-21 所示，U_0 与 α 是线性关系。

因此发电机定子绕组某一相任意点单相接地时，流过接地点的电流是在零序电压作用下，经各

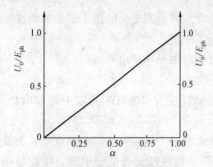

图 2-21 发电机单相接地时
基波零序电压 U_0 与 α 的关系

相对地电容产生的容性零序电流。故障点的零序电压将随着故障点位置不同（α 值不同）而改变。

设发电机本身对地电容 C_g 和发电机有电联系的元件对地电容 C_0，则全系统每相对地总电容为

$$C_{0\Sigma} = C_g + C_0$$

则每相零序电流为

$$\dot{I}_{k0(\alpha)} = \frac{\dot{U}_{k0(\alpha)}}{X_{c\Sigma}} = -\alpha \dot{E}_A \omega (C_g + C_0)$$

接地点总电流为

$$3\dot{I}_{k0(\alpha)} = -3\alpha \dot{E}_A \omega (C_g + C_0)$$

接地电流不应超过规定的允许值，否则将严重烧伤定子铁芯和绕组绝缘。

当发电机机端 A 相经过渡电阻 r_f 发生单相接地故障时，求解零序电压 $\dot{U}_0$ 和各相对地电压 $\dot{U}_{Ad}$、$\dot{U}_{Bd}$、$\dot{U}_{Cd}$。

设发电机各相对地电容均为 C_g，则有

$$\dot{U}_0 = -\frac{\dot{E}_A (1/r_f + j\alpha C_g) + (\dot{E}_B + \dot{E}_C) j\alpha C_g}{1/r_f + j3\alpha C_g} = -\frac{\dot{E}_A}{1 + j3\alpha C_g r_f}$$

当 $r_f = 0 \sim \infty$ 变化时 $\dot{U}_0 = -\dot{E}_A \sim 0$，图 2-22 表示 r_f 变化时地电位点 d 的轨迹为以 AO 为直径的圆弧，U_0 将沿此圆弧而改变。

令 $U_0 / E_{ph} = K_0$，$0 \leqslant K_0 \leqslant 1.0$，则发电机三相对地电压分别为

$$\left. \begin{array}{l} U_{Ad} = E_{ph}\sqrt{1 - K_0^2} \\[2mm] U_{Bd} = E_{ph}\sqrt{1 + 2K_0^2 - K_0\sqrt{3(1 - K_0^2)}} \\[2mm] U_{Cd} = E_{ph}\sqrt{1 + 2K_0^2 + K_0\sqrt{3(1 - K_0^2)}} \end{array} \right\}$$

由上式可得图 2-23，从此图中可清楚看到：

(1) 随 r_f 改变而 $K_0 = 0 \sim 1.0$ 变化时，故障相 A 对地电压 U_{Ad} 在 $0 \sim E_{ph}$ 之间变化，它总是不可能高于额定相电压的。

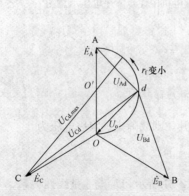

图 2-22 r_f 变化时 U_0 变化轨迹

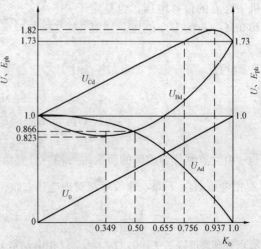

图 2-23 机端 A 相经 r_f 接地时 U_0、U_{Ad}、U_{Bd}、U_{Cd} 的大小

（2）在 $0<K<0.655$ 范围内，非故障相 B 对地电压 U_{Bd} 小于或等于 E_{ph}，其最小值为 $0.823E_{ph}$，在 $K=0.349$ 时发生；在 $0<K<0.349$ 范围内，非故障相 U_{Bd} 反而小于故障相 U_{Ad}。

（3）在 $0.756<K_0<1.0$ 范围内，非故障相对地电压 U_{Cd} 超过额定线电压 $\sqrt{3}E_{ph}$，在 $K_0=0.937$ 时有最大的 $U_{Cd}=1.82E_{ph}$，注意到它不是通常所说的 $\sqrt{3}E_{ph}$。

（4）对于 A 相经 r_f 发生机端接地故障，不管 K_0 值多大，恒有。$U_{Cd}>U_{Bd}$。

五、利用基波零序电压的发电机定子单相接地保护的特点

利用基波零序电压的发电机定子单相接地保护的特点是：①简单、可靠；②设有三次谐波滤过器以降低不平衡电压；③由于与发电机有电联系的元件少，接地电流不大，适用于发电机—变压器组。

利用基波零序电压的发电机定子单相接地保护的不足之处：不能作为 100% 定子接地保护，有死区，但一般小于 15%。

在发电机定子回路中某点发生单相接地时，定子回路各点均有零序电压 αE_{ph}。因此作为保护动作参量的基波零序电压可以取自发电机中性点单相电压互感器或消弧线圈的二次电压，也可取自机端三相电压互感器的第三绕组（开口三角接线）的电压。国外广泛采用发电机中性点经配电变压器接地，这时基波零序电压可取自配电变压器的二次电压。

图 2-24 中表示了常用的一种基波零序电压型定子接地保护原理接线，T0 如果是单相电压互感器，则电阻 R_N 就可能是防止谐振的消谐电阻（必要时才加）；如果 T0 是消弧线圈，则一般不加电阻 R_N（注意消弧线圈的实际一次、二次电压变比）。

执行元件 K 就是简单的过电压继电器，其动作电压一般采用 5～10V，这就是说保护的死区将达 5%～10%，对于重要的大型发电机来说这是不能满足要求的。要想扩大这种保护装置的保护动作区（即降低动作电压），应解决以下几方面的问题：

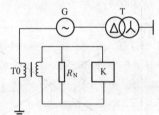

图 2-24 基波零序电压型
定子接地保护原理接线

（1）努力减小正常运行时的不平衡零序电压。实际测试表明，发电机正常运行时的不平衡零序电压主要是三次谐波分量（可能超过 10V，有时因电压互感器饱和，甚至有超过 20V 的），基波分量很小（经常小于 1V），所以，应加强三次谐波阻波环节使三次谐波滤过比提高到 80～100。如果零序电压动作值降低，必须防止在高压系统或厂用系统发生接地故障时误动作。

（2）如果高压系统中性点直接接地，当高压系统发生单相接地故障时，若直接传递给发电机的零序电压超过定子接地保护的动作电压，则必须使定子接地保护的时限大于系统接地保护的时限。也可引入高压侧零序电压作为制动量，以防误动，但考虑到定子接地保护仅动作于信号，而系统接地保护是快速跳闸的，所以这个制动作用并非十分必要。

（3）如果高压系统中性点不直接接地，当高压系统单相接地故障时，若通过耦合电容传递给发电机的零序电压超过定子接地保护的动作电压，则必须装设以高压侧零序电压为制动量，以发电机零序电压为动作量的基波零序电压型定子接地保护。

（4）应考虑厂用系统接地故障对定子接地保护的影响。已经发现 200MW、18kV 汽轮发电机，在厂用 6kV 系统发生单相接地时，定子接地保护误动（定值 10V，而 $3U_0=13.2V$）。

综上所述，基波零序电压型定子接地保护可以在发电机单相接地电流很小的情况下使用。没有制动作用的基波零序电压型定子接地保护，如果高压侧中性点不接地，则保护区一般不会超过 90%～95%，如果有制动作用，则保护区可以超过 95%，但也不是 100%，而且在保护区内经过渡电阻接地时灵敏度也不高（特别是当故障发生在中性点附近）。

六、利用三次谐波电压构成的100%发电机定子绕组接地保护的工作原理

由于发电机气隙磁通密度的非正弦分布和铁芯饱和的影响，其定子绕组中的感应电动势除基波外，还含有三、五、七次等高次谐波。因为三次谐波具有零序分量的性质，在线电动势中它们虽然不存在，但在相电动势中依然存在，设以 E_3 表示。

为了便于分析，假定：①把发电机每相绕组对地电容 C_G 分成相等的两部分，每部分 $C_G/2$ 等效地分别集中在发电机的中性点 N 和机端 S；②将发电机端部引出线、升压变压器、厂用变压器以及电压互感器等设备的每相对地电容 C_S 也等效地集中放在机端。

根据理论分析，在上述假设条件下，可得出下列结论：

(1) 当发电机中性点绝缘时，发电机在正常运行情况下，机端 S 和中性点 N 处三次谐波电压之比为

$$\frac{U_{S3}}{U_{N3}} = \frac{C_G}{C_G + 2C_S} < 1$$

当发电机出线端开路 $C_S = 0$ 时，$U_{S3} = U_{N3}$。

(2) 当发电机中性点经消弧线圈接地时，若基波电容电流被完全补偿，发电机在正常运行情况下，机端 S 和中性点 N 处三次谐波电压之比为

$$\frac{U_{S3}}{U_{N3}} = \frac{7C_G - 2C_S}{9(C_G + 2C_S)} < 1$$

上式表明接入消弧线圈后，中性点的三次谐波电压比中性点绝缘时的中性点三次谐波更大。

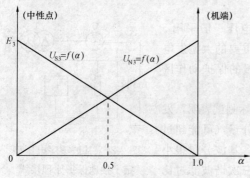

图 2-25　U_{N3}、U_{S3} 随 α 的变化曲线

(3) 不论发电机中性点是否接有消弧线圈，当在距发电机中性点 α（中性点到故障点的匝数占每相一分支总匝数的百分比）处发生定子绕组金属性单相接地时，中性点 N 和机端 S 的三次谐波电压分别恒为

$$\left. \begin{array}{l} U_{N3} = \alpha E_3 \\ U_{S3} = (1 - \alpha) E_3 \end{array} \right\}$$

按上式可作出 $U_{N3} = f(\alpha)$、$U_{S3} = f(\alpha)$ 的关系曲线，如图 2-25 所示。

从图 2-25 可以看出，$U_{N3} = f(\alpha)$、$U_{S3} = f(\alpha)$ 皆为线性关系，它们相交于 $\alpha = 0.5$ 处；当发电机中性点接地时，$\alpha = 0$，$U_{N3} = 0$，$U_{S3} = E_3$；当机端接地时，$\alpha = 1$，$U_{N3} = E_3$，$U_{S3} = 0$；当 $\alpha < 0.5$ 时，恒有 $U_{S3} > U_{N3}$；当 $\alpha > 0.5$ 时，恒有 $U_{N3} > U_{S3}$。

综上所述，用 U_{S3} 作为动作量，U_{N3} 作为制动量构成发电机定子绕组单相接地保护，且当 $U_{S3} > U_{N3}$ 时保护动作，则在发电机正常运行时保护不会误动作，而在中性点附近发生接地时，保护具有很高的灵敏度。用这种原理构成的发电机定子绕组单相接地保护，可以保护定子绕组中性点及其附近范围内的接地故障，对其余范围则可用反映基波零序电压的保护，从而构成了100%发电机定子绕组接地保护。

七、反应基波零序电压和利用三次谐波电压构成的100%定子接地保护

(1) 反应基波零序电压的定子接地保护。零序电压取自发电机中性点电压互感器的电压或消弧线圈的二次电压或机端三相电压互感器的开口三角绕组。

正常运行时，不平衡电压有基波和三次谐波，其中三次谐波是主要的。当高压侧发生接地故障时，高压系统中的零序电压通过变压器高、低压绕组间的电容耦合会传给发电机，可能超过定子接

地保护的动作电压。

1) 反应零序电压的定子接地保护：保护装置的动作电压一般取 15V（发电机母线接地的开口三角电压为 100V），保护范围可达 85%，死区为 15%。

2) 反应基波零序电压的定子接地保护：带有三次谐波滤过器，反应基波零序电压的定子接地保护动作电压取 5～10V，保护范围可达 90%～95%，死区为 5%～10%。

3) 带有制动量的反应基波零序电压的定子接地保护：高压系统中性点不直接接地，为防止高压侧发生接地故障而误动，因此，装设以高压侧零序电压为制动量，以发电机零序电压为动作量的基波零序电压型定子接地保护，也可采用高压侧零序电压闭锁的方式。

4) 保护装置的动作时间：动作时间一般取 1.5s，作用于信号。当高压系统中性点为直接接地方式时，保护装置的动作时间应大于变压器高压侧接地保护动作时间。一般高压侧保证灵敏系数的接地保护的动作时间小于 1.5s，故保护装置动作时间取 2.0s。

200MW 发电机未装设匝间保护，考虑到匝间故障极大部分伴随接地故障，或由接地故障发展所至，为保证发电机设备的安全，将带有三次谐波滤过器的反应基波零序电压保护作用于跳闸。此时，为防止电压互感器一次侧断开或二次侧接地短路而引起三次侧零序电压误动，故必须用发电机中性点电压互感器或消弧线圈二次电压。动作电压按发电机端单相接地时零序电压的 15% 整定，其时限取 2.0s。

(2) 利用三次谐波电压构成 100% 定子接地保护。利用三次谐波电压构成 100% 定子接地保护，由两部分组成：第一部分是基波零序电压元件，其保护范围不少于定子绕组的 85%（从发电机机端开始）；第二部分是利用三次谐波电动势构成的定子接地保护，用以消除基波零序电压元件保护不到的死区。为保证保护动作的可靠性，这两部分保护装置的保护区应有一段重叠区，因此第二部分的保护范围应不小于定子绕组的 20%（从发电机中性点端开始）。

设 $\dot{U}_{S3}$ 为机端三次谐波电压，$\dot{U}_{N3}$ 为中性点三次谐波电压，$\dot{E}_3$ 为发电机三次谐波电动势。三次谐波电压构成的 100% 定子接地保护，可利用机端三次谐波电压作为动作量，而中性点三次谐波电压作为制动量。这样，当中性点附近发生接地故障时，能可靠动作于信号。

继电器动作的判据有下述几类：

1) $|\dot{U}_{S3}| \geqslant |\dot{U}_{N3}|$，调试简单，灵敏度低。

2) $|K\dot{U}_{S3} - \dot{U}_{N3}| \geqslant \beta |\dot{U}_{N3}|$，$\beta < 1$。

3) $|p\dot{U}_{N3} - \dot{U}_{S3}| \geqslant \beta |\dot{U}_{N3}| + \Delta U$。

ΔU 为极化继电器的动作电压，小于 0.7V。

正常运行时，调整 $|p\dot{U}_{N3} - \dot{U}_{S3}|$ 近似为零，并有适当的制动量 $\beta |\dot{U}_{N3}|$。当中性点附近发生单相接地故障后，$|p\dot{U}_{N3} - \dot{U}_{S3}|$ 上升，而 $\beta |\dot{U}_{N3}|$ 下降，使继电器动作。

4) $|\dot{U}_{S3} - \dot{K}_P\dot{U}_{N3}| \geqslant \beta |\dot{U}_{N3}|$，其中 $\dot{K}_P$ 为调整系数，使发电机正常运行时，动作量最小；$\beta = 0.2 \sim 0.3$。

5) $|\dot{K}_1\dot{U}_{S3} - \dot{K}_2\dot{U}_{N3}| \geqslant K_3U_{N3}$，其中 K_1、K_2 为幅值、相位平衡系数；K_3 为制动系数。

总之，三次谐波定子接地保护的动作值按厂家说明书的规定在现场调试，要求发电机中性点经 3kΩ 电阻接地，保护可靠动作。

三次谐波电动势随电压、功率、功率因数、发电机结构等多种因素而变化，数值不稳定，易误动，故不宜投入跳闸。

发电机中性点经配电变压器接地方式，使用三次谐波电压构成的定子接保护，由于正常运行时中性点相当于经过电阻接地，正常运行时 $|\dot{U}_{S3}| > |\dot{U}_{N3}|$，造成判据阈值的提高，故灵敏度不高，对于水轮发电机亦由于对地电容的增大，造成正常运行时 $|\dot{U}_{S3}| > |\dot{U}_{N3}|$，灵敏度也不高。

发电机中性点经配电变压器接地方式，为取得可靠灵敏的定子接地保护，最好使用外加 12.5～20Hz 交流电源构成的定子接地保护，并作用于跳闸。

（一）新型 100% 定子接地保护

1. 保护原理

三次谐波电压式和基波零序电压式原理共同构成 100% 定子接地保护。三次谐波零序电压保护仅反应距中性点 25% 左右范围的定子接地故障。

三次谐波电压式保护反应发电机机端和中性点的三次谐波零序电压比值。三次谐波电压定子接地保护的出口方式可选择为发信或跳闸出口。当负荷电流小于 20% I_{GN} 时，采用三次谐波比动作判据；当负荷电流大于或等于 20% I_{GN} 时，采用动态调整式三次谐波电压差动判据。

（1）三次谐波电压比保护。三次谐波电压比保护对应并网前和轻负荷工况，保护的动作判据为

$$\left.\begin{array}{l}\left|\dfrac{\dot{U}_{3t}}{\dot{U}'_{3n}}\right| > K_{31}\\[3mm] I_{max} < 20\% I_{GN}\end{array}\right\}$$

式中　$\dot{U}'_{3n}$ ——经变比补偿后的中性点侧零序电压的三次谐波电压相量；

$\dot{U}_{3t}$ ——机端侧零序电压的三次谐波电压相量；

K_{31} ——三次谐波电压比定值，必须经过现场实测；

I_{max} ——发电机机端侧最大相电流。

其中

$$U'_{3n} = U_{3n} \times \frac{3n_{TV3}}{n_{TV1}}$$

式中　U_{3n} ——实际的中性点侧零序电压的三次谐波分量。

（2）动态调整式三次谐波电压差动保护。动态调整式三次谐波电压差动保护对应 20% 额定电流以上的工况，保护的动作判据为

$$\left.\begin{array}{l}\Delta U_3 = |\dot{U}'_{3n} - \dot{K}_P \dot{U}_{3t}| > K_{32} |\dot{U}'_{3n}|\\[3mm] I_{max} \geqslant 20\% I_{GN}\end{array}\right\}$$

式中　$\dot{K}_P$ ——复数，在发电机正常运行时根据软件计算得到，使得修正以后的机端与中性点三次谐波电压相等，方程动作量即左侧量接近于零，从而在发生接地故障时获得最大的相对变化量；

K_{32} ——三次谐波制动系数定值，取值则只取决于计算误差，可取很小，有利于识别故障。

三次谐波电压采用零点滤波加傅氏算法进行计算，使得基波滤过比高达 100 倍以上，即使在系统频率偏移的情况下，仍然能保证很高的基波滤过比。

正常情况下，在机端和中性点侧零序电压输入回路出现异常时，装置能灵敏地检测出来，并发出告警信号，以便运行人员进行处理。

2. 逻辑框图

三次谐波定子接地保护逻辑图见图 2-26。

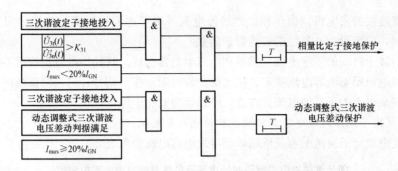

图 2-26 发电机三次谐波式定子接地保护逻辑图

3. 整定计算

(1) 三次谐波比定值 K_{31}：实测发电机空负荷至 20％负荷情况下的三次谐波电压比值，选取空负荷至 20％负荷时的最大三次谐波电压比值 β_1，则 $K_{31} = (1.3 \sim 1.5)\beta_1$。

(2) 三次谐波制动系数 K_{32}：一般整定为 0.3～0.6。

带 20％负荷情况下，U_{3N} 实测值较大时，K_{32} 取较低值，并且满足灵敏度要求。

(3) 三次谐波接地延时 T：T 应与系统接地保护配合。

八、发电机定子接地保护的整定计算

我国发电机中性点接地方式主要有以下三种：

(1) 不接地（含经单相电压互感器接地）。

(2) 经消弧线圈（欠补偿）接地。

(3) 经配电变压器高阻接地。

在发电机单相接地故障时，不同的中性点接地方式，将有不同的接地电流和动态过电压以及不同的保护出口方式。

当机端单相金属性接地电容电流 I_C 小于允许值时，发电机中性点应不接地，单相接地保护带时限动作于信号；若 I_C 大于允许值，宜以消弧线圈（欠补偿）接地，补偿后的残余电流（容性）小于允许值时，保护仍带时限动作于信号；但当消弧线圈退出运行或由于其他原因使残余电流大于允许值时，保护应切换为动作于停机。

发电机中性点经配电变压器高阻接地时，接地故障电流大于 $\sqrt{2}I_C$，一般情况下均将大于允许值，所以单相接地保护应带时限动作于停机，其时限应与系统接地保护相配合。

（一）发电机定子绕组单相接地故障电流的允许值

发电机定子绕组单相接地故障电流允许值按制造厂的规定值，如无制造厂提供的规定值可参照表 2-3 中所列数据。

表 2-3　　　　　　　　发电机定子绕组单相接地故障电流允许值

发电机额定电压（kV）	发电机额定容量（MW）		接地电流允许值（A）
6.3	≤50		4
10.5	汽轮发电机	50～100	3
	水轮发电机	10～100	
13.8～15.75	汽轮发电机	125～200	2 *
	水轮发电机	40～225	
18～20	300～600		1

* 对氢冷发电机为 2.5。

与母线直接连接的发电机：当单相接地故障电流（不考虑消弧线圈的补偿作用）大于允许值（参照表 2-3）时，应装设有选择性的接地保护装置。

保护装置由装于机端的零序电流互感器和电流继电器构成。其动作电流按躲过不平衡电流和外部单相接地时发电机稳态电容电流整定。接地保护带时限动作于信号，但当消弧线圈退出运行或由于其他原因使残余电流大于接地电流允许值，应切换为动作于停机。

（二）发电机定子绕组对地电容及机端单相接地电容电流

国产汽轮发电机定子对地电容及机端单相接地电容电流值见表 2-4。

表 2-4　　　　　　　　国产汽轮发电机定子对地电容及机端单相接地电容电流值

容量 （MW）	电压 （kV）	每相对地电容 （μF）	单相接地电容电流 （A）	接地电流允许值 （A）
50	10.5	0.25	1.43	3.0
100	10.5	0.16	0.914	3.0
200	15.75	0.20	1.715	2.0
300	18.0	0.23～0.3	1.97～2.57	1.0
600	18.0	0.27		

（三）变压器电容参数估算值

在发电机定子绕组单相接地保护的整定计算工作中，为了校核高压系统发生接地短路时发电机机端的传递电压大小，防止定子绕组单相接地保护误动作，必须知道变压器每相高低压绕组间的耦合电容 C_M 和变压器低压绕组每相对地电容 C_t。

如果变压器制造厂没有提供 C_M 和 C_t 的数值，可由图 2-27 和图 2-28 查得 C_M 和 C_t 的估算值。也可从下面公式计算

$$C_M = K_{M0} \sqrt{S_N} 10^{-4}$$

式中　　K_{M0}——系数，与额定电压 U_N 有关，见图 2-29；

　　　　S_N——变压器三相额定容量，MVA。

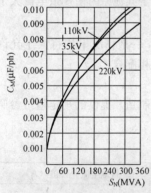

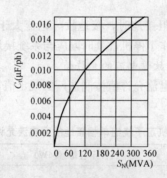

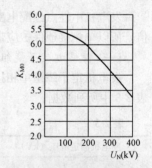

图 2-27　变压器高、低压侧
绕组之间的电容值 C_M 与 S_N
的关系曲线

图 2-28　变压器低压绕组一相对
地的电容值 C_t 与变压器
容量 S_N 的关系曲线

图 2-29　系数 K_{M0}
与变压器额定电压 U_N
的关系曲线

（四）基波零序过电压保护

该保护的动作电压 U_{op} 应按躲过正常运行时中性点单相电压互感器或机端三相电压互感器开口三角绕组的最大不平衡电压 $U_{unb.max}$ 整定，即

$$U_{op} = K_{rel}U_{unb.\,max}$$

式中　　K_{rel}——可靠系数，取 $1.2\sim1.3$。

$U_{unb.\,max}$ 为实测不平衡电压，其中含有大量三次谐波。为了减小 U_{op}，可以增设三次谐波阻波环节，使 $U_{unb.\,max}$ 主要是很小的基波零序电压，大大提高灵敏度，此时 $U_{op}\geqslant5\mathrm{V}$，保护死区大于或等于 5%。

应校核系统高压侧接地短路时，通过升压变压器高低压绕组间的每相耦合电容 C_M 传递到发电机侧的零序电压 U_{G0} 大小，传递过电压计算用近似简化电路见图 2-30。

图 2-30 中，E_0 为系统侧接地短路时产生的基波零序电动势，由系统实际情况确定，一般可取 $E_0\approx0.6U_{HN}/\sqrt{3}$（若 $U_{HN}=100\mathrm{V}$，则 $E_0=34.6\mathrm{V}$），U_{HN} 为系统额定线电压。$C_{G\Sigma}$ 为发电机及机端外接元件每相对地总电容。C_M 为主变压器高低压绕组间的每相耦合电容，见（三）中变压器电容参数估计值。Z_n 为 3 倍发电机中性点对地基波阻抗。

U_{G0} 可能引起基波零序过电压保护误动作。因此，应从动作电压整定值及延时两方面与系统接地保护配合。

（五）三次谐波电压单相接地保护

对于 100MW 及以上的发电机，应装设无动作死区（100％动作区）单相接地保护。一种保护方案是基波零序过电压保护与三次谐波电压保护共同组成 100％单相接地保护。

电压互感器变比为：

机端 TV

$$n_V = \frac{U_{GN}}{\sqrt{3}}\Big/\frac{100}{\sqrt{3}}\Big/\frac{100}{3}\mathrm{V}$$

中性点 TV

$$n_V = \frac{U_{GN}}{\sqrt{3}}\Big/100\mathrm{V}$$

如发电机中性点经消弧线圈或配电变压器接地，保护装置应具有调平衡功能，否则应增设中间电压互感器。

设机端和中性点三次谐波电压各为 $\dot{U}_S$ 和 $\dot{U}_n$，三次谐波电压单相接地保护可采用以下两种原理：

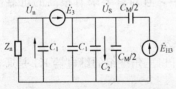

图 2-31　发电机三次谐波
电压分析计算用等值电路

E_3—发电机三次谐波相电动势；E_{H3}—系统高压侧三次谐波相电动势；Z_n—发电机中性点对地三次谐波感抗或电阻的三倍；C_1—发电机每相对地电容的一半；C_2—机端外接元件每相对地总电容；C_M—主变压器高低压绕组间每相耦合电容

（1）$|\dot{U}_S|/|\dot{U}_n|>\alpha$。

实测发电机正常运行时的最大三次谐波电压比值设为 α_0，则取阈值 $\alpha=(1.05\sim1.15)\alpha_0$。根据发电机定子绕组对地电容和中性点对地三次谐波阻抗的大小，见图 2-31，可计算 α_0。α 可能小于或大于 1.0。

（2）$|\dot{U}_S-\dot{K}_p\dot{U}_n|>\beta|\dot{U}_n|$。

式中，左边为动作量，调整系数 $\dot{K}_p$，使发电机正常运行时动作量最小。然后调整系数 β，使制动量 $\beta|\dot{U}_n|$ 在正常运行时恒大于动作量，一般取 $\beta\approx0.2\sim0.3$。

动作判据（1）的保护装置简单，但灵敏度较低。动作判据（2）较复杂，但灵敏度高。

定子绕组单相接地保护中的三次谐波部分只动作于信号。要求发电机中性点经 3000Ω 电阻接地，保护可靠动作。

（六）中性点经配电变压器高阻接地的定子绕组单相接地保护

接于配电变压器（变比 n_t）二次侧的电阻 R_N，应按机端单相接地时由 R_N 产生的电阻电流大于电容电流选定，即

$$R_N \leqslant 1/\left(3\omega C_{G\Sigma} n_t^2\right)$$

式中 $C_{G\Sigma}$ ——发电机及机端外接元件每相对地总电容。

（1）基波零序过电压保护。此保护用在中性点经配电变压器高阻接地的发电机上，灵敏度较低。

（2）三次谐波电压单相接地保护。

（3）95%定子绕组单相接地基波零序过电流保护。该保护装设在发电机中性点接地连线的电流互感器上，保护应具有三次谐波阻波部件，其动作电流为

$$I_{op} = (1-0.95)(1-K_{er})\frac{1-\Delta U\%}{1+\Delta U\%} \times \frac{I_k^{(1)}}{n_a} \times \frac{I_{2N}}{I_{2N}+\Delta I_{er}}$$

式中 K_{er} ——电流互感器比误差系数，取为 3%；

$\Delta U\%$ ——机端电压变化百分值，取为 10%；

$I_k^{(1)}$ ——机端单相金属性接地电流；

n_a ——电流互感器变比；

I_{2N} ——电流互感器二次额定电流；

ΔI_{er} ——保护继电器误差，取为 5% I_{2N}。

保护经 0.5s 延时动作于停机。

根据以上取值，动作电流为

$$I_{op} = (1-0.95) \times (1-0.03)\frac{1-10\%}{1+10\%} \times \frac{I_k^{(1)}}{n_a} \times \frac{I_{2N}}{I_{2N}+5\% I_{2N}} = 0.0378\frac{I_k^{(1)}}{n_a}$$

九、外加交流电源式 100%定子绕组单相接地保护

国外应用的外加交流电源式定子绕组单相接地保护有两种，其一为外加 20Hz 电源，另一为外加 12.5Hz 电源。

外加电源方式的定子绕组单相接地保护，在启停机过程中仍有保护作用，但必须增设低频电源，一般电源信号源都是按编码的方式间歇注入定子回路中，且对其要求有很高的可靠性。

（一）外加交流电源式 100%定子接地保护

外加 20Hz 交流电源式定子接地保护原理接线，如图 2-32 所示。

图中 Z1、Z2 是 20Hz 带通滤波器。接于电压互感器 TV 的开口三角绕组的继电器 K1 是通常的基波零序电压定子接地保护。

20Hz 电源经 Z1 加于 TV 的开口三角绕组，经 TV 传到定子回路。正常运行时，发电机三相对地电容电流有小量的 20Hz 零序电流，这个电流反映到中间电流互感器 TAM 的一次，最后经 Z2 滤波和 U 整流后成为继电器 K2 的不平衡动作电流，为了补偿这个电流，20Hz 电源电压又经过电阻 RA 并且整流得到一个反方向的补偿电流，调整 RA 使发电机正常运行时 K2 中的电流等于或接近于零，保护不动作。

当发电机发生单相接地故障时，定子回路零序阻抗大大减小，20Hz 的零序电流骤增，使 K2 的动作电流相应增大，此时右侧的反向补偿电流却不变，所以保护动作。

（二）发电机中性点经接地变压器高阻接地的外加交流电源式100%定子接地保护

发电机中性点经接地变压器高阻接地，单相接地保护由基波零序电压保护和外加12.5Hz电源的100%定子接地保护组成。

（1）参数和原理接线图，如图2-33所示。发电机额定电压20kV，接地变压器变比20kV/240V，$R_E=0.2\Omega$，$R_P=0.04\Omega$，中性点接地电阻（二次侧）$0.2+0.04=0.24\Omega$。

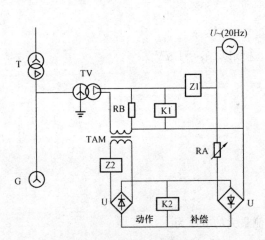

图 2-32　外加交流电源式的
定子接地保护原理接线图

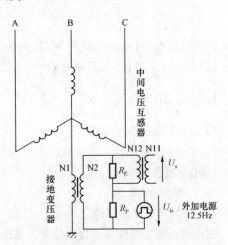

图 2-33　发电机三次谐波电压分析计算
用等值电路图

一次侧：$R'_E+R'_P=\left(\dfrac{20000}{240}\right)^2\times0.24=1666.7$（$\Omega$）

中性点接地电流（一次）：$I_1=\dfrac{20000/\sqrt3}{1666.7}=6.928$（A）

二次侧：$I_2=6.928\times\dfrac{20000}{240}=577.33$（A）

根据厂家设计要满足下述五个条件：

1）最大接地电流小于等于20A。

$I_E=\sqrt{I_C^2+I_R^2}$，$I_R=6.928\text{A}$，其中 I_C 为发电机本身的电容电流。

2）$130\Omega<R'_P<500\Omega$

$$R'_P=\left(\frac{20000}{240}\right)^2\times0.04=277.78\text{（}\Omega\text{）}$$

3）$R'_E>4.5R'_P=4.5\times277.78=1250$（$\Omega$）。

4）$0.7\text{k}\Omega<R'_E<5\text{k}\Omega$

$$R'_E=\left(\frac{20000}{240}\right)^2\times0.2=1388.89\text{（}\Omega\text{）}$$

5）中间电压互感器变比的选择。当发电机机端金属性单相接地故障时，接入基波电压U_s应在100V±20V之间。

$$1.2n \geqslant \frac{N_{12}}{N_{11}} \geqslant 0.8n$$

$$n = \frac{U_N}{\sqrt{3} \times 100} \times \frac{N_2}{N_1} \times \frac{R_E}{R_E + R_P} \quad (中间电压互感器 N_{11} 侧电压为 100V)$$

$$= \frac{2000}{\sqrt{3} \times 100} \times \frac{240}{20000} \times \frac{0.2}{0.24} = 1.1547$$

外加方波电压 U_{is} 的选用和 MTR 调整值。

已知 $R_P = 0.04\Omega$，按厂家要求 $R_P > 32m\Omega$，选取以 $U_{is} = 1.7V$。

按定义：$MTR = \frac{N_{12}}{N_{11}} \times \frac{110}{U_{is}} = 1.357 \times \frac{110}{1.7} = 87.8$。

（2）100％接地保护定值。

$MTR = 87.8$，$R_{es} = 1.66 \, k\Omega$

$10k\Omega$ 报警 时间 0.5s

$1k\Omega$ 跳闸 时间 5s

（3）95％接地保护定值。

发电机机端金属性单相接地故障，基波 N_{12} 侧最大的电压为

$$IR_E = 577.33 \times 0.2 = 115.466 \, (V)$$

当 95 ％绕组处接地 $0.05 \times 115.466 = 5.7733 \, (V)$

继电器 $U_N = 100V$，$\frac{5.7733}{100} = 0.057733U_N$

低定值整定：$U_{1set} = 0.05U_N = 5 \, (V)$

$$115.466 : 6.928 = 5 : X$$

$$X = \frac{6.928 \times 5}{115.466} = 0.3 \, A, \, t_1 = 5 \, s$$

高定值整定：$U_{2set} = 0.27U_N = 27 \, V$

$$115.466 : 6.928 = 27 : X$$

$$X = \frac{6.928 \times 27}{115.466} = 1.62 \, A, \, t_2 = 2 \, s$$

（三）注入式定子接地保护

1. 保护原理

注入式定子接地保护又称为外加 20Hz 低频交流电源型定子接地保护，可以保护发电机 100％定子绕组、主变压器低压侧以及高压厂用变压器高压侧范围内的单相接地故障，且不受发电机运行工况的影响。保护通过外加电源向发电机定子绕组中注入幅值很低的 20Hz 低频交流信号，20Hz信号约占发电机额定电压的 1％～3％。保护采集注入的 20Hz 电压信号和反馈回来的 20Hz 电流信号，计算发电机定子绕组对地绝缘电阻。通过监视定子绕组的对地绝缘状况，可以灵敏而可靠地探测到定子回路的接地故障。注入式定子接地保护接线和原理如图 2-34 和图 2-35 所示。保护通过测量图中 20Hz 低频交流信号回路的电压和电流相量 U_{GO} 和 I_{GO}，计算出复合阻抗，从而可以得出接地电阻的值。

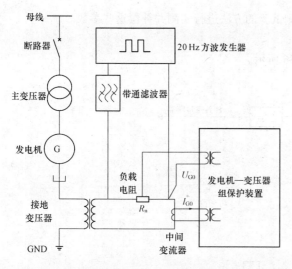

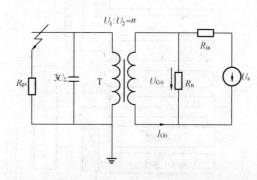

图 2-34 发电机注入式定子接地保护接线图　　图 2-35 发电机注入式定子接地保护原理图

不难得出接地电阻计算式为

$$R_{\text{gs}} = \frac{K_R}{R_{\text{e}}(I_{20}/U_{20})}$$

$$K_R = n^2 \frac{n_{\text{div}}}{n_{\text{TA}}}$$

式中　I_{20}——20Hz 电流；

　　U_{20}——20Hz 电压；

　　K_R——电阻折算系数；

　　R_{e}——相量的实数；

　　n——接地变压器电压变比；

　　n_{TA}——中间电流互感器电流变比；

　　n_{div}——分压比。

由设计参数确定的 K_R 一般只能作为校正前的参考值，现场需要通过模拟接地故障来确定。

当测量电阻值低于定值后保护动作，保护设置为 2 段，低定值段跳闸，高定值段发信。注入式定子接地跳闸段要判别发电机接地电流是否大于机组允许的安全接地电流，根据规程要求当接地电流大于机组允许的安全接地电流时保护动作为跳闸。

除了计算接地电阻，保护装置还通过监视接地电流的有效值来反应定子接地事故，提供了一个接地电流段，接地电流考虑所有的频率分量。当接地电流大于定值且机端开口三角电压大于 10V 时保护动作于跳闸，这可以用作后备保护段，能够覆盖 80%~90% 的保护范围。

保护具有回路自监视功能，如果 20Hz 电压信号降低到小于门槛值且 20Hz 电流信号小于门槛后，或者 20Hz 电流信号小于 0.5 门槛值，就可以判定 20Hz 信号回路异常。注入回路异常时保护装置将闭锁对接地电阻的计算，但是接地电流段仍然有效。

保护还具有频率闭锁功能，在极特殊情况下当发电机运行在 20Hz 附近且发电机低频磁场产生了较大的三相不平衡电动势时可能对注入式定子接地保护产生影响。影响的大小需要通过现场实测，大多数情况此影响是非常小的，频率闭锁功能不需要投入。

接地变压器的励磁阻抗、两侧绕组漏抗等会影响到定子绝缘的测量，为了保证 20Hz 注入式定子接地保护的灵敏度和可靠性，需要通过一次侧试验的方法进行实测并补偿这些参数。

2. 逻辑框图

发电机注入式定子接地保护逻辑图如图 2-36 所示。

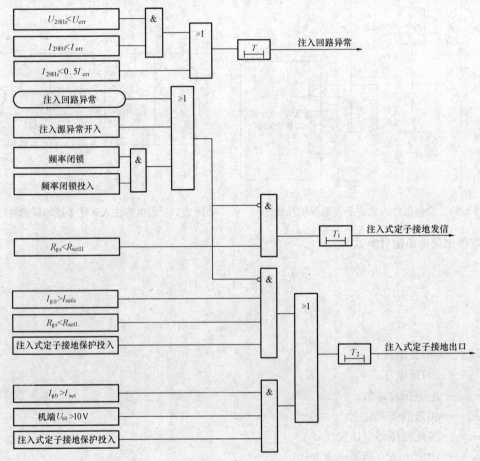

图 2-36　发电机注入式定子接地保护逻辑图

3. 整定计算

（1）接地电阻定值。接地电阻值按一次值整定，其中定子接地告警段定值一般整定为 $3\sim 8\text{k}\Omega$，定子接地跳闸段定值一般整定为 $1\sim 2\text{ k}\Omega$。

（2）定子接地保护延时。定子接地告警段延时一般整定为 $2\sim 10\text{s}$，定子接地跳闸段延时一般整定为 $0.5\sim 3\text{s}$。

（3）安全电流定值。按规程规定的发电机接地故障电流允许值整定，应将故障点接地电流折算到接地变压器接地电流。公式如下

$$I_{\text{safe}} = K \frac{n}{n_{\text{TA}}} \times \frac{I_{\text{pri}}}{\sqrt{\left(\dfrac{R_{\text{n}}n^2}{X_{\text{C}}}\right)^2 + 1}}$$

式中　K——可靠系数；

　　　n——接地变压器变比；

n_{TA}——中间电流互感器电流变比；

I_{pri}——规程规定的发电机接地故障电流允许值；

R_n——中性点接地电阻二次值；

X_C——机端系统对地总的容抗。

采用公式计算时一般考虑 0.5～0.7 的可靠系数。

安全电流定值也可以通过实验的方法整定。当实测的发电机接地电流达到规程规定的发电机接地故障电流允许值时，记录对应的保护实测的接地电流，再乘以 0.8～0.9 的可靠系数就是安全电流定值。

（4）零序电流跳闸定值。应该躲过发电机正常运行时的不平衡零序电流，一般按距离发电机中性点 10％～20％处金属性接地故障时保护感受到的零序电流整定。

（5）实测定值。电压回路监视定值、电流回路监视定值、电阻折算系数、相角补偿值、电抗补偿值、电阻补偿值和并联电阻补偿值等定值需要通过现场试验实测。

电压回路监视定值按照发电机正常运行时保护实测 20Hz 电压的 0.5 整定。

电流回路监视定值按照发电机正常运行时保护实测 20Hz 电流的 1.1～1.3 倍整定。

电阻折算系数根据设计参数按式 $K_R = n^2 \dfrac{n_{div}}{n_{TA}}$ 计算参考值。由设计参数确定的 K_R 一般只能作为校正前的参考值，准确值需要通过模拟接地故障来确定。例如：将发电机定子绕组通过阻值为跳闸段定值 R_{setL} 的电阻接地，暂时将 K_R 整定为 1，此时 R_{setL} 与保护实测的电阻值 R_{gs} 的比值就是 K_R 的整定值。

相角补偿值用来补偿测量回路的固有相角误差，合理的整定范围为 0°～5°或 355～360°，一般应在发电机绝缘正常时通过调整相角补偿值使保护实测的 R_{gs} 达到最大值。也可以改变接线，使注入源带纯电阻性质的负荷，用此时保护实测的 20Hz 电流与 20Hz 电压间的相角差作为相角补偿值。

电抗补偿值和电阻补偿值通过短路试验确定。将发电机中性点金属性对地短路，此时，保护装置实测的 X_s 和 R_s 就是电抗补偿值和电阻补偿值。

并联电阻补偿值默认为最大值，一般不需要改动，仅仅在机端系统有直接的电阻性负荷时作为补偿参数使用。

4. 附属设备

经中性点接地变压器二次消谐电阻注入的系统是典型注入方式。方波电源向 R-L-C 滤波器和二次消谐电阻共同组成的串联谐振负荷输送能量，并通过负荷电阻和接地变压器的二次侧绕组，向连接与一次侧的发电机定子系统中性点注入交流低频信号。保护装置以采到的注入电压与注入电流的复合函数接地电阻为判据。输出方波发生异常，则方波发生器通过输出信号而闭锁保护。

为了能够发挥最大注入功率并保持最低的注入源内阻，从而取得最佳的注入效果，需要根据负荷电阻 R_N 等情况合理连接滤波器。

方波发生器的负荷阻抗即滤波器阻抗与负荷电阻的串联阻抗之相量和，当实际负荷与方波发生器的额定负荷阻抗相等时，系统达到阻抗匹配的最佳效果。系统设计负荷阻抗为 8Ω，注入滤波器有三个内阻供选择。

最低出口源内阻为 6Ω（包含方波源内阻）因此理想的注入负荷电阻为 2Ω，另外两个内阻为 7Ω 和 8Ω。

当负荷电阻 $R_N \geqslant 2\Omega$，则选用最低出口源内阻为 6Ω。

当负荷电阻 $R_N < 2\Omega$，则不足部分按 8Ω 的原则，选用其他两个内阻。

负荷电阻 $R_N > 2\Omega$ 时注入源将在降功率工作。

为了提高保护性能，在条件允许的情况下应尽可能提高分压器的分压比。

（四）外加 20Hz 交流电源式 100％定子接地保护

外加 20Hz 电源式定子接地保护原理接线图如图 2-37 所示。

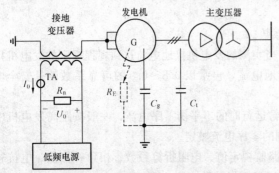

图 2-37 中，R_E 为故障点的接地过渡电阻；C_g 为发电机定子绕组对地总电容；C_t 为发电机定子绕组外部连接设备对地总电容；R_n 为接地变压器负荷电阻；U_0 为负荷电阻两端电压；I_0 为电流互感器测量的电流。保护装置通过测量 U_0 和 I_0，计算接地过渡电阻 R_E，从而实现 100％的定子接地保护。一般，接地电阻定值可取 $1\sim 5\text{k}\Omega$。

图 2-37 外加 20Hz 电源式定子接地保护原理接线图

采用外加交流电源式 100％定子绕组单相接地保护，可在发电机静止状态下模拟中性点位置经过渡电阻的接地故障，根据实测结果确定电阻判据的定值。定值整定的原则是：能够可靠地反映接地过渡电阻值。定值可分为高定值段和低定值段，高定值段一般延时 $1\sim 5\text{s}$，发告警信号；低定值段延时可取 $0.3\sim 1.0\text{s}$，动作于停机。

接地零序电流判据反应的是流过发电机中性点接地连线上的电流，作为电阻判据的后备，其动作值按保护距发电机机端 80％～90％范围的定子绕组接地故障的原则整定。以图 2-37 为例，动作电流为

$$I_{0.\,op} > I_{set} = \left(\frac{\alpha U_{RN}}{R_n}\right)/n_a$$

式中　　R_n——发电机中性点接地变压器二次侧负荷电阻；

　　　　U_{RN}——发电机额定电压时，机端发生金属性接地故障，负荷电阻 R_n 上的电压；

　　　　α——取 $10\%\sim 20\%$。

　　　　n_a——电流互感器的变比。

需要校核系统接地故障传递过电压（参考图 2-30）对零序电流判据的影响。

接地零序电流判据动作时限取 $0.3\sim 1.0\text{s}$，动作于停机。

十、零序方向型定子接地保护

零序方向型定子接地保护，适用于机端三相出线上装有零序电流互感器的小型发电机，特别适用于发电机机端有厂用电抗器或有公共母线的情况。在图 2-38 中，当发电机内部 K_1 点故障时，流过机端零序电流互感器的电流 $3I_0$ 为发电机外部分布电容 C_2 的电容电流；当发电机外部 K_2 点故障时，流过机端零序电流互感器 TA 的电流 $3I_0$ 为发电机内部分布电容 C_1 的电容电流。根据电容电流的方向可以准确地区分出接地故障是否发生在发电机内部，具有很好的选择性。

零序方向定子接地保护的动作如下

$$3I_0 > I_{0.\,op}$$

$$3U_0 > U_{0.\,op}$$

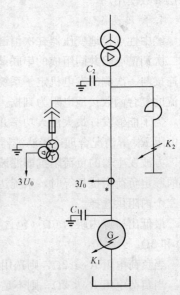

图 2-38 零序方向型定子接地保护

$$I_{\max} < I_{op}$$

$$0 < \mathrm{Arg}\left(\frac{\dot{I}_0}{\dot{U}_0}\right) < 160°$$

式中　　　　$3I_0$——零序电流；

　　　　　　$I_{\max}$——发电机中性点侧或机端（可选择）相电流最大值；

$\mathrm{Arg}\left(\dfrac{\dot{I}_0}{\dot{U}_0}\right)$——零序电流和零序电压之间的相位差；

$I_{0.op}$、$U_{0.op}$、I_{op}——零序电流、零序电压和相电流整定值。

零序方向型定子接地保护动作区如图 3-39 所示，当零序电压零序电流都大于定值，零序方向又位于动作区时保护延时 T_{op} 动作。仅仅零序电压或零序电流大于定值时保护给出相应的告警信息。

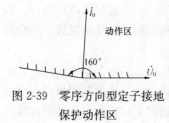

图 2-39　零序方向型定子接地保护动作区

为防止相间故障，零序电流由于不平衡电流而误动，且零序方向不正确指示，故当相电流大于额定电流时闭锁保护。

零序电流定值 $I_{0.op}$ 按照躲过正常运行时的不平衡电流并保证内部故障灵敏度的要求整定。零序电压定值 $U_{0.op}$ 按照躲过正常运行时的不平衡电压整定，一般整定为 $5 \sim 15V$。I_{op} 按照额定电流的 1.2 倍整定。延时 T_{op} 根据内部接地故障的要求整定。

第六节　发电机转子接地保护

一、发电机励磁回路故障

（一）发电机励磁回路接地故障的形式

转子绕组绝缘破坏常见的故障形式有两种：转子绕组匝间短路和励磁回路一点接地。

转子绕组匝间短路多发生在沿槽高方向的上层线匝，对于气体冷却的转子，这种匝间短路不会直接引起严重后果，也不能立即消除缺陷，所以并不要求装设转子绕组匝间短路保护。但是转子绕组匝间短路必然使励磁电流增大（此时发电机的输出无功功率将减小），机组振动加剧，局部过热而损坏主绝缘和铜线，因此对于水内冷的转子，由于匝数少、电流密度大，不允许带有匝间短路长期运行。

发电机励磁回路一点接地故障，也是常见的故障形式之一，两点接地故障也时有发生。

（二）发电机励磁回路接地故障的危害

发电机正常运行时，励磁回路对地之间有一定的绝缘电阻和分布电容，它们的大小与发电机转子的结构、冷却方式等因素有关。当转子绝缘损坏时，就可能引起励磁回路接地故障，常见的是一点接地故障，如不及时处理，还可能接着发生两点接地故障。

励磁回路的一点接地故障，由于构不成电流通路，对发电机不会构成直接的危害。那么对于励磁回路一点接地故障的危害，主要是担心再发生第二点接地故障，因为在一点接地故障后，励磁回路对地电压将有所增高，就有可能再发生第二个接地故障点。发电机励磁回路发生两点接地故障的危害表现为：

（1）转子绕组的一部分被短路，另一部分绕组的电流增加，这就破坏了发电机气隙磁场的对称性，引起发电机的剧烈振动，同时无功出力降低。

（2）转子电流通过转子本体，如果转子电流比较大（通常以 1500A 为界限），就可能烧损转子，有时还造成转子和汽轮机叶片等部件被磁化。

（3）由于转子本体局部通过转子电流，引起局部发热，使转子发生缓慢变形而形成偏心，进一步加剧振动。

励磁回路发生一点接地故障后，继发第二点接地的可能性较大，因为在一点接地后，转子绕组已确立地电位基准点，当系统发生各种扰动时，定子绕组的暂态过程必在转子绕组中感应暂态电压，使转子绕组对地电压可能出现较大值，引发第二点接地故障，给发电机造成严重后果，所以大型汽轮发电机也没有必要在发生一点接地后继续维持运行。

（三）发电机励磁绕组接地保护的现状

对于水轮发电机，都装设一点接地保护，动作于信号，不装设两点接地保护。中小型汽轮发电机，只装设可供定期检测用的绝缘检查电压表和正常不投入运行的两点接地保护，不装设一点接地保护。当用绝缘检查表检出一点接地故障后，再把两点接地保护装置投入。两点接地保护动作后，经延时停机。

对于大型汽轮发电机，鉴于励磁回路一点接地故障无直接严重后果，但不能带故障点运行。相应保护应动作于信号，避免毫无必要的大机组突然跳闸，立即平稳停机。随着系统的发展，一台机组的停运检修，对负荷影响很小，可以由运行人员停机处理。

励磁回路的一点接地保护，除简单、可靠的要求外，还要求能够反应在励磁回路中任一点发生的接地故障，并且要有足够高的灵敏度。在评价励磁回路一点接地保护时，灵敏度是用故障点对地之间的过渡电阻大小来定义的，若过渡电阻为 R_f，保护装置处于动作边界上，则称保护装置在该点的灵敏度为 R_f。

大型发电机的转子绕组及其外部励磁回路，对地电容比较大，而且机组容量不同、结构不同时，其对地电容值也不同。任何原理的励磁回路一点接地保护，均应采取技术措施，减少或完全消除对地电容对转子一点接地保护的不良影响。

目前励磁回路的一点接地保护在运行实践上，没有达到完善可靠的保护装置。因此没有条件动作于程序跳闸。励磁回路两点接地保护没有必要装设。进口的大型发电机组也不装设此保护。

二、发电机转子一点接地保护

（一）电桥式发电机转子一点接地保护的动作原理

利用电桥式原理构成的一点接地保护，其原理图如图 2-40 所示。励磁绕组对地绝缘电阻为分布参数，将此分布电阻用集中于励磁绕组中点的集中电阻 R_y 表示。励磁绕组电阻构成电桥的两个臂，而外接电阻 R_1 和 R_2 构成电桥的另外两个臂。在 R_1 和 R_2 的连接点 A 与地之间，接入继电器 K。在正常情况下，调节电阻 R_1 和 R_2，使流过继电器 K 的不平衡电流最小，并使继电器的动作电流大于这一不平衡电流。当 D 点经 R_f 接地后，电桥失去平衡，I_K 使继电器 K 动作。

当励磁绕组的正端或负端发生接地故障时，这种保护装置的灵敏度很高，励磁绕组正端或负端经 $100k\Omega$ 过渡电阻接地时，就能可靠动作。然而，当故障点在励磁绕组中点附近时，即使是金属性接地，保护装置也不能动作，因而存在一定的死区。这是电桥式一点接地保护的根本缺陷。

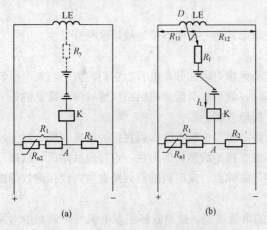

图 2-40　电桥式一点接地保护原理图

（a）正常情况下；（b）D 点经过渡电阻 R_f 一点接地

为消除这一缺陷，是在电桥的 R_1 臂中串联接入一只非线性电阻 R_{n1}。随着励磁电压 U_{fd} 变化，改变着电桥的平衡条件，在某一电压下的死区，在另一电压下变为动作区，从而减小了拒动的几率。

发电机正常运行时在励磁回路中具有的小量交流分量电流，该电流是由于发电机实际存在的转子偏心和磁路不完全对称所造成的。正确地利用这个交流电流，就可使励磁回路一点接地保护没有死区。继电器 K 改为整流型继电器，这样交流电流也作为继电器的动作量，消除了死区。但是交流电流没有成熟的经验数值。

利用非线性电阻或利用固有交流分量的方法，改善了保护装置的性能。但在不同点发生接地故障时，保护装置有不同的灵敏度，而且相差悬殊，这一缺点没有得到明显改善。

（二）叠加直流电压式发电机转子一点接地保护的动作原理

叠加直流电压式发电机转子一点接地保护的动作原理接线如图 2-41 所示。

叠加的直流电压 U_0 由单相交流电压经整流而得。励磁电压为 U_e。假设转子绕组对地绝缘等效电阻 R_y 集中在转子中部，相当于接于绕组中点，具有内阻 R_k 的继电器 K 串接在整流回路。正常运行时，继电器中流过 I_0，则

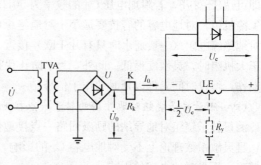

图 2-41 叠加直流电压式一点接地保护原理图

$$I_0 = \frac{U_0 + \dfrac{U_e}{2}}{R_k + R_y}$$

继电器的动作电流为

$$I_{op} = K_{rel} I_0$$

空冷、氢冷发电机 R_y 为几兆欧。水冷发电机 R_y 为几千欧。

当接地故障点位于转子绕组负极时，则在 $R_y \geqslant R$ 时，$I = \dfrac{U_0}{R_k + R}$。

当接地故障点位于转子绕组正极时，则在 $R_y \geqslant R$ 时，$I = \dfrac{U_0 + U_e}{R_k + R}$。

R 为接地过渡电阻，为此负极接地灵敏系数最低，正极接地灵敏系数最高，随着接地故障点的不同，灵敏系数也不同。对于水内冷发电机，因 R_y 值低，因此不能应用叠加直流电压式接地保护。

（三）简单的叠加交流电压式发电机转子一点接地保护的动作原理

如图 2-42 所示，将一交流电压 U_0 经过一普通电流继电器 K 和一隔直耦合电容 C，叠加到励磁绕组的一端与地之间，就构成了简单的叠加交流电压式一点接地保护。继电器 K 的动作电流，要躲过正常情况下流过继电器的不平衡电流。当励磁绕组上某一点经过渡电阻 R_f 接地，流过继电器的电流大于整定值时，继电器动作。

若将励磁绕组中的交流压降和交变感应电动势略去不计，则正常情况下流过继电器的不平衡电流为

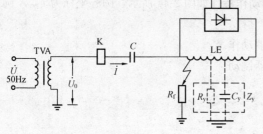

图 2-42 简单的叠加交流电压式一点接地保护原理图

$$\dot{I}_0 = \frac{\dot{U}_0}{Z_k - jX_C + Z_y}$$

67

式中　X_C——耦合电容 C 的容抗，$X_C = 1/\omega_C$；

　　　Z_y——转子绕组对地等值阻抗，$Z_y = R_y // X_{C_y}$。

当励磁绕组上某一点经过渡电阻 R_f 接地后，流过继电器的电流为

$$\dot{I}_1 = \frac{\dot{U}_0}{Z_k - jX_C + \dfrac{Z_y R_f}{Z_y + R_f}}$$

这种简单的叠加交流电压式一点接地保护，接线简单，没有死区，整个励磁绕组上任一点接地的灵敏度基本上相近，这些是其优点。但是，大机组的励磁回路对地电容 C_y 较大，仅励磁绕组对地即可达 $1\sim2\mu\text{F}$，若附加电压 $\dot{U}_0$ 的频率为 50Hz，则对地容抗仅有 $3.2\sim1.6\text{k}\Omega$。可见，对于空冷或氢冷机组，对地电容的容抗要远小于对地绝缘电阻（一般为兆欧级）；对于水冷机组，对地容抗与对地绝缘电阻（一般通水时只有几千欧）接近。因此，这种简单的叠加交流电压式一点接地保护用于大机组时，灵敏度很低。此外，为了防止保护在励磁回路瞬时性接地和转子绕组暂态过程中的误动作，增设时间元件以延时动作于信号。

（四）测量转子绕组对地导纳的转子一点接地保护的动作原理

测量转子绕组对地导纳的励磁回路一点接地保护，可以反应励磁回路任一点接地故障。没有死区，且灵敏系数理论上不受对地电容 C_y 的影响，但实际由于回路中存在感性电抗或由于整定调试不精确，而受对地电容的影响。

导纳继电器原理接线如图 2-43 所示。外加电压 $\dot{U}$，如取 TA1、TA2 变比为 1，则动作量为 $\dot{I}_n - \dot{I}_{wm}$，制动量为 $\dot{I} - \dot{I}_{wm}$，其边界条件为 $|\dot{I}_n - \dot{I}_{wm}| = |\dot{I} - \dot{I}_{wm}|$；对于同一电压则

$$|Y - g_{wm}| = |g_n - g_{wm}|$$

式中　Y——从 GE 两端看到的导纳。

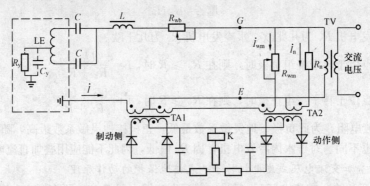

图 2-43　导纳继电器原理接线图

等式在导纳复平面上为一个圆，即导纳继电器动作特性如图 2-44 所示，圆心坐标为 g_{wm}，圆半径为 $|g_n - g_{wm}|$。

在圆内，$|Y - g_{wm}| < |g_n - g_{wm}|$，则继电器动作。

在圆外，$|Y - g_{wm}| > |g_n - g_{wm}|$，则继电器制动。

转子绕组对地测量导纳 Y 包括：

转子绕组对地绝缘电阻 R_y，$g_y = \dfrac{1}{R_y}$；

转子绕组对地分布电容 C_y，$b_y = \omega C_y$；

测量回路附加电阻 R_c（忽略电抗 X_c），包括可调电阻 R_{wb}、滤波器电阻及 TA 电阻之和 $g_c = \dfrac{1}{R_c}$，则

$$\frac{1}{Y} = \frac{1}{g_c} + \frac{1}{g_y + jb_y}, Y = g_c - \frac{g_c^2}{g_c + g_y + jb_y}$$

式中，g_c 为常数。若令 g_y 等于定值，b_y 可变，即对地电容 C_y 变化，则所对应的测量导纳 Y 在导纳复平面上的轨迹是圆，其圆心和半径分别为

$$\left[g_c - \frac{g_c^2}{2(g_c + g_y)}, 0 \right], \frac{g_c^2}{2(g_c + g_y)}$$

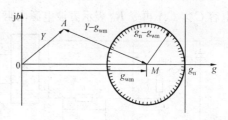

图 2-44 导纳继电器动作特性

对应一系列 g_y 可得一组圆族，如图 2-45 所示的实线圆称为等电导圆。这些圆代表发电机转子回路对地不同电阻。图 2-45 中 g_{y5} 作为整定圆。正常运行时转子回路绝缘电阻很大，g_y 很小，Y 在整定圆外；当绝缘降低时，Y 进入整定圆，使继电器动作。

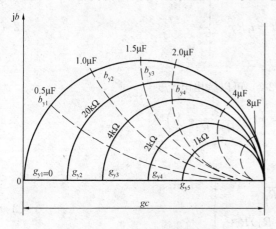

图 2-45 等电导圆和等电阻圆族

同样，令 b_y 等于常数，g_y 可变，则所对应的测量导纳 Y 的轨迹是圆，其圆心为 $\left[g_c, \dfrac{g_c^2}{2b_y} \right]$，半径为 $\dfrac{g_c^2}{2b_y}$。对应一系列 b_y 可得另一组圆族，如图 2-45 中的虚线圆，称为等电纳圆。对应转子回路不同的 C_y，Y 的轨迹将落在不同的等电纳圆上。此时，如转子对地绝缘 R_y 降低，则 Y 将沿着某一个等电纳圆如图 2-45 中 b_{y2} 圆进入整定圆。

继电器采用电感 L 与隔直电容 C 组成 50Hz 串联谐振，只允许外加 50Hz 电压通过，保证测量转子绕组对地导纳的准确性。继电器可调整 R_{wb} 值，以满足 R_c 等于 R_n 的要求。调整 R_{wm} 值，使之改变动作特性圆的半径，以满足整定值。动作电阻整定范围为 $0.5\sim10k\Omega$。从图 2-45 可知，该保护从原理上就不可能整定动作电阻太大，因为从 $1\sim2k\Omega$ 的间距与从 $20k\Omega\sim\infty$ 的间距差不多，若整定动作电阻超过 $10k\Omega$，将出现动作电阻定值不稳定现象。

整定动作电阻一般取 $5k\Omega$。这种保护原理必须做到电刷与大轴之间的接触电阻较小，即要加大电刷压力，以有利于定值稳定。

因此，为使导纳继电器正确动作，应确保电刷与滑环之间的接触电阻 $\Delta R_x < 50\Omega$，为此应增加电刷与滑环间的压力，如更换电刷、增设一对电刷（与原电刷位置相差约 $90°$），防止刷架发生共振现象。

（五）叠加方波电压式发电机转子一点接地保护的动作原理（以 50Hz 交流电压为电源）

本保护方案与外加交流电源的测量对地导纳保护方案同样有灵敏度与转子绕组对地电容 C_y 无关的优点，由于保护装置制造和运行上的具体困难，测量对地导纳保护继电器实际上难于做到与 C_y 完全无关，甚至出现定值易变或定值过高造成误动或拒动。

图 2-46 为本方案的原理图，由厂用变压器取得单相 50Hz 电压（45V）整形为方波电源，经隔直电容 C 加在转子绕组 LE 的两端，测量电阻 R 产生测量电压 $u_r = iR$，u_r 送至测量元件。

由于方波电压加于励磁绕组的两端，绕组磁动势互相抵消，所以它的电感可以不计，且使耦合

电容 $C \gg C_y$；再令 R_u 表示方波电源内阻，则得到图 2-47 所示的等值电路。

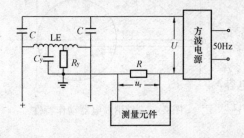 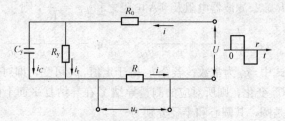

图 2-46　叠加方波电压式一点接地保护原理图　　　图 2-47　等值电路图

设方波电压的幅值为 U，周期为 τ。当 $t=0$ 时，方波的正半周前沿加到电路的输入端，在暂态过程中，各元件的电流分布如图 2-47 所示。根据回路电压定律，可写出它们的电压和电流方程式

$$
\left.
\begin{aligned}
U &= i_r R_y + i(R + R_u) \\
0 &= \frac{1}{C_y}\int i_C \mathrm{d}t - i_r R_y \\
i &= i_C + i_r
\end{aligned}
\right\}
\tag{2-7}
$$

设 $t=0$ 时，电容 C_y 的端电压 $u_C(0)=0$。由式（2-7）可以解出电流

$$
i = I_0 \frac{R+R_u}{R+R_u+R_y}\left(1 + \frac{R_y}{R+R_u}\mathrm{e}^{-\frac{t}{T}}\right)
\tag{2-8}
$$

其中

$$
\left.
\begin{aligned}
I_0 &= \frac{U}{R+R_u} \\
T &= \frac{(R+R_u)R_y C_y}{R+R_u+R_y}
\end{aligned}
\right\}
\tag{2-9}
$$

再将式（2-8）乘以电阻 R，就得到表示电阻 R 上压降的电压表达式

$$
\left.
\begin{aligned}
u_r &= U_0 \frac{R+R_u}{R+R_u+R_y}\left(1 + \frac{R_y}{R+R_u}\mathrm{e}^{-\frac{t}{T}}\right) \\
U_0 &= I_0 R = \frac{R}{R+R_u}U
\end{aligned}
\right\}
\tag{2-10}
$$

u_r 的特点分析如下：

$t=0$ 时，电源电压由 0 跃变到 U，因电容 C_y 的端电压不能突变，$u_C(0)=0$，故对地电阻 R_y 被短路，此时，电阻 R 上的压降只取决于 R 和 R_u 的分压比。由式（2-10）可得到 $t=0$ 时 R 上的电压为

$$
U_r(0) = U_0 = \frac{R}{R+R_u}U
\tag{2-11}
$$

这里得到的 $u_r(0)$ 是电压 u_r 的前沿值。

电压 u_r 包括有强迫分量和按指数规律以时间参数 T 衰减的自由分量两部分。由于自由分量的存在，u_r 随时间 t 而衰减。当 $t=\tau/2$ 时，到达方波的后沿，此时有

$$
u_r(\tau/2) = U_0 \frac{R+R_u}{R+R_u+R_y}\left(1 + \frac{R_y}{R+R_u}\mathrm{e}^{-\frac{\tau}{2T}}\right)
\tag{2-12}
$$

根据式（2-10）～式（2-12）可作出电压 u_r 的波形图，如图 2-48 示。

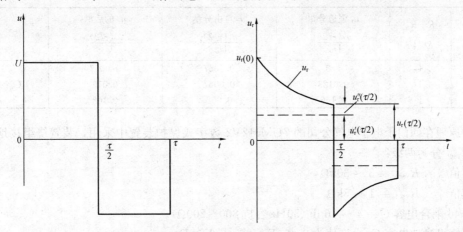

图 2-48　电压 U 和 u_r 的波形图

若 R、R_u、U、τ、C_y 诸参数都保持不变，只改变对地电阻 R_y，则当 R_y 下降时，强迫分量将随之上升，而自由分量随之下降，但自由分量下降的程度，不如强迫分量上升的显著。因此，随 R_y 下降，电压 u_r 将随之上升。但是，由式（2-11）可知，u_r 的上升沿 $u_r(0)$ 的大小与 R_y 的无关，因而 R_y 下降时，其前沿电压值不变。

由表 2-5 看出在不同 R_y 值下，u_r 的后沿电压值 $u_r(\tau/2)$ 的变化情况，例如 $R+R_u=5\text{k}\Omega$ 和 $C_y=2\mu\text{F}$ 的情况下，R_y 由 3MΩ 下降到 5kΩ 时，$u_r(\tau/2)$ 由 $0.37U_0$ 上升到 $0.684U_0$，波形如图 2-49 所示。因此，可以用测量 $u_r(\tau/2)$ 变化的方法来构成一点接地保护装置。保护装置按躲过正常情况下的 $u_r(\tau/2)$ 整定，当 $u_r(\tau/2)$ 大于整定值时动作。

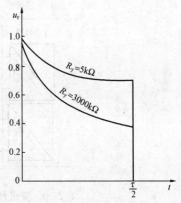

$R+R_u$ 的大小，对 $u_r(\tau/2)$ 变化的程度有明显影响。例如当 $R+R_u=80\text{k}\Omega$ 时，R_y 由 3MΩ 下降到 5kΩ 时，$u_r(\tau/2)$ 由 $0.931U_0$ 上升到 $0.96U_0$，只变化了 3.1%；当 $R+R_u=1\text{k}\Omega$ 时，R_y 由 3MΩ 下降到 5kΩ 时，$u_r(\tau/2)$ 由 $0.0067U_0$ 上升到 $0.168U_0$，变化了 24 倍左右。但当 $R+R_u=80\text{k}\Omega$ 时，$u_r(\tau/2)$ 值要比 $R+R_u=1\text{k}\Omega$ 时大得多。

图 2-49　不同 R_y 值时 u_r 正半波的变化情况（$R+R_u=5\text{k}\Omega$）

由此可见，在设计保护装置时，应根据测量元件灵敏度和对保护装置灵敏度的要求，选取适当的 $R+R_u$ 值。

表 2-5　　　　　　　　　　在不同 R_y 值下 u_r 后沿电压值

R_y (kΩ)	$R+R_u$ (kΩ)	u_r 强迫分量 $\dfrac{u_r'(\tau/2)}{U_0}$	u_r 自由分量 $\dfrac{u_r''(\tau/2)}{U_0}$	u_r 的后沿 $\dfrac{u_r(\tau/2)}{U_0}$	备　注
3000	80	0.026	0.905	0.931	
80	80	0.500	0.440	0.940	$C_y=2\mu\text{F}$
5	80	0.940	0.020	0.960	
3000	5	0.0017	0.368	0.370	
80	5	0.059	0.326	0.385	$C_v=2\mu\text{F}$
5	5	0.500	0.184	0.684	

R_y (kΩ)	$R+R_u$ (kΩ)	u_r 强迫分量 $\dfrac{u'_r(\tau/2)}{U_0}$	u_r 自由分量 $\dfrac{u''_r(\tau/2)}{U_0}$	u_r 的后沿 $\dfrac{u_r(\tau/2)}{U_0}$	备 注
3000	1	≈0	0.0067	0.0067	
80	1	0.0123	0.0067	0.019	$C_y=2\mu F$
5	1	0.166	0.002	0.168	

这种原理在西门子电子电气公司的 7UM512V2 数字式保护装置中采用，装置绕组接地保护的动作值 R_{yset} 分为两级：

高定值　　　　$R_{yset}=3\sim30\text{k}\Omega$

低定值　　　　$R_{yset}=1\sim5\text{k}\Omega$

图 2-46 耦合电容 $C=4\sim16\mu F$（50Hz 容抗 800～200Ω）。

转子绕组对地电容 C_y 允许值为 $0.15\mu F\leqslant C_y\leqslant3.0\mu F$。

（六）叠加方波变极性直流偏置电压式发电机转子一点接地保护的动作原理（以 50Hz 交流电压为电源）

西门子公司 7UM515V1 数字式发电机保护装置中采用的转子一点接地保护，其原理接线图如图 2-50 所示。

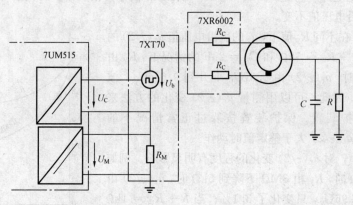

图 2-50　变极性直流偏置电压式发电机转子一点接地保护原理图

直流偏置电压 U_b 经由耦合电阻 R_C 加到转子绕组两端，$U_b=50\text{V}$（直流），如图 2-51 所示，每秒变极性 2～3 次，可见它也是叠加变极性方波电压，不过比图 2-46 的变极性频率低得多，耦合元件不再是隔直电容而是高阻 R_C。

图 2-50 中 U_M 为测量电压，它反映测量电阻 R_M（低阻）上的电压。当发电机正常运行时，设 $R_y=\infty$，则如图 2-51（b），双向的测量电压 $U_{M1}=U_{M2}=0$。当转子绕组对地绝缘电阻 R_y 下降，图 2-51（c）中 $R_y=5\text{k}\Omega$，由于耦合电阻 R_C 很大，偏置直流电压 U_b 在变极性过程中的暂态现象早已结束，得两个稳态测量电压 U_{M2} 和 U_{M1}，并且 $U_{M2}-U_{M1}$ 直接与 R_y 的大小有关，所以通过测量电压 U_M 可以检测到 R_y 的下降程度。

本方案取用直流电源而不用 50Hz 交流电源，有助于减少转子绕组对地电容 C_y 的影响，而且也不需要隔直电容，此外这种原理的接地保护装置能自动消除直流干扰电压 U_i 的影响，如图 2-51（c）中所示，U_i 在 $U_{M2}-U_{M1}$ 的差值中消去了。同理，转子绕组的直流励磁电压对接地保护也没有影响。

由于 U_M 只在稳定状态下测量，所以转子绕组对地电容 C_y 的大小和变动，不影响 U_M 测量的正

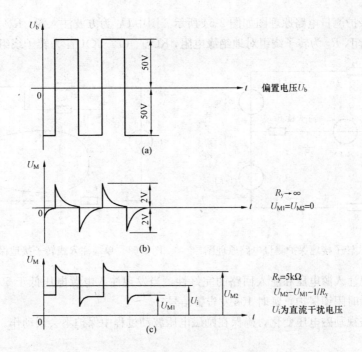

图 2-51 U_b 和 U_M 的变化波形

(a) U_b；(b) $R_y \to \infty$ 时的 U_M；(c) $R_y = 5k\Omega$ 时的 U_M

确性，即与保护装置的技术性能无关。即使经较大的过渡电阻发生接地故障，本保护装置也能检测。

保护的逻辑图如图 2-52 所示，图中 $R_E <$ 为高定值，$R_E \ll$ 为低定值。

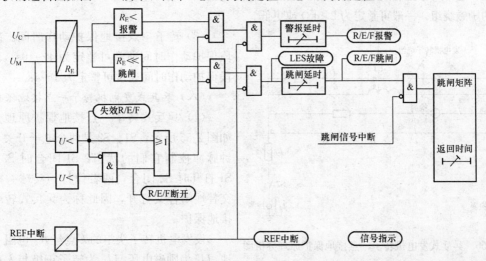

图 2-52 逻辑图

（七）注入式转子一点接地保护

1. 注入式转子一点接地保护原理（0.5～3Hz）

在转子绕组的正负两端或其中一端（通常选择负端）与转子大轴之间注入一个方波电源，保护采集正、负半波的数据实时求解转子对地绝缘电阻值。方波注入源的频率为 0.5～3Hz 可调，根据现场转子绕组不同对地电容大小选择合适的注入频率。双端注入式保护测量电路原理图如图 2-53

所示，单端注入保护测量电路原理图如图 2-54 所示。图中 U_0 为方波注入源，R_V 为注入耦合电阻，R_M 为保护采样电阻，R_g 为转子绕组对地绝缘电阻，KU_{fd}、$(1-K)U_{fd}$ 为转子绕组等效电路。

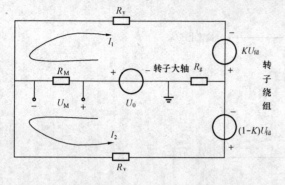

图 2-53　双端注入式转子接地保护测量电路原理图

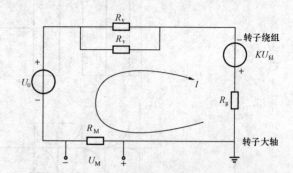

图 2-54　单端注入式转子接地保护测量电路原理图

保护实时监视注入源电压和注入回路的完好性，当发现注入电源电压低于 50% 的正常电压或注入回路断线时瞬时闭锁保护，延时 10s 发告警信号。

保护可实时监视励磁电压变化，确保在励磁电压波动过程中保护不会误动作。

2. 整定计算

(1) 高定值段接地电阻。高定值段接地电阻的整定因汽轮发电机和水轮发电机所采用的冷却方式有别，通常对于水轮发电机、空冷及氢冷汽轮发电机，一般可整定为 10~30kΩ；对直接水冷的励磁绕组，一般可整定为 5~15kΩ。

(2) 低定值段接地电阻。低定值段接地电阻的整定因汽轮发电机和水轮发电机所采用的冷却方式有别，通常对于水轮发电机、空冷及氢冷汽轮发电机，一般可整定为 5~10kΩ 或更低；对直接水冷的励磁绕组，一般可整定为 2.5kΩ 或更低。

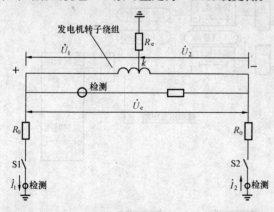

图 2-55　乒乓式发电机转子一点接地保护原理分析图

(3) 转子一点接地保护动作时间。高定值段保护动作时间通常可整定为 4~10s。低定值段保护动作时间通常可整定为 1~4s。

（八）乒乓式发电机转子一点接地保护

(1) 乒乓式转子一点接地保护原理分析图如图 2-55 所示，S1、S2 是两个电子开关，由时钟脉冲控制它们的状态：S1 闭合时 S2 打开，S1 打开时 S2 闭合，两者像打乒乓球一样循环交替地闭合又打开，因此称为乒乓式转子一点接地保护。

设发电机转子绕组的 k 点经 R_e 电阻一点接地，U_e 为励磁电压，U_1 为转子正极与 k 点之间的电压，U_2 为 k 点与转子负极之间的电压。S1 闭合、S2 打开时，直流稳态电流为

$$I_1 = \frac{U_1}{R_0 + R_e}$$

S2 闭合、S1 打开时，直流稳态电流为

$$I_2 = \frac{U_2}{R_0 + R_e}$$

电导为

74

$$G_1 = \frac{I_1}{U_e} = \frac{\dfrac{U_1}{U_e}}{R_0 + R_e} = \frac{K_1}{R_0 + R_e}$$

$$G_2 = \frac{I_2}{U_e} = \frac{\dfrac{U_2}{U_e}}{R_0 + R_e} = \frac{K_2}{R_0 + R_e}$$

系数
$$K_1 = \frac{U_1}{U_e}, \quad K_2 = \frac{U_2}{U_e}$$

上面各式中，I_1、U_1、U_e、G_1、K_1 为第一个采样时刻（S1 闭合、S2 打开）的值，I_2、U_2、U_e、G_2、K_2 为第二个采样时刻（S2 闭合、S1 打开）的值。系数 K_1（或 K_2）之值正比于接地点 k 与转子正极（或负极）之间的绕组匝数，而不管 U_e 是否变化。由于第一个采样时刻与第二个采样时刻是同一个接地点 k，k 点的位置未变，所以

$$K_1 + K_2 = 1$$

$$G_1 + G_2 = \frac{K_1 + K_2}{R_0 + R_e} = \frac{1}{R_0 + R_e}$$

式中　R_0——保护装置中的固定电阻，为常数；

　　　R_e——接地电阻，是跟随发电机励磁回路对地绝缘水平变化的。

设

$$G'_{set} = \frac{1}{R_0 + R'_{set}}, \quad G''_{set} = \frac{1}{R_0 + R''_{set}}$$

式中　R'_{set}、G'_{set}——保护第一段的整定电阻和电导；

　　　R''_{set}、G''_{set}——保护第二段的整定电阻和电导。

因为 $R'_{set} > R''_{set}$，所以又称第一段为高定值段，第二段为低定值段。该保护的动作判据为：

当 $R_e \leqslant R'_{set}$，即当 $G_1 + G_2 \geqslant G'_{set}$ 时，保护的高定值段动作；

当 $R_e \leqslant R''_{set}$，即当 $G_1 + G_2 \geqslant G''_{set}$ 时，保护的低定值段动作。

整定范围：$R_{set} = 0 \sim 40 \text{k}\Omega$。

（2）乒乓式发电机转子一点接地保护另一方案的测量电路原理图如图 2-56 所示。转子一点接地保护反应转子对大轴绝缘电阻的下降，采用"乒乓式"变电桥原理，通过电子开关 S1、S2 轮流切换，改变电桥两臂电阻值的大小。通过求解三种状态下的回路方程，实时计算转子接地电阻和接地位置。图中，S1 和 S2 为两个受控的电子开关，U_1、U_2、U_3 为三个被测电压，R_g 为转子对大轴接地电阻。

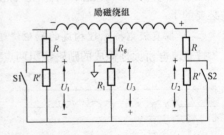

图 2-56　乒乓式发电机转子一点接地保护测量电路原理图

保护的动作判据为

$$R_g < R_s$$

式中　R_s——接地电阻值，分两段，高定值段为灵敏段，仅发信；低定值段可发信也可出口。

保护对切换开关 S1 和 S2 有良好的自检功能。此外变电桥式转子一点接地保护与接地点的位置和励磁电压大小无关，在转子绕组任何地点发生接地故障时，均具有很高的灵敏度。

转子一点接地保护不能采取双重化，双重化的保护装置提供的两套转子一点接地保护，只能投入一套运行，另外一套作为冷备用。

（九）励磁回路接地保护的整定

汽轮发电机通用技术条件规定：对于空冷及氢冷的汽轮发电机，励磁绕组的冷态绝缘电阻不小于 1MΩ，直接水冷却的励磁绕组，其冷态绝缘电阻不小于 2kΩ。水轮发电机通用技术条件规定：绕组的绝缘电阻在任何情况下都不应低于 0.5MΩ。

励磁绕组及其相连的回路，当它发生一点绝缘损坏时（一点接地故障）并不产生严重后果；但是若继发第二点接地故障，则部分转子绕组被短路，可能烧伤转子本体，振动加剧，甚至可能发生轴系和汽轮机磁化，使机组修复困难、延长停机时间。为了大型发电机组的安全运行，无论水轮发电机或汽轮发电机，在励磁回路一点接地保护动作发出信号后，应立即转移负荷，实现平稳停机检修。

目前应用的转子接地保护多采用乒乓式原理和注入式原理，其中注入式原理在未加励磁电压的情况下也能监视转子绝缘。

高定值段：对于水轮发电机、空冷及氢冷汽轮发电机，可整定为 10～30kΩ；转子水冷机组可整定为 5～15kΩ；一般动作于信号。

低定值段：对于水轮发电机、空冷及氢冷汽轮发电机，可整定为 0.5～10kΩ；转子水冷机组可整定为 0.5～2.5kΩ；可动作于信号或跳闸。

动作时限：一般可整定为 5～10s。

三、转子绕组两点接地保护

（一）汽轮发电机转子绕组两点接地保护问题

汽轮发电机的励磁回路发生两点接地故障，即使两点接地保护正确动作并跳闸，也可能发生轴系和汽轮机部件的磁化现象，给机组尽快恢复正常运行带来很大困难。对于转子水内冷的汽轮发电机，由于转子绕组漏水，造成励磁回路的接地故障，不再是从一点接地开始，随后继发第二点接地，而是一开始就是多点或一片励磁绕组接地。对于这种形式的接地故障目前尚无成熟的保护装置。

300MW 及以上汽轮发电机，应装设一点接地保护。当一点接地保护动作后，应及时发出警报信号，尽快转移负荷，实现机组的平稳停机，切勿认为一点接地无甚危害，不加处理，一旦再发生第二点接地故障，酿成大患，对大型汽轮发电机组极为不利。基于这种考虑，两点接地保护就不再是必要的了。

（二）按直流电桥原理构成的励磁绕组两点接地保护

按直流电桥原理构成的励磁绕组两点接地保护如图 2-57 所示。

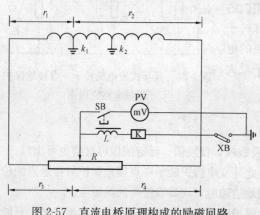

图 2-57 直流电桥原理构成的励磁回路
两点接地继电器

可调电阻 R 接于励磁绕组的两端。当发现励磁绕组一点（例如 k_1 点）接地后，励磁绕组的直流电阻被分成 r_1 和 r_2 两部分，这时运行人员接通按钮 SB，并调节电阻 R，以改变 r_3 和 r_4，使电桥平衡（$r_1/r_2 = r_3/r_4$），此时毫伏表 PV 的指示最小（理论上为零）。然后，断开 SB 而将连接片 XB 接通，投入励磁绕组两点接地保护。这时由于电桥平衡，故继电器 K 内因无电流或流有很小的不平衡电流而不动作。当励磁绕组再有一点（例如 k_2 点）接地时，已调整好的电桥平衡关系被破坏，继电器 K 内将有电流流过，其大小与 k_2 点离 k_1 点的距离有关。k_2 与 k_1 间的距离越大，电桥越不平衡，继电器 K 中的电流越大，只要这个电流大于 K 的整定电流，它就动作，跳开发电机。

在继电器 K 的线圈回路中串接电感 L 的目的，是阻止交流电流分量对保护动作的影响。

利用四臂电桥原理构成的励磁回路两点接地保护，在励磁回路发生一点接地后投入运行，并调整平衡。当励磁回路发生第二点的接地故障时，保护延时动作于停机。

保护的动作电流，按躲过电桥不能调整得完全平衡而引起的不平衡电流整定。应选用高灵敏度继电器，以便缩小转子绕组近距离两点接地时的死区。一般死区为 10%。

动作时限按躲过瞬时出现的两点接地故障整定，一般为 0.5～1.0s。

（三）机端正序电压二次谐波的转子两点接地保护

转子一点接地保护动作后，装置自动投入转子两点接地保护。转子两点接地保护采用机端正序电压的二次谐波分量作为判别量。动作判据为

$$U_{12} > U_{2op}$$

式中　U_{12}、U_{2op} ——机端正序电压的二次谐波分量和定值。

（1）正序二次谐波电压 U_{2op}。一般视现场的实际情况整定，也可参考下式：$U_{2op} = K_{rel}U_{12max}$。式中，$K_{rel}$ 为可靠系数，可取 2.5～3；U_{12max} 为额定负荷下正序二次谐波的实测值。

（2）转子两点接地延时。一般整定为 0.5～1.0s，以躲开各种扰动。

（3）对于 100MW 及以上等级的发电机，转子一点接地后立即停机检查故障，为防止误动，转子两点接地保护不应投入。

（四）励磁回路两点接地保护评述

长期以来，采用电桥式两点接地保护装置，正常不投入运行，一点接地后再投入运行，在一个控制室内集中控制的全部汽轮发电机共用一套。按电桥原理构成的发电机励磁回路两点接地保护存在以下缺点：

（1）若第二点接地距第一点接地点较近，两点接地保护不会动作，即有死区。

（2）若第一接地点发生在转子滑环附近，则不论第二个接地点在何处，保护都不会动作（因无法投保护）。

（3）对于具有直流励磁机的发电机，如第一个接地点发生在励磁机励磁回路时，保护也不能使用。因为当调节磁场变阻器时，会破坏电桥的平衡，使保护误动作。

（4）本保护装置只能在转子一点接地后投入，如果第二点接地发生得很快，保护则来不及投入。

对于两极汽轮发电机，励磁回路两点接地（或匝间短路）故障时，定子绕组机端必有二次谐波电压。此电压在正常运行时是非常小的，利用二次谐波电压能确切区分励磁回路两点接地故障与正常工作状态。但是在下列情况下，非故障发电机将有较大的不平衡二次谐波电压，使保护装置的动作定值增大或动作延时增长：①系统短路的暂态过程中一定有非周期分量电流，相应的三相定子绕组将有二次谐波暂态电压；②发生两点接地的故障发电机的二次谐波定子电压将使相邻的非故障发电机也出现一定数量的二次谐波定子电压。还应指出：两点接地故障时定子绕组的二次谐波电压很小（约千分之几额定电压），要在三相额定基波电压中滤取如此小的二次谐波分量比较困难，而且还有必要区分励磁回路的匝间短路（与转子铁芯无关）与两点接地故障（可能烧伤转子本体）。因此，迄今为止，二次谐波式两点接地保护并未取得实际效果。

目前继电保护和安全自动装置技术规程 GB/T 14285—2006 已取消励磁回路两点接地保护。

第七节 发电机过负荷保护

一、发电机过负荷

对于大型发电机，定子和转子的材料利用率很高，其热容量与铜损的比值较小，因而热时间常数也比较小。通常在发电机定子绕组内总是装有热偶元件，反应定子绕组过负荷。但因热偶元件与铜导线间隔着绝缘层，而且热偶元件本身还有一定的热时间常数，因而不能迅速反应发电机的负荷变化。在转子励磁绕组内，就连这样的热偶元件也没有。

因此，为防止受到过负荷的损害，大型发电机都要装设反应定子绕组和励磁绕组平均发热状况的过负荷保护装置。

设发电机定子绕组（或转子绕组）正常运行的电流为 $I_{|0|}$，绕组铜损为 $P_{|0|}$。当电流由 $I_{|0|}$ 增大到 I 时，相应的铜损将由 $P_{|0|}$ 增大到 P。若铜损所产生的热量毫不散失地储存在绕组之中，则绕组的温度按指数规律由 $\theta_{|0|}$ 上升到 θ，如图 2-58 所示。

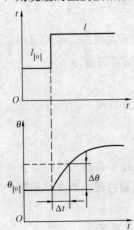

在铜损由 $P_{|0|}$ 升到 P 时，近似地认为温度 θ 随时间 t 线性上升，则在 Δt 时间内绕组的温升为

$$\Delta \theta = \theta - \theta_{|0|} = \frac{P - P_{|0|}}{C} \Delta t = \frac{P_{|0|}}{C} \left(\frac{P}{P_{|0|}} - 1 \right) \Delta t$$

式中 C——绕组的热容量。

注意到铜损与电流的平方成比例，则上式可变为

$$\Delta \theta = \frac{P_{|0|}}{C} \left[\left(\frac{I}{I_{|0|}} \right)^2 - 1 \right] \Delta t$$

对于给定的温升 $\Delta \theta$，则可得到相应的允许时间 $t_y = \Delta t$ 与电流的关系式为

$$t_y = \frac{K}{\left(\dfrac{I}{I_{|0|}} \right)^2 - 1}$$

图 2-58　绕组温度上升
规律说明图

其中

$$K = \frac{\Delta \theta C}{P_{|0|}}$$

一般发电机都给出过负荷倍数和相应的持续时间。例如，一直接冷却的汽轮发电机，其定子绕组的过负荷能力为 1.3 倍额定电流下允许持续时间为 60s，由公式可算出常数 $K = 60(1.3^2 - 1) = 41.4$；励磁绕组的过负荷能力为 1.25 倍额定电流下允许持续 60s，同理可算出常数 $K = 33.8$。已知 K 值后，即可求出对应于给定电流的允许时间。

发电机除定子绕组和励磁绕组的过负荷问题之外，还有转子表层由于负序电流引起的过负荷。针对这三个部位，要装设三套过负荷保护。

二、定子绕组过负荷保护

大型发电机定子绕组的过负荷保护，一般由定时限和反时限两部分组成。定时限部分的动作电流，按在发电机长期允许的负荷电流下能可靠返回的条件整定，经延时动作于信号。

反时限部分的动作特性，按公式确定，其中取 $I_* = I_N$，保护动作于解列或程序跳闸（即首先关闭主汽门或导水叶，随后逆功率继电器动作，最后才断开主断路器，这种程序跳闸保证机组不发生飞车灾难性事故）。

对于 $S_N \leqslant 1200$MVA 的汽轮发电机，一般应能承受 1.5 倍定子额定电流 I_N、历时 30s，不发生有害变形和损伤，但每年不得超过 2 次，由式 $(I_*^2 - 1)t = K$，当 $I_* = I_N$，$t_y = 30$s，可得

$$K = 37.5 \quad (S_N \leqslant 1200\text{MVA})$$

定子绕组过负荷保护，可以采用三相式，引入三相电流，电压形成回路的输出电压决定于三相中最大的一相电流。这样，保护装置能够反应伴随不对称短路之后发电机最严重的发热状况。

负荷电流波动，振荡过程电流的变化，以及短路切除后的电压恢复过程中，流过发电机的电流不是恒定数值，定子绕组将出现发热和散热的交替过程。为了正确反应发电机定子绕组的温升，保护装置都要设置模拟热积累过程的环节。对于模拟式保护通常用电容器充电和放电来模拟发热和散热特性。

（一）定子绕组对称过负荷保护的整定

对于发电机因过负荷或外部故障引起的定子绕组过电流，装设单相定子绕组对称过负荷保护，通常由定时限过负荷及反时限过电流两部分组成。

1. 定时限过负荷保护

动作电流按发电机长期允许的负荷电流下能可靠返回的条件整定

$$I_{op} = K_{rel} \frac{I_{GN}}{K_r n_a}$$

式中　K_{rel}——可靠系数，取 1.05；

　　　K_r——返回系数，取 $0.85 \sim 0.95$，条件允许应取较大值；

　　　n_a——电流互感器变比；

　　　I_{GN}——发电机额定电流。

保护延时（躲过后备保护的最大延时）动作于信号或动作于自动减负荷。

2. 反时限过电流保护

反时限过电流保护的动作特性，即过电流倍数与相应的允许持续时间的关系，由制造厂家提供的定子绕组允许的过负荷能力确定。

规程规定：发电机定子绕组承受的短时过电流倍数与允许持续时间的关系为

$$t = \frac{K_{tc}}{I_*^2 - 1}$$

式中　K_{tc}——定子绕组热容量常数，机组容量 $S_N \leqslant 1200\text{MVA}$ 时，$K_{tc} = 37.5$（当有制造厂家提供的参数时，以厂家参数为准）；

　　　I_*——以定子额定电流为基准的标幺值；

　　　t——允许的持续时间，s。

定子绕组允许过电流曲线见图 2-59。

设反时限过电流保护的跳闸特性与定子绕组允许过电流曲线相同。按此条件进行保护定值的整定计算。

反时限跳闸特性的上限电流 $I_{op.max}$ 按机端三相金属性短路的条件整定

$$I_{op.max} = \frac{I_{GN}}{K_{sat} X_d'' n_a}$$

式中　I_{GN}——发电机额定电流，A；

　　　K_{sat}——饱和系数，取 0.8；

　　　X_d''——发电机次暂态电抗（非饱和值），标幺值；

　　　n_a——TA 变比。

当短路电流小于上限电流时，保护按反时限动作特

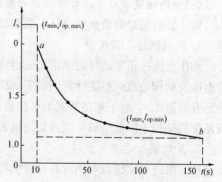

图 2-59　定子绕组允许过电流曲线
（即反时限过电流保护的动作特性）

性动作。

反时限动作特性的下限电流 $I_{\text{op. min}}$ 按与过负荷保护配合的条件整定

$$I_{\text{op}} = K_{\text{rel}} \frac{I_{\text{GN}}}{K_{\text{r}} n_{\text{a}}}$$

则

$$I_{\text{op. min}} = K_{\text{co}} K_{\text{rel}} \frac{I_{\text{GN}}}{K_{\text{r}} n_{\text{a}}}$$

式中　K_{c0}——配合系数，取 1.05。

不考虑在灵敏度和动作时限方面与其他相间短路保护的配合。保护动作于解列或程序跳闸。

三、励磁绕组过负荷保护

励磁绕组的过负荷保护，与定子绕组过负荷保护类似，也由定时限和反时限两部分组成。定时限部分的动作电流，按在正常励磁电流下能可靠返回的条件整定。反时限部分的动作特性，按式 $t = \dfrac{K}{I_*^2 - 1}$ 确定。对于 300MW 以下，采用半导体励磁系统的发电机，可只装设定时限励磁绕组过负荷保护；300MW 及以上发电机，装设定时限和反时限励磁绕组过负荷保护，后者作用于解列灭磁。

内冷式发电机的励磁绕组，要求能承受短时的过负荷（以直流过电压表示）能力如表 2-6 所示。实际运行中，可以近似认为励磁绕组的过电流特性与过电压能力相同，用过电压代表过电流。

表 2-6　　　　　　　　　　　励磁绕组短时过负荷能力

t_y(s)	10	30	60	120
U_{fd}(%)	208	146	125	112

大型发电机的励磁系统，有的用交流励磁电源经可控或不可控整流装置组成。对这种励磁系统，发电机励磁绕组的过负荷保护，可以配置在直流侧，也可以配置在交流侧。当有备用励磁机时，保护装置配置在直流侧的好处是用备用励磁机时励磁绕组不失去保护，但此时需要装设比较昂贵的直流变换设备（直流互感器或大型分流器）。为了使励磁绕组过负荷保护能兼作励磁机、整流装置及其引出线的短路保护，常把它配置在励磁机中性点侧，当中性点没有引出端子时，则配置在励磁机的机端。此时，保护装置的动作电流要计及整流系数，换算到交流侧来。

应指出，现代自动调整励磁装置，为防止励磁绕组过电流，都有过励限制环节，与励磁绕组过负荷保护有类似的功能，从保护功能方面看，励磁绕组过负荷保护可看作过励限制环节的后备保护。

（一）励磁绕组对称过负荷保护的整定

转子绕组的过负荷保护由定时限和反时限两部分组成。

1. 定时限过负荷保护

动作电流按正常运行的额定励磁电流下能可靠返回的条件整定。当保护配置在交流侧时，其动作时限及动作电流的整定计算同定子绕组对称过负荷保护的整定（额定励磁电流 I_{fd} 应变换至交流侧的有效值 $I_\sim$，对于采用桥式不可控整流装置的情况，$I_\sim = 0.816 I_{\text{fd}}$）。保护带时限动作于信号，有条件的动作于降低励磁电流或切换励磁。

2. 反时限过电流保护

反时限过电流倍数与相应允许持续时间的关系曲线，由制造厂家提供的转子绕组允许的过热条件决定。整定计算时，设反时限保护的动作特性与转子绕组允许的过热特性相同，见图 2-60 所示，其表达式为

$$t = \frac{C}{I_{\mathrm{fd}*}^2 - 1}$$

式中　C——转子绕组过热常数；

　　　$I_{\mathrm{fd}*}$——强行励磁倍数。

最大动作时间对应的最小动作电流，按与定时限过负荷保护相同的条件整定（即过负荷保护动作于信号的同时，启动反时限过电流保护）。

反时限动作特性的上限动作电流与强励顶值倍数匹配。如果强励倍数为 2 倍，则在 2 倍额定励磁电流下的持续时间达到允许的持续时间时，保护动作于跳闸。当小于强励顶值而大于过负荷允许的电流时，保护按反时限特性动作。

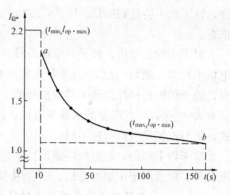

图 2-60　转子绕组反时限过电流保护
跳闸特性

对于无刷励磁系统，在整定计算时，应根据发电机的励磁电压与励磁机励磁电流的关系曲线，将发电机的额定励磁电压及强励顶值电压分别折算到励磁机的励磁电流侧，再进行相应的计算。

保护动作于解列灭磁。

四、负序过负荷保护

（一）发电机定子绕组中的负序电流对发电机的危害

发电机正常运行时发出的是三相对称的正序电流。发电机转子的旋转方向和旋转速度与三相正序对称电流所形成的正向旋转磁场的转向和转速一致，即转子的转动与正序旋转磁场之间无相对运动，此即"同步"的概念。当电力系统发生不对称短路或负荷三相不对称（接有电力机车、电弧炉等单相负荷）时，在发电机定子绕组中就流有负序电流。该负序电流在发电机气隙中产生反向（与正序电流产生的正向旋转磁场方向相反）旋转磁场，它相对于转子来说为 2 倍的同步转速，因此在转子中就会感应出 100Hz 的电流，即所谓的倍频电流。该倍频电流的主要部分流经转子本体、槽楔和阻尼条，而在转子端部附近沿周界方向形成闭合回路，这就使得转子端部、护环内表面、槽楔和小齿接触面等部位局部灼伤，严重时会使护环受热松脱，给发电机造成灾难性的破坏，即通常所说的"负序电流烧机"，这是负序电流对发电机的危害之一。另外，负序（反向）气隙旋转磁场与转子电流之间，正序（正向）气隙旋转磁场与定子负序电流之间所产生的频率为 100Hz 交变电磁力矩，将同时作用于转子大轴和定子机座上，引起频率为 100Hz 的振动，此为负序电流危害之二。汽轮发电机承受负序电流的能力，一般取决于转子的负序电流发热条件，而不是发生的振动。

对于汽轮发电机，倍频电流由于集肤效应的作用，主要在转子表面流通，并经转子本体、槽楔和阻尼条，在转子的端部附近约 10％～30％的区域内沿周向构成闭合回路。这一周向电流，有很大的数值。例如，对一台 50 万 kW 汽轮发电机机端两相短路的估算，倍频电流在端部可达 100～250kA，对一台 60 万 kW 机组，可达 250～300kA。这样大的倍频电流流过转子表层时，将在护环与转子本体之间和槽楔与槽壁之间等接触面上，形成过热点，将转子烧伤。倍频电流还将使转子的平均温度升高，使转子挠性槽附近断面较小的部位和槽楔、阻尼环与阻尼条等分流较大的部位，形成局部高温，从而导致转子表层金属材料的强度下降，危及机组的安全。此外，若转子本体与护环的温差超过允许限度，将导致护环松脱，造成严重的破坏。国内外发电机（特别是汽轮发电机）因负序电流烧伤转子的事例屡见不鲜。因此，为防止发电机的转子遭受负序电流的损伤，大型汽轮发电机都要求装设比较完善的负序电流保护。

发电机有一定的承受负序电流的能力，流过发电机定子绕组的负序电流，只要不超过规定的限度，转子就不会遭到损伤。因此，发电机承受负序电流的能力，就是构成和整定负序电流保护的依据。

对于水轮发电机，转子各极都由叠片构成，在相同的负序电流作用下，其附加损耗要比汽轮发电机小得多。例如一台 10 万 kW 汽轮发电机，当负序电流 $I_2 = 1$（以额定电流为基值的标幺值）时，转子的附加损耗是转子额定损耗的 33 倍；而无阻尼的水轮发电机，在相同的负序电流下，却只有 3～4 倍，对有阻尼的水轮发电机，还要小一些。因此，对水轮发电机负序电流保护的构成方式，将与汽轮发电机有所不同。

鉴于以上原因，发电机应装设负序电流保护。负序电流保护按其动作时限又分为定时限和反时限两种。前者用于中型发电机，后者用于大型发电机。

（二）发电机长期承受负序电流的能力

发电机定子绕组中流过负序电流后，如其值超过一定数值，则转子将遭受损伤，甚至遭受破坏。因此，发电机都要依其转子的材料和结构的特点，规定长期承受的负序电流的限额。这一限额用 $I_{2\infty}$ 表示。

汽轮发电机单机容量的增长，一方面靠增大发电机尺寸，另一方面是改进冷却方式，提高材料的利用率，因而发电机尺寸并不随着容量成比例增长。这样，大机组转子表面的热负荷便相应提高，除励磁电流产生的热负荷增加外，气隙磁密高次谐波在转子表面产生的热负荷明显提高。因此，对于大型汽轮发电机，其负序电流产生的热负荷允许值要相应降低，也就是承受负序电流的能力相应降低。

发电机长期承受负序电流的实际能力，要通过负序电流试验加以校验。施加负序电流后，测量转子各部位的温升，由转子各部位允许温度所限定的最小负序电流，即为 $I_{2\infty}$ 值。

长期承受负序电流的能力 $I_{2\infty}$，是负序电流保护的整定依据之一。当出现超过 $I_{2\infty}$ 的负序电流时，保护装置要可靠动作，发出声光信号，以便及时处理。当其持续时间达到规定值，而负序电流尚未消除时，则应当动作于切除发电机，以防负序电流造成损害。

对汽轮发电机的负序电流允许值，我国的规定如表 2-7 所示。

表 2-7   汽轮发电机连续运行时 I_2/I_{GN} 最大值及故障运行时 $(I_2/I_{GN})^2 t$ 最大值

转子直接冷却的发电机功率（MVA）	连续运行时的 I_2/I_{GN} 最大值	故障运行时的 $(I_2/I_{GN})^2 t$ 最大值
≤350	0.08	8
>350～900	$0.08 - \dfrac{S_{GN} - 350}{3 \times 10^4}$	$8 - 0.005\,45\,(S_{GN} - 350)$
>900～1250	同上	5
>1250～1600	0.05	5

注　S_{GN} 为发电机额定视在功率，MVA。

（三）转子表层负序过负荷保护的构成

由于大型发电机承受负序过负荷能力的下降，对负序保护的性能提出了较高的要求。对中小机组，通常采用两段定时限负序电流保护。Ⅰ段动作电流 I_{I} 按与相邻元件后备保护配合的条件整定，一般情况下，根据选择性条件，可取 $I_{\mathrm{I}} = 0.5 \sim 0.6$，经 3～5s 动作于跳闸。Ⅱ段动作电流 I_{II}，按躲过长期允许的负序电流 $I_{2\infty}$ 整定，一般取 $I_{\mathrm{II}} = 0.1$，经 5～10s 动作于声光信号。当把这种两段定时限负序电流保护用于 A 值较小的大型汽轮发电机（见表 2-8）时，保护装置的动作特性与按 $I_2^2 t \leqslant A$ 判据确定的允许负序电流曲线的匹配情况，如图 2-61 所示。由图中看出：

表 2-8 大型发电机的 A 值

容量（MVA）	制造厂	A 值
100	中国	15
200～300	中国	8
600	中国	6～7
500	俄罗斯	8
600	法国	6
330	法国	10
350	美国	10
350	日本	10
320	意大利	10

（1）在 ab 段内，保护装置的动作时间大于发电机允许时间，不安全。

（2）在 bc 段内，保护装置的动作时间小于发电机的允许时间，可以保证发电机的安全，但没有充分利用发电机承受负序电流的能力。

（3）在 cd 段内，保护装置 I 段不会动作，此时，II 段动作后发出声光信号，然后由值班人员处理。但在靠近 c 点的区域内，实际上来不及处理，因此在这个区域内，只靠发信号是不够安全的。

如果发电机长期允许的负序电流为 $I_{2\infty} = 0.05$，而 II 段动作值为 $I_{II} = 0.1$ 时，则在 $I_2 = 0.05 \sim 0.10$ 范围内，定时限负序电流保护装置不能反应。

此外，上述两段定时限负序电流保护，不能反应负序电流变化时发电机转子的热积累过程，一般只用于 A 值很大的空冷式机组，特别是水轮发电机组。

为防止发电机转子遭受负序电流的损害，对于大型汽轮发电机，要求装设与发电机承受负序电流能力相匹配的反时限负序电流保护。

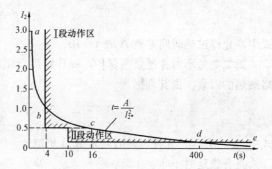

图 2-61　两段定时限负序电流保护的动作特性
与发电机承受负序电流能力的匹配情况

保护装置的动作特性可用下式表示

$$t = \frac{A}{I_2^2 - \alpha} \quad 或 \quad I_2^2 t = A + \alpha t$$

其中 α 值是决定于转子温升特性的常数，借以考虑转子散热的影响，随着 t 增加，使动作特性适当上移。因长期允许的负序电流为 $I_{2\infty}$，因此，可取 $\alpha = I_{2\infty}^2$。

设 $A = 4$，机端两相短路时负序电流为 2.44，长期允许的负序电流为 $I_{2\infty} = 0.05$，$\alpha = I_{2\infty}^2 = 0.0025$。根据 $t = \dfrac{A}{I_2^2 - \alpha}$，当机端两相短路时，要求保护装置动作时间 $t = 0.67\text{s}$；而当 $I_2 = I_{2\infty}$ 时，要求保护装置动作时间 $t = \infty$，即允许长期运行，保护装置不动作。

按照上述条件，如果要求保护装置在 $I_2 = 0.05 \sim 2.44$ 的范围内，即 $t = \infty \sim 0.67\text{s}$ 的范围内保持一定精度（例如误差小于 ±5%），将要导致保护装置复杂化和增加保护装置的尺寸。考虑到发电机机端两相短路时，另有专门的相间短路保护动作于切除故障，以及当 $I_2 > I_{2\infty}$ 而且接近 $I_{2\infty}$ 时，又有信号段动作于声光信号，所以不必使保护装置的反时限特性动作范围达到那样宽，可以把动作电流 I_2 与相应的动作时间 t 的范围适当缩小。因此，在负序电流保护装置中，常把反时限特性的两端各割除一段，或仅在一端割除一段，余下的部分（例如 $I_2 = 0.1 \sim 2.0$ 区域内）保持具有给定精度的反时限特性。

对于大型机组，短路电流中的非周期分量所产生的影响比较显著，以 $I_2^2 t \geqslant A$ 为判据的负序电流保护，在电流大、时间短的情况下，并不能可靠地保障机组的安全，因此大型机组应有完善的相间短路保护。另外考虑到反时限负序电流保护继电器的 I_2 范围过大时制造有困难，因此，割除反时限特性中 I_2 值较大的部分，保留 I_2 较小部分的反时限特性是比较合理的。

按照这一原则，反时限特性的上限电流，可按小于变压器高压侧两相短路流过保护装置的负序电流整定；而下限电流则按接近信号段动作电流的条件整定。一般以延时 1000s 的动作电流为下限电流。

由于 TA 二次侧断线后，可能有相当大的负序电流流过保护装置，由于动作于信号和启动元件的动作电流值很小，在电流互感器二次回路断线时，它们可能误动作，从而导致跳闸段误动作于停机。因此，在检测出 TA 二次侧断线时应可靠闭锁反时限负序电流保护。

（四）反时限过负荷保护的动作特性

反时限负序电流继电器的动作特性有两类：

第一类是不对称过负荷兼作不对称短路的后备保护，动作特性范围为 $(0.15 \sim 2.0) I_{GN}$。将转子的发热看作绝热过程，则其判据为

$$t = \frac{A}{I_{2*}^2}$$

式中，允许过热时间常数 A 取 $4 \sim 10$。

第二类是不对称过负荷保护，动作特性范围为 $(0.05 \sim 1.0) I_{GN}$。当 I_{2*}^2 值较小时，就不能忽略散热的因素，则其判据为

$$t = \frac{A}{I_{2*}^2 - \alpha}$$

式中，$\alpha = I_{2\infty}^2$；允许过热时间常数 A 仍取 $4 \sim 10$。

具有长延时 $1000 \sim 1800s$ 跳闸。

第二类继电器由于动作时限太长，延时误差大，较适用于有不对称负荷的电力系统（例如电气铁道）。

第一类继电器可作为不对称短路的后备保护，为防止由于不平衡电流造成误动作，则：

定时限过负荷信号段整定为

$$I_{2.op} = 0.1 I_{GN} \text{ 及 } t = 6 \sim 8s$$

反时限跳闸段整定为

$$I_{2.op} = (0.15 \sim 0.2) I_{GN}$$

反时限定子过负荷、负序过负荷在外部近处短路时可能动作过快而造成无选择性，外部远处短路时又可能动作太慢，可是对保护发电机本身的安全是必要的，对于发电机、变压器内部故障，由于动作时间过长，则应使快速的主保护双重化配置。

（五）转子表层负序过负荷保护

针对发电机的不对称过负荷、非全相运行以及外部不对称故障引起的负序过电流，其保护通常由定时限过负荷和反时限过电流两部分组成。

1. 负序定时限过负荷保护

保护的动作电流按发电机长期允许的负序电流 $I_{2\infty}$ 下能可靠返回的条件整定

$$I_{op} = \frac{K_{rel} I_{2\infty} I_{GN}}{K_r n_a}$$

式中　K_{rel}——可靠系数，取 1.2；

　　　K_r——返回系数，取 0.85～0.95，条件允许应取较大值；

　　　$I_{2\infty}$——发电机长期允许负序电流的标幺值。

保护延时动作于信号。

2. 负序反时限过电流保护

负序反时限过电流保护的动作特性，由制造厂家提供的转子表层允许的负序过负荷能力确定。

发电机短时承受负序过电流倍数与允许持续时间的关系为

$$t = \frac{A}{I_{2*}^2 - I_{2\infty}^2}$$

式中　I_{2*}——发电机负序电流标幺值；

　　　$I_{2\infty}$——发电机长期允许负序电流标幺值；

　　　A——转子表层承受负序电流能力的常数（$A = I_2^2 t$）。

发电机允许的负序电流特性曲线见图 2-62。

整定计算时，设负序反时限过电流保护的动作特性与发电机允许的负序电流特性相同。

反时限保护动作特性的上限电流，按主变压器高压侧两相短路的条件计算

$$I_{op.max} = \frac{I_{GN}}{(K_{set} X_d'' + X_2 + 2X_T) n_a}$$

式中　X_d''、X_2——发电机的次暂态电抗（不饱和值）及负序电抗标幺值；

　　　K_{set}——饱和系数，取 0.8；

　　　X_T——主变压器电抗，取 $X_T \approx Z_T$，标幺值。

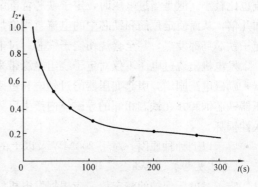

图 2-62　发电机允许的负序电流特性
（即保护的动作特性）

当负序电流小于上限电流时，按反时限特性动作。

反时限动作特性的下限电流，通常由保护所能提供的最大延时决定，一般最大延时为 1000s，据此决定保护下限动作电流的起始值

$$I_{op.min} = \sqrt{\frac{A}{1000} + I_{2\infty}^2}$$

如果保护上下限动作电流倍数不能满足要求，应根据实际情况予以协调，一般是在满足一定电流倍数的前提下，保留较小电流下的反时限特性。

在灵敏度和动作时限方面不必与相邻元件或线路的相间短路保护配合，保护动作于解列或程序跳闸。

第八节　发电机过电压保护及过励磁保护

一、过电压保护

（一）水轮发电机装设过电压保护

由于水轮发电机的调速系统惯性较大，动作缓慢，因此在突然甩去负荷时，转速将超过额定值，这时机端电压有可能高达额定值的 1.8～2 倍。为了防止水轮发电机定子绕组绝缘遭受破坏，

在水轮发电机上应装设过电压保护。

根据发电机的绝缘状况，水轮发电机过电压保护的动作电压应取1.5倍额定电压，经0.5s动作于解列灭磁。对晶闸管整流励磁的水轮发电机，动作电压取1.3倍额定电压，经0.3s解列灭磁。

（二）现代大型汽轮发电机装设过电压保护

中小型汽轮发电机不装设过电压保护的原因是：在汽轮发电机上都装有危急保安器，当转速超过额定电压的10%以后，汽轮发电机危急保安器会立即动作，关闭主汽门，能够有效地防止由于机组转速升高而引起的过电压。

对于大型汽轮发电机则不然，即使调速系统和自动调整励磁装置都正常运行，当满负荷运行时突然甩去全部负荷，电枢反应突然消失，此时，由于调速系统和自动调整励磁装置都是由惯性环节组成，转速仍将升高，励磁电流不能突变，使得发电机电压在短时间内也要上升，其值可能达1.3倍额定值。持续时间可能达几秒钟。

大型发电机定子铁芯背部存在漏磁场，在这一交变漏磁场中的定位筋（与定子绕组的线棒类似），将感应出电动势。相邻定位筋中的感应电动势存在相位差，并通过定子铁芯构成闭路，流过电流。正常情况下，定子铁芯背部漏磁小，定位筋中的感应电动势也很小，通过定位筋和铁芯的电流也比较小。但是当过电压时，定子铁芯背部漏磁急剧增加，例如过电压5%时漏磁场的磁密要增加几倍，从而使定位筋和铁芯中的电流急剧增加，在定位筋附近的硅钢片中的电流密度很大，引起定子铁芯局部发热，甚至会烧伤定子铁芯。过电压越高，时间越长，烧伤就越严重。

发电机出现过电压不仅对定子绕组绝缘带来威胁，同时将使变压器（升压主变压器和厂用变压器）励磁电流剧增，引起变压器的过励磁和过磁通，过励磁可使绝缘因发热而降级，过磁通将使变压器铁芯饱和并在铁芯相邻的导磁体内产生巨大的涡流损失，严重时可因涡流发热使绝缘材料遭永久性损坏。

鉴于以上种种原因，对于200MW及以上的大型汽轮发电机应装设过电压保护。

（三）发电机过电压整定计算

定子过电压保护的整定值，应根据发电机制造厂提供的允许过电压能力或定子绕组的绝缘状况决定。

（1）对于200MW及以上汽轮发电机

$$U_{op} = \frac{1.3U_{GN}}{n_v}$$

动作时限取0.5s，动作于解列灭磁。

（2）对于水轮发电机

$$U_{op} = \frac{1.5U_{GN}}{n_v}$$

动作时限取0.5s，动作于解列灭磁。

（3）对于采用晶闸管励磁的水轮发电机

$$U_{op} = \frac{1.3U_{GN}}{n_v}$$

动作时限取0.3s，动作于解列灭磁。

（四）装设过励磁保护能否取消过电压保护

当频率为额定时，从过励磁保护的动作公式上看，过励磁保护等同于过电压保护，因此过励磁保护性能包含有过电压性质。但是，过励磁保护主要是考虑定子铁芯过热，而过电压保护则主要考虑定子绕组绝缘状况，需要快速跳闸。两者的保护范围和整定依据都不同，因此，装设了过励磁保护后，过电压保护不能取消。如果汽轮发电机过励磁保护采用定时限高定值的保护，其定值与过电压保护相近，则可不再装设过电压保护。

二、过励磁保护

（一）现代大型发电机装设过励磁保护的必要性

大容量发电机无论在设计和用材方面裕度都比较小，其工作磁密很接近饱和磁密。当由于调压器故障或手动调压时甩负荷或频率下降等原因，使发电机产生过励磁时，其后果非常严重。危害之一是铁芯饱和后谐波磁密增强，使附加损耗加大，引起局部过热。另一个危害就是使定子铁芯背部漏磁场增强。当定子铁芯背部漏磁急剧增加，如图 2-63 所示，从而使定位筋和铁芯中的电流急剧增加，在定位筋附近的部位，电流密度很大，引起局部过热。如果定位筋和定子铁芯的接触不良，过电压后，在接触面上可能要出现火花放电，对于氢冷机组，这是十分不利的。因此，对大容量发电机应装设过励磁保护。

变压器铁芯饱和之后，铁损增加，使铁芯温度上升。铁芯饱和后还要使磁场扩散到周围的空间去，使漏磁场增强。靠近铁芯的绕组导线、油箱壁以及其他金属结构件，由于漏磁场而产生涡流损耗，使这些部件发热，引起高温，严重时要造成局部变形和损伤周围的绝缘介质。对某些大型变压器，当工作磁密达到额定磁密的 1.3～1.4 倍时，励磁电流的有效值可达到额定负荷电流的水平。由于励磁电流是非正弦波，含有许多高次谐波分量，而铁芯和其他金属构件的涡流损耗与频率的平方成正比，所以发热严重。例如，在设计内铁式变压器时，取其平均涡流损耗等于正弦负荷电流损耗的 10%，而当励磁电流有效值等于额定负荷时，若计算到十五次谐波，则平均涡流损耗是正弦额定负荷电流损耗的 4.5 倍。因此，励磁电流增长，要引起变压器严重过热。

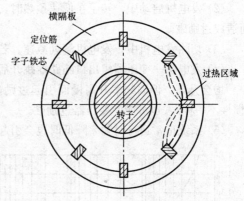

图 2-63 $U_*/f_*>1$ 时引起局部过热的说明图

过励磁引起的温升加速绝缘老化，使绕组的绝缘强度和机械性能恶化，此外铁芯叠片间绝缘损坏会导致涡流损耗进一步增加，还可能造成绕组对铁芯的主绝缘损坏，而且油箱内壁的油漆熔化还会使变压器油被污染：

过励磁对变压器的影响主要表现在发热温升方面，根源是过励磁损耗的剧增。过励磁所产生的损耗如下所述：

（1）主磁通在铁芯中产生的损耗。

（2）过励磁电流在绕组导体电阻上的损耗。当过励磁倍数 $n=1.4$，绕组的电阻损耗虽不会引起变压器严重过热，但过励磁电流足以使变压器比率制动式差动保护误动作，所以必须有过励磁状态下闭锁差动保护的附加措施。

（3）漏磁通在绕组导体中引起的涡流损耗。当 $n=1.4$ 时，最大损耗导体中的涡流损耗约为额定工况时的 7 倍。

（4）漏磁通在铁芯表面造成的涡流损耗。当变压器严重过励磁时，由于铁芯饱和，部分磁通从铁芯溢出而进入结构件或空气中，铁芯柱表面是磁密最大的区域。

由于主磁通沿铁芯柱的轴向流通，它在铁芯中引起的涡流，因很薄（0.30～0.35mm）的叠片而大大受到限制。但是漏磁通却完全不同，它垂直地穿过铁芯柱表面，所生涡流分布在叠片的平面上，通常最外一阶层的叠片宽度（200～300mm）是其厚度（0.30～0.35mm）的几千倍，所以漏磁通所生涡流流经很小电阻，虽然这部分涡流损耗相对于全部铁损来说只是很小一部分，但它高度集中，损耗密度很大，必将造成变压器铁芯或构件的局部过热。

（二）发电机—变压器组运行中，造成过励磁的原因

首先要了解变压器过励磁与频率、电压的关系。变压器的电压是由铁芯上的绕组通过电流后而产生的。其关系为 $N = 4.44fNBS$。其中绕组匝数 N 和铁芯截面积 S 都是常数，令 $K = \dfrac{1}{4.44NS}$，则工作磁密 $B = K\dfrac{U}{f}$，即电压升高或频率降低都会引起过励磁。另一方面大型变压器的工作磁密 $B_1 = 1.7 \sim 1.8\text{T/m}^2$，饱和磁密为 $B_2 = 1.9 \sim 2.0\text{T/m}^2$，非常接近。而对发电机来说，当其电压与频率比 $U_* / f_* > 1$ 时，也要遭受过励磁的危害，且它的允许过励磁倍数还要低于升压变压器的允许过励磁倍数。所以都容易饱和，对发电机和变压器都不利。造成过励磁的原因有以下几个方面：

（1）发电机—变压器组与系统并列前，由于误操作，误加大励磁电流引起。

（2）发电机启动中，转子在低速预热时，误将电压升至额定值，则因发电机、变压器低频运行而造成过励磁。

（3）切除发电机中，发电机解列减速。若灭磁开关拒动，使发电机遭受低频引起过励磁。

（4）发电机—变压器组出口断路器跳开后，若自动励磁调节器退出或失灵，则电压与频率均会升高，但因频率升高慢而引起过励磁。即使正常甩负荷，由于电压上升快，频率上升慢（惯性不一样），也可能使变压器过励磁。

（5）系统正常运行时频率降低时也会引起。

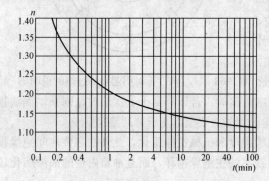

图 2-64　变压器的过励磁倍数曲线

（三）过励磁特性曲线

在同一过励磁倍数 n 下允许的持续时间长短，与额定磁密 B_N 和饱和磁密 B_s 的大小以及磁化曲线的形状有密切关系，B_N 越接近 B_s，磁化曲线饱和段的斜率越小，则在同一过励磁倍数 n 下的允许持续时间越短。变压器过励磁倍数曲线如图 2-64 所示，制订此曲线的基础是在该过励磁倍数 n 下，变压器受热各部分均不致损坏或影响使用寿命。

由于铁芯饱和的非线性和各国材料以及工艺上的差别，使变压器过励磁特性各异，给过励磁保护增添了困难。

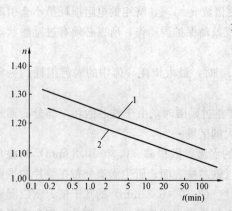

图 2-65　美国西屋公司的空负荷过励磁倍数曲线
曲线 1—电力变压器；曲线 2—汽轮发电机

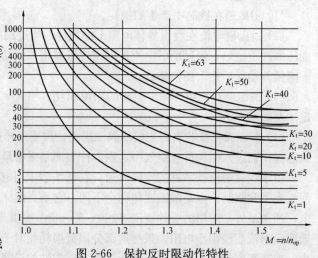

图 2-66　保护反时限动作特性

发电机的过励磁倍数曲线不多见，图 2-65 摘自美国西屋公司的资料。图中所示，该汽轮发电机的过励磁倍数曲线 2 低于电力变压器的曲线 1，当它们组成发电机—变压器单元接线方式时，过励磁倍数应由发电机限制。但是注意到发电机额定电压往往比变压器同级额定电压高 5％（例如发电机为 10.5kV，变压器为 10kV），因此，若以发电机额定电压为基准，变压器的过励磁倍数曲线可能位于发电机过励磁倍数曲线之下，此时过励磁倍数将由变压器决定。

对于发电机—变压器组，其过励磁保护装于机端。如果发电机与变压器的过励磁特性相近（应由制造厂提供曲线），当变压器的低压侧额定电压比发电机额定电压低（一般约低 5％）时，过励磁保护的动作值应按变压器的磁密整定，这样既保护了变压器，又对发电机是安全的；若变压器低压侧额定电压大于或等于发电机的额定电压，过励磁保护的定值应按发电机的磁密整定，对发电机和变压器都能起到保护作用。

（四）过励磁保护的动作判据和动作特性

不言而喻，过励磁保护的动作特性应与被保护设备的过励磁倍数曲线相配合，各发电机或变压器的过励磁倍数曲线很不一致，而且每一曲线的形状复杂，要使保护特性与之配合实非易事。

1. 过励磁反时限保护之一

目前广为各国采用的 ABB 公司提出的过励磁反时限保护动作判据为

$$t = 0.8 + \frac{0.18K_t}{(M-1)^2}$$

$$M = n / n_{op}$$

式中 t——保护动作时限，s；

K_t——整定时间倍率，$K_t = 1 \sim 63$；

M——保护启动倍率；

n——过励磁倍数，$n = B / B_N = \dfrac{U}{U_N} / \dfrac{f}{f_N} = U_* / f_*$；

n_{op}——过励磁倍数启动值，n_{op} 可取为 1.05～1.10，即对应 $t = \infty$ 的允许持续过励磁倍数。

保护反时限动作特性如图 2-66。选取不同的 n_{op} 和 K_t 值，使过励磁反时限保护的动作特性与被保护设备的过励磁能力相匹配，较定时限动作特性大有改善，但是实际运行中仍感到过励磁反时限保护的动作特性与被保护设备的过励磁能力匹配不理想。

2. 过励磁反时限之二

过励磁反时限的改进判据为

$$t = 10^{-K_1 n + K_2}$$

式中 t——保护动作时间，s；

n——过励磁倍数；

K_1 和 K_2——待定常数。

对于图 2-67 中的 4 条变压器过励磁倍数曲线，供选用

曲线 1 $K_1 = 5.86, K_2 = 9.11, t = 10^{-5.86n+9.11}$

曲线 2 $K_1 = 12.02, K_2 = 16.23, t = 10^{-12.02n+16.23}$

曲线 3 $K_1 = 10.00, K_2 = 14.26, t = 10^{-10n+14.26}$

曲线 4 $K_1 = 7.95, K_2 = 11.79, t = 10^{-7.95n+11.79}$

由表 2-9 可见，除 $T=0$ 外，t 均接近或小于 T，有较好的保护性能。

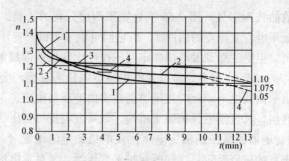

图 2-67 变压器的过励磁倍数曲线实例

1—摘自联邦德国标准 VDE-0532/8.64；2—摘自美国
电机工程师学会会刊 VOL. PAS. NO. 8，1966；3—GE
公司和西屋公司采用的曲线；4—联邦德国 TU 公司采
用的曲线

对于 $T=0$ 的情况，在过励磁反时限保护中可增设一速动段，当 $n=1.40$（曲线 1 和 3）或 1.35（曲线 2）时，不经反时限段而立即（$t=0$）动作。

表 2-9　　　　　变压器过励磁允许时间（T）与过励磁保护动作时间（t）对照表

过励磁倍数 n		1.40	1.35	1.30	1.25	1.20	1.15	1.10	1.05
曲线 1	T (s)	0	17.5	39.0	74.5	120.0	235.0	520.0	∞
	t (s)	"8.05"	15.8	31.0	61.0	119.5	235.0	461.0	∞
曲线 2	T (s)	0	0	6.0	22.0	65.0	480	∞	—
	t (s)	"0.252"	"1"	4.1	16.0	64.0	255	∞	—
曲线 3	T (s)	0	6.5	21.0	58.0	205.0	—	∞	
	t (s)	"1.82"	5.8	18.2	57.5	182.0	—	∞	
曲线 4	T (s)	5.0	—	—	—	180.0	—	1200	∞
	t (s)	4.6	—	—	—	177.8	—	1109	∞

（五）发电机定子铁芯过励磁保护整定计算

对于 300MW 及以上发电机，当发电机与主变压器之间无断路器而共用一套过励磁保护时，其整定值按发电机或变压器过励磁能力较低的要求整定。

过励磁倍数 N 为

$$N=\frac{B}{B_N}=\frac{U/U_{GN}}{f/f_{GN}}=\frac{U_*}{f_*}$$

式中　U、f——运行电压及频率；

U_{GN}、f_{GN}——发电机额定电压及频率；

U_*、f_*——电压和频率的标幺值；

B、B_N——磁通量及额定磁通量。

定时限过励磁保护的过励磁倍数 N 设两段定值：

低定值部分 $\qquad N_1 = \dfrac{B}{B_N} = 1.1$（或以发电机制造厂数据为准）

高定值部分 $\qquad N_1 = \dfrac{B}{B_N} = 1.3$（或以发电机制造厂数据为准）

低定值部分带时限动作于信号和降低发电机励磁电流，高定值部分动作于解列灭磁或程序跳闸。

当发电机及变压器间有断路器而分别配置过励磁保护时，其定值按发电机与变压器允许的不同过励磁倍数分别整定。

反时限过励磁保护按发电机、变压器制造厂家提供的反时限过励磁特性曲线（参数）整定。特别注意引进设备时，一次设备的过励磁能力与保护装置的过励磁动作特性不相适应的问题。

发电机—变压器组过励磁保护的电压取发电机的机端的相间电压，防止相电压在单相接地时非故障相电压会增大，导致误动。动作出口不宜动作于程序跳闸，因为由低频引起的过励磁当主汽门关闭，会导致频率进一步下降，使得过励磁情况加剧，此外，当发电机处于启励阶段时出现过励磁，无法出现逆功率，造成严重危及设备安全，故应动作解列灭磁。

第九节　发电机逆功率保护

一、逆功率保护

与电力系统并列运行的发电机，由于各种原因而停止供给原动机能量时，将从系统吸收能量变为电动机运行，驱动原动机运转。

汽轮机在其主汽门关闭后，转子和叶片的旋转会引起风损。因为逆功率运行时，没有蒸汽流通过汽轮机，由风损造成的热量不能被带走，使汽轮机叶片过热以致损坏。

发电机变为电动机运行时，燃汽轮机可能有齿轮损坏的问题。对于燃汽轮机，逆功率保护是主保护。

对于 200MW 以下的汽轮发电机，不装设逆功率保护，但采取下述措施：

（1）主汽门关闭后，在控制室内发出声光信号，如主汽门误关闭，检查之后即可迅速恢复供汽，使机组正常运行，如几分钟内不能恢复，可由值班人员断开发电机断路器。

（2）采用联锁的方法，当主汽门关闭后，用主汽门的辅助触点经延时去切除发电机。

一般来说，上述方法也是可行的，但有不足之处，因为都不能确切地反应主汽门关闭的实际状况。逆功率保护则能够确切地反应功率反向，及时发出信号，在允许的时间内自动停机。采用逆功率保护是一种比较完善的方法。因此，对于 200MW 以上的汽轮发电机装设逆功率保护。

逆功率保护主要由一个灵敏的功率继电器构成。

当主汽门突然关闭后，发电机有功功率下降并变到某一负值，几经摆动之后达到稳态值。发电机的有功损耗，一般约为额定值的 1%～1.5%，而汽轮机的损耗与真空度及其他因素有关，一般约为额定值的 3%～4%，有时还要稍大些。因此，发电机转变为电动机运行后，从电力系统中吸收的有功功率稳态值约为额定值的 4%～5.5%，而最大暂态值可达到额定值的 10% 左右。当主汽门有一定的泄漏时，实际逆向功率还要比上述数值小些。

设 P_{op} 为逆功率继电器的动作功率，则其动作条件为 $P \leqslant -P_{op}$。其中负号表示从系统吸收有功功率。

$P \leqslant -P_{op}$ 在复功率平面上是平行于 Q 轴的一条直线，如图 2-68（a）所示，在阻抗平面上的动作特性是一与纵轴相切于原点且对称于横轴的圆，如图 2-68（b）所示，其圆心和半径分别为

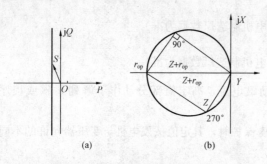

图 2-68 逆功率继电器的动作边界

(a) 功率；(b) 阻抗

$$Z_c = -\frac{1}{2g_{op}} = -\frac{1}{2}r_{op}$$
$$|Z_r| = \frac{1}{2g_{op}}$$

其动作条件为

$$270° \geqslant \arg\frac{Z}{Z+r_{op}} \geqslant 90°$$

因此，逆功率继电器可视为一灵敏的阻抗继电器。由于继电器的动作功率很小，为了保证继电器能正确工作，首先要采用精密级的仪用电流互感器和电压互感器，其次要使中间电流互感器的特性一致。实际上，这往往是难于完全做到的。因此，通常在电压回路中设置移相回路，补偿相位误差。另外，为了消除整流后电流中存在的高次谐波的影响，也应采取较完善的滤波措施。

逆功率继电器的理想动作特性如图 2-69 中的虚线 2（动作功率为 P_{op}），实际上由于电流互感器有漏抗（有些逆功率继电器中采用电抗变压器，后者实际存在一定的负荷电流），使继电器的实际动作特性变为实线 1。当主汽门关闭后，发电机的工作点由第一象限的点 C 过渡到第二象限的点 A 且稳定在 A 点，逆功率保护拒动。解决办法是在电压回路中增设移相回路以补偿相位误差。逆功率保护由微机实现可以提高精度。

功率的计算采用两表法，即

$$P = \mathrm{Re}\,[\dot{U}_{AB}\hat{\dot{I}}_A + \dot{U}_{CB}\hat{\dot{I}}_C]$$

逆功率保护受 TV 断线闭锁。

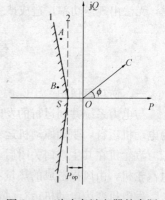

图 2-69 逆功率继电器的实际动作特性

1—继电器实际动作特性；2—继电器理想动作特性

二、程序跳闸

程序跳闸是一项措施，可以有效地避免汽轮发电机组在停机过程中可能产生的超速或飞车。按程序跳闸方式，当手动停机、联锁停机或某些继电保护动作后，不是首先跳发电机—变压器组断路器，而是首先关闭主汽门，以避免主汽门或导水翼机构卡滞或关闭不严情况下的发电机停机。当主汽门完全关闭后，经过一定时间，发电机从发电状态转变为电动机运行状态，整定值很小的逆功率继电器动作，再跳开发电机或发电机—变压器组开关。

程序跳闸，对于汽轮发电机，首先关闭主汽门，待逆功率继电器动作后，再跳开发电机断路器并灭磁；对于水轮发电机，首先将导水翼关到空负荷位置，再跳开发电机断路器并灭磁。

用于程序跳闸的逆功率继电器作为闭锁元件，其定值一般整定为 $(1 \sim 3)\% P_N$（发电机额定功率），且程序跳闸逆功率的整定时间一般小于逆功率的时间。

三、整定计算

（一）逆功率动作功率定值

动作功率 P_{op} 的计算式为

$$P_{op} = K_{rel}(P_1 + P_2)$$

$$P_2 \approx (1-\eta)P_{GN}$$

式中　K_{rel}——可靠系数，取 $0.5 \sim 0.8$；

P_1 ——汽轮机在逆功率运行时的最小损耗，一般取额定功率的 2%～4%；

P_2 ——发电机在逆功率运行时的最小损耗；

η ——发电机效率，一般取 98.6%～98.7%（分别对应 300MW 及 600MW 机）；

P_{GN} ——发电机额定功率，通常可整定为 $(1-3)\%P_{GN}$。

（二）保护的动作时限

经主汽门触点时，延时 1.0～1.5s 动作于解列。不经主汽门触点时，延时 15s 动作于信号。

根据汽轮机允许的逆功率运行时间，长延时段可动作于解列，一般取 1～3min。

在过负荷、过励磁、失磁等异常运行方式下，用于程序跳闸的逆功率继电器作为闭锁元件，其定值一般整定为 $(1-3)\%P_{GN}$。

对于燃气轮机、柴油发电机也有装设逆功率保护的需要，目的在于防止未燃尽物质有爆炸和着火的危险。这些发电机组在作电动机状态运行时所需逆功率大小，粗略地按铭牌（kW）值的百分比估计为：燃气轮机，50%；柴油机，25%。

第十节 发电机失磁保护

一、发电机失磁电气特征

发电机失磁过程的特点：

（1）发电机正常运行，向系统送出无功功率，失磁后将从系统吸取大量无功功率，使机端电压下降。当系统缺少无功功率时，严重时可能使电压降到不允许的数值，以致破坏系统稳定。

（2）发电机电流增大，失磁前送有功功率越多，失磁后电流增大越多。

（3）发电机有功功率方向不变，继续向系统送有功功率。

（4）发电机机端测量阻抗，失磁前在阻抗平面 $R-X$ 坐标第一象限，失磁后测量阻抗轨迹沿着等有功阻抗圆进入第四象限，随着失磁的发展，机端测量阻抗的端点落在静稳极限阻抗圆内，转入异步运行状态。

二、发电机失磁对系统和发电机本身影响和汽轮发电机允许失磁运行的条件

（一）发电机失磁对系统的主要影响

（1）发电机失磁后，不但不能向系统送出无功功率，而且还要从系统中吸取无功功率，将造成系统电压下降。

（2）为了供给失磁发电机无功功率，可能造成系统中其他发电机过电流。

（二）发电机失磁对发电机自身的影响

（1）发电机失磁后，转子和定子磁场间出现了速度差，则在转子回路中感应出转差频率的电流，引起转子局部过热。

（2）发电机受交变的异步电磁力矩的冲击而发生振动，转差率越大，振动也越厉害。

（三）汽轮发电机允许失磁运行的条件

（1）系统有足够供给发电机失磁运行的无功功率，以不致造成系统电压严重下降为限。

（2）降低发电机有功功率的输出，使之能在很小的转差率下，在允许的一段时间内异步运行，即发电机应在较少的有功功率下失磁运行，使之不致造成危害发电机转子的发热与振动。

三、准静稳极限阻抗苹果圆

准静稳极限阻抗苹果圆。鉴于静稳边界阻抗圆在第一、二象限的动作区易发生非失磁条件下误动，为此在图 2-70 中，作 Ox_d 直线的中垂线，在中垂线上取对称于 X 轴的两点 O_1 和 O_2，以 O_1 和 O_2 为圆心，作圆弧（虚线苹果圆）使之与静稳边界阻抗圆尽量接近，并且不伸出第 1、2 象限，

则苹果圆就是准静稳极限阻抗苹果圆。

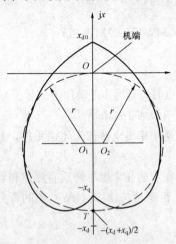

图 2-70　求作 $X_d \neq X_q$ 时准静稳
极限阻抗苹果圆

水轮发电机（包括大型汽轮发电机）的 $X_d \neq X_q$，其静稳极限的机端阻抗轨迹不是圆，而是如图 2-70 所示的滴状曲线。由于此曲线在第 1、2 象限的动作区易引起保护误动，为此将滴状曲线近似改为苹果圆阻抗动作特性，具体作法如图 2-70，取 $\dfrac{x_d + x_q}{2}$ 定 T 点，作 OT 直线的中垂线，在中垂线上取对称于 X 轴的两点 O_1 和 O_2，以 O_1 和 O_2 为圆心，r 为半径做圆弧，O_1、O_2 和 r 选择应使圆弧尽量接近滴状曲线（实线），并且不伸出第 1、2 象限，则苹果圆（虚线）就是 $X_d \neq X_q$ 的准静稳极限阻抗苹果圆。

四、发电机失磁保护装置组成和整定原则

发电机的失磁保护装置的组成和整定原则如下：

阻抗继电器动作特性如图 2-71 和图 2-72 所示。

（1）下抛圆式特性的阻抗继电器定子判据按稳态异步边界条件整定，即

$$X_A = -\frac{X_d'}{2}, \ X_B = -1.2X_d \ \text{或} \ X_B = -X_d$$

（2）下偏移特性的阻抗继电器定子判据按静稳定边界（静稳边界圆）条件整定，即

$$X_A = X_S, \ X_B = -X_d$$

式中：X_S 为发电机与系统间的联系电抗，包括升压变压器电抗，系统处于最小运行方式的电抗。

动作区较大并包括第一、二象限部分。为防止系统振荡及短路误动，需设方向元件控制，使动作区在第三、四象限阻抗平面上，并具有扇形动作区特性。

（3）苹果圆特性的阻抗继电器适用于水轮发电机和大型汽轮发电机（$X_d \neq X_q$）的失磁保护，

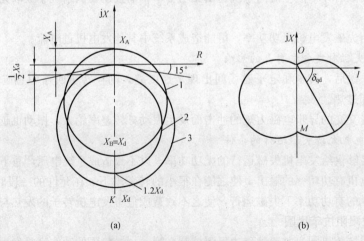

图 2-71　阻抗继电器动作特性

（a）圆特性；（b）苹果圆特性

1—下偏移特性；2—下抛圆式特性；3—90°方向阻抗圆特性

作用于跳闸。继电器的整定值如图 2-71 (b) 所示，为双圆过坐标原点的直径与 R 轴的夹角 δ_{qd}，双圆在 X 轴的交点 M 距坐标原点 O 之距 OM 为 $\dfrac{1}{\lambda}$。整定值计算公式为

$$G_1 = \frac{1}{2}\left(\frac{1}{X_q + X_S} - \frac{1}{X_d + X_S}\right)$$

$$B_1 = -\frac{1}{2}\left(\frac{1}{X_q + X_S} + \frac{1}{X_d + X_S}\right)$$

$$G_2 = \frac{G_1}{(1 + B_1 X_S)^2}$$

$$\lambda = B_2 = \frac{B_1}{1 + B_1 X_S}$$

$$\delta_{qd} = \arctan\frac{G_2}{K_K B_2}$$

式中　　X_q——水轮发电机横轴同步电抗；

　　　　X_d——水轮发电机纵轴同步电抗；

　　　　K_k——可靠系数：当 $X_S < 0.4$ 时（以发电机容量为基量的标幺值），K_k 取 0.13；$X_S > 0.4$ 时，K_k 取 0.15。

（4）水轮发电机长距离重负荷输电时，采用阻抗继电器作为定子判据，则进入阻抗圆时限较长而造成稳定破坏。为加速切除失磁的发电机，可采用三相低压元件作为判据，并加转子低压元件闭锁的方式组成发电机跳闸回路。

三相低压元件取自高压母线，一般为额定电压的 80%～85%；取自发电机母线，一般为额定电压的 75%～80%。

（5）为防止失磁保护装置误动，应在外部短

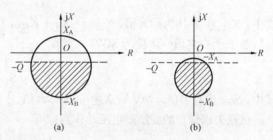

图 2-72　失磁保护的边界特性
(a) 静稳阻抗圆特性；(b) 异步阻抗圆特性

路、系统振荡及电压回路断线等情况下闭锁，并将母线低压元件用于监视母线电压，保障系统安全。

闭锁元件采用转子判据，转子判据一般是测量转子电压，转子电压只允许正向波通过，当失磁后第一个半波呈现负向波时，则阻断显示为无电压，保持转子电压为零。失磁后发电机的 $\dot{E}_d$ 与系统电压 $\dot{U}_S$ 间的夹角 δ 大约增大至 $180°$ 之前，转子电压均为负值，因此呈无压状态，以保证转子电压不返回。当发电机失磁开始，转子电压第一个负向半波的持续时间，不论是转子开路故障（持续时间最短）还是转子短路故障（持续时间最长），一般均大于 1.5s，故作用跳闸是允许的。转子电压闭锁元件一般按空负荷励磁电压的 80% 整定。为此要求自动励磁调整装置和手动切换的跟踪励磁电阻的位置，都需防止励磁电压降到空负荷励磁电压的 80%，而造成转子电压闭锁元件失去闭锁作用。当水轮发电机或发电机重负荷运行时，为快速切除部分失磁而要求跳闸的发电机，转子电压的动作值尚可适当提高，以满足低负荷时励磁电压的灵敏度即可。

失磁保护装置作用解列的动作时间一般取 0.5～1.0s。

五、失磁保护中 $U_e - P$ 元件和汽轮发电机与水轮发电机 $U_e - P$ 元件的动作特性曲线

用动作电压不变的励磁电压元件闭锁，在重负荷下低励时可能拒动，在轻负荷下进相运行时可能误动，虽然可以按最低运行负荷整定来减少拒动和误动的机会，但未从根本消除其缺点。

鉴别失磁故障的依据不是一个固定的励磁电压整定值，而是一个随有功功率大小改变的励磁电压整定值，当负荷增大时，其励磁电压动作值亦相应提高，即为励磁电压—有功功率元件简称 U_e —P 元件。

U_e—P 元件是以发电机的静稳极限为动作边界。判定静稳边界由有功功率 P 与空负荷电势 E_0 决定，现在静稳判据变为励磁电压却是由 P 与 U_e 来决定，虽然在派克标幺值系统，励磁电压基值取空负荷励磁电压，有 $U_e = E_0$，但在发电机失磁或低励时，U_e 很可能迅速下降到对应静稳极限的整定值以下，然而 E_0 的衰减却比较慢，U_e—P 元件动作并不表示发电机已到达静稳极限，这种保护超前动作，有利于运行人员的处理。

（一）汽轮发电机

由 $P = \dfrac{E_0 U_S}{X_{d\Sigma}} \sin\delta$ 可知，当静稳极限时 $\delta = 90°$，有

$$P = E_0 U_S / X_{d\Sigma}$$

当以发电机空负荷额定电压时的励磁电压 U_e（单位为 V）为基值时，标幺值 $E_0 = U_e$，故有标幺值关系式

$$U_e = E_0 = P X_{d\Sigma} / U_s = P X_{d\Sigma} (U_S = 1.0)$$

U_e 以有名值表示时有

$$U_e = P X_{d\Sigma} U_{e0}$$

式中，$X_{d\Sigma}$ 和 P 均为标幺值，$X_{d\Sigma} = X_d + X_{con}$，$U_{e0}$ 为 U_e 的基量，即空负荷励磁电压有名值。

若 P 为有名值（单位为 MW），则有

$$U_e = \frac{P}{S_{GN}} X_{d\Sigma} U_{e0}$$

式中，S_{GN} 为有名值，MVA；$X_{d\Sigma}$ 仍为标幺值。

低励失磁保护的变励磁电压动作判据可

$$U_{e.op} = KP \geqslant U_e$$

其中 $K = X_{d\Sigma} U_{e0} / S_{GN}$。

在实际保护装置中，P 和 U_e 均经变换器得 U_1 和 U_2，即

$$U_1 = K_1 P, \quad U_2 = K_2 U_e$$

式中 K_1、K_2 ——变换器的比例系数。

设继电器动作条件为

$$U_1 \geqslant U_2$$

即

$$U_e \leqslant \frac{K_1}{K_2} P$$

调整 K_1、K_2，使 $K_1 / K_2 = K$，则 U_e—P 元件的判据为 $U_e \leqslant KP$。该动作特性如图 2-73 所示，为过原点的直线，其倾角 α 的整定值为

$$\alpha = \arctan K = \arctan X_{d\Sigma} U_{e0} / S_{GN}$$

$$X_{d\Sigma} = X_d + X_{con}$$

式中 $X_{d\Sigma}$ ——发电机纵轴总电抗标幺值；

$\quad X_{con}$ ——系统联系电抗，标幺值；

$\quad U_{e0}$ ——发电机空负荷励磁电压，V；

$\quad S_{GN}$ ——发电机额定视在功率，MVA。

（二）水轮发电机

水轮发电机（包括 $X_d \neq X_q$ 的大型汽轮发电机）由于 $X_d \neq X_q$，发电机输出有功功率 P 为

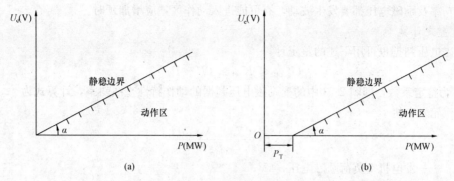

图 2-73 发电机 $U_e - P$ 元件动作特性

(a) 汽轮发电机；(b) 水轮发电机

$$P = \frac{E_0 U_S}{X_{d\Sigma}} \sin \delta + \frac{U_S^2}{2} \left(\frac{1}{X_{q\Sigma}} - \frac{1}{X_{d\Sigma}} \right) \sin 2\delta$$

$$X_{d\Sigma} = X_d + X_{con}$$

$$X_{q\Sigma} = X_q + X_{con}$$

式中　E_0——发电机空负荷电动势；

　　　U_S——系统母线电压；

　　　δ——发电机的功角；

　　　X_d——发电机纵轴同步电抗；

　　　X_q——发电机横轴同步电抗。

由上式导出 $\frac{dP}{d\delta} = 0$ 的静稳极限，对应不同的静稳极限功角 δ_{SB}，有相应一定 P 值的励磁电压动作值 U_e。水轮发电机 $U_e - P$ 元件动作特性如图 2-13（b）所示。

水轮发电机凸极功率为

$$P_T = \frac{U_S^2 (X_d - X_q)}{2 (X_d + X_{con})(X_q + X_{con})}$$

$$\tan \alpha = \frac{2\cos 2\delta_{SB}}{\cos 2\delta_{SB} - 2 \sin^3 \delta_{SB}} X_{d\Sigma}$$

对于 $X_d \neq X_q$ 发电机的静稳极限功角 δ_{SB}，可由图 2-74 查得，纵坐标 $K_P = P_0 / P_T$ 中，P_0 为发电机失磁前输出有功功率（MW）；P_T 为凸极功率（MW）。

若 U_e 和 P 均为有名值，则

$$\tan \alpha = \frac{2\cos 2\delta_{SB}}{\cos 2\delta_{SB} - 2 \sin^3 \delta_{SB}} \times \frac{X_{d\Sigma}}{U_S} \times \frac{U_{e0}}{S_N}$$

式中　$X_{d\Sigma}$、U_S——标幺值，且有 $U_S = 1.0$；

　　　U_{e0}——发电机空负荷额定励磁电压，V；

　　　S_N——发电机额定视在功率，MVA。

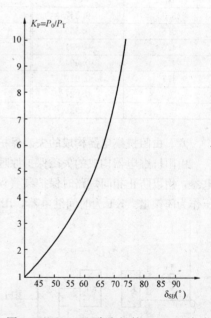

图 2-74　$X_d \neq X_q$ 发电机的 $\delta_{SB} - K_P$ 关系曲线（$K_P = P_0 / P_T$）

$U_e - P$ 元件除在转子励磁绕组直接短路时外，失磁后 P 及 U_e 也要发生剧烈波动。因此在异步运行中可能周期地返回，为可靠动作，应对动作采取记忆措施。发电机外部短路时，由于强行励磁动作且有功负荷下降不会误动，但在自励式发电机近处短路时，励磁电压要随机端电压而下降，应以延时防止误动。如为不对称短路，为防止误动应测三相有功功率或采用负序闭锁元件。系统振荡

时，有功功率及励磁电压都要发生波动，有可能进入动作区，应增加延时。

（三）整定计算

变励磁电压判据也可用下述的整定计算

$$U_{e.op} \leqslant K_{set} \times (P - P_T)$$

K_{set} 为整定系数，即图 2-73 中的变励磁电压判据的动作特性直线斜率，计算式为

（1）汽轮发电机

$$K_{set} = \frac{(X_d + X_{con})U_{e0}}{U_S E_0}$$

式中　U_{e0}——发电机空负荷励磁电压，kV；

　　　E——发电机空负荷电动势，kV；

　　　U_S——归算到发电机机端的无穷大系统母线电压值，kV；

X_d、X_{con}——发电机同步电抗、系统联络电抗值，Ω；

（2）水轮发电机

$$K_{set} = \frac{P_N}{P_N - P_T} \times \frac{C_n (X_d + X_{con})U_{e0}}{U_S E_0}$$

式中　C_n——修正系数，以 $K_N = P_N/P_T$ 值查 $K_n - C_n$ 表（见表 2-10）；

　　　P_N——发电机额定功率，MW；

　　　P_T——发电机凸极功率，MW。

表 2-10　　　　　　　　　　变励磁电压判据 $K_n - C_n$ 表

K_n	C_n	K_n	C_n	K_n	C_n
3.3	0.847	5.6	0.941	7.7	0.968
3.6	0.869	6.0	0.948	8.0	0.970
4.0	0.891	6.3	0.953	8.3	0.972
4.3	0.904	6.6	0.957	8.7	0.975
4.7	0.919	6.8	0.959	9.0	0.976
5.0	0.927	7.1	0.962	9.5	0.979
5.3	0.935	7.4	0.965	10.0	0.981

六、由阻抗继电器构成的失磁保护工作原理

由阻抗继电器构成的失磁保护原理框图如图 2-75 所示。其中 KI 为阻抗继电器。KL 为闭锁继电器，用以防止相间短路时保护装置误动作。可以采用不同的闭锁方式，在图 2-73 中采用励磁电压作为闭锁量。KT 为时间继电器，用于防止系统振荡时保护装置误动作。

下抛圆式特性阻抗继电器 KI 按稳态异步边界条件整定

$$\left. \begin{array}{l} X_A = -\dfrac{1}{2} X_d' \\ X_B = -1.2 X_d \end{array} \right\}$$

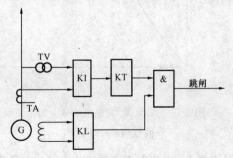

图 2-75　用阻抗继电器构成的失磁
保护原理框图

发电机失磁后，其机端测量阻抗由失磁前的感性变为失磁后异步运行时的容性，即测量阻抗的轨迹由第一象限进入第四象限（见图 2-76），待进入整定圆内时，阻抗继电器 KI 动作。发电机失磁前所带的有功功率 P 和失磁后的转差率 S 都会影响到测量阻抗的变化轨迹。P 越大，S 越高，越趋近于 X_d'；P 越小，S 越低，越趋近于 X_d。

七、具有自动减负荷的失磁保护装置的组成原则

具有自动减负荷的失磁保护装置的组成原则如下。

根据电网的特点，在发电机失磁后异步运行，若无功功率尚能满足，系统电压不致降低到失去稳定的严重程度，则发电机可以不解列，而采用自动减负荷到 40％～50％的额定负荷，失磁运行 15～30min，运行人员可以及时处理恢复励磁。因此，设置为具有下述功能的失磁保护。

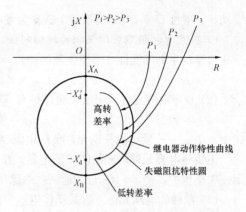

图 2-76　发电机失磁时阻抗继电器的动作特性

（1）定、转子判据元件同时判定失磁后，系统电压元件判定系统电压下降到危害程度，则经过 0.5s 作用于解列。

（2）定、转子判据元件同时判定失磁后，系统电压元件判定系统不能失去稳定，则作用于自动减负荷，直到减至 40％～50％额定负荷。

（3）定、转子判据元件同时判定失磁后，发电机电压元件判定其电压低到对厂用电有危害程度，则自动切换厂用电源，使之投入备用电源。

大型发电机在较重负荷运行时，发生部分失磁也常易导致失步。因此，若能及早自动减负荷，则较易拉入同步。失磁保护的定子判据，也可采用经过原点的下抛圆特性的阻抗继电器，整定 $X_A = 0$、$X_B = -1.4X_d$，将动作圆适当放大使之及早自动减负荷，系统电压降低时及早解列。在减负荷过程中，转子电压可能返回，为此需要短时测量自保持的方式，根据失磁试验，经过 10s 即可减至发电机额定功率的 60％。

自动减负荷回路由有功功率继电器控制。当有功功率降低到触点返回时，自动减负荷继电器返回，但由于机炉的惯性，负荷又经 0.5s 后才稳定，尚需继续减一些负荷才停止，因此触点返回值应大于 40％～50％额定负荷，并要求返回系数大于 0.9。

八、发电机低励失磁保护判据

（一）发电机低励失磁保护的主判据

发电机低励失磁保护的动作主判据可分为：

系统侧主判据——高压母线三相同时低电压继电器。本判据主要用于防止由发电机低励失磁故障引发无功储备不足的系统电压崩溃，造成大面积停电，其动作判据为

$$U_{op.\,3ph} = (0.85 \sim 0.90)U_{h.\,min}$$

式中　$U_{op.\,3ph}$——三相同时低电压继电器动作电压（此值应经调度部门确定）；

　　　$U_{h.\,min}$——高压系统最低正常运行电压。

经辅助判据"与门"输出，短延时动作于发电机解列。

发电机侧主判据：

（1）异步边界阻抗继电器；

（2）静稳极限阻抗继电器；

（3）$U_e - P$ 元件；

（4）逆无功元件。

发电机正常运行时向系统发送无功功率，失磁时会出现无功反向，从系统吸收无功。失磁保护的逆无功判据，可以保证在第四象限动作区，而且可以允许发电机进相运行。

逆无功元件的整定：按躲过发电机允许的进相运行无功整定。计算公式为：$Q = K_{rel}Q_{jx}$。其中，K_{rel} 为可靠系数，取 1.1～1.3；Q_{jx} 为发电机允许的最大进相无功功率。若作为防止故障、振荡

误动，一般按 $Q = 5\%Q_{GN}$ 整定，Q_{GN} 为发电机二次额定无功功率。

（二）发电机低励失磁保护的辅助判据

（1）负序电压元件（闭锁失磁保护）。动作电压为

$$U_{op} = (0.05 \sim 0.06)U_{GN}/n_v$$

（2）负序电流元件（闭锁失磁保护）。动作电流为

$$I_{op} = (1.2 \sim 1.4)I_{2\infty}/n_a$$

式中　$I_{2\infty}$——发电机长期允许负序电流（有名值）。

由负序电流元件构成的闭锁继电器，在出现负序电压或负序电流大于 U_{op} 或 I_{op} 时，瞬时启动闭锁失磁保护，经 8～10s 自动返回，解除闭锁。一般用负序电压闭锁，其值内部固定，无需整定。

（3）励磁低电压元件。取其动作电压 $U_{e \cdot op}$ 为

$$U_{e \cdot op} = 0.8U_{e0}$$

这些辅助判据继电器与主判据继电器"与门"输出，防止非失磁故障状态下主判据继电器误出口。对于水轮发电机和中小型汽轮发电机，$U_{e \cdot op} = 0.8U_{e0}$ 比较合适。对于大型汽轮发电机，$U_{e \cdot op} = 0.8U_{e0}$ 的 $U_{e \cdot op}$ 定值偏小，当进相运行时可能 $U_e < U_{e \cdot op}$，励磁低电压辅助判据继电器会处于动作状态，失磁保护失去了辅助判据的闭锁作用，此时宜用变励磁电压判据。

（4）延时元件。动作于跳开发电机的延时元件，其延时应防止系统振荡时保护的误动作。振荡周期由电网主管部门提供，按躲振荡所需的时间整定。对于不允许发电机失磁运行的系统，其延时一般取 0.5～1.0s。动作于励磁切换及发电机减出力的时间元件，其延时由设备的允许条件整定。

失磁异步运行情况下，动作于发电机解列的延时，由发电机制造厂和电力部门共同决定允许发电机带 $0.4 \sim 0.5\ P_{GN}$ 的失磁异步运行时间。

允许失磁后发电机转入异步运行的低励失磁保护装置动作后，应切断灭磁开关，防止在转入异步运行时仍有有损大轴的同步功率存在。

（5）阻抗长延时整定。增加阻抗长延时判据主要考虑当励磁绕组内部开路，而励磁电压又没有下降的失磁故障，此时靠阻抗元件和逆无功元件经延时跳闸。阻抗判据长延时的阻抗元件通常按照异步阻抗圆整定，跳闸延时按照失磁后允许异步运行时间整定。

（三）发电机失磁保护逻辑图

低励失磁保护的逻辑框图如图 2-77 所示。若不投入转子判据，即等励磁电压和变励磁电压元件都退出时，则失磁保护以负序电压元件闭锁。

发电机失磁第一个负向波可以延续 1.5s，但以后可能变成正向波，转子电压可能返回，为此当跳闸时间整定大于 1.5s 时，自动投入转子电压自保持回路，以保证失磁保护跳闸。

九、系统联系电抗 X_{con} 计算

在对发电机的失磁保护、失步保护等进行整定计算时，均需应用到所整定机组对系统的联系电抗 X_{con}，其计算方法简介如下。

设某电厂具有同容量的 n 台机，均呈发电机—变压器组接线，在高压侧并联运行。电力系统归算至该厂高压母线的系统等值电抗为 X_S，其接线及等值电路如图 2-78 所示。

假设对 1 号机的保护装置 K 进行整定计算，已知保护装于机端。

由图 2-78 可见，系统联系电抗 X_{con} 为

$$X_{con} = X_{T1} + X_S // \frac{(X_G + X_T)}{(n-1)} = X_T + \frac{X_S(X_G + X_T)}{X_S(n-1) + X_G + X_T}$$

$$X_{T1} = X_{T2} = \cdots = X_{Tn} = X_T \quad X_{G1} = X_{G2} = \cdots = X_{Gn} = X_G$$

$$X_S // \frac{(X_G + X_T)}{(n-1)}$$

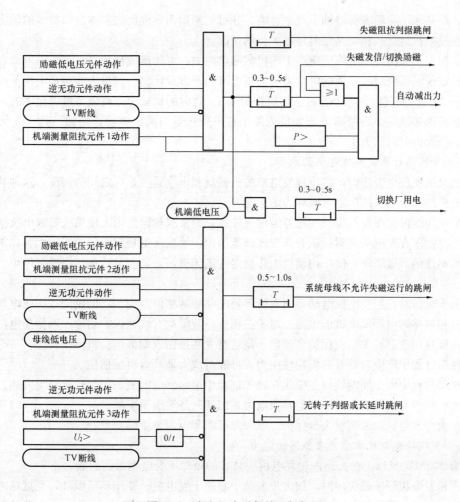

图 2-77　发电机失磁保护逻辑框图

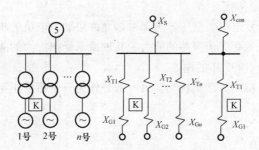

图 2-78　电厂主接线及其等值电路图

第十一节　发电机失步保护

一、大型发电机组装设失步保护的原因

(一)失步振荡对汽轮发电机的影响

(1)失步振荡对汽轮发电机轴系产生的扭应力可能导致疲劳损坏。

大型发电机的设计可承受一定数量的带励磁失步振荡周期。但失步振荡往往是在短路和故障清除后发生，短路和清除两者都对轴系产生影响，并可能累加而形成比失步本身高很多的轴应力。最重要的是在发电机近处三相短路延时切除失步的情况。

（2）长期失步振荡对发电机绕组产生的机械和热应力，可能造成损坏。

发电机定子端部绕组所承受的电动力与冲击电流的平方成比例。如果失步振荡电流不超过三相短路电流的 70%，则其电动力不超过三相短路的 1/2。这时的机械应力应该是可以允许的。

振荡电流的热效应。当振荡电流幅值为发电机—变压器组高压侧短路电流（约 2.5 倍额定电流）时，发热允许时间约为 17.6s。

（二）失步振荡对系统和发电机的危害

发电机与系统发生失步时，将出现发电机的机械量和电气量与系统之间的振荡，这种持续的振荡将对发电机组和电力系统产生有破坏力的影响。

（1）单元接线的大型发电机—变压器组电抗较大，而系统规模的增大使系统等效电抗减小，因此振荡中心往往落在发电机端附近或升压变压器范围内，使振荡过程对机组的影响大为加重。由于机端电压周期性的严重下降，使厂用辅机工作稳定性遭到破坏，甚至导致全厂停机、停炉、停电的重大事故。

（2）失步运行时，当发电机电动势与系统等效电动势的相位差为 180° 的瞬间，振荡电流的幅值接近机端三相短路时流经发电机的电流。对于三相短路故障均有快速保护切除，而振荡电流则要在较长时间内反复出现，若无相应保护会使定子绕组遭受热损伤或端部遭受机械损伤。

（3）振荡过程中产生对轴系的周期性扭力，可能造成大轴严重机械损伤。

（4）振荡过程中由于周期性转差变化在转子绕组中引起感应电流，引起转子绕组发热。

（5）大型机组与系统失步，还可能导致电力系统解列甚至崩溃事故。

因此，大型发电机组需装设失步保护，以保障机组和电力系统的安全。

（三）大型汽轮发电机承受失步振荡的能力

容量为 300MW 及以上的大型汽轮发电机应具有的短时承受电网振荡的能力：

（1）汽轮发电机带励磁失步时，如失步振荡中心位于发电机—变压器组以外，且振荡电流低于发电机出口三相或相间短路电流的 60%～70% 时，一般应能允许振荡持续 15～20 个振荡周期。特殊情况由订货方与制造厂协商确定。

（2）失步振荡中心位于发电机、变压器内部时，允许启动发电机失步保护跳闸。

（3）为保证汽轮发电机承受失步振荡的能力，其轴系承受扭应力的能力应符合国际大电网会议工作组（CIGRE WG11.01）1992 年的建议。

总的轴寿命损耗一部分应用于严重扰动，另一部分作为安全裕度用于其他不确定情况。假定的严重扰动的标准系列必须包括：

1）机端短路（1 次）。

2）120° 误并列（1 次）。

3）在一般快速切除故障时间的范围内，切除近处三相短路（3 次）。

4）慢速切除近区三相短路，引起失步运行（1 次）。

按上述严重事故标准系列累加的轴疲劳寿命损耗不得大于 30%。

（四）对失步保护的要求

失步保护一般由比较简单的双阻抗元件组成，但是没有预测失步的功能，当它动作之后，从避免失步方向看，可能为时已晚。也有利用 3 个以上的阻抗元件，组成几个动作区域的失步保护。利用测量振荡中心电压及其变化率及各种原理的失步预测保护。失步保护在短路故障、系统稳定（同步）振荡、电压回路断线等情况下不应误动作。失步保护一般动作于信号，当振荡中心在发电机、变压器内部，失步运行时间超过整定值，振荡次数超过规定值，对发电机有危害时，才动作于解列。

法国大机组允许 15～20 个振荡周期的失步运行。300MW 机组当系统失步，每一振荡周期都小于 2s，振荡延续时间达 20s 时跳闸。

600MW 机组失步保护反应在 5min 内每次振荡角度超过 150°，振荡周期超过 20 个时跳闸。有的国家没有在大机组上装设失步保护。美国认为汽轮发电机的电磁应力超过额定值的 5 倍时，失步保护在第一振荡周期将其跳闸。较多的国家认为大机组在一定限制条件下，承受短时的振荡是允许的，主要目的是保持电网的完整性，使机组可恢复再同步，迅速恢复电网正常运行。

我国安全稳定标准规定，在多重性故障情况下，系统可能发生振荡，为了防止发生全网性大停电，保持电网的完整性，迅速恢复电网的正常运行是极为重要的。因此需要大机组有承受一定振荡冲击的能力。

失步保护应该满足以下条件：

(1) 只有当振荡中心落在发电机、变压器内部时，才允许失步保护启动。

(2) 对于振荡摆角小于 120°～150°，可以恢复的系统摇摆不启动。

(3) 只有当失步保护启动元件在规定时间内动作 5～20 次后，才允许动作跳闸。

当然如果系统稳定需要在第一振荡周期将其跳闸，则整定必须满足系统稳定的需要。这样的失步保护应由稳定计算部门确定，而不属于保护发电机的失步保护。

二、双阻抗元件失步保护

图 2-79 以双透镜阻抗元件为例，说明失步保护的整定计算方法。各种原理的失步保护均应满足：

(1) 正确区分系统短路与振荡。

(2) 正确判定失步振荡与稳定振荡（同步摇摆）。

失步保护应只在失步振荡情况下动作。失步保护动作后，一般只发信号，由系统调度部门根据当时实际情况采取解列、快关、电气制动等技术措施，只有在振荡中心位于发电机—变压器组内部或失步振荡持续时间过长、对发电机安全构成威胁时，才作用于跳闸，而且应在两侧电动势相位差小于 90° 的条件下使断路器跳开，以防止断路器的断开容量过大。

图 2-79 中，如果测量阻抗的轨迹只进入 Z_1 就返回，说明电力系统发生了稳定振荡，保护不动作；如果测量阻抗的轨迹先后穿过 Z_1 及 Z_2，说明电力系统发生了非稳定性振荡，保护动作发信号；如果测量阻抗的轨迹进入 Z_1 及 Z_2 的时间差小于

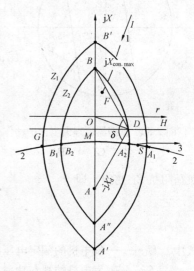

图 2-79　双透镜阻抗元件失步保护的动作特性

某一定值，说明电力系统发生了短路故障，保护应予闭锁。因此，失步保护是通过整定动作区和时限的相互配合来区分短路故障及系统振荡的。除对 Z_1、Z_2 进行整定外，阻抗轨迹进入 Z_1、Z_2 的时间差也需整定计算。

根据发电机的动稳极限角来确定 Z_2 的动作边界。取

$$OA'' = (1.5 \sim 2.0)X'_d \qquad (2-13)$$

$OB = X_{\text{con.\,max}}$，即自机端向系统观察的最大联系电抗。

设两侧电动势大小相等，则系统振荡阻抗轨迹为直线 AB 的垂直平分线 HG。在 HG 上取一点 D，使 $\angle BDA = \delta_{db} =$ 动稳极限角（由系统调度部门给出，一般为 $\delta_{db} = 120° \sim 140°$），则由 B、D、

A'' 三点可作出圆弧,并有对称于纵轴的另半个圆弧,共同组成失步保护的透镜形阻抗动作特性 Z_2。

另一透镜形阻抗元件 Z_1,它与 Z_2 为同心圆,但两者直径之比为 $1.2 \sim 1.3$。

为了判定系统短路或振荡,可利用阻抗元件 Z_1、Z_2 动作时间差的大小。设振荡轨迹进入 Z_1 和 Z_2 时的功角分别为 δ_1 和 δ_2,则整定时间继电器的时限 t_{op} 为

$$t_{op} = T_{min} \frac{\delta_2 - \delta_1}{360}(\text{s}) \tag{2-14}$$

式中　T_{min}——系统最小振荡周期(根据系统实际情况,由系统调度部门提供),s。

若 Z_1、Z_2 的动作时间差小于 t_{op},则判定不是振荡,而是短路故障,失步保护不动作。

三、遮挡器原理失步保护

所谓"遮挡器"原理,实际是具有平行直线特性的阻抗保护,如图 2-80 所示,直线 B_1、B_2 均平行于系统合成阻抗 $\overline{AB}$,B_1 的动作区在直线左侧,B_2 的动作区在直线右侧。该失步保护除直线特性阻抗元件外,还有一个圆特性阻抗元件。图 2-80 中,X'_d 和 X_t 分别为发电机暂态电抗和升压变压器短路电抗,Z_1 为发电机—变压器组以外的总阻抗。

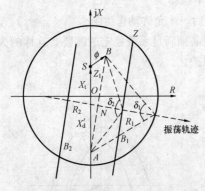

图 2-80　遮挡器原理失步保护动作
特性($Z_1 = \overline{SB}$)

当振荡阻抗轨迹仅进入阻抗圆动作区而未达遮挡器的直线动作区时,失步保护不动作。

利用 $t_{op} = T_{min} \dfrac{\delta_2 - \delta_1}{360}(\text{s})$ 来区分短路与振荡。

发电方式下机组加速失步时,机端测量阻抗的轨迹从右侧首先进入圆特性,阻抗元件 Z 动作,当功角 δ 进一步增大,阻抗轨迹达 B_1 时对应 $\delta_2 = 120° \sim 140°$ 机组处于动稳极限状态;当阻抗轨迹越过 AB 线时,发电机失步。

当发电机呈电动机运行方式时,情况与上述过程相反,振荡阻抗从左侧进入 Z 阻抗圆。

保护整定计算的主要内容为:

(1) 圆特性阻抗元件的动作阻抗 Z_{op},按躲过发电机的负荷阻抗 Z_L 整定,即

$$Z_L = \frac{U_{GN}^2}{S_{GN} n_v}; \quad Z_{op} = 0.8 Z_L$$

式中　U_{GN}——发电机的额定电压,kV;

S_{GN}——发电机的视在功率,MVA;

n_v——电压互感器变比。

(2) 遮挡器的阻抗边界。

N 为 $\overline{AB}$ 的中点,

$$NR_1 = NR_2 = \frac{1}{2}(jX_A + Z_B)\cot(\delta_2/2)$$

其中,$X_A = X'_d$,$Z_B = jX_T + Z_1(\sin\varphi + j\cos\varphi)$。

(3) 时间元件的动作时间与式(2-14)相同。

四、三元件失步保护

失步继电器在阻抗平面的动作特性见图 2-81,此动作特性由三部分曲线构成:

(1) 阻挡器 1,把阻抗平面分为 L、R,即左右两部分。这实质上是发电机电势与系统等值电

势相差 180°的线，即 $\delta = 180°$，已发生失步。

（2）透镜 2，把阻抗平面分为 I、A，即内、外两部分。这实质上是用来区分振荡的动作电势角。

（3）电抗线 3，把阻抗平面分为 O、U，即上、下两部分。这实质上是用来判别机端离振荡中心的位置的，越靠近振荡中心就越要动作快，越远离振荡中心动作就可以慢。所以以此线作为选取允许滑极次数的分界线，即保护 I 段和 II 段的分界线。

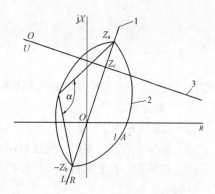

图 2-81　失步继电器在阻抗平面的
动作特性
1—阻挡器；2—透镜；3—电抗线

该失步继电器根据测量阻抗 Z 的矢量终点在透镜内部两部分区域停留的时间作为失步主判据，主判据分两种模式：

运行模式 A：当 Z 由右向左整个地穿过透镜，并在穿过由阻挡器分开的每半个透镜历时均不小于 25ms，即被认为是一次滑极。

设最小振荡周期 0.2s，$\alpha = 135°$，则发生失步故障时进入最短时间

$$200 \times \frac{180 - 135}{360} = 25(\text{ms})$$

运行模式 B：当 Z 由右向左整个地穿过透镜，穿过前半个透镜历时大于 2ms，而穿过整个透镜的总历时不小于 50ms，则认为是一次滑极。

若阻抗 Z 穿过位于电抗线以下透镜区域，则按 I 段整定的滑极次数动作。

保护整定计算的主要内容有：

（1）遮挡器特性整定。决定遮挡器特性的参数是 Z_a、Z_b、φ。如果失步保护装在机端，可知

$$Z_b = X'_d, Z_a = X_{con}, \varphi = 80° \sim 85°$$

式中　X'_d、X_{con}——发电机暂态电抗及系统联系电抗（包括变压器电抗 X_T）；

φ——系统阻抗角。

（2）α 角的整定及透镜结构的确定。对于某一给定的 $Z_a + Z_b$，透镜内角 α（即两侧电动势摆开角）决定了透镜在复平面上横轴方向的宽度。确定透镜结构的步骤如下：

1）确定发电机最大负荷时的最小负荷阻抗 $R_{L.min}$。

2）确定透镜的横向宽度 Z_r

$$Z_r \leqslant \frac{1}{1.3} R_{L.min}$$

3）确定内角 α

由

$$Z_r = \frac{Z_a + Z_b}{2} \tan\left(90° - \frac{\alpha}{2}\right)$$

得

$$\alpha = 180° - 2\arctan \frac{2Z_r}{Z_a + Z_b}$$

（3）电抗线 Z_c 的整定。一般 Z_c 选定为变压器阻抗 Z_T 的 90%，即 $Z_c = 0.9Z_T$。图 2-81 中过 Z_c 作 Z_a、Z_b 的垂线，即为失步保护的电抗线。电抗线是 I 段和 II 段的分界线，失步振荡在 I 段还是在 II 段取决于阻抗轨迹与遮挡器相交的位置，在透镜内且低于电抗线为 I 段，高于电抗线为 II 段。

失步保护可检测的最大滑差频率 $f_{s.max}$ 与 α 角存在着如下关系

$$\alpha = 180°(1 - 0.05f_{s.\,max})$$

或

$$f_{s.\,max} = 20 \times \left(1 - \frac{\alpha}{180°}\right)$$

式中 $f_{s.\,max}$ ——可检测的最大滑差频率，Hz。

（4）整定值。

1）α 角整定为 120°；

2）振荡中心在发电机—变压组内部，滑极一般整定为 2 次跳闸；

3）振荡中心在发电机—变压器组外部，失步保护动作于信号，整定滑极大于 15～20 次也可动作于跳闸。

五、多区域特性失步保护

（一）保护原理

失步保护反应发电机测量阻抗的变化轨迹，能可靠躲过系统短路和稳定振荡，并能在失步摇摆过程中区分加速失步和减速失步。失步保护采取多直线遮挡器特性，电阻直线将阻抗平面分为多区域。图 2-82 中 A 点的 X_A 为发电机暂态电抗 X'_d。B 点的 X_B 为系统联系电抗，含系统电抗 X_S 和变压器电抗 X_T（归算到发电机端电压）。

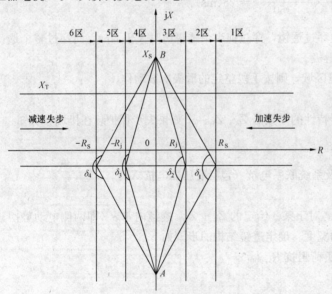

图 2-82   发电机失步保护的多区域特性

若发电机测量电抗小于变压器电抗 X_T，说明振荡中心落在发电机—变压器组内部。图中 R_S 为电阻边界定值，R_j 由程序固定设成 $0.5R_S$。

图中 1～3 区与 6～4 区在阻抗平面上对 jX 轴对称，在同步发电机运行方式下有：

（1）系统正常运行时，发电机测量阻抗大于 R_S，其变化轨迹不进入 2～5 区内。

（2）发电机加速失步时，测量阻抗从 1 区依次穿过 2、3、4、5、6 区，在每个区内的停留时间超过对应的时间。

（3）发电机减速失步时，测量阻抗从 6 区依次穿过 5、4、3、2、1 区，在每个区内的停留时间超过对应的时间。

（4）短路故障时，测量阻抗在 2～5 任一区停留小于对应的时间就进入下一区。

（5）稳定振荡时，测量阻抗穿过部分区后又逆向返回，而不是同向依次穿过所有区。

当装置检测出发电机失步时，及时发出信号。当失步振荡中心落在发电机—变压器组内部时，对滑级次数进行计数更新，当达到整定的滑极次数 N_{SB} 后发出跳闸令。失步保护内部采用闭锁措施，能在两侧电动势相位差小于 90°时才发跳闸脉冲，断路器能在不超过其遮断容量的情况下切断电流，从而保证断路器的安全性。为了提高失步保护的可靠性，增加有功功率变化作为辅助判据。

（二）逻辑框图

发电机失步保护逻辑框图如图 2-83 所示。

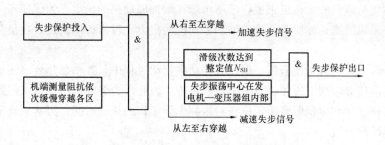

图 2-83 发电机失步保护逻辑框图

（三）整定计算

（1）失步保护电阻边界 R_S。可按躲过最小负荷阻抗整定；计算公式 $R_S = \frac{1}{2}(X_T + X_S + X'_d)\cot(\delta_1/2)$。其中，$X_T$、$X_S$ 分别为归算到发电机侧的变压器电抗和系统电抗有名值，X'_d 为发电机的暂态电抗。δ_1 取 $120°$。

（2）失步保护变压器电抗 X_{SB}。$X_{SB} = X_T$。

（3）阻抗最小停留时间 T_1 和停留时间 T_2。考虑系统振荡时，发电机功角 δ 匀速变化。则阻抗在 2 区、5 区停留的时间为 $T = \frac{\delta_2 - \delta_1}{360°}T_S$。其中，$T_S$ 为系统最小振荡周期（由调度所给出，一般为 $0.5\sim1.5$s），δ_1 为 $120°$，$\delta_2 = 2\mathrm{arccot}\dfrac{R_j}{\frac{1}{2}\Sigma X}$。整定 $T_1 = 0.5\dfrac{\delta_2 - \delta_1}{360°}T_S$。系统振荡时测量阻抗在 3 区、4 区停留的时间为 $T' = \dfrac{180° - \delta_2}{360°}T_S$，整定 $T_2 = 0.5\dfrac{180° - \delta_2}{360°}T_S$。

（4）失步保护滑极次数 N_{SB}。振荡中心在区内，失步滑极次数通常整定为 2。

第十二节　发电机频率异常保护

一、频率异常对发电机的危害

当频率低于额定值时，发电机的输出功率 P 应降低，有功功率降低一般与频率降低成一定比例，目前还没有规定发电机在低频下的功率降低标准。在低频运行时发电机如果发生过负荷，也会导致发电机的热损伤，但是限制汽轮发电机组低频运行的决定性因素是汽轮机而不是发电机。

只要在额定视在容量和额定电压的 105％以内，并在汽轮机的允许超频率限值范围内运行，发电机就没有热损伤问题。

一般来说，水轮发电机组没有低频或过频的限制问题。

频率异常保护用于保护汽轮机，防止汽轮机叶片及其拉金的断裂事故，对于极端低频工况，还将威胁厂用电的安全。汽轮机的叶片，都有一自振频率 f_v，如果发电机运行频率升高或降低，当 $|f_v - kn| \geqslant 7.5\mathrm{Hz}$ 时叶片将发生谐振，其中 k 为谐振倍率（$k = 1, 2, 3\cdots$），n 为转速（单位为r/min），叶片承受很大的谐振应力，使材料疲劳，达到材料所不允许的限度时，叶片或拉金就要断裂，造成严重事故。材料的疲劳是一个不可逆转的积累过程，所以汽轮机都给出在规定的频率下允许的累积运行时间。

频率升高，说明系统中有功功率过剩，将由调速器或功频调节装置动作于降低原动机的出力，必要时将从系统中切除部分机组，以促使频率恢复正常。当频率下降时，说明系统中出现有功功率缺额，对于带满负荷运行的大机组来说，已不可能再增加原动机的出力，为促使频率恢复正常，就要在本机组之外采取措施，如使调频机组增加原动机的出力、投入备用机组、在负荷侧按频率自动减负荷等。

对于频率异常，虽然有上述措施，但在有功功率扰动过程中，频率总是要出现短时偏离额定值的情况，而材料的疲劳，如上所述，是一个积累过程。因此，为保障机组安全，仍需要有频率异常保护，以监视频率状况和累积偏离额定值在给定频率下工作的累积时间，当达到规定值时，动作于声光信号解列或跳闸停机。

此外，对于火电厂和核电厂，电动给水和冷却受频率影响很大，严重时可能造成紧急停机，所以 30～60 万 kW 汽轮机组广泛采用汽动给水。频率过高还可能导致锅炉的主燃料关闭或核反应堆的紧急停堆。

汽轮机叶片及其拉金的材料疲劳核断裂，是一个复杂的问题，与许多因素有关，在制造上难于给出准确的断裂条件。因此，在给定频率下运行的累积时间达到规定值时，只能说明有断裂的可能，并不说明立即要断裂。因此，通常认为频率异常保护应当动作于声光信号，尽量避免不必要的切除发电机。特别是对于低频保护更应如此，因为低频保护动作后，说明系统中缺少有功功率，如再切除发电机，则会进一步减少发出的有功功率，促使频率进一步下降，造成恶性循环而终至系统瓦解。

大多数机组允许长期运行的频率范围在 48.5～50.5Hz。为此 DL/T 1040—2007《电网运行准则》规定汽轮发电机组频率异常运行允许时间见表 2-11，表中所列时间是对电机制造厂提出的最小值。

表 2-11 汽轮发电机组频率异常运行允许时间

频率（Hz）	允许运行时间		频率（Hz）	允许运行时间	
	累计（min）	每次（s）		累计（min）	每次（s）
51.0～51.5	＞30	＞30	48.5～48.0	＞300	＞300
50.5～51.0	＞180	＞180	48.0～47.5	＞60	＞60
48.5～50.5	连续运行		47.5～47.0	＞10	＞20
			47.0～46.5	＞2	＞5

从对汽轮机叶片及其拉金影响的积累作用方面看，频率升高对汽轮机的安全也是有危险的，所以从这点出发，频率异常保护应当包括反应频率升高的部分。但是，一般汽轮机允许的超速范围比较小；在系统中有功功率过剩时，通过各机组的调速系统或功频调节系统的调节作用，以及必要时切除部分机组等措施，可以迅速使频率恢复到额定值；而且频率升高大多数是在轻负荷或空负荷时发生，此时汽轮机叶片和拉金所承受的应力，要比低频满负荷时小得多；此外，再考虑到简化保护装置的结构，所以一般频率异常保护中，不设置反应频率升高得部分，而只包括反应频率下降的部分，并称为低频保护。低频保护的段数及每段的整定值，根据机组的要求确定。

按有关规程规定：300MW 及以上汽轮发电机应装设低频保护，保护仅动作于信号（不跳闸），并要求有累积时间显示。

作用于汽轮发电机跳闸的低频保护。在低频状态下为保障汽轮机的安全，当处于某一低频下累积运行时间达到允许的极限值时，保护使汽轮机、发电机跳闸停机，不言而喻，此后系统频率将更下降，为挽救系统必须采用按频率自动减负荷装置。因此在设计低频保护时应注意：

（1）从制造厂家了解汽轮机的频率异常运行时间限值，据此设定低频保护的各段动作频率和相应时限。

（2）低频保护必须根据所在系统的频率响应特性，与按频率自动减负荷装置密切配合，最大可能减少汽轮机、发电机的跳闸。

（3）一个低频继电器的失灵，不应造成机组不必要的跳闸。

（4）低频状态下，一个低频继电器拒动，不应危及整个保护系统。

二、大型汽轮发电机组对频率异常运行的要求

汽轮机的叶片都有一个自然振荡频率，如果发电机运行频率低于或高于额定值，在接近或等于叶片自振频率时，将导致共振，使材料疲劳。达到材料不允许的程度时，叶片就有可能断裂，造成严重事故。材料的疲劳是一个不可逆的积累过程，所以汽轮机给出了在规定频率下允许的累积运行时间。低频运行多发生在重负荷下，对汽轮机的威胁将更为严重，另外对极低频工况，还将威胁到厂用电的安全，因此发电机应装设频率异常运行保护。

大型汽轮发电机组对电力系统频率偏离值有严格的要求，在电力系统发生事故期间，系统频率必须限制在允许的范围内，以免损坏机组（主要是汽轮机叶片）。

根据国内已投入运行的 300MW 及以上部分大型汽轮发电机组允许的频率偏移范围的调查结果，提出"大机组频率异常运行允许时间建议值"符合表 2-11。

表 2-11 所列发电机允许频率偏离范围，以及允许的持续和累计时间，可以用来作为对新机组基本性能的要求，也可作为频率继电器制造厂家确定其产品的定值范围的依据。

三、对发电机频率异常运行保护的要求

对发电机频率异常运行保护有如下要求：

（1）具有高精度的测量频率的回路；

（2）具有频率分段启动回路，自动累积各频率段异常运行时间，并能显示各段累积时间，启动频率可调。

（3）分段允许运行时间可整定，在每段累积时间超过该段允许运行时间时，经出口发出信号。

（4）能监视当前频率。

当频率异常保护需要动作于发电机解列时，其低频段的动作频率和延时应注意与电力系统的低频减负荷装置配合。一般情况下，仅在低频减负荷动作后频率仍未恢复，从而危及机组安全时，才进行机组的解列。

四、整定计算

300MW 及以上的汽轮机，运行中允许其频率变化的范围为 48.5～50.5Hz。

低于 48.5Hz 或高于 50.5Hz 时，累计允许运行时间和每次允许的持续运行时间应综合考虑发电机组和电力系统的要求，并根据制造厂家提供的技术参数确定。

保护动作于信号，并有累计时间显示。

当频率异常保护需要动作于发电机解列时，其低频段的动作频率和延时应注意与电力系统的低频减负荷装置进行协调。一般情况下，应通过低频减负荷装置减负荷，使系统频率及时恢复，以保证机组的安全；仅在低频减负荷装置动作后频率仍未恢复，从而危及机组安全时才进行机组的解列。因此，要求在电力系统减负荷过程中频率异常保护不应解列发电机，防止出现频率联锁恶化的情况。

在电力系统中，系统发生故障虽然故障切除，但系统发生振荡，对于功率过剩与频率上升的一侧应该采取措施，保证系统稳定。其中措施之一是切除部分发电机，这是系统安全自动装置的任务，但是可用频率异常保护来完成。因此在水轮发电机和较大容量的汽轮发电机上设置过频切机的要求。这是系统的要求不是机组本身的安全，整定值的选择应由调度运行部门统一安排确定，防止出现频率崩溃。

频率异常保护为保证机组本身的安全，而设置每次跳闸则要求低频小于或等于 47Hz，高频大于或等于 52Hz，并于调度部门协调。

随着电网大规模改造、建设，电网已形成 500kV 主网架，结构更为合理，层次清晰，安全可靠性提高，然而 500/220kV 电磁环网的解环工作将展开，发生局部电网故障，可能导致联系薄弱的地区电网与主网解列，形成孤网运行的情况。特别是对于送端电网，由于外送功率较大，导致孤网后地区电网频率迅速升高，如果控制措施不当，可能出现大面积停电事故。

孤网频率应控制在该地区发电机组高频保护定值和汽轮机频率允许偏差的限制范围。

高频切机和汽轮机超速保护控制 OPC 系统应协调配合，为解决故障后孤网高频问题，提出如下原则：

（1）从全网安全稳定运行角度出发，发电机组应设高频切机功能，作为联锁切机措施拒动或部分拒动时的后备措施。

（2）高频切机方案应优先切除孤网内小容量机组，尽量保持大容量机组运行，保证发电机组较高的运行效率和经济性。

（3）高频切机方案中，启动频率设定时应使高频切机尽量先于汽轮机 OPC 系统动作，以尽量减少孤网后系统承受的过剩功率冲击。

（4）设置合理的汽轮机超速保护定值，应保证孤网频率在合理范围，若不能保证孤网频率可控，则应尽量保证机组自身的安全。

（5）汽轮机超速保护应与高频切机方案相互协调，避免孤网后汽轮机超速保护反复动作而导致孤网崩溃。

第十三节　发电机其他保护

一、启动和停机保护

有些情况下，发电机在启动或停机过程中有励磁电流流过励磁绕组，例如双轴机组在低转速下进行并列时，某些机组在盘车过程中需要利用励磁电流对转子进行预热时以及在一般机组上发生操作上的失误时，都可能如此。此时，定子电压的频率很低。而许多保护继电器的动作特性受频率的影响较大，在这样低的频率下，不能正确工作，有的灵敏度大大降低，有的则根本不能动作。

鉴于上述情况，对于在低转速下可能加励磁电压的发电机，通常要装设反应定子接地故障和反应相间短路故障的保护装置。这种保护，一般称为启停机保护。

在低频运行时，电压互感器的幅值误差和相位误差均较小，可以不考虑频率变化的影响；但是电流互感器由于在低频时励磁电流增大，其误差将随频率的降低而增加，对于电磁式继电器，在频率下降时继电器负荷的无功分量也减小，因此电磁式继电器具有一定的频率补偿作用，对于静态继电器和数字式继电器，它们表现为电阻负荷，就没有此补偿作用，当频率下降时，电流互感器的二次输出电压和二次电流都减小，误差相应增大。就发电机回路的电流互感器而言，因为它的容量大（负荷能力大），而且在启停机过程中的短路电流又较小，误差问题不会太严重，何况对在启停机过程中的发电机保护性能要求可较低，电流互感器的低频误差影响不大。

作为发电机—变压器组启动和停机过程的保护可以装设相间短路保护和定子接地保护各一套，即只作为低频工况下的辅助保护，在正常工频运行时应退出，以免发生误动作，为此这些辅助保护的出口电路应受断路器的动断触点或低频继电器触点控制。

外加电源式的定子接地保护在发电机启动和停机过程中可以继续起保护作用。

（一）保护原理

本保护所采用的算法与信号的频率完全无关。但正常的保护启动值过大，为此投入动作灵敏的保护。采用基波零序电压式定子接地保护原理反应定子接地故障，其零序电压取自发电机中性点侧零序电压互感器；采用差动电流反应短路故障。为使该保护仅在发电机启动并网前或停机过程中投入，而在正常运行时退出，由断路器动断触点和低频继电器的输出触点控制。

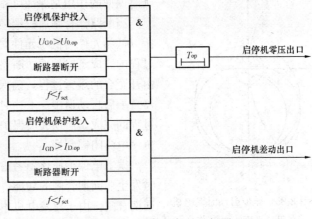

图 2-84　启停机保护逻辑图

（二）逻辑框图

启停机保护的逻辑框图见图 2-84，图中 U_{G0} 为发电机零序电压，I_{GD} 为发电机差流。

（三）整定计算

（1）启停机零序过电压定值 $U_{0.op}$、动作时间 T_{op}。$U_{0.op}$ 一般取 10V 及以下，T_{op} 不小于基波零序电压定子接地保护的延时。

（2）启停机发电机差流定值 $I_{D.op}$。按在额定频率下，大于满负荷运行时差动回路中的不平衡电流整定，即：$I_{D.op} = K_{rel} I_{gunb}$。其中，$K_{rel}$ 为可靠系数，取 $1.3 \sim 1.5$；I_{gunb} 为额定频率下满负荷运行时发电机差动回路中的不平衡电流。

（3）启停机频率定值 f_{set}。启停机频率定值 f_{set} 内部固定为 48Hz。

二、误上电保护

盘车状态下的发电机突然加电压后，其电抗接近 X_d''，并在启动过程中基本上不变。计及升压变压器的电抗 X_T 和系统连接电抗 X_S，并且在 X_S 较小时，流过发电机定子绕组的电流可达 $3 \sim 4$ 倍额定值。定子电流所建立的旋转磁场，将在转子中产生差频电流（频率在变），如果不及时切除电源，流过电流的持续时间过长，则在转子上产生的热效应将超过允许值，引起转子过热而遭到损坏。此外，突然加速，还可能因润滑油压低而使轴瓦遭受损坏。

因此，对上述这种突然加电压的异常运行状况，应当有相应的保护装置，以迅速切除电源。

在异步启动时，由于发电机的电抗接近 X_d''，并从系统中吸收有功功率，所以在阻抗平面上的工作点是在靠近 $-jX_d''$ 的Ⅲ象限内，如图 2-85 中的区域 A 所示。因此，在这种工况下，逆功率继电器（圆 1）将动作；失磁继电器不论按静稳边界 2、苹果圆 3 或异步边界圆 4 整定，也都将动作；后备保护用阻抗继电器，如果装在升压变压器的高压侧，动作区如图 5 所示，不会动作，如果装在机端，且为全阻抗继电器，动作区如圆 6 所示，也将动作；逆功率保护也可能动作。但上述几种保护动作时间过长，只能起后备作用，因此设专用的快速跳闸的误上电保护。

（一）保护原理

误上电保护模拟量取发电机机端三相电压、机端或中性点（可选择）三相电流。误上电时断路器由开到合，电流会大于最小的误上电电流，因此可用电流元件作为保护判据之一。保护受低频元件和低电压元件开放，当发电机侧有电压，则低频元件动作；当发电机侧无电压，则低压元件动作。机端电压的频率由装置的硬件测频电路得到。

误上电保护在发电机解列后自动投入运行，并网后自动退出。误上电保护误上电后频率、电压

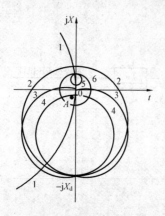

图 2-85 异步启动时发电机
在阻抗平面上的工作点

延时返回的作用是保证可靠跳闸。

当断路器合闸后机端频率和电压立即与系统的频率和电压相同，所以低频元件与低压元件立即返回，则必须保持 0.8s 时间确保跳闸过程的完成延时返回。断路器触点断开延时返回 1.0s 是反应断路器由开至合的短暂过程，确保误上电保护跳闸过程的完成，同时断路器合上后自动退出。上述时间较长的原因是包括启动失灵保护跳闸过程的完成。启动失灵保护时，失灵保护本身必须具有 Δt 时间和有负序电流闭锁判据。

误上电保护应该不考虑发电机达到额定转速，且已合励磁开关时发生非同期合闸的功能。当发电机频率已接近系统频率时发生非同期合闸，由于对发电机本身的冲击已经完成，若仅根据合闸电流过大而将发电机解列。不仅无法弥补对发电机已经造成的冲击，而且解列后的发电机需再次并网，使发电机再次受到不同程度的冲击。频率差较小时的非同期合闸有两种后果：一是发电机被系统很快拖入同步；二是发电机进入失步状态运行，可以靠完备的失步保护实现对发电机的保护。

（二）逻辑框图

误上电保护逻辑框图见图 2-86。

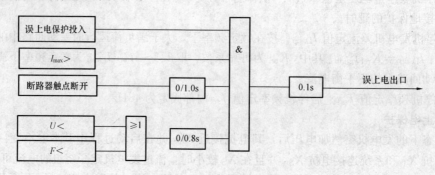

图 2-86 误上电保护原理图

（三）整定计算

（1）误上电过电流定值，通常整定为 $0.5I_{GN}$；

（2）低电压元件：发电机并网时，误合闸造成非同期合闸，当合闸时由于振荡中心在发电机出口附近，电压降到 50% 以下，误上电保护中低电压元件启动引起跳闸。

当 $\delta = 120°$ 时，振荡中心处电压为 $0.5U_{GN}$；当 $\delta < 120°$ 时合闸成功则低电压元件取 $0.5U_{GN}$。这样适当兼顾严重的非同期合闸的保护动作需要。

（3）低频元件，应低于任何危急事故的频率，一般可取 48Hz。误上电保护动作后，断开出口断路器，如断路器拒动能启动断路器失灵保护。

（四）误上电的合闸电流计算

以发电机转子无励磁情况为例，分析误上电时的合闸电流。此时发电机相当于 1 台异步电动机，等效电路图见图 2-87，定子电流为

$$\dot{I} = \frac{\dot{U}}{r_2/s + \mathrm{j}(X_T + X_S + X_2)}$$

112

式中　$\dot{U}$——系统电压；

　　X_T——变压器电抗；

　　X_S——系统电抗；

X_2、r_2——发电机负序电抗和电阻；

　　s——滑差，$s \in (0, 1)$。

根据上式，转子静止（$s=1$）误上电时定子电流为最大，取 $s=1$，且近似取 $r_2=0$，定子电流为

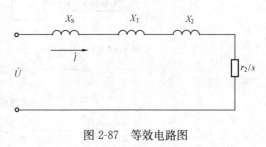

图 2-87　等效电路图

$$\dot{I} = \frac{\dot{U}}{j(X_T + X_S + X_2)}$$

不同的系统电抗和变压器电抗，误上电产生的电流有所差异，一般情况下，误上电时定子电流大于机组额定电流，在系统阻抗比较小的情况下可能产生高达 3～4 倍额定电流的合闸电流。

（五）非同期合闸的跳闸功能

发电机与电力系统非同期并列，将损坏任何形式的发电机，损坏的部件可能是联轴器螺栓及轴承位置的改变、定子绕组变松、定子叠片变松、轴和其他机器零件疲劳损坏。非同期并列也会引起发电机升压变压器内力损坏，虽然非同期并列对大小机组都有损害，但连接在低阻抗、EHV 系统的大机组由于电流和轴应力更大，影响更严重。

当 $\delta<120°$ 时非同期合闸有可能拉入同步，当 $\delta>120°$ 一般不可能拉入同步，为了弥补非同期合闸，可增设非同期合闸的跳闸功能。非同期合闸的跳闸逻辑图如图 2-88 所示。由断路器辅助触点和低电压过电流组成。其中断路器触点延时 0.3s 返回，电压整定 $0.8U_{GN}$，电流整定 $2.5I_{GN}$，跳闸时间 0.1s，只跳本身断路器。

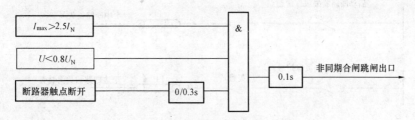

图 2-88　非同期合闸跳闸逻辑图

三、断口闪络保护

接在 220kV 以上电压系统中的大型发电机—变压器组，在进行同步并列的过程中，断路器合闸之前，作用于断口上的电压，随待并发电机与系统等效发电机电势之间角度差 δ 的变化而不断变化，当 $\delta=180°$ 时其值最大，为两者电势之和。当两电势相等时，则有两倍的运行电压作用于断口上，有时要造成断口闪络事故。

断口闪络给断路器本身造成损坏，并且可能由此引起事故扩大，破坏系统的稳定运行。一般是一相或两相闪络，产生负序电流，威胁发电机的安全。为了尽快排除断口闪络故障，在大机组上可装设断口闪络保护。断口闪络保护动作的条件是断路器三相断开位置时有负序电流出现。断口闪络保护首先动作于灭磁，失效时动作于断路器失灵保护.

断口闪络保护逻辑框图见图 2-89 和图 2-90。

为了安全可靠，220kV 断路器闪络保护同时引入断路器动合辅助触点和动断辅助触点，两

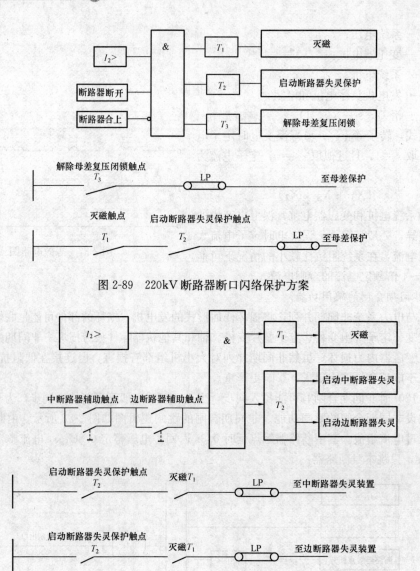

图 2-89 220kV 断路器断口闪络保护方案

图 2-90 3/2 接线断路器断口闪络保护方案

者互相校验以提高可靠性,并防止断路器辅助触点异常,设置告警功能;500kV 断路器闪络保护设置检修把手,当边断路器或中断路器之一检修时强行将辅助触点导通,若机组通过另一个断路器并网的过程中发生闪络事故时,防止断口闪络时保护拒动。断口闪络保护能在并网后自动退出。

负序电流按照躲过正常运行时最大不平衡电流整定,可以与非全相保护负序定值相同,时间应躲开断路器操作时三相不同期的时间,取 0.1~0.2s,跳灭磁开关和启动失灵保护。第一时限灭磁目的是降低断口电压促使终止闪络,若灭磁时间长,往往达不到快速终止闪络的目的,发电机还要承受较长时间的负序电流灼烧。T_2 和 T_3 可根据灭磁时间长短整定。若灭磁时间大于 4s,T_2 和 T_3 取值和 T_1 相同,若灭磁时间小于 4s,T_2 和 T_3 根据发电机允许承受负序电流时间整定。当灭磁开关断开后,断口闪络不能消除,则启动断路器失灵保护,为保证可靠性,失灵保护本身有流判据定值应大于断口闪络保护的负序电流定值。

四、轴电流保护

当发电机的轴承绝缘击穿时，轴电流将损害轴承和其他部件，其损害程度取决于轴电流的大小和持续时间的长短。

轴电流保护由安装在大轴上的轴电流互感器（见图2-91）和灵敏的轴电流继电器构成。轴电流互感器可在直径为150～3000mm的转轴上应用。

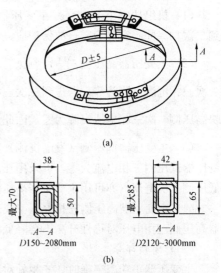

生产的轴电流继电器分为两种型式：

（1）Ⅰ型—工频50Hz轴电流：二次动作电流0.5～2mA可调，一次动作电流0.25～0.8A（工频）。

（2）Ⅱ型—三次谐波150Hz轴电流：二次动作电流0.5～2mA可调，一次动作电流0.25～0.8A（150Hz）。

当发电机的基波漏磁通对轴电流互感器的影响大于最大动作电流（0.8A）时，改用Ⅱ型。

必须指出：在无法使用Ⅰ型的情况下，而且轴电压中确有三次谐波分量，才采用Ⅱ型轴电流互感器。

继电器出口动作于报警和跳闸。

对于采用绝缘性能良好的塑料轴承的发电机，无需轴电流保护。

图2-91 轴电流互感器的尺寸
（a）总结构；（b）两种不同尺寸

第十四节 发电机低功率保护（主变压器正功率突降保护）

主变压器正功率突降保护又称为发电机低功率保护，或称发电机零功率保护。

当发电机组特别是大容量机组满负荷情况下发生正功率突降时，高压侧电压迅速升高，机组转速迅速上升，锅炉水位急剧波动；由于发电机没有灭磁、锅炉没有灭火，机组从超压、超频演变为低频过程，甚至可能出现频率摆动过程，对汽轮机叶片也有伤害。因此，当发生主变压器正功率突降时，如不及时采取锅炉熄火，关闭主汽门、灭磁等一系列措施，必将严重威胁机组安全，甚至损坏热力设备。可见，主变压器正功率突降保护在大型机组上是十分必要的。

主变压器正功率突降保护动作后，应迅速切换厂用电并对发电机灭磁；同时作用于锅炉灭火保护"MFT"和汽轮机紧急跳闸保护"ETS"。

主变压器正功率突降保护不能应用主变压器高压侧断路器处"分位"与该断路器无电流来构成。发电机失步振荡、发电机逆功率保护动作、电力系统故障、发电机正常停机时，主变压器正功率突降保护不应发生误动作。

一、主变压器正功率突降保护动作条件

由启动部分、判据部分、闭锁部分组成。

（一）启动部分

由主变压器正功率突降时，主变压器高压侧电压迅速升高、机组频率迅速升高，故采用$\frac{\Delta U_1}{\Delta t} >$、$\frac{\Delta f}{\Delta t} >$ 做启动量，两者构成"或"关系。

另外，当机组输出功率小于 $P_{set.1}$ 时，即使发生主变压器正功率突降，对热力设备并不构成安全威胁，因此 $P > P_{set.1}$ 构成了启动的另一条件。与前一启动条件构成"与"输出关系。

为保证保护动作可靠，$P_{set.1}$ 元件应具有延时返回性质；同时启动部分也应具有延时返回特点。

（二）判据部分

由以下四部分组成，构成"与"关系输出。

（1）机组功率小于 $P_{set.2}$。主变压器正功率突降时，主变压器高压侧一次功率突降为零，考虑到二次功率并不突降为零，故保护应设 $0 < P < P_{set.2}$ 判据，其中 $P > 0$ 可防止振荡时误动。

（2）主变压器高压侧 $\dfrac{\Delta I_1}{\Delta t} <$ 判据，即正序电流"突降"判据。主变压器正功率突降时，高压侧一次三相电流突降为零，考虑到二次三相电流并不突降为零，采用正序电流"突降"可较灵敏地反映高压侧一次三相电流突降为零，因此设 $\dfrac{\Delta I_1}{\Delta t} <$ 判据。

（3）主变压器低压侧（发电机侧）至少两相电流小于 $I_{\phi.set}$ 判据。主变压器正功率突降时，主变压器低压侧三相电流为零，可采用任两相电流小于 $I_{\phi.set}$ 判据来反映这一情况。注意到主变压器低压侧二次电流（亦可用主变压器高压侧电流）有衰减过程，采用正序电流小于 $I_{\phi.set}$ 更好更灵敏。

（4）主变压器高压侧三相电压（或正序电压）大于 U_{set} 判据。主变压器正功率突降时，主变压器高压侧三相电压对称性升高不会降低。

（三）闭锁部分

主变压器正功率突降时，三相处对称状态，无负序电压，因此可用负序电压作闭锁判据。

系统三相短路故障或发电机发生短路故障，因主变压器高压侧三相电流不降低，所以保护不会动作。

（四）保护逻辑原理图

如图 2-92 所示。图中 U_1 为主变压器高压侧正序电压，U_2 为主变压器高压侧负序电压，t_3 为 0.05～0.1s，t_4 为动作保持 8s，t_5 为 0.05～0.1s。

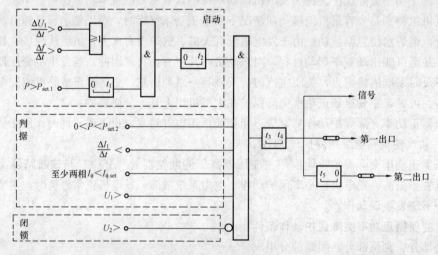

图 2-92　发电机零功率保护逻辑原理图

二、参数整定

设按 600MW 发电机—变压器组计算：

发电机容量：600MW；

额定电压：20kV；

额定电流：19245A；

额定功率因数：0.9；

电流互感器变比：机端 25000/5，主变压器高压侧 2500/5；

电压互感器变比：$\dfrac{220\text{kV}}{\sqrt{3}}\Big/\dfrac{100\text{V}}{\sqrt{3}}\Big/\dfrac{100\text{V}}{\sqrt{3}}\Big/100\text{V}$。

（一）启动部分

1. $\dfrac{\Delta f}{\Delta t}>$ 元件

当发生正功率突降时发电机运动方程式为

$$J\frac{\mathrm{d}\omega}{\mathrm{d}t}=T_{\mathrm{T}}$$

$$T_{\mathrm{T}}=\frac{P_{\mathrm{G}}}{\omega}$$

式中　T_{T}——施加于转子的机械转矩；

　　　P_{G}——正功率突降前发电机的输出功率；

　　　J——发电机组的转动惯量。

设机组输入功率不变，计及 $M=\dfrac{J\omega_0^2}{S_{\mathrm{N}}}$（$M$ 为机组惯性常数，s；ω_0 为同步角速度；S_{N} 为发电机额定容量，MVA），由转子运动方程式得到

$$\frac{\mathrm{d}f}{\mathrm{d}t}=f_0\,\frac{P_{\mathrm{G}*}}{M}\mathrm{e}^{-\frac{t}{T_{\mathrm{f}}}}$$

$$T_{\mathrm{f}}=\frac{M}{P_{\mathrm{G}*}}$$

可见：（1）主变压器发生正功率突降后，机组频率要升高；

（2）升高的数值与 $P_{\mathrm{G}*}$ 大小几乎成正比；

（3）对大机组 M 可取 10s，所以 T_{f} 较大，特别在较小负荷情况下更大，故可认为 $\dfrac{\mathrm{d}f}{\mathrm{d}t}$ 值即为 $t=0$ 之值。

故 $\dfrac{\mathrm{d}f}{\mathrm{d}t}\approx\dfrac{f_0}{M}\dfrac{P_{\mathrm{G}}}{P_{\mathrm{N}}}\cos\varphi=\dfrac{50}{10}\times0.9\dfrac{P_{\mathrm{G}}}{P_{\mathrm{N}}}=4.5\dfrac{P_{\mathrm{G}}}{P_{\mathrm{N}}}(\text{Hz/s})$。

不同有功功率下正功率突降后的 $\dfrac{\mathrm{d}f}{\mathrm{d}t}$ 值如下

$$\frac{P_{\mathrm{G}}}{P_{\mathrm{N}}}=20\%\,、30\%\,、40\%\,、60\%\,、100\%$$

$$\frac{\mathrm{d}f}{\mathrm{d}t}=0.9\,、1.35\,、1.8\,、2.7\,、4.5\text{Hz/s}$$

考虑频率上升过程中电调装置 DEH 作用，取 $\dfrac{\Delta f}{\Delta t}>$ 元件的定值为 0.28Hz/s，即在 1s 内，频率升高 0.28Hz，$\dfrac{\Delta f}{\Delta t}>$ 元件动作，实际上是时间窗长度取 1s，在该时间窗内，频率升高 0.28Hz，$\dfrac{\Delta f}{\Delta t}>$ 元件即动作（f 升高后再降低，不影响 $\dfrac{\Delta f}{\Delta t}>$ 元件的动作）。

2. $\dfrac{\Delta U_1}{\Delta t}>$ 元件

主变压器正功率突降后，无功功率在发电机电抗、主变压器电抗上的压降消失，在很短时间内发电机励磁调节器来不及反应，故引起主变压器高压侧正序电压突升。

令发电机发出的无功功率标幺值为 $Q_{G*}=\dfrac{Q_G}{S_B}$，所以主变压器正功率突降引起主变压器高压侧正序电压突升 ΔU_1，ΔU_1 的标幺值为

$$\Delta U_{1*}=Q_{G*}(X'_d+X_T)$$

式中　X'_d、X_T ——基准容量 S_B 时的发电机暂态电抗、主变压器电抗标幺值。

$$X'_d+X_T=0.0398+0.0249$$

$$=0.0647(S_B=100\text{MVA})$$

600MW 机组不同有功功率时的 ΔU_{1*} 如下（$\cos\varphi=0.9$）

$$P_G=20\%、30\%、40\%、60\%、100\% P_N$$

$$Q_G=58.1、87.2、116.2、174.4、290.6\text{MVA}$$

$$\Delta U_*=3.76\%、5.64\%、7.52\%、11.28\%、18.8\%$$

取最低灵敏度为 1.2，最小 $P=25\%P_N$，则 $\dfrac{\Delta U_1}{\Delta t}>$ 元件定值为

$$\frac{1}{2}(3.76\%+5.64\%)\times\frac{100}{\sqrt{3}}\times\frac{1}{2}/0.2\text{s}$$

$$=2.3\text{V}/0.2\text{s}（相电压）$$

即时间窗长度取 0.2s，在该时间窗长度内，主变压器高压侧正序相电压升高 2.3V，$\dfrac{\Delta U_1}{\Delta t}>$ 元件就动作。

3. $P>P_{\text{set}.1}$ 元件

$P_{\text{set}.1}=20\%\sim25\%P_N$

取 $P_{\text{set}.1}=25\%P_N=25\%\times600=150(\text{MW})$

当取 $n_{\text{TA}}=2500/5=500$，$n_{\text{TV}}=220\text{kV}/100\text{V}=2200$ 时，则

$$P_{\text{set}.1j}=\frac{150\times10^6}{500\times2200}=136.4(\text{W})$$

延时返回时间：取 0.5s。

4. 时间元件

延时返回时间：取 1.5s。

（二）判据部分

1. $0<P<P_{\text{set}.2}$ 判据

$P_{\text{set}.2}$ 应小于发电机的最低出力，同时考虑到主变压器正功率突降后，电流互感器二次电流有一个衰减过程，形成不平衡输出功率，分析表明最大不平衡输出功率在第一周波内约为额定功率的 5%，当然 $P_{\text{set}.2}$ 应大于最大不平衡输出功率。一般取

$$P_{\text{set}.2}=(8\sim12)\%P_N$$

对 600MW 机组，取 $P_{\text{set}.2}=50\text{MW}$。

当取 $n_{TA} = 2500/5 = 500, n_{TV} = 220\text{kV}/100\text{V} = 2200$ 时，则

$$P_{\text{set.2j}} = \frac{50 \times 10^6}{500 \times 2200} = 45.5(\text{W})$$

2. $\dfrac{\Delta I_1}{\Delta t} <$ 判据

主变压器正功率突降后，主变压器高压侧三相电流突降，但电流互感器并不突降到零值，而是在原有负荷电流的基础上以一定的时间常数衰减。因此采用 $\dfrac{\Delta I_1}{\Delta t} <$ 判据要比采用 $\dfrac{\Delta I_\varphi}{\Delta t} <$ 判据元件灵敏，而且不受正功率突降时负荷电流相角影响。

主变压器正功率突降，主变压器高压侧电流互感器二次电流可表示为

$$i_a = \sqrt{2} I_L \sin \alpha e^{-\frac{t}{\tau}}$$

$$i_b = \sqrt{2} I_L \sin (\alpha - 120°) e^{-\frac{t}{\tau}}$$

$$i_c = \sqrt{2} I_L \sin (\alpha + 120°) e^{-\frac{t}{\tau}}$$

式中　I_L ——主变压器正功率突降前 TA 二次的负荷电流；

　　　α ——主变压器正功率突降时 A 相电流的相角；

　　　τ ——主变压器正功率突降后，电流互感器二次回路衰减时间常数。

主变压器正功率突降后，由上式求得正序电流 I'_{L1} 为

$$I'_{L1} = \frac{1}{\sqrt{2}} I_L e^{-\frac{t}{\tau}}$$

由此得到正序电流的下降变化 ΔI_1 为

$$\Delta I_1 = I_L - I'_L = I_L \left(1 - \frac{1}{\sqrt{2}} e^{-\frac{t}{\tau}}\right)$$

该判据动作条件为

$$I_L \left(1 - \frac{1}{\sqrt{2}} e^{-\frac{t}{\tau}}\right) > \Delta I_{\text{set}}$$

设定的参数是 ΔI_{set} 值与时间窗长度 Δt。

如 $P_{L1} = 25\% P_N$，则 $I_L = 25\% I_N$，τ 值与二次电缆长度、截面、电缆互感器剩磁大小、铁芯有无气隙等因数有关。就一般情况而言可取 $\tau = 0.2\text{s}$，当时间窗长度 $t = 0.5\text{s}$ 时，ΔI_{set} 应为

$$\Delta I_{\text{set}} < 25\% I_N \left(1 - \frac{1}{\sqrt{2}} e^{-\frac{0.5}{0.2}}\right) = 23.5\% I_N$$

因此 $\dfrac{\Delta I_1}{\Delta t} <$ 元件的定值为：时间窗 Δt 取 0.5s；ΔI_{set} 取 20% I_N（I_N 为发电机额定电流时主变压器高压侧电流），折算到高压侧，$\Delta I_{\text{set}} = 20\% \times 19245 \times \dfrac{20}{230} = 334.7(\text{A})$（二次值为 0.67A）。

需要指出：

(1) $\dfrac{\Delta I_1}{\Delta t} <$ 元件，本身动作有小量延时，无需再设延时了。

(2) 时间窗长度不影响元件动作速度。

（3）发电机输出功率越大，元件动作延时越小。

3. 发电机侧至少两相电流小于 $I_{\phi.\,set}$ 判据

该判据描述为发电机侧至少两相电流小于 $I_{\phi.\,set}$，即判据描述为

$$
\left.
\begin{array}{l}
(I_A < I_{\phi.\,set}) \& (I_B < I_{\phi.\,set}) \\
(I_B < I_{\phi.\,set}) \& (I_C < I_{\phi.\,set}) \\
(I_C < I_{\phi.\,set}) \& (I_A < I_{\phi.\,set})
\end{array}
\right\} \text{构成"或"关系输出}
$$

$I_{\phi.\,set}$ 应小于正常运行时的最小负荷电流；另外，在最严重情况下为保证该判据可靠动作，应满足

$$
\sqrt{2} I_N e^{-\frac{t}{\tau}} < I_{\phi.\,set}
$$

在时间窗 $\Delta t = 0.5s$ 长度下，取 $\tau = 0.2s$，则 $I_{\phi.\,set}$ 为

$$
I_{\phi.\,set} > \sqrt{2} I_N e^{-\frac{0.5}{0.2}} = 11.6\% I_N。
$$

取 $\qquad I_{\phi.\,set} = 20\% I_N = 20\% \times 19245 = 3849(A)$

4. 主变压器高压侧正序电压大于 U_{set} 判据

一般可取 $\qquad U_{set} = (80 \sim 85)\% U_{\phi N}$

取 $\qquad U_{set} = 85\% \times 57.7 = 49(V)$

5. 时间元件

第一出口：延时 0.1s，延时返回 5s，发信号；

第二出口：延时 0.1s，延时返回 8s；

第三出口：延时 0.1s，延时返回 8s。

（三）闭锁部分

负序电压按躲过不平衡电压整定。取负序动作电压为

$$
U_{2.\,set} = 6\% \times 57.7 = 3.46(V)
$$

三、不同工况下的保护行为

1. 程序跳闸

在主汽门关闭、主变压器高压侧断路器跳开前，因 $\frac{\Delta U_1}{\Delta t} >$、$\frac{\Delta f}{\Delta t} >$ 元件不会动作，故装置不会启动（功率元件 $P < 0$）；当主变压器高压侧断路器跳开时，因 t_1 自保持时间只取 0.5s，此时 $P < P_{set.\,1}$，故装置同样不启动。

可见，发电机程序跳闸时，保护不会动作。

2. 发电机正常停机

发电机停机时，$P < P_{set.\,1}$ 元件不动作，$\frac{\Delta f}{\Delta t} >$ 元件不动作，$\frac{\Delta U_1}{\Delta t} >$ 元件不动作，$\frac{\Delta I_1}{\Delta t} <$ 元件不动作，所以保护不会动作。

3. 发电机振荡

发电机与系统振荡时，δ 角作 $0° \sim 360°$ 周期变化。在 $0°$ 向 $180°$ 的变化过程中，$\frac{\Delta I_1}{\Delta t} <$ 元件，至少两相 $I_\phi < I_{\phi.\,set}$ 元件不动作 $\left(\frac{\Delta U_1}{\Delta t} > \text{元件不动作} \right)$，所以保护不会动作。在 $180°$ 向 $360°$ 的变化过程中，虽然发电机仍有较大的输入机械功率，但 $P < 0$，故 $0 < P < P_{set.\,2}$ 元件不动作，防止了保护误动。

4. 发电机相间故障

发电机相间故障、匝间故障、定子绕组接地、转子一点接地等，$\dfrac{\Delta U_1}{\Delta t} >$元件、$\dfrac{\Delta f}{\Delta t} >$ 元件、$0 < P < P_{\text{set.2}}$ 元件、$\dfrac{\Delta I_1}{\Delta t} <$元件均不动作，保护不动作。

5. TV 二次回路断线

$\dfrac{\Delta U_1}{\Delta t} >$元件、$\dfrac{\Delta f}{\Delta t} >$元件、$\dfrac{\Delta I_1}{\Delta t} <$元件、$I_\phi < I_{\phi.\text{set}}$元件（任两相）不动作，保护不动作。

6. TA 二次回路断线

$I_\phi < I_{\phi.\text{set}}$元件（任两相）、$0 < P < P_{\text{set.2}}$元件不动作，保护不动作。

7. 电力系统发生故障

$\dfrac{\Delta U_1}{\Delta t} >$元件、$\dfrac{\Delta f}{\Delta t} >$元件、$\dfrac{\Delta I_1}{\Delta t} <$元件、$I_\phi < I_{\phi.\text{set}}$元件（任两相）均不动作，同时有 U_2，保护不动作。

8. 发电机逆功率

$\dfrac{\Delta U_1}{\Delta t} >$元件、$\dfrac{\Delta f}{\Delta t} >$元件、$0 < P < P_{\text{set.2}}$元件不动作，保护不动作。

四、有关说明

（1）为提高保护装置工作可靠性，电流和功率计算使用的电流应分别由不同的电流互感器提供。

（2）由于保护环节多，保护宜配置在主变压器高压侧，因而也可以称为主变压器正功率突降保护。

（3）主变压器高压侧断路器处"分位"与三相无电流不能完全反映发电机功率突降为零的情况。如主变压器高压侧双母线一回出线运行、主变压器高压侧 3/2 接线一回出线运行等情况，线路因故（含继电保护动作）跳开，发电机功率突降为零而此时主变压器高压侧断路器并未断开。

（4）发电机功率突降到零后，机组的频率、电压要升高，而后发生回摆，甚至可能出现频率摆动过程。$\dfrac{\Delta U_1}{\Delta t} >$ 元件、$\dfrac{\Delta f}{\Delta t} >$ 元件是在时间窗长度 Δt 内电压、频率升高的变化值达到设计值而动作的元件，与电压、频率是否回摆无关。为使元件动作可靠，时间窗长度 Δt 不能取得过小。当然，$\dfrac{\Delta f}{\Delta t} >$ 元件的时间窗应比 $\dfrac{\Delta U_1}{\Delta t} >$ 元件的时间窗长。

（5）$\dfrac{\Delta U_1}{\Delta t} >$ 元件、$\dfrac{\Delta f}{\Delta t} >$元件动作具有延时，为使启动可靠，$P > P_{\text{set.1}}$元件延时返回时间 t_1 应大于该延时时间，同时小于程序跳闸延时时间。

（6）发电机功率突降到零时，一次电流突降到零值，电流互感器的二次电流并不突降到零值，而是在原有负荷电流的基础上以一定的时间常数 τ 衰减。τ 值与二次电缆长度、截面、电流互感器铁芯剩磁大小、铁芯有无气隙等因数有关。因此，$\dfrac{\Delta I_1}{\Delta t} <$ 元件、至少两 $I_{\text{ph}} < I_{\text{ph.set}}$ 元件中的时间窗长度 Δt 不能太短，以确保元件的可靠动作。需要指出的是，时间窗长度 Δt 并不影响元件的动作速度。

（7）图 2-92 所示为发电机零功率保护逻辑框图，并不是唯一的保护方案。

（8）当发电机—变压器组在发电机与主变压器间具有断路器时，图 2-92 中还需增加引入机端处的 $\dfrac{\Delta U_1}{\Delta t} >$、$\dfrac{\Delta f}{\Delta t} >$ 作启动量。

五、新型零功率保护

（一）零功率保护原理

当机组输出功率较小时，即使发生正功率突降，对热力设备并不构成安全威胁，因此保护确认发电机功率大于故障前功率定值后才自动投入发电机零功率判别。为保证保护动作可靠，故障前功率元件具有自保持特性。

零功率事故发生后，发电机功率降到零附近，故要求发电机有功功率小于故障后功率定值，且应大于一个小的负功率门槛。其中有功功率大于负功率门槛可防止振荡时误动，并留有可靠裕度。零功率事故发生后，主变压器高压侧三相电流为零，可采用任两相电流有效值发生突降且电流降低幅度大于电流突降定值判据来反映这一情况，并且要求突降后任两相电流小于故障后电流定值。

另外，发电机零功率事故发生后，机组电压和频率迅速升高，故可以采用过电压或过频元件作为保护出口加速元件，过电压和过频元件构成"或"关系。当过电压或过频元件满足时保护以更短延时出口。

机组正功率突降时，三相处对称状态，无负序电压，因此可用负序电压作闭锁判据。此外，为防止在主汽门关闭的过程中保护不正确动作，引入主汽门位置触点作为闭锁条件。

对于有多台机组的大型发电厂，当最后出线跳闸后，整个电厂出于零功率状态，但由于不同机组之间的功率交换，单台机的功率可能不为零。此时，需要另外装设具有出线断面零功率切机功能的稳控装置。

（二）保护逻辑框图

发电机零功率保护逻辑框图如图 2-93 所示。

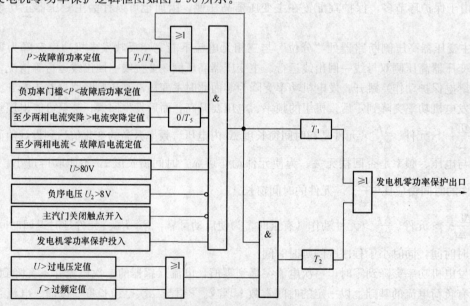

图 2-93　发电机零功率保护逻辑框图

（三）整定计算

（1）故障前功率定值。按发电机额定功率的百分比整定，应大于发电机的最低出力，一般整定为 $30\% \sim 80\%$。

（2）故障后功率定值。按发电机额定功率的百分比整定，应小于发电机的最低出力，由于采用了发电机机端的功率元件，应躲过厂用电和励磁系统的功率消耗，一般整定为 $10\% \sim 30\%$。

（3）电流突降定值。按照主变压器高压侧电流互感器整定，一般整定为 $0.1\sim0.3I_N$。

（4）故障后电流定值。按照主变压器高压侧电流互感器整定，应大于空负荷线路的充电电流，并小于正常运行时的最小负荷电流，一般整定为 $0.1\sim0.3I_N$。

（5）零功率过电压定值。采用线电压，按躲过正常运行时可能的最高电压整定，一般整定为 $1.2\sim1.3U_N$。

（6）零功率过频定值。当发电机频率严重偏离正常值时加速保护动作，一般整定为 $51\sim53Hz$。

（7）发电机零功率保护延时。一般整定为 $0.05\sim0.5s$。

第十五节 发电机自动装置

一、发电机自动励磁调节

（一）同步发电机的励磁系统

供给同步发电机励磁电流的电源及其附属设备，称为同步发电机的励磁系统。

发电机励磁系统的作用是：

（1）当发电机正常运行时，供给发电机维持一定电压及一定无功输出所需的励磁电流。

（2）当电力系统突然短路或负荷突然增、减时，对发电机进行强行励磁或强行减磁，以提高电力系统运行的稳定性和可靠性。

（3）当发电机内部出现短路时，对发电机进行灭磁，以避免事故扩大。

（二）同步发电机的励磁方式

按给发电机提供励磁功率所用的方法，励磁系统可分为以下几种方式：

（1）同轴直流励磁机系统。在这种励磁方式中，由于发电机与直流励磁机同轴连接，当电网发生故障时，不会影响到励磁系统的正常运行。但受到直流励磁机容量的限制，这种励磁方式广泛应用于中小容量的发电机。

（2）半导体励磁系统。这是目前国内外大型发电机广泛采用的一种新型的、先进的励磁方式。它的优点是性能优良、维护简单、运行可靠、体积小、寿命长。

（三）实现自动调节励磁的基本方法

（1）改变励磁机励磁回路电阻。如图 2-94 所示，它是以发电机 G 同轴的直流发电机 GE 作为励磁电源，在励磁机的励磁回路中串接可调电阻 R_e，调节 R_e 的电阻值即可改变励磁机的励磁电流，从而改变励磁机的端电压，也就调节了发电机的励磁电流。

（2）改变励磁机的附加励磁电流。如图 2-95 所示，自动调节励磁装置 AVR 接于发电机的电压互感器和电流互感器上，它供给励磁机一个附加励磁电流（附加励磁也可以供给励磁机另设的一个励磁绕组）。AVR 装置可根据发电机电压、电流或功率因数的变化，相应地改变其供给励磁机的附加励磁电流，也就调节了发电机的励磁电流。

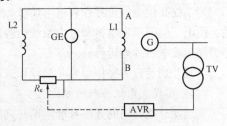

图 2-94 改变磁场调整电阻的方法

（3）改变晶闸管的导通角。如图 2-96 所示，主励磁机 GE1 经硅整流桥 U 向发电机励磁绕组 L1 供电，副励磁机 GE2 经晶闸管整流桥 UT 向主励磁机励磁绕组 L2 供电。AVR 装置根据发电机电压、负荷电流地变化，相应地改变晶闸管整流回路的晶闸管导通角，使晶闸管整流桥送入主励磁机的励磁电流发生变化。为取得励磁调节的快速性，主励磁机一般采用 $100\sim200Hz$ 中频交流同步发电机，副励磁机采用 $400\sim500Hz$ 中频发电机。副励磁机可用永磁机或反应式同步发电机（附自励恒压）。

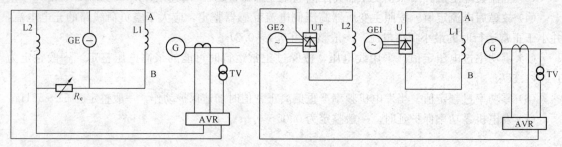

图 2-95　改变附加励磁电流的方法　　　　图 2-96　改变可控硅导通角的方法

（四）强行励磁装置

强行励磁，顾名思义，就是强迫施行励磁（简称强励）。当系统发生事故电压严重降低时，强行以最快的速度，给发电机以最大的励磁，迫使系统电压迅速恢复。

为了提高电力系统的稳定以及加快故障切除后电压的恢复，希望电压下降到一定数值时，同步发电机的励磁能迅速增大到顶值。自动调节励磁装置应具有这种能力。强励倍数：强励时，发电机实际能达到的最高励磁电压 $U_{\text{e.max}}$ 与额定励磁电压 U_{eN} 的比值，称为强行励磁倍数 K_{e}。显然，K_{e} 越大，强励效果越好。一般情况下强励倍数为 $1.8 \sim 2$。

（五）强行减磁装置

当水轮发电机突然甩去大量负荷时，因其调速装置尚来不及关闭导水翼，致使机组转速迅速升高，而产生过电压现象。为此，专门设置强行减磁装置。当水轮发电机的端电压突然升高时，它能迅速降低发电机的励磁电流，以达到降低其电压的目的。

当发电机电压高于某一给定值（通常为 1.3 倍额定电压）时，在励磁机励磁回路中串入一阻值比励磁机励磁绕组阻值大好几倍的电阻，将励磁机的电压几乎降到零值，起到了强行减磁的作用。

（六）复式励磁和相位复式励磁

为了补偿发电机电枢反应造成的发电机电压降，可采用定子电流反馈的方法来供给励磁电流。如果反馈供给的励磁电流仅与发电机定子电流的大小有关就称为复式励磁，简称复励；如果反馈供给的励磁电流和定子电流的大小、功率因数都有关，则称为相位复式励磁，简称相复励。

二、发电机同期并列装置

（一）同步发电机的并列运行

为了提高供电的可靠性和供电质量，合理地分配负荷，减少系统备用容量，达到经济运行的目的，发电厂的同步发电机和电力系统内各发电厂应按照一定的条件并列在一起运行，这种运行方式称为同步发电机并列运行。

实现并列运行的操作称为并列操作或同期操作。用以完成并列操作的装置称为同期装置。

（二）实现发电机并列的方法

实现发电机并列的方法有准同期并列和自同期并列两种。

（1）准同期并列的方法是：发电机在并列合闸前已经投入励磁，当发电机电压的频率、相位、大小分别和并列点处系统侧电压的频率、相位、大小接近相同时，将发电机断路器合闸，完成并列操作。

（2）自同期并列的方法是：先将未励磁、接近同步转速的发电机投入系统，然后给发电机加上励磁，利用原动机转矩、同步转矩把发电机拖入同步。

自同期并列的最大特点是并列过程短，操作简单，在系统电压和频率降低的情况下，仍有可能将发电机并入系统，且容易实现自动化。但是，由于自同期并列时，发电机未经励磁，相当于把一个有铁芯的电感线圈接入系统，会从系统中吸取很大的无功电流而导致系统电压降低，同时合闸时的冲击电流较大，所以自同期方式仅在系统中的小容量发电机及同步电抗较大的水轮发电机上采用。大中型发电机均采用准同期并列方法。

（三）准同期并列的条件

准同期并列的条件是待并发电机的电压和系统的电压大小相等、相位相同和频率相等。

上述条件不被满足时进行并列，会引起冲击电流。电压的差值越大，冲击电流就越大；频率的差值越大，冲击电流的振荡周期越短，经历冲击电流的时间也越长。而冲击电流对发电机和电力系统都是不利的。

准同期并列可分为下列三种并列方式：

（1）手动准同期：发电机的频率调整、电压调整以及合闸操作都由运行人员手动进行，只是在控制回路中装设了非同期合闸的闭锁装置（同期检查继电器），用以防止由于运行人员误发合闸脉冲造成的非同期合闸。

（2）半自动准同期：发电机电压及频率的调整由手动进行，同期装置能自动地检验同期条件，并选择适当的时机发出合闸脉冲。

（3）自动准同期：同期装置能自动地调整频率，至于电压调整，有些装置能自动地进行，也有一些装置没有电压自动调节功能，需要靠发电机的自动调节励磁装置或由运行人员手动进行调整。当同期条件满足后，同期装置能选择合适的时机自动地发出合闸脉冲。

（四）自动准同期装置

自动准同期装置，是利用线性三角形脉动电压，按恒定导前时间发出合闸脉冲的自动准同期装置。它能完成发电机并列前的自动调压、自动调频和在满足准同期并列条件的前提下，于发电机电压和系统电压相位重合前的一个恒定导前时间发出合闸脉冲等三项任务。

它主要由合闸、调频、调压、电源四部分组成。合闸部分的作用是，在频率差和电压差均满足准同期并列条件的前提下，于发电机电压和系统电压相位重合前的一个导前时间（t_{dq}）发出合闸脉冲。上述条件不满足时，则闭锁合闸脉冲回路。调频部分的作用是，判断发电机频率是高于还是低于系统频率，从而自动发出减速或增速调频脉冲，使发电机频率趋近于系统频率。调压部分的作用是，比较待并发电机的电压与系统电压的高低，自动发出降压或升压脉冲，作用于发电机励磁调节器，使发电机电压趋近于系统电压，且当电压差小于规定数值时，解除电压差闭锁，允许发出合闸脉冲。电源部分除了将系统电压和发电机电压变成装置所需的相应的电压外，还为逻辑回路提供直流电源。

（五）利用工作电压通过定相的方法检查发电机同期回路接线的正确性

试验前由运行人员进行倒闸操作，腾出发电厂升压变电站的一条母线（见图 2-97 中的 220kV Ⅰ母线），然后合上母线的隔离开关和发电机出口断路器，直接将发电机升压后接至这条母线上。由于通过 220kV 母线电压互感器和发电机电压互感器加至同期回路的两个电压，实际上都是发电机电压，因此同期回路反映发电机和系统电压的两只电压表的指示应基本相同，组合式同步表的指针也应指示在同期点上不动。否则，同期回路的接线则认为有错误。

（六）利用工作电压通过假同期的方法检查发电机同期回路接线的正确性

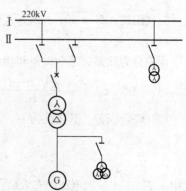

图 2-97 发电机直接升压后接至 220kV Ⅰ母线进行同期回路检查的示意图

假同期，顾名思义就是手动或自动准同期装置发出的合闸脉冲，将待并发电机断路器合闸时，这台发电机并非真的并入了系统，而是一种用模拟的方法进行的一种假的并列操作。为此，试验时应将发电机母线隔离开关断开，人为地将其辅助触点放在其合闸后的状态（辅助触点接通），这时，系统电压就通过这对辅助触点进入同期回路。另外，待并发电机的电压也进入同期回路中。这两个电压经过同期并列条件的比较，若采用手动准同期并列方式，运行人员可通过对发电机电压、频率的调整，待满足同期并列的条件时，手动将待并发电机出口断路器合上，完成假同期并列操作。若采用自动准同期并列方式，则自动准同期装置就自动地对发电机进行调速、调压，待满足同期并列的条件后，自动发出合闸脉冲，将其出口断路器合上。若同期回路的接线有错误，其表计将指示异常，无论手动准同期或者是自动准同期都无法捕捉到同期点，而不能将待并发电机出口断路器合上。

第十六节　电流互感器和电压互感器

一、电流互感器

（一）电流互感器的作用

与测量仪表配合，对电力元件的电流、电压、电能等电气量进行测量，与继电保护配合，对电力系统和设备进行保护。

使测量仪表、继电保护装置与高电压隔离，保证运行人员及二次设备的安全。

将各种电压与电流变换成统一的标准值，使仪表与继电保护装置标准化。

（二）电流互感器的极性

电流互感器由铁芯及绕组组成，一、二次绕组磁动势有以下平衡关系：

$$I_1 W_1 - I_2 W_2 = 0$$

$$I_2 = \frac{W_1}{W_2} I_1$$

电流互感器的极性在图 2-98（a）中标注。

（三）电流互感器的等值电路及相量图

电流互感器等值电路和相量图如图 2-99 所示。

电流互感器的变比：$n_{TA} \approx \dfrac{W_2}{W_1}$；

二次阻抗：$Z_2 = Z_{2L} + Z_L$（式中 Z_{2L} 为二次漏抗，Z_L 为负荷阻抗）。

（四）误差

误差分为比差、综合误差和相角差。

（1）比差。$\Delta I\% = \dfrac{n_{TA} I_2 - I_1}{I_1}$。

（2）综合误差。其定义为一、二次电流瞬时值之差的有效值与一次电流之比的百分数，即

$$e_c = \frac{100}{I_1} \sqrt{\frac{1}{T} \int_0^t \left(n_{TA} i_2 - i_1 \right)^2 d_t}$$

式中　I_1——一次电流的有效值；

i_1、i_2——一、二次电流的瞬时值；

　　　T——周期。

（3）相角差。其定义为一、二次电流之间的相角差。单位为分（′）或 card（弧度的百分之一）。

继电保护用电流互感器的准确级为在规定的一次电流倍数条件下最大允许综合误差的百分数，其后写字母 P（含义为保护用）。

如表 2-12 所示常用的准确级为 5P 或 10P，在额定电流下误差不大于 $\pm 1\%$ 和 $\pm 3\%$，其综合误差在规定的次电流倍数以不大于 $\pm 5\%$ 和 $\pm 10\%$。

电流互感器的误差是由励磁电流引起的，励磁电流大时铁芯饱和，励磁阻抗减小，误差增大。二次阻抗与励磁阻抗角度相同时比差最大，角差为 $0°$；二次阻抗与励磁阻抗角相差 $90°$ 时，角差最大而比差最小。

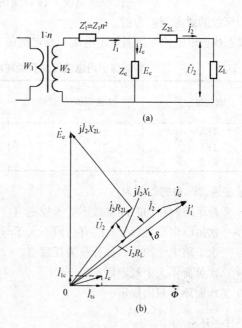

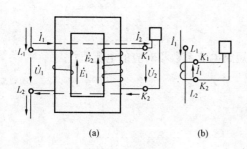

图 2-98　电流互感器
(a) 原理图；(b) 示意图

图 2-99　电流互感器等值电路和和相量图
I_{ts}—铁损电流；I_{1c}—磁化电流；δ—相角差

表 2-12　　　　　　　　　　　继电保护用电流互感器的准确级及其误差限值

准确级	电流误差±（％）	相位差±（分）	复合误差±（％）在额定
	在额定一次电流时		准确限值一次电流时
5P	1	60	5
10P	3	—	10

暂态保护用电流互感器的分类见表 2-13。

表 2-13　　　　　　　　　　　暂态保护用电流互感器的分类

准确级	特　　　点
TPS	低漏磁，匝比误差在±0.25％以内，控制二次励磁特性，无剩磁限值
TPX	控制变换暂态一次短路电流的总误差，无剩磁限值
TPY	与 TPX 极相似，但稳态剩磁不超过饱和值的 10％
TPZ	只控制变换暂态一次短路电流对称分量的误差，稳态剩磁可忽略不计

TPX 和 TPY 级的暂态误差为

$$\hat{f} = \frac{K_n i_2 - i_1}{\sqrt{2} I_{1SC}}$$

式中　　$K_n i_2 - i_1$ ——误差电流的最大瞬时值；

$\qquad I_{1SC}$ ——一次短路电流对称分量的有效值。

TPZ 级的暂态误差为

$$\hat{f} = \frac{K_n i_{2-} - i_{1-}}{\sqrt{2} I_{1SC}}$$

式中　　$K_n i_{2-} - i_{1-}$ ——误差电流的最大瞬时值；

　　　　　　I_{1SC} ——一次短路电流对称分量的有效值。

TPZ 级的瞬态误差为：

瞬态保护用电流互感器额定电流和额定负荷下的误差限值见表 2-14。

表 2-14　　　　　暂态保护用电流互感器额定电流和额定负荷下的误差限值

准确级	电流误差±（%）	相位差±（′）	瞬态误差限值±（%）
TPX	0.5	30	5
TPY	1	60	7.5
TPZ	1	180±18	10

保证暂态误差的条件为：

1）系统短路回路的时间常数不大于规定值；

2）一次短路电流对称分量的有效值不大于与对称短路电流系数相对应的电流值；

3）一次短路电流的非对称分量为任意值；

4）二次负荷不大于规定值；

5）工作循环不超出规定。

工作循环分为 $\begin{cases} C-O \\ C-O-C-O \end{cases}$

C 短路，O 分断。

（五）电流互感器的工况

(1) 正常运行时，电流互感器的励磁安匝只有一次绕组安匝的 1% 左右，一但二次回路开路，则次电流全部变为励磁电流，铁芯严重饱和，磁通变为平顶波，二次绕组感应出极高的尖峰电势，对人身及设备造成威胁，必须防止二次回路开路，并应有一点而且只能有一点良好接地。

(2) 从二次侧看电流互感器，在规定的电流倍数以内可以看作电流源，比差不大于 10%，角差不大于 7%。

(3) 使用电流互感器应建立技术档案，内容包括铭牌资料，10% 误差、$B\text{-}H$ 曲线或伏安特性曲线。

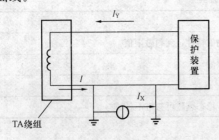

图 2-100　电流互感器保护原理图

(4) 电流互感器在二次侧必须有一点接地，目的是防止两侧绕组的绝缘击穿后一次高电压引入二次回路造成设备与人身伤害。同时，电流互感器也只能有一点接地，如果有两点接地，电网之间可能存在的潜电流会引起保护等设备的不正确动作。如图 2-100 所示，由于潜电流 I_X 的存在，所以流入保护装置的电流 $I_Y \neq I$，当取消多点接地后 $I_X = 0$，则 $I_Y = I$。在一般的电流回路中都是选择在该电流回路所在的端子箱接地。但是，如果差动回路的各个比较电流都在各自的端子箱接地，有可能由于地网的分流从而影响保护的工作。所以对于差动保护，规定所有电流回路都在差动保护屏一点接地。

（六）电流互感器稳态比值误差的计算

1. 电流互感器的10%误差曲线

设 K_i 为电流互感器的变比，其一次电流 $\dot{I}_1$ 与二次电流 $\dot{I}_2$ 有 $I_2 = I_1/K_i$ 的关系，在 K_i 为常数（电流互感器不饱和）时，是一条直线，如图 2-101 中的直线 1 所示。当电流互感器铁芯开始饱和后，I_2 与 I_1/K_i 就不再保持线性关系，而是如图 2-101 中的曲线 2 所示，呈铁芯的磁化曲线状。继电保护要求电流互感器的一次电流 I_1 等于最大短路电流时，其变比误差小于或等于 10%。因此，可以在图 2-101 中找到一个电流值 $I_{1,b}$，自 $I_{1,b}$ 点作垂线与曲线 1、2 分别相交于 B、A 点，且 $\overline{BA} = 0.1I_1'$（I_1' 为归算到二次侧的 I_1 值）。如果电流互感器的一次电流 $I_1 \leqslant I_{1,b}$，其变比误差就不会大于 10%；如果 $I_1 > I_{1,b}$，其变比误差就大于 10%。

另外，电流互感器的变比误差还与其二次负荷阻抗有关。为了便于计算，制造厂对每种电流互感提供了在 m_{10} 下允许的二次负荷阻抗值 Z_L，曲线 $m_{10} = f(Z_L)$ 就称为电流互感器的 10% 误差曲线，如图 2-102 所示。已知 m_{10} 的值后，从该曲线上就可很方便地得出允许的负荷阻抗。如果它大于或等于实际的负荷阻抗，误差就满足要求，否则，应设法降低实际负荷阻抗，直至满足要求为止。当然，也可在已知实际负荷阻抗后，从该曲线上求出允许的 m_{10}，用以与流经电流互感器一次绕组的最大短路电流作比较。

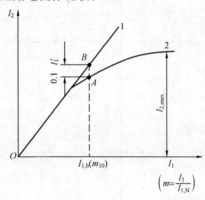

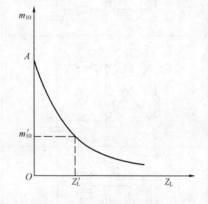

图 2-101　二次电流与一次电流或二次
电流与一次电流倍数的关系曲线

图 2-102　电流互感器的 10%
误差曲线

2. 稳态比值误差的计算

已知：电流互感器的伏安特性 $U = f(I_e)$，电流互感器二次绕组漏抗 Z_2，励磁电流 I_e。

(1) 绘出伏安特性曲线　$U = f(I_e)$。

(2) 计算 $E = U - I_e Z_2$，绘出 $E = f(I_e)$ 曲线；

(3) 计算允许负荷 Z_L

$$Z_L = \frac{E}{9I_e} - Z_2$$

(4) 计算 10% 误差倍数 m_{10}。

当电流互感器一次电流为 $10I_e n_{TA}$，而电流互感器的二次额定电流为 5A 时

$$m_{10} = \frac{10I_e n_{TA}}{5n_{TA}} = 2I_e$$

(5) 绘出 $m_{10} = f(Z_L)$：分别取 I_c 为 1A，2A，3A，4A，5A，6A，…，按 (2)(3)(4) 计算出 $m_{10} = f(Z_L)$。

（七）电流互感器的接线与计算负荷

（1）电流互感器的计算负荷。电流互感器的等效负荷阻抗通常用计算负荷表示：

$$Z_{ba1} = U_2 / I_2$$

（2）电流互感器的计算负荷与互感器接线和短路类型有关（见表 2-15）。

表 2-15　　　　　　　　　　　　　　　　电流互感器的计算负荷

接线法	示意图	三相短路	两相短路	单相短路
完全星形		Z_{ph}	Z_{ph}	$Z_{ph} + Z_N$
不完全星形		$1.73 Z_{ph}$	$2 Z_{ph}$	$2 Z_{ph}$
两相差接线		$1.73 Z_{ph}$	$2 Z_{ph}$	Z_{ph}
三角形		$3 Z_{ph}$	$3 Z_{ph}$	$2 Z_{ph}$

注　Z_{ph} 为 a，b，c 各相导线的最大阻抗；Z_N 为 N 相导线阻抗。

（3）双绕组变压器差动保护的负荷计算。

1）实测电流互感器二次负荷。测试时在电流互感器输出处通电，测差动回路阻抗时应将差动线圈短接。计算式为

$$Z_A = \frac{Z_{AB} + Z_{CA} - Z_{BC}}{2}$$

$$Z_B = \frac{Z_{AB} + Z_{BC} - Z_{CA}}{2}$$

$$Z_C = \frac{Z_{BC} + Z_{CA} - Z_{AB}}{2}$$

2）星形接线的负荷计算。

$$电流互感器负荷 = \frac{电流互感器两端电压}{电流互感器绕组内流过电流}$$

星形接线三相过流及零序电流保护接线见图 2-103。

a. 三相短路（中性线内无电流）

$$\dot{U}_a = \dot{I}_a(Z_L + Z_K)$$

$$Z = \frac{\dot{I}_a(Z_L + Z_K)}{\dot{I}_u} = Z_L + Z_K$$

b. 两相短路（以 $k_{ab}^{(2)}$ 为例）

$$\dot{U}_a = \frac{1}{2} 2\dot{I}_a(Z_L + Z_K)$$

$$Z = \frac{\dot{U}_a}{\dot{I}_a} = Z_L + Z_K$$

c. 单相接地（以 $k_a^{(1)}$ 为例）

$$\dot{U}_a = \dot{I}_a(Z_L + Z_K + Z_{K,0} + Z_L)$$

$$Z = \frac{\dot{U}_a}{\dot{I}_a} = 2Z_L + Z_K + Z_{K,0}$$

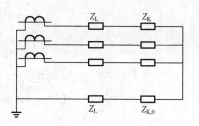

图 2-103 星形接线三相过流
及零序电流保护接线图

Z_L—导线阻抗；Z_K—继电器线圈阻抗；
$Z_{K,0}$—零序回路的继电器线圈阻抗

若二次负荷采用 $2Z_L + Z_K + Z_{K,0}$，计算电流倍数应采用单相接地电流值；若采用 $Z_L + Z_K$，则应取相间短路电流值。哪种情况严重，采用哪种组合方式。

（4）双绕组变压器差动保护接线见图 2-104（变压器区外故障忽略差流）。

1）三相短路（电流互感器二次为三角形接线）

$$\dot{I}_a = \dot{I}_a' - \dot{I}_b' = \sqrt{3}\dot{I}_a' e^{j30°}$$

$$\dot{I}_c = \dot{I}_c' - \dot{I}_a' = \sqrt{3}\dot{I}_a' e^{j150°}$$

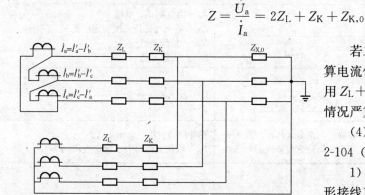

图 2-104 双绕组变压器差动保护接线图

$$\dot{U}_a = \dot{I}_a(Z_L + Z_K) - \dot{I}_c(Z_L + Z_K)$$

$$= \sqrt{3}\dot{I}_a'(e^{j30°} - e^{j150°})(Z_L + Z_K)$$

$$= \sqrt{3}\dot{I}_a'[(\cos30° + j\sin30°) - (\cos150° + j\sin150°)](Z_L + Z_K)$$

$$= \sqrt{3}\dot{I}_a'\left[\frac{\sqrt{3}}{2} + j\frac{1}{2} + \frac{\sqrt{3}}{2} - j\frac{1}{2}\right](Z_L + Z_K)$$

$$= \sqrt{3}\dot{I}_a'\left[\frac{\sqrt{3}}{2} + \frac{\sqrt{3}}{2}\right](Z_L + Z_K)$$

$$= 3\dot{I}_a'(Z_L + Z_K)$$

$$Z = \frac{\dot{U}_a}{\dot{I}_a} = 3(Z_L + Z_K)$$

2）两相短路（以 $k_{ab}^{(2)}$ 为例）

$$\dot{I}_a' = -\dot{I}_b'$$

$$\dot{U}_a = (\dot{I}_a' - \dot{I}_b')(Z_L + Z_K) + \dot{I}_a'(Z_L + Z_K) = 3\dot{I}_a'(Z_L + Z_K)$$

$$Z = \frac{\dot{U}_a}{\dot{I}'_a} = 3(Z_L + Z_K)$$

3) 单相接地（以 $k_a^{(1)}$ 为例）

$$\dot{U}_a = \dot{I}_a(Z_L + Z_K) + \dot{I}_a(Z_L + Z_K) = 2\dot{I}_a(Z_L + Z_K)$$

$$Z = \frac{\dot{U}_a}{\dot{I}_a} = 2(Z_L + Z_K)$$

电流互感器二次为星形接线，分析同全星形过流保护。

（八）m_{10} 的选取

电流互感器在短路的情况下，由于非周期分量的影响使误差增大，对于不同的保护装置为保证其正确动作，应选取适当的 m_{10}，各类保护的 m_{10} 及可靠系数相见表 2-16。

表 2-16 　　　　　　　　　　　　各类保护的 m_{10} 及可靠系数

保护类型	m_{10}	K_{rel}	说　明
电流保护	$m_{10} = K_{rel} I_{op}/I_{2N} K_{con}$	1.1	I_{op}—继电器动作电流 I_{2N}—电流互感器二次额定电流 K_{con}—接线系数 K_{rel}—可靠系数
反时限过流	$m_{10} = K_{rel} I_{op}/I_{2N} K_{con}$	1.2	
距离保护	$m_{10} = K_{rel} I_{op}/I_{2N}$	$t \leqslant 0.1s$ 取 2 $t \leqslant 0.5s$ 取 1.5 $t > 0.5s$ 取 1.3	按一段末端短路考虑
差动保护	$m_{10} = K_{rel} I_{kmax}/I_{1N}$	有躲非周期分量特性的取 1.3 无躲非周期分量特性的取 2.0	躲外部最大短路电流 I_{kmax} I_{1N}—电流互感器一次额定电流

分析结果：

根据计算电流倍数，找出 m_{10} 倍数之对应允许阻抗值 Z_L，然后将实测阻抗值按最严短路类型换算成 Z，当 $Z \leqslant Z_L$ 时为合格。

当电流互感器 10% 误差不满足要求时，可采取以下措施：

（1）增大二次电缆截面。

（2）串接备用电流互感器使允许负荷增大 1 倍。

（3）改用伏安特性较高的二次绕组。

（4）提高电流互感器变比。

二、电流互感器饱和与剩磁

（一）电流互感器的饱和

保护用电流互感器性能应满足系统或设备故障工况的要求，即在短路时，将互感器所在回路的一次电流传变到二次回路，且误差不超过规定值。电流互感器的铁芯饱和是影响其性能的最重要的因素。

当电流互感器的铁芯中磁通密度达到一定数值时，将出现饱和现象，此时磁通密度再增加时，要求励磁电流大幅度增加，此磁通密度称为饱和磁通密度，则电流互感器二次端子感应的对称电动势峰值称为饱和电动势。

按电流互感器性能的不同指标有两种饱和电动势，一种是保证互感器给定准确性的额定二次极限电动势，指在该值以下，电流互感器能保证规定的准确性，另一种是额定拐点电动势，指的是该值增加 10% 时，励磁电流有效值增加不大于 50%。对于暂态型 TPS 级电流互感器，为不大于100%。

在稳态对称短路电流（无非周期分量下），影响互感器饱和的主要因素是：短路电流幅值、二次回路（包括互感器二次绕组），电流互感器取得工频励磁阻抗，电流互感器匝数比和剩磁的关系。

电流互感器铁芯饱和后，二次电流不再与一次电流成比例变化，而将出现严重的畸变。畸变的形式与二次负荷的特性有关，这种畸变将严重影响继电保护的动作性能。

在实际的短路暂态过程中，短路电流可能存在非周期分量而严重偏移，这可能导致电流互感器严重暂态饱和。见图2-105所示。

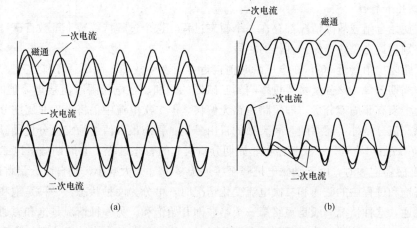

图 2-105 电流互感器一次电流与磁通及二次电流的关系

(a) 一次电流无偏移；(b) 一次电流全偏移

暂态短路电流引起的误差。当发生短路时，电流互感器的一次侧流有短路电流的周期分量 i'_{1c} 和非周期分量 i'_{1f}。如图 2-106 所示。

非周期分量的误差 i_{fL} 总误差电流 i_{fc}。

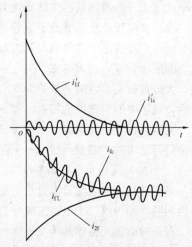

图 2-106 暂态短路电流引起的误差

从误差曲线可以看出，最大误差发生在短路后 3～5 个周波，短路回路非周期电流衰减以后，其值比稳态短路误差大许多倍，且含有很大的直流成分。

（二）影响饱和起始时间的因素

（1）一次电流偏移程度。电力系统的 X/R 和故障初始电压、相位决定一次电流波形的偏移程度，直流分量将严重增大磁通，偏移程度越大，铁芯越快达到饱和。

（2）故障电流值。偏移程度相同时，偏移电流幅值正比于电流正弦分量的幅值。幅值越大，磁通达到饱和点越快。

（3）互感器铁芯的剩磁。剩磁将增加或减小由其他机理产生的磁通，取决于它们的相对极性。当剩磁使总磁通增加时，达到饱和时间缩短。当剩磁很大时，铁芯可能很快饱和。

（4）二次回路阻抗。二次负荷较大，则达到饱和时间较短。其中电感分量较大（功率因数较低），则达到饱和的时间较长，因为电感对偏移的阻抗较低。

（5）饱和电动势。电流互感器的二次励磁阻抗取决于铁芯的大小、材质，铁芯截面越大，达到饱和要求的磁通越大，使饱和电动势更高。

（6）电流互感器的变比。给定一次电流和铁芯截面，增加变比可减小磁通。有两个效果，首先

$E = N\dfrac{d\Phi}{dt}$，增大 N 则 $\dfrac{d\Phi}{dt}$ 可减小，其次 N 增大，则 I_2 减小。对于相同二次负荷，所需二次电动势减小。当然增大变比，将使二次绕组的阻抗增大，此时电阻不变，电感将增大，则对微机保护影响不大，因此增大变比的综合效果是有利增大饱和时间。

（三）稳态饱和特性

当饱和时，开始几个毫秒一次电流能正确传变为二次电流，其后，一次电流极大部分变为励磁电流。

（四）暂态饱和特性

实际上在初始合闸或故障情况都存在一个暂态过程，这个过程持续数十至数百毫秒，其性能与稳态有较大差别，这也是快速保护动作的时段。

当输电线路阻抗角接近 $90°$，在电压瞬时值接近零时发生故障，因磁通不能突变，短路电流中将出现最大非周期分量，该分量将严重影响到互感器的饱和。在电压瞬时值接近峰值时发生故障，一次短路电流中没有非周期分量，即短路短路无偏移，但二次电流中仍将出现非周期分量，因为磁通暂态电流除交流分量外，还要随时间衰减的自由分量。暂态最大值约为交流分量励磁电流峰值的 2 倍。总之，在短路初始时，一般都存在非周期分量引起的暂态过程。非周期分量以二次时间常数 T_S 衰减。当互感器饱和时，由于励磁电抗降至接近于零，T_S 大大减小，则自由分量将迅速衰减。

分析暂态饱和过程中的磁通和二次电流变化情况时，可分为两种状态：一种是饱和磁通小于稳态周期分量磁通，这种情况一般是短路第一个半波即开始饱和。另一种情况是饱和磁通大于非周期分量磁通，但由于磁通非周期分量导致饱和，此时，一般在短路几个半波后才开始饱和。

（五）电流互感器剩磁的影响

1. 剩磁的产生和特征

如电流互感器铁芯中存在剩磁，则可能在一次电流远低于正常饱和值时即过早饱和。剩磁取决于一次电流开端瞬间铁芯中的磁通，磁通的数值由对称一次电流值、直流偏移和二次回路阻抗确定。当一次电流在互感器处于饱和状态时断开剩磁最大。由于断路器一般在电流过零时断开，残留在电流互感器铁芯中的磁通与其二次阻抗的相位角有关。对于纯电感负荷，电流为零瞬间电压最大，即磁通为零，故无剩磁。对于纯电阻负荷，电流为零瞬间电压亦为零而磁通最大，故剩磁最大，大多数机电型继电器相角为 $60°$，剩磁约为峰值的 50%，数字型继电器相角为 $0°$，故障电流断开后，铁芯中的剩磁可能接近峰值。

实验时在互感器绕组中通过直流也可能产生剩磁，剩磁一旦产生，在正常工况下不易消除，因正常运行电流的小磁滞回线不易消除剩磁。一般消除，应加大电流逐渐降到零。

2. 剩磁对互感器暂态的影响

当剩磁与短路电流暂态分量引起的磁通极性相反时，可互相抵消，使二次电流畸变减小，如果极性相同，则加重二次电流的畸变。

剩磁对电流互感器的传变性能的影响如图 2-107 所示。

一般冷轧硅片剩磁系数可达 80%，P 级电流互感器对剩磁无要求。PR 级电流互感器剩磁系数应小于 10%，采用加气隙可以显著降低剩磁，但也增加了励磁电流。TPY 级暂态型电流互感器剩磁不超过饱和磁通的 10%。

（六）判别电流互感器饱和的方法

1. 时差法

根据差动电流出现的时刻与故障发生的时刻之间的时间差来区别是区内故障还是区外故障电流互感器饱和。但是当电流互感器严重饱和时，时间差的精确测量存在一定困难，是目前普遍采用的

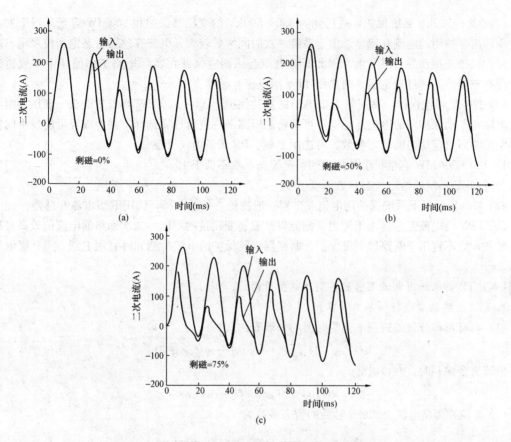

图 2-107　剩磁对电流互感器传变性能的影响示例

（a）剩磁为 0 的情形；（b）剩磁占饱和磁通 50％的情形；（c）剩磁占饱和磁通 75％的情形

方法。

2. 谐波制动法

通过计算二次电流或差流中的谐波分量来判断电流互感器的饱和程度，但是故障电流中的非周期分量会导致谐波在一定范围的振荡，是目前采用的方法。

3. 差分法

通过检测差分电流中出现的模极大值，以判别电流互感器的进饱和点与退饱和点，但该方法依赖性较强且抗干扰能力差。

4. 异步法

基本原理与时差法是一致的。根据差流与制动电流的运动轨迹区分区外故障电流互感器饱和及区内故障，但该方法在区外转区内故障时有可能导致保护延迟动作或拒动，是国外普遍采用。

5. 小波检测法

基于二次电流在电流互感器进、退饱和时出现奇异点的特点，以判别电流互感器饱和。但该方法要求信号和采样率较高，算法本身计算量大，且受系统谐波的影响也大，尚需继续研究。

（七）电流互感器类型及选型原则

（1）保护用电流互感器的性能应满足继电保护正确动作的要求。首先应保证在稳态对称短路电流下的误差不越过规定值。对于短路电流非周期分量和互感器剩磁等的暂态影响，应根据互感器所在系统暂态问题的严重程度，所接保护装置的特性、暂态饱和可能引起的后果和运行经验等因素，予以合理考虑。如微机保护具有减缓电流互感器饱和影响的功能。

（2）330～500kV 系统保护，高压侧为 330～500kV 的变压器保护和 300MW 容量及以上发电机—变压器组保护用的电流互感器，由于系统一次时间常数较大，电流互感器暂态饱和较严重，由此导致保护误动或拒动的后果严重。因此所选电流互感器应保证在实际短路工作循环中不致暂态饱和，即暂态误差不超过规定值，则选用 TPY 级电流互感器。

（3）220kV 系统保护，高压侧为 220kV 的差动保护，100～200MW 容量发电机—变压器组及大容量电动机差动保护用的电流互感器，可按稳态短路条件进行计算选择，并为减轻可能发生的暂态饱和的影响而给定适当的暂态参数，可选用 P 级、PR 级的电流互感器。

1）100～200MW 容量机组外故障的给定暂态系数不低于 10。

2）220kV 系统的给定暂态系数不低于 2。

（4）110kV 及以下系统保护用电流互感器一般按稳态条件选择，选用 P 级电流互感器。

（5）TPY 级电流互感器由于磁阻、储能以及磁通变化量的不同、二次回路的电流值较高且持续时间较长，故不宜用于断路器失灵保护。断路器失灵保护的电流检测元件宜用 P 级或 TP 级电流互感器。

（八）TP 类保护用电流互感器类型及选型原则

1. 电流互感器暂态特性基本计算式

（1）具有对称分量的短路电流瞬时值的一般表达式为

$$i(t) = \sqrt{2}I_{psc}\left[e^{-1/T_p}\cos\theta - \cos(\omega t + \theta)\right]$$

电流为全偏移时，$\theta = 0$，则

$$i(t) = \sqrt{2}I_{psc}(e^{-\frac{t}{T_p}} - \cos\omega t)$$

（2）全偏移短路电流上式经 t 秒后的暂态系数为

$$K_{tf} = \frac{\omega T_p T_s}{T_p - T_s}(e^{-\frac{t}{T_p}} - e^{-\frac{t}{T_s}}) - \sin\omega t$$

（3）为确定互感器铁芯面积来计算暂态系数，则上式以 $\sin\omega t = -1$ 代入，在 $t = t_{max}$ 时具有最大值，t_{max} 值为

$$t_{max} = \frac{T_s T_s}{T_p - T_s}\ln\frac{T_p}{T_s}$$

相应的 K_{tfmax} 值为

$$K_{tfmax} = \omega T_p\left(\frac{T_p}{T_s}\right)^{T_p l(T_s - T_p)} + 1$$

（4）对于 C—t—O 工作循环（单次通电），所需暂态面积系数为

$$K_{td} = \frac{\omega T_p T_s}{T_p - T_s}(e^{-\frac{t}{T_p}} - e^{-\frac{t}{T_s}}) + 1$$

对于 C—t'—O—t_{fr}—C—t''—O 工作循环（双次通电即有重合闸），所需暂态面积系数为

$$K_{td} = \left[\frac{\omega T_p T_s}{T_p - T_s}(e^{-\frac{t}{T_p}} - e^{-\frac{t}{T_s}}) - \sin\omega t'\right] \times e^{\frac{t_{fr}+t'}{T_s}} + \frac{\omega T_p T_s}{T_p - T_s}(e^{-\frac{t}{T_p}} - e^{-\frac{t}{T_s}}) + 1$$

2. TP 类电流互感器

（1）额定对称短路电流倍数（K_{ssc}）一般选用：10、15、20、25、30、40、50。

（2）一次系统时间常数（T_p）。

1）500kV 系统：约 100ms；

2）220kV 系统：约 60ms；

3）国产 300～600MW 发电机—变压器组：240～280ms；

4）国产 100～210MW 发电机—变压器组：140～220ms。

（3）二次回路时间常数（T_s）。

TPY 级：数百毫秒至一两秒。

二次回路时间常数（T_s）与回路总电阻成反比，当实际二次负荷（R_b）不同于额定二次负荷（R_{bn}）时，实际的二次时间常数 T_s 应由额定二次时间常数（T_{sn}）按下式求得

$$T_s = \frac{R_{ct} + R_{bn}}{R_{ct} + R_b} \times T_{sn}$$

式中　R_{ct}——电流互感器二次绕组电阻。

三、电流互感器应用实例

（一）发电机保护用的电流互感器

发电机回路一次时间常数很大，电流互感器暂态饱和可能较严重。但除了容量为 300MW 及以上的发电机和发电机—变压器组的电流互感器规定应完全满足暂态特性要求外，其他容量发电机通常可采用 P 类或 PR 类电流互感器。为了减轻暂态饱和影响，100～200MW 发电机—变压器组宜考虑裕度系数 $K=10$。PR 类电流互感器可以减小剩磁的影响。在发电机出线侧和中性点侧应选用励磁特性（包括饱和部分）相同的电流互感器，并尽量使两侧负荷相等，以最大限度减小差动回路暂态误差电流。现举例如下。

设发电机为 100MW，$\cos\varphi=0.85$，$S=100/0.85=117.65$（MVA），额定电压为 10.5kV，$X''_d=15\%$，定子电阻 $R_{st}=3.0\times10^{-3}\Omega$（75℃）。发电机额定电流为

$$I_{GN} = \frac{117.65\text{MVA}}{\sqrt{3}\times10.5\text{kV}} = 6475\text{A}$$

电流互感器一次电流可选择为连续负荷电流的 120%～150%，选定变比为 8000/5。

发电机出口无断路器时，发电机及发电机—变压器组的差动保护用互感器可按外部高压侧短路进行校验。设配套的升压变压器为 120MVA，$X_t=14\%$，负载损耗 376kW。则发电机—变压器组总电抗和总电阻（以发电机阻抗为基准的标幺值）分别为

$$X = X''_d + X_t = 0.15 + 0.14\times117.65/120 = 0.287$$

$$R = R_{st} + R_t = 0.003\times10.5^2/117.65 + (376/120000)\times117.65/120 = 0.00588$$

高压侧短路，流过发电机的短路电流为 $I_{sc}=I_{GN}/X=6475/0.287=22560$（A）

短路电流是电流互感器一次电流的 $22560/8000=2.82$（倍）。

如考虑暂态，机组时间常数 $T_p = X/(2\pi fR) = 0.287/(314\times0.00588) = 0.155$（s），按 C－100ms-O 循环，则电流互感器的暂态面积系数按简化公式计算为

$$K_{td} \approx 2\pi fT_p\left(1-\mathrm{e}^{-\frac{t}{T_p}}\right) + 1 = 314\times0.155\left(1-\mathrm{e}^{-\frac{0.1}{0.155}}\right) + 1 = 24.1$$

要求所选电流互感器的准确限值系数 $K_{alf}>K_{td}K_{ssc}=24.1\times2.82=68$。互感器体积和质量较大。

如按给定暂态系数 $K=10$ 考虑，则要求准确限值系数 $K_{alf}>KK_{ssc}=10\times2.82=28.2$。选用 5P30 或 5PR30，取互感器二次额定负荷大于实际二次负荷，即可符合要求。但由下式可求出在 $K=10$ 时电流互感器 30～40ms 即开始饱和。

$$t = -T_p\ln\left(1-\frac{K-1}{2\pi fT_p}\right)$$

为保证在外部故障清除前，不致因电流互感器饱和引起的差流导致差动保护误动，要求两侧互感器的饱和特性和两侧的二次负荷应尽量匹配以减少差流，保护装置应具有必要的制动特性。

（二）变压器差动保护用电流互感器

设变压器为 500/220/35kV 自耦变压器组，容量为 750MVA。高压侧短路电流 40kA，系统一

次时间常数 $T_p=0.1s$，变压器差动保护各侧均选用 TPY 电流互感器，校验条件是高、中压侧按外部线路故障并重合闸时差动保护不误动，即要求保证 C-0.1s-O-0.8s-C-0.1s-O 工作循环电流互感器不致暂态饱和。低压侧按外部三相短路 C−0.1s−O 工作循环进行校验。

（1）变压器 500kV 侧额定电流为 867A。500kV 侧母线采用 3/2 断路器接线。电流互感器选用 TPY 级，考虑系统穿越电流大，变比选为 2500/1，$K_{ssc}=20$，$T_p=0.1s$，$R_{ct}=9\Omega$，$R_{bn}=15\Omega$，$T_{sn}=0.8s$，保证的工作循环为 C-0.1s-O-0.5s-C-0.04s-O。由 K_{td} 的公式计算结果，可知电流互感器的额定暂态面积系数 K_{td} 为 20.5，额定等效二次极限电动势 $E_{al}=K_{td}K_{ssc}I_{sn}（R_{ct}+R_{kn}）=9840V$。

现校验电流互感器是否满足要求。设实际二次负荷 $R_b=10\Omega$，则实际二次时间常数 T_s 为

$$T_s=\frac{T_{sn}(R_{ct}+R_{bn})}{R_{ct}+R_b}=\frac{0.8(9+15)}{9+10}=1.01(s)$$

按校验条件 C-0.1s-O-0.8s-C-0.1s-O 工作循环，求出要求的暂态面积系数为

$$K'_{td}=\left[\frac{314\times0.1\times1.01}{0.1-1.01}\left(e^{-\frac{0.1}{0.1}}-e^{-\frac{0.1}{1.01}}\right)-\sin314\times0.1\right]e^{-\frac{0.8+0.1}{1.01}}$$
$$+\frac{314\times0.1\times1.01}{0.1-1.01}\left(e^{-\frac{0.1}{0.1}}-e^{-\frac{0.1}{1.01}}\right)+1=27.4$$

考虑最严重条件下穿越电流为最大短路电流即 $K_{pcf}=I_{scmax}/I_{pn}=40000/2500=16$，实际的 $R_b=10$，要求所选用电流互感器的等效二次极限电动势 E'_{al} 为

$$E'_{al}=K'_{td}K_{pcf}(R_{ct}+R_b)=27.4\times16\times(9+10)=8330.6(V)$$

E'_{al} 小于电流互感器额定等效二次极限电动势 $E_{al}=9840V$，符合要求。

TPY 电流互感器实际工作的暂态误差 $\varepsilon=100K'_{td}/\omega T_s\%=100\times27.4/314\times1.01\%=8.6\%$，符合不超出 10%的要求。

（2）变压器 220kV 侧额定电流为 1970A。220kV 侧短路穿越变压器电流为 12kA。选用 TPY 级电流互感器，变比 2500/1，$K_{ssc}=15$，$T_p=0.06s$，$R_{ct}=9\Omega$，$R_{bn}=15\Omega$，$T_{sn}=0.6s$，工作循环为 C-100ms-O。电流互感器的额定暂态面积系数 K_{td} 为

$$K_{td}=\frac{314\times0.06\times0.6}{0.06-0.6}\left(e^{-\frac{0.1}{0.06}}-e^{-\frac{0.1}{0.6}}\right)+1=14.8$$

由此求出电流互感器额定等效二次极限电动势为

$$E_{al}=K_{td}K_{ssc}I_{sn}(R_{ct}+R_{bn})=14.8\times15\times1\times(9+15)=5328(V)$$

设实际二次负荷 $R_b=7\Omega$，则实际二次时间常数 T_s 为

$$T_s=\frac{T_{sn}(R_{ct}+R_{bn})}{R_{ct}R_b}=\frac{0.6(9+15)}{9+7}=0.9(s)$$

按 220kV 短路并进行重合闸为校验条件，鉴于 500kV 侧 T_p 约为 0.1s，变压器高、中压间 X/R 一般大于 3，即 T_p 在 0.1s 以上，故 220kV 侧一次时间常数也取 0.1s。则要求的暂态面积系数 K'_{td} 为

$$K'_{td}=\left[\frac{314\times0.1\times0.9}{0.1-0.9}\left(e^{-\frac{0.1}{0.1}}-e^{-\frac{0.1}{0.9}}\right)-\sin314\times0.1\right]e^{-\frac{0.8+0.1}{0.9}}$$
$$+\frac{314\times0.1\times0.9}{0.1-0.9}\left(e^{-\frac{0.1}{0.1}}-e^{-\frac{0.1}{0.9}}\right)+1=26.5$$

中压侧短路穿越电流为 12kA，$K_{pcf}=12000/2500=4.8$，实际的 $R_b=7$，要求所选用电流互感器的等效二次极限电动势 E'_{al} 为

$$E'_{al}=K'_{td}K_{pcf}(R_{ct}+R_b)=26.5\times4.8\times(9+7)=2035.2(V)$$

E'_{al} 小于电流互感器额定等效二次极限电动势 $E_{al}=5328V$，符合要求。

TPY 电流互感器实际工作的暂态误差 $\varepsilon=100K'_{td}/\omega T_s(\%)=100\times26.5/314\times0.9\%=9.4\%$，接近允许误差极限，宜适当提高 220kV 的 TPY 互感器额定二次时间常数，例如提高到 0.8s。

（3）低压侧为了与高、中压侧互感器匹配，宜选用 TPY 级电流互感器，用类似上述的方法校验暂态特性。

（三）大型发电机—变压器组保护用电流互感器

设发电机组容量为 600MW，机端电压为 20kV，$\cos\varphi=0.9$，$X''_d=0.21$，$T_p=0.264s$。升压变压器组容量为 720MVA，$X_t=0.14$，高压侧为 500kV，母线为 3/2 断路器接线。高压侧短路时，通过机组的短路电流为 2.15kA，系统供给的短路电流为 38kA，$T_p=0.1s$。

（1）高压侧机组额定电流为 734A，电流互感器采用 TPY 级。考虑系统穿越电流大，变比选为 2500/1，$K_{ssc}=20$，$T_p=0.1s$，$R_{ct}=9\Omega$，$R_{bn}=15\Omega$，$T_{sn}=0.8s$。保证的工作循环为 C-0.1s-O-0.5s-C-0.04s-O。可求出其额定暂态面积系数为 20.5，额定二次等效极限电动势为 9840V。保护校验系数 $K_{pcf}=(38000+2100)/2500=16.04$。在实际二次负荷 $R_b=10\Omega$ 时，可求出实际二次时间常数 T_s 为 1.01s。

1）求电流互感器要求的暂态面积系数及二次极限电动势。

系统供给短路电流要求的暂态面积系数为 $K'_{td2}=27.4$。

机组供给的短路电流，$T_p=0.25s$，需要的暂态面积系数 K'_{td1} 为

$$K'_{td1}=\left[\frac{314\times0.25\times1.01}{0.25-1.01}\left(e^{-\frac{0.1}{0.25}}-e^{-\frac{0.1}{1.01}}\right)-\sin314\times0.1\right]e^{-\frac{0.8+0.1}{1.01}}$$

$$+\frac{314\times0.25\times1.01}{0.25-1.01}\left(e^{-\frac{0.1}{0.25}}-e^{-\frac{0.1}{1.01}}\right)+1=35.6$$

要求的总等效暂态面积系数为

$$K'_{td}=K'_{td1}\frac{I_{p1}}{I_{p1}+I_{p2}}+K'_{td2}\frac{I_{p2}}{I_{p1}+I_{p2}}=35.6\times\frac{2100}{40100}+27.4\times\frac{38000}{40100}=27.8$$

要求所选用电流互感器的等效二次极限电动势 E'_{al} 为

$$E'_{al}=K'_{td}K_{pcf}(R_{ct}+R_b)=27.8\times16.04\times(9+10)=8472.3V$$

E'_{al} 小于电流互感器额定等效二次极限电动势 $E_{al}=9840V$，符合要求。

2）TPY 电流互感器实际工作的暂态误差 $\varepsilon=100K'_{td}/\omega T_s\%=100\times27.8/314\times1.01\%=8.8\%$，符合不超出 10% 的要求。

（2）发电机—变压器组低压回路电流互感器的选择。低压侧额定电压为 20kV，发电机额定电流为 19.3kA，取低压侧互感器为 25000/1，高压侧短路时流过低压侧的短路电流为 $2150\times525/20=56500$（A）。高压侧外部短路的 $K_{pcf}=56500/25000=2.26$，设高、低压侧变比误差由差动继电器抽头或软件实现补偿。发电机—变压器组一次时间常数较大，暂态饱和问题严重，宜采用 TPY 电流互感器，由于无定型产品可供选用，需要根据有关参数进行开发设计。按外部三相短路 C-O 工作循环或外部线路单相重合闸 C-O-C-O 工作循环求电流互感器应具有的性能。

1）按工作循环 C-100ms-O，考虑到发电机保护的复杂性，要求暂态误差不超过 5%。设计时试取 $T_{sn}=2.0s$，可求出电流互感器所需额定暂态面积系数 K_{td} 为

$$K_{td}=\frac{314\times0.264\times2}{0.264-2}\left(e^{-\frac{0.1}{0.264}}-e^{-\frac{0.1}{2}}\right)+1=26.5$$

要求 TPY 互感器磁通总倍数 $K_{td}K_{ssc}>26.5\times2.26=59.9$。

暂态误差 $\varepsilon = 100K_{td}/2\pi f T_s(\%) = 100 \times 26.5/(314 \times 2)\% = 4.22\%$。符合要求。

2）按工作循环 C-100ms-O-800ms-C-100ms-O，$T_{sn}=2.0s$，要求暂态误差不超过 10%。可求出电流互感器所需额定暂态面积系数 K_{td} 为

$$K_{td} = \left[\frac{314 \times 0.264 \times 2}{0.264-2}\left(e^{-\frac{0.1}{0.264}} - e^{-\frac{0.1}{2}}\right) - \sin 314 \times 0.1\right]e^{-\frac{0.8+0.1}{2}}$$

$$+ \frac{314 \times 0.264 \times 2}{0.264-2}\left(e^{-\frac{0.1}{0.264}} - e^{-\frac{0.1}{2}}\right) + 1 = 427$$

由于高压侧单相接地低压侧相电流仅为高压故障电流的 $\frac{1}{\sqrt{3}}$，故要求 TPY 互感器磁通总倍数

$K_{td}K_{ssc} > 42.7 \times \frac{1}{\sqrt{3}} \times 2.26 = 56.0$，小于上述按三相故障 C-O 循环的计算值。

暂态误差 $\varepsilon = 100K_{td}/2\pi f T_s(\%) = 100 \times 42.7/(314 \times 2)\% = 6.74\%$。不超过 10%。

3）以上计算使用的 $T_s=2s$，实际产品可能有少许差异，二次负荷不同时，也可能造成某些差异。这些差异对 K_{td} 的计算结果影响不大。

4）发电机中性点及出线侧通常安装空间较紧张。但由于穿越电流小，计算求出要求 TPY 互感器的 $K_{td}K_{ssc}$ 值不超出 60，体积不是很大，一般可以满足安装要求。

5）为保证内部故障时互感器的热稳定性，互感器短时热电流不宜小于 10 倍额定电流。

四、电磁式电压互感器

（1）等值电路。电压互感器的等值电路和相量图如图 2-108 所示。

其主要特点：

1）由于电压互感器的一次绕组匝数很多而二次绕组匝数很少，而二次负荷又很小，二次漏抗可以忽略不计。

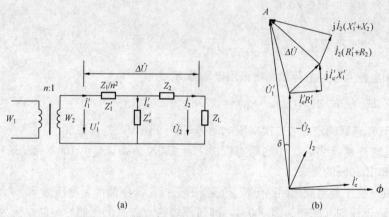

(a)   (b)

图 2-108　电压互感器的等值电路和相量图

（a）等值电路；（b）相量图

U'_1—电压互感器一次电压（归算到二次）；U_2—电压互感器二次电压；

I'_e—励磁电流（归算到二次）；Z'_1、Z_2—电压互感器一次

漏抗（归算到二次）、二次漏抗

2）电压互感器的误差与负荷有关。不同的负荷情况下有不同的准确等级。常用的互感器的准确等级有 0.2、0.5、1.3 级，其中 1 级的角误差不大于 1°。

3）电压互感器在电力系统短路时磁通密度是降低的，没有饱和问题。

4）电磁式电压互感器由于时间常数较小，具有良好的暂态特性。只要二次负荷不大于相应的

准确等级规定的容量，可以认为一、二次电压符合线性关系，相位相同。从继电保护的电压测量的要求看，可以不考虑比差和角差。

（2）运行注意事项：

1）二次电压回路不许短路，否则有可能损坏电压互感器和造成继电保护装置误动作。

2）电压互感器二次必需有一点良好接地，而且只能有一点接地。在发电厂、变电站内要求用同一相的公用电压小母线接地。除接地相外，其他各相应装设熔断器或快速自动脱扣开关作为保护措施。

3）对有效接地系统（即通常所说大电流接地系统），电网中电压互感器的变比一般为

$$\frac{U_N}{\sqrt{3}} \Big/ \frac{100}{\sqrt{3}} \Big/ 100$$

系统接地时开口三角的电压最高可达 300V。

4）非有效接地系统（即通常所说小电流接地系统）电网中电压互感器的变比一般为

$$\frac{U_N}{\sqrt{3}} \Big/ \frac{100}{\sqrt{3}} \Big/ \frac{100}{3}$$

系统接地时开口三角的电压最高可达 100V。

从开口三角形接法的三次绕组引出的电缆均不装设熔断器，也不要经过电压切换开关的接点，其中一根电缆必须接地。

五、发电机—变压器组保护对电压互感器的要求

纵向零序过电压保护对机端电压互感器的要求：纵向零序过电压保护由需要采用专用电压互感器，该互感器一次中性点与发电机中性点相连，不接地。

当发电机中性点经配电变压器或消弧线圈接地时，二次侧输出电压可能为 220V 或 173V，保护装置应具有调平衡功能，否则应增设中间电压互感器。当发电机中性点经单相电压互感器接地时，二次电压为 100V。

六、电容式电压互感器

电容式电压互感器可以为继电保护和测量表计所公用，也可作为载波通信的耦合电容器使用。电容式电压互感器的原理接线图如图 2-109 所示。

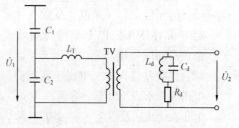

图 2-109 中 C_1、C_2 构成分压器，一般 $\frac{C_1}{C_1+C_2}<10\%$，中间变压器 TV 将分压的一次电压再变为二次额定电压值；调谐电感 L_T 与 TV 的漏电抗 L_1 相加为 L；与电容 C_1、C_2 调谐于工频，实现相位补偿，减少相角差。TV

图 2-109 电容式电压互感器
（CVT）原理接线图

的二次侧接有 L_d、C_d、R_d 所组成的阻尼器。当二次回路发生短路又消失时，在电压恢复过程中，C_1+C_2 与 TV 的非线性励磁阻抗 Z_e 可能发生电压铁磁谐振，接入 R_d 后可避免谐振过电压，为避免其正常时消耗电能，接入 L_d、C_d 并联谐振于工频。

根据继电保护的技术要求，CVT 的性能应能满足：

（1）暂态响应。二次回路带有 25%～100% 额定负荷时，一次电压突然降为零，二次电压应在 20ms 内降为正常运行电压峰值的 10% 以下。

（2）铁磁谐振。在 1.2 倍额定电压，二次空载情况下短路又突然消除，其二次电压峰值应在工频 10 个周期内恢复到与正常值的差别不大于 10%。

第三章

变 压 器 保 护

第一节 变 压 器 概 述

变压器是电力系统中重要的供电元件，它的故障将给供电可靠性和系统的正常运行带来严重的后果。变压器的故障包括绕组的相间短路、接地短路、匝间短路、断线以及铁芯的烧损和套管、引出线的故障。当变压器外部发生故障时，由于其绕组中将流过较大的短路电流，会使变压器温度上升。变压器长时间过负荷或过励磁运行，也将引起绕组和铁芯过热及绝缘的损坏，这是变压器的异常运行状态。

对于变压器内部故障主要采用瓦斯保护和纵联差动保护。瓦斯保护只能保护油箱内部各种故障。纵联差动保护虽能保护油箱内、外的部分单相故障及相间短路，但对于绕组断线却不能动作。油箱内部绕组断线故障，由于断线处电弧的作用，瓦斯保护能动作。

根据变压器的故障和异常运行方式，应装设下述保护：

(1) 瓦斯保护。反应并消除变压器油箱内的各种故障和油面降低，应装设瓦斯保护。其中反映流速动作的元件动作于跳闸，反映气体容积动作的元件动作于信号。

对于 0.4MVA 及以上车间内油浸式变压器和 0.8MVA 及以上油浸式变压器均应装设瓦斯保护。带负荷调压变压器充油调压开关，亦应装设瓦斯保护。

(2) 纵联差动保护、电流速断保护。消除变压器绕组、套管及引出线等的故障。

电压在 10kV 及以下、容量在 10MVA 以下的变压器应装设电流速断保护。

电压在 10kV 及以上、容量在 10MVA 及以上的变压器应装设纵联差动保护。

对于电压为 10kV 的重要变压器，当电流速断保护灵敏度不符合要求时，也可采用纵联差动保护。

(3) 后备保护。为消除变压器外部的相间短路所引起的变压器过电流应根据其容量和电网的不同，装设后备保护，并作为其内部故障的后备保护。

1) 过电流保护。一般用于 35kV 及以下的降压变压器。

2) 复合电压启动的过电流保护。一般用于升压变压器、电网联络变压器和过电流保护不符合灵敏度要求的降压变压器。

3) 负序电流和单元件低电压启动的过电流保护，又称复合电流保护，可用于发电机—变压器组。

4) 阻抗保护。主要是为了与变压器两侧的超高压线路保护相配合，作为母线的近后备保护，用于 500/220kV 变压器。

5) 接地保护。用于中性点直接接地电网中的变压器，作为接地故障的后备保护。

6）过负荷保护。

7）过励磁保护。用于 330kV 及以上电压等级的大型变压器。

一、变压器励磁涌流

在正常情况下，变压器励磁电流很小，一般为额定电流的 1%～5%。当变压器空负荷投入或外部故障切除后的电压恢复时，则要出现励磁涌流。励磁涌流值的大小、波形与合闸前铁芯内剩磁、合闸初相角、铁芯饱和磁通、系统电压、变压器三相接线方式、铁芯结构形式、电流互感器饱和特性和二次三相接线方式等因素有关。

（1）单相变压器励磁涌流。在正常情况下，变压器铁芯中的磁通总是落后电压 90°。假设在电源电压瞬时值为零（合闸初相角 $\alpha=0$）时投入空负荷变压器，则铁芯中应具有磁通 $-\Phi_m$。但铁芯中磁通不能突变，将出现一个非周期分量 Φ_m 与 $-\Phi_m$ 相平衡，考虑到铁芯中有剩磁，这样经过半个周期以后，铁芯中的综合磁通 Φ_Σ 达到 $2\Phi_m+\Phi_r$，铁芯严重饱和，使变压器励磁电流急剧增大为励磁涌流，如图 3-1 所示。

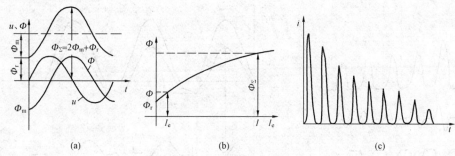

图 3-1　单相变压器的励磁涌流

（a）在 $u=0$ 时投入变压器的磁通图；（b）磁化曲线；（c）励磁涌流

稳态时，磁通为 Φ，对应的励磁电流 I_e。当磁通由 Φ 变为 Φ_Σ 时，励磁电流成为励磁涌流，涌流的值可达 6～8 倍额定电流。

稳态磁通随着电源电压而变化，非周期分量磁通又随着时间迅速衰减，因此励磁涌流如图 3-1（c）所示，具有以下特点：

1）包含有很大成分的非周期分量，往往使涌流偏于时间轴的一侧。

2）包含有大量的高次谐波，以二次谐波为主，如对励磁涌流进行谐波分析，以基波为 100%，则二次谐波占 20%～50%，三次谐波占 7%～10%，四次谐波占 0%～9%，五次谐波占 0%～7%，直流分量占 60%～80%。

3）波形之间出现间断，如图 3-2 所示，涌流波形中在基频周波内保持为零的那一段波形所对应的角度称为间断角 θ，不为零的那一段波形所对应的角度称为波宽，即 $2\pi-\theta$。

涌流判据为：间断角小于或等于 65°，波宽大于或等于 140°。

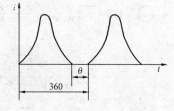

图 3-2　励磁涌流的波形

4）励磁涌流的衰减时间与变压器和电网的时间常数有关，励磁涌流开始部分经 0.5～1.0s 后可降低为 0.25～0.5I_N。大容量变压器全部衰减时间可达几十秒。

5）当合闸初相角 $\alpha=0$ 时，产生大量的涌流峰值，此时具有最小的间断角，当 α 增大，则间断角也增大，相应的二次谐波成分也增大。

（2）三相变压器励磁涌流。当系统三相电压同时加至三相变压器，由于变压器铁芯中三相磁通之间总是相互影响，即除本相磁通外，其他相的磁通要对该相的磁通产生助增效益，这种助增效益可能为正，也可能为负，因此由综合磁通产生励磁涌流。

变压器绕组若为三角形接线时，相应的差动保护用的电流互感器二次绕组要为星形接线。而变压器绕组星形接线时，差动保护用的电流互感器二次绕组要为三角形接线，因此，差动继电器中有关的励磁涌流总是两相励磁涌流之差，即按相间电流来考虑。

三相变压器空负荷合闸励磁涌流波形如图 3-3 所示，其特点是峰值高，波形不正弦，有间断角，在某一相中可能为周期性的，对于三相变压器，三相二次谐波大小不同，但总有至少一相的二次谐波较大。但也有一相可能出现近似对称性涌流，谐波含量很低。在电流互感器按三角形接线时，也会有一相是周期性涌流。

一次励磁涌流通过电流互感器传变，在电流互感器饱和后，二次电流变化，间断角消失，为了鉴别间断角，二次电流再经电抗变压器传变，以恢复间断角。如图 3-4 所示。图中 i_1 为电流互感器一次电流，i_2 为电流互感器二次电流，i_{TL} 为电抗变压器二次电流。

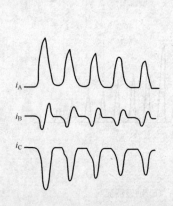

图 3-3   三相变压器励磁涌流波形

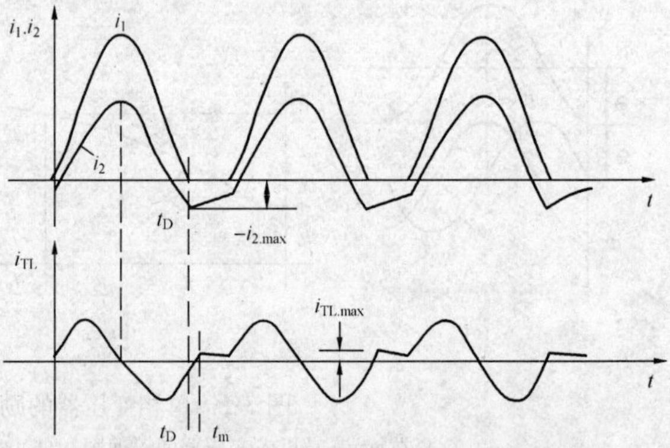

图 3-4   电流互感器饱和时涌流传变情况

当电流互感器一次电流的间断角开始时，即 $t=t_D$ 时，电抗变压器的二次电流为负值，然后迅速增大到零，至 $t=t_m$ 时达到最大值，此后 i_{TL} 衰减得相当慢，形成一个尾巴，若检测用的门槛电平略大于 i_{TLmax}，则检测出的间断角与一次涌流的间断角相差很小，即电抗变压器起了恢复间断角的作用。

励磁涌流数值大且随时间衰减，衰减时间与变压器和电网时间系数有关，中小型变压器涌流倍数大，衰减较快（可达 $10I_N$，衰减时间 $0.5\sim1.0s$）。大型变压器涌流倍数较小，衰减慢（$4\sim6I_N$，$2\sim3s$），甚至 1min。

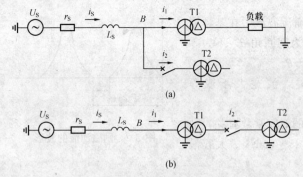

图 3-5   两台变压器发生和应涌流时电气连接

（a）2 台变压器并联；（b）2 台变压器级联

二、变压器和应涌流

和应涌流可分为两种：①并联型和应涌流，即 2 台变压器并联，其中一台空负荷合闸时，另一台运行变压器产生和应涌流；②级联型和应涌流，即 2 台变压器级联，当末端变压器空负荷合闸时，前一级运行变压器产生和应涌流，如图 3-5 所示。

T1 为运行变压器，T2 为空投变压器，r_S 和 L_S 为系统与变压器之间的等效电阻和电感，i_S 为流过系统电阻的电流，i_1、i_2

为流过变压器 T1、T2 的星形侧电流，B 为公共点。

当 T2 合闸时，励磁涌流 i_2 的非周期分量在系统电阻上产生压降，在公共点 B 上导致 T1 发生偏磁，而 T1 和 T2 的偏磁具有相同的变化趋势，假设 i_2 为正向励磁涌流，经过几个或十几个周期后，使 T1 中不断积累负向偏磁，当达到负向饱和点，从而产生和应涌流。

和应涌流的特性与励磁涌流的方向相反，并在时间轴上交错，其幅值先增大，再减小，衰减速度要比单个变压器产生涌流时缓慢得多，如图 3-6 所示。

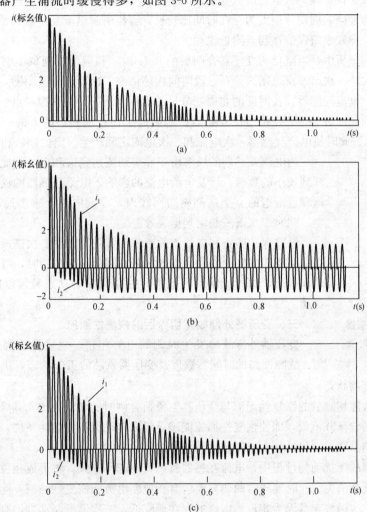

图 3-6 变压器励磁涌流及和应涌流
（a）单台变压器励磁涌通；（b）并联和应涌流；（c）级联和应涌流

当充电变压器的励磁涌流处于峰值附近时，母线电压瞬时值较低，此时不产生和应涌流；当处于间断时间，励磁涌流接近于零，母线电压恢复到额定电压附近，此时运行变压器在励磁涌流的直流励磁和母线电压的共同作用下，将产生和应涌流，因此励磁涌流和和应涌流是正负交替产生的。这时若两台变压器组成公共的纵联差动保护，对差动回路而言，合成的励磁涌流波形是一个偏移的故障电流，可能引起误动。为此每台变压器应有各自独立的纵联差动保护。

影响和应涌流的因素，主要是线路阻抗中的电阻，当电阻越大，运行变压器饱和速度越快，和应涌流越大，因此变电站与电网之间属于强联系时，电阻较小。发生和应涌流幅值较小，造成差动保护误动的可能性小，反之属于弱联系，电阻较大。发生和应涌流幅值较大，差动保护容易引起电流互感器饱和和误动。在低电压等级中的小系统，容易产生和应涌流。空投变压器的剩磁越大，方向与合闸时运行变压器的磁链方向相反，有助于和应涌流的产生和增大。运行变压器二次侧负荷亦有影响，在重负荷情况下，和应涌流可能消失。

和应涌流与常规励磁涌流的变化趋势不同，但其波形中仍保持较高的谐波分量，利用二次谐波判据还可以防止纵差保护误动。但是电流互感器的暂态传变是纵差保护误动的主要因素。

和应涌流中的衰减非周期分量因为存在时间比较长，容易引起电流互感器的暂态饱和，因为二次谐波量的减少，导致纵差保护在拐点附近误动。

在和应涌流的分析中，当空负荷变压器合闸后的0.1s内，和应涌流现象不明显，0.1s后和应涌流幅值逐渐增大，二次谐波量也增大。在这段时间内还依靠二次谐波量来闭锁，在和应涌流达到峰值并逐渐衰减，电流互感器在长时间的非周期分量的累积作用下，达到饱和点。

电流互感器的局部暂态饱和是指电流互感器铁芯磁通工作在饱和点附近的一个局部磁滞回线内，如图3-7所示，此时使电流互感器一次电流和二次电流之间产生一定的幅值和相位差。

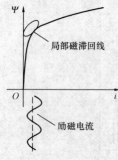

当电流互感器的铁芯由于和应涌流达到饱和点，若此时和应涌流已衰减到较小的数值，计及负荷电流的影响，电流互感器的铁芯磁通就工作在饱和点附近的一个局部磁滞回线内，导致电流互感器局部暂态饱和的发生，此时二次谐波制动判据失效。

纵差保护防止和应涌流的措施：首先是加强二次谐波闭锁的判据，其次是利用比率制动特性，当二次谐波制动不起作用时，可以适当提高最小动作电流，缩短无制动区范围，提高比率制动系数，以防止在拐点附近误动。

图3-7　电流互感器
局部暂态饱和

三、变压器外部故障切除后的恢复性涌流

变压器外部故障发生时刻的电势相角、故障严重程度、故障切除时刻、故障回路的时间常数以及变压器铁芯的工作状态，决定着出现故障切除后的恢复性涌流的状态。

变压器外部故障切除后的恢复性涌流与变压器空负荷合闸时的涌流相比，其峰值较小，但是经过分析二次谐波的含量并不低，即使恢复性涌流能满足纵联差动保护的启动条件，但二次谐波制动判据也能正确闭锁纵联差动保护。

变压器在外部故障扰动的过程中，电流互感器暂态特性的不一致，将形成相位差电流。且随着外部故障的切除逐渐消失。此时变压器两侧差流包含相位差电流和恢复性涌流，使差电流增大。同时恢复性涌流的二次谐波含量因为相位差电流的存在而降低，二次谐波制动判据有可能失效，纵差保护的比率制动的制动量因为电流从故障电流恢复成正常的负荷电流而明显减小，因此电流互感器暂态特性不一致形成的相位差电流是造成变压器纵差保护区外故障切除后误动的主要原因。

解决办法：纵差保护选择暂态性能良好的电流互感器，同时调整电流互感器的负荷，使变压器两侧的电流互感器饱和特性趋向一致，同时在微机纵差保护中采取有效的措施。

四、变压器过励磁

根据变压器的电压表达式 $U = 4.44\,fNBS \times 10^{-8}$，可以写成变压器的磁感应强度 B 的表达式为

$$B = \frac{10^8}{4.44NS} \times \frac{U}{f} = K\frac{U}{f}$$

式中　f——频率；

N——绕组匝数；

S——铁芯截面积；

K——对于给定的变压器，K为常数。

由式中看出，工作磁感应强度B与$\dfrac{U}{f}$成正比，即电压升高或频率下降都会使工作磁感应强度增加。现代大型变压器，额定工作磁感应强度$B_N=1.7\sim1.8T$，饱和磁感应强度$B_S=1.9\sim2.0T$，两者相差不大。当$\dfrac{U}{f}$增加时，工作磁感应强度B增加，使励磁电流增加，特别是在铁芯饱和之后，励磁电流要急剧增大，造成变压器过励磁。过励磁会使铁损增加，铁芯温度升高；同时还会使漏磁场增强，使靠近铁芯的绕组导线、油箱壁和其他金属构件产生涡流损耗，发热，引起高温，严重时要造成局部变形和损伤周围的绝缘介质。变压器发生过励磁时并非每次都造成设备的明显损坏，但是多次反复过励磁，将因过热而使绝缘老化，降低设备的使用寿命。

变压器过励磁时，由于铁芯饱和，励磁电流急剧增大，波形严重畸变，会使纵联差动保护误动作，为此要采取措施防止误动。

试验和分析表明，过励磁时，励磁电流中含有较大的三次及五次谐波，如图 3-8 所示。

当过电压在（1.1~1.4）U_N时，励磁电流约为额定电流的 10%~43%，同时在过电

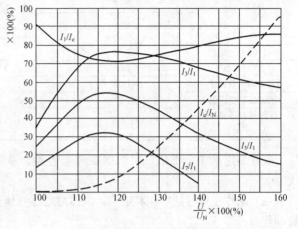

图 3-8　变压器过励磁电流分析

I_e—励磁电流；I_N—变压器额定电流；

I_1—基波电流；I_3—三次谐波电流；

I_5—五次谐波电流；I_7—七次谐波电流

压(1.15~1.2)U_N时，五次谐波最大，可达基波的 50%，电压再大时又明显下降，因而可利用五次谐波制动来防止纵联差动误动。过励磁电流虽含有较大的三次谐波，但因内部短路时，电流互感器饱和也会出现较大的三次谐波，故不宜用作制动。

第二节　变压器瓦斯保护

气体继电器是变压器内部故障的主要保护元件，对变压器匝间和层间短路，铁芯故障，套管内部故障，绕组内部断线及绝缘劣化和油面下降均能灵敏动作。

QJ 型气体继电器具有较强的抗震性能，在频率为 4~20Hz，加速度为 4g 时，继电器不误动。气体继电器安装在变压器本体到储油柜的连接管路上，气体继电器具有动作于信号的容积元件和具有动作于跳闸的流速元件。

变压器正常运行时，继电器内一般是充满变压器油，如果变压器内部发生轻微故障，则因油分解而产生的气体聚集在上部气室内，迫使其油面下降，开口杯随之下降到某一限定位置，其上部的磁铁使干簧触点吸合并动作于信号；若变压器因漏油而使油面继续降低，同样动作于信号。如果变压器内部发生严重故障，油箱内压力瞬时增高，将会产生很大的油流向储油柜方向冲击，因油流冲击挡板，挡板克服弹簧的阻力，带动磁铁向干簧触点方向移动，使干簧触点吸合并动作于跳闸，切断与变压器连接的所有电源，从而起到保护变压器的作用。

作用于跳闸的双干簧触点可在内部串接引出。重要变压器为防止二次回路绝缘损坏造成误动跳闸，亦可采取双干簧触点相互闭锁，即双触点分别引出，经两块中间继电器串联接线方式。

有负荷调压变压器分接开关用的气体继电器因调压时产生的气体又不能在正常运行时放气，故只有动作于跳闸的流速元件。

（1）气体继电器动作流速整定值。气体继电器动作流速整定值以连接管内的流速为准，气体继电器的管径与入口、出口连接管管径应相同。气体继电器动作流速整定值如表 3-1 所示。

表 3-1　　　　　　　　　　　　　气体继电器动作流速整定值

变压器容量（MVA）	继电器形式	连接管内径（mm）	冷却方式	流速整定值（m/s）
1000 及以下	GJ-50	50	自然或风冷	0.7～0.8
1000～7500	GJ-50	50	自然或风冷	0.8～1.0
7500～10000	GJ-80	80	自然或风冷	0.7～0.8
10000 及以上	GJ-80	80	自然或风冷	0.8～1.0
200000 以下	GJ-80	80	强迫油循环	1.0～1.2
200000 及以上	GJ-80	80	强迫油循环	1.2～1.3
500kV 变压器	GJ-80	80	强迫油循环	1.3～1.4
有负荷调压变压器（分接开关用）	GJ－25	25		1.0

流速整定的上、下限，可根据变压器容量、系统短路容量、变压器绝缘及质量等具体情况决定。

（2）动作于信号的容积整定值。气体继电器气体容积整定要求继电器在 250～300mL 范围内可靠动作。

瓦斯保护动作后，应收集气体，检验其化学成分及可燃性。根据气体分析做出故障性质的结论。

第三节　　变压器纵联差动保护

一、纵差保护工作原理及其特殊问题

变压器纵联差动保护是变压器的主保护，反应变压器绕组和引出线的相间短路；绕组的匝间短路；变压器中性点直接接地电网侧绕组和引出线的接地短路。

纵联差动保护是将变压器各侧的电流互感器按循环电流法接线，如图 3-9 所示。

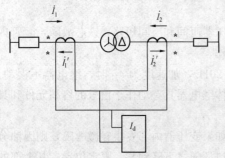

图 3-9　双绕组变压器纵差动保护
原理接线图

在变压器正常和外部故障时其各侧流入和流出的一次电流之和为零，差动继电器不动作。当变压器内部发生故障时，连接变压器各侧的电流都向变压器供给短路电流，各侧所供短路电流之和，流入差动继电器，差动继电器动作，瞬时切除故障。因此纵联差动保护能正确区别变压器的内、外部故障。

由于变压器各侧的额定电流不同，为了保证纵联差动保护能正确动作，必须正确选择各侧电流互感器的变比，使之在同一额定容量下，各侧的一次电流经过变换后流入差动继电器的二次电流相等。

变压器各侧电流幅值及相位不相等，且有励磁电流存在，这将导致差动回路中暂态、稳态不平衡电流大大增加，为此纵联差动保护需解决这些特殊问题。

（一）变压器励磁电流影响

根据励磁电流的特点，变压器纵联差动保护防止励磁电流影响的方法有：

1）利用涌流的非周期分量的特点采用速饱和特性的差动继电器。

2）利用二次谐波的特点采用二次谐波制动的差动继电器。

3）利用鉴别短路电流和励磁电流波形的差别，采用间断角原理的差动继电器。

4）利用波形对称原理的差动继电器。

5）利用磁制动原理的差动继电器。

（二）变压器两侧的电流相位不同

变压器通常采用 YNd 的接线方式，由于两侧电流存在着相位差，故采用相位差补偿的方法，即将变压器星形侧的电流互感器二次侧接成三角形。变压器三角形侧的电流互感器二次侧接成星形，使电流互感器二次电流的相位校正过来，如图 3-10 所示。在接成三角形侧的差动臂中电流增大 $\sqrt{3}$ 倍，因此该侧电流互感器的变比应加大 $\sqrt{3}$ 倍，使之两侧经过变比的选择使电流相等。

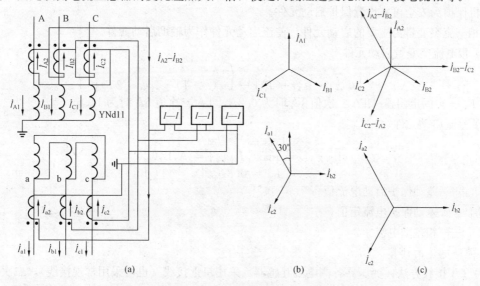

图 3-10　双绕组变压器纵差动保护原理接线图和相量图

(a) 纵差保护的原理接线；(b) 电流互感器一次侧电流相量图；

(c) 纵差回路两侧的电流相量图

变压器星形侧的电流互感器为防止大电流接地系统中单相接地故障引起纵联差动保护误动，因此必须接成三角形，避免零序电流引入差动保护，500kV 变压器的 500kV 侧和 220kV 侧电流互感器都必须接成三角形。微机型保护可由软件校正相位差。

微机型保护也可用软件在变压器三角形的低压侧移相，将低压侧电流互感器接成三角形以校正电流的相位。为消除零序电流进入差动元件，在高压侧流入各相差动元件的电流 $\dot{I}'_\phi$ 为相电流 $\dot{I}_\phi$ 减去零序电流：$\dot{I}'_\phi = \dot{I}_\phi - \dfrac{1}{3}(\dot{I}_a + \dot{I}_b + \dot{I}_c)$。

对于接线为 Y_Ny 的变压器（主要指发电厂的高压备用变压器），在纵差保护中，必须将电流互感器二次侧接成三角形，以防高压侧系统中接地短路时纵差保护误动。

（三）计算变比与实际变比不相同

变压器的变比是一定的，各侧电流互感器又都是标准变比，因此计算变比与实际变比不相同，为此可以用自耦变流器来补偿，有的差动继电器本身就具有各侧调整的补偿功能，如具有速饱和铁

149

芯的差动继电器的平衡线圈，静态型差动继电器利用电抗变压器二次电压调平衡等。实际上平衡不能连续调整，因此还有残余的不平衡电流存在。微机型保护可由软件计算进行各侧幅值的补偿。

（四）各侧电流互感器型号不同

变压器各侧电流互感器型号不同，它们的饱和特性、励磁电流（归算到同一侧）也就不同，因此，在差动回路中要产生较大的不平衡电流。当按照电流互感器10%误差曲线来选择各侧电流互感器的负荷，此不平衡电流不会超过外部短路电流的10%。

（五）变压器分接头的调整

变压器分接头的调整就是改变变压器的变比，如果纵联差动保护已按某一变比调整好，则当分接头改变后，就会产生不平衡电流进入差动继电器。带负荷调压变压器在正常运行时，能自动改变变比，通常调节范围 ΔU 最大为15%，一般变压器分接头的调节范围 ΔU 为±5%。

（六）保护启动元件和差动电流的计算

1. 保护启动元件

微机保护为安全可靠设置保护启动元件。

以相电流突变量为主要的启动元件，差流启动元件作为辅助启动元件。

（1）相电流突变量启动元件

$$\Delta i_\phi > I_{st}$$
$$\Delta i_\phi = \left| \left| i_\phi(t) - i_\phi(t-T) \right| - \left| i_\phi(t-T) - i_\phi(t-2T) \right| \right|$$

式中　I_{st}——固定门槛（TA二次值1A时为0.2A，TA二次值5A时为1A）。

（2）差流启动元件

$$I_{cd.\phi.max} > I_{cd}$$
$$I_{cd.\phi.max} = \max |I_{d\phi}|, \phi = A,B,C$$
$$I_{cd} = 0.8 I_{op}$$

式中　I_{cd}——差动保护启动电流值；

I_{op}——差动保护电流定值；

$I_{d\phi}$——相差动电流。

2. 差动电流的计算

（1）TA接线方法。变压器各侧电流互感器：采用星形接线（也可采用常规接线），二次电流直接接入本装置，均以母线侧为正极性端。

（2）平衡系数的计算。计算变压器各侧一次额定电流

$$I_{1N} = \frac{S_N}{\sqrt{3} U_{1N}}$$

式中　S_N——变压器最大额定容量；

U_{1N}——变压器各侧额定电压（应以运行的实际电压为准）。

计算变压器各侧二次额定电流

$$I_{2N} = \frac{I_{1N}}{n_{TA}}$$

式中　I_{1N}——变压器各侧一次额定电流；

n_{TA}——变压器各侧TA变比。

以高压侧为基准，计算变压器中、低压侧平衡系数

$$K_{phM} = \frac{I_{2NH}}{I_{2NM}} = \frac{I_{1NH}/n_{TAH}}{I_{1NM}/n_{TAM}} = \frac{S_N/\sqrt{3}U_{1NH}}{S_N/\sqrt{3}U_{1NM}} \times \frac{n_{TAM}}{n_{TAH}} = \frac{U_{1NM}}{U_{1NH}} \times \frac{n_{TAM}}{n_{TAH}}$$

$$K_{phL} = \frac{U_{1NL}}{U_{1NH}} \times \frac{n_{TAL}}{n_{TAH}}$$

将中、低压侧各相电流与相应的平衡系数相乘，即得幅值补偿后的各相电流。

利用各侧补偿后的各相电流计算差动电流和制动电流。

二、差电流速断保护

差电流速断保护是利用动作电流躲避变压器励磁电流影响的最简单的纵联差动保护。变压器励磁电流一般可达 $(6{\sim}8)I_N$。变压器容量越大，涌流倍数越小。中小型变压器励磁电流衰减较快，而保护装置本身具有一定的固有动作时间，根据运行经验，差电流速断保护动作电流可整定为 $I_{op} = (3.0 \sim 4.5)I_N$。要求保护灵敏系数达到 2.0。

在变压器内部严重故障时，短路电流很大，可达 $(20 \sim 30)I_N$。此时电流互感器可能严重饱和，短路电流的二次波形将发生严重畸变，完全可能出现间断角和各种谐波，利用二次谐波制动原理、间断角原理或波形对称原理的差动继电器，可能拒绝动作。为此，有必要设置差电流速断保护作为辅助保护，且能快速动作跳闸。

作为辅助保护的差电流速断的整定：

（1）中小型容量变压器为 $(5 \sim 12)I_N$；

（2）120MVA 以上容量变压器为 $(3 \sim 5)I_N$；

（3）发电机—变压器组为 $(3 \sim 4)I_N$；。

三、速饱和特性的差动继电器

（1）BCH-2 型差动继电器的工作原理。BCH 型差动继电器应用助磁原理，具有躲避变压器励磁电流的性能。BCH-2 型差动继电器由电流继电器和具有短路线圈的速饱和电流互感器构成。

继电器的基本原理是利用非周期分量来磁化速饱和电流互感器的导磁体，提高其饱和程度达到直流助磁作用的。

当差动线圈中有周期分量电流时，短路线圈基本上不影响正弦电流向二次线圈的传变，故继电器的动作电流基本不变。

当差动线圈中含有非周期分量的励磁电流或不平衡电流时，非周期分量电流实际上不传变至短路线圈和二次线圈回路，而是作为励磁电流使铁芯迅速饱和，因此非周期分量电流使动作电流大为增加，达到直流助磁的目的。在动作安匝不变的情况下，短路线圈的匝数越多，意味着进入二次线圈的磁通中经过两次传变的成分增加，直流助磁作用越强，躲避励磁电流的性能越好。但在保护范围内部故障时，由于非周期分量电流的影响，继电器动作的时间将增长。

在三相励磁涌流中，可能有一相没有非周期分量，必须通过提高差动继电器动作值来躲过涌流，使得保护灵敏度较低。

（2）BCH-2 型差动继电器整定计算：

1）按同一容量列表计算额定电压、一次额定电流、电流互感器接线方式、电流互感器变比、二次额定电流，然后确定基本侧电流。

2）差动电流的确定。躲过变压器的励磁电流

$$I_{op} = 1.3I_N$$

躲过外部故障的最大不平衡电流

$$I_{op} = K_{rel}(K_{cc}f_i + \Delta U + \Delta m)I_{k.\max}$$

式中　K_{rel}——可靠系数，取 1.3；

　　　K_{cc}——同型系数，通常取 1；

　　　f_i——电流互感器最大相对误差，取 0.1；

　　　ΔU——由于调压引起的相对误差；

　　　Δm——变比不能完全补偿的相对误差；

$I_{k.max}$——外部故障的最大短路电流。

取两个计算值的大者为差动继电器的动作电流 I_{op}，并换算到二次电流 $I_{op.2}$。

短路线圈抽头的确定：中、小容量变压器取"C—C"或"D—D"，大容量变压器取"C—C"。

3）计算基本侧二次动作电流求出安匝（差动线圈匝数 N_d 和平衡线圈 I 匝数 N_{ba1} 之和）

$$N_{op} = \frac{60}{I_{op.2}} = N_d + N_{ba1}$$

4）确定平衡线圈 II 的匝数

由于 $$(N_d + N_{ba1})I_1 = (N_d + N_{ba2})I_2$$

故 $$N_{ba2} = N_{op}\frac{I_1}{I_2} - N_d$$

5）匝数误差 Δm 的复核

$$\Delta m = \frac{N_{ba2} - N_{ba2.pv}}{N_{ba2} + N_d} \leqslant 0.05$$

式中　N_{ba2}——计算的平衡线圈 II 的匝数；

$N_{ba2.pv}$——使用的平衡线圈 II 的匝数。

6）校验灵敏系数。

四、防止励磁涌流采取的闭锁措施

（一）间断角原理的差动继电器

利用波形间断原理，来区分励磁涌流和短路电流。间断角原理的差动继电器框图原理如图 3-11 所示。

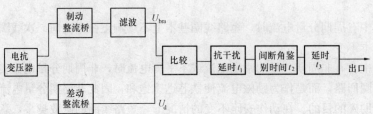

图 3-11　间断角原理的差动保护框图

差动保护各臂电流分别通入各臂电抗变压器。电抗变压器二次侧有两个绕组（一个差动绕组，一个制动绕组）。各侧制动绕组通过整流后并联取最大值制动。各侧差动绕组相互串联组成差动回路。输出最大的制动电压经过滤波成为直流制动电压 U_{bra}，差动回路的电压经整流后输出脉动差电压 U_d，将 U_{bra} 与 U_d 进行比较和波形间断角鉴别，主要设有三级延时电路：

$t_1 \approx 2.2\text{ms}$，为抗干扰延时；

$t_2 = 3.3 \sim 3.6\text{ms}$（间断角为 $60° \sim 65°$），主要作用是间断角鉴别时间；

$t_3 \approx 22\text{ms}$，为防止外部故障时误动及作为第二级延时发出的脉冲展宽用。

差动继电器具有比率制动特性。

采用波形间断角原理判别励磁涌流，当差动电流波形的间断角大于整定值时，可判别为励磁涌流，闭锁差动保护。根据运行经验，闭锁角可取为 $60° \sim 70°$，有时还采用涌流导数的最小间断角 θ_d 和最大波宽 θ_w，其闭锁条件为 $\theta_d \geqslant 65°$，$\theta_w \leqslant 140°$。由于电流互感器传变可能导致间断角消失，因此微机型保护需采取一定补偿措施恢复间断角。

与二次谐波制动不同的是，间断角原理采用三相独立的闭锁方式，因而在内部故障，特别是空投于变压器内部故障时，保护有较高的动作速度。但对微机型保护而言，间断角原理在采样速率等方面对硬件要求高，加之受电流互感器等影响较大，处理上较复杂。

（二）二次谐波制动的差动继电器

谐波制动差动继电器是利用励磁涌流中有较大的二次谐波分量而短路电流中只有很小的二次谐波分量这一特征来区分励磁涌流和短路电流的。单相谐波制动的差动继电器原理框图如图 3-12 所示。当差动电流中二次谐波成分达到基波的 $15\%\sim20\%$ 时，继电器可靠制动。

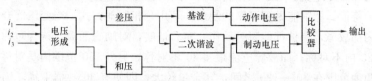

图 3-12　单相谐波制动的差动继电器原理框图

三次谐波制动的差动继电器是采用三相"或"门二次谐波闭锁方式，当三相涌流的任何一相的谐波制动元件动作，立即闭锁三相差动保护，这样可以克服某一相涌流二次谐波小引起的误动，更好的躲避励磁涌流的性能。但在带有短路故障的变压器空负荷合闸时，差动保护因非故障相的励磁涌流而闭锁，造成变压器故障的延缓切除，特别是大型变压器，将会引起变压器的严重烧损。

（三）波形对称原理的差动继电器

基于波形判别原理判别励磁涌流，是微机型保护中应用较多的一类新方法。其中典型的一种判别方法是比较一周电流波形中前后半波波形的对称性，对于故障电流，前后半波呈现正弦对称波形，而励磁涌流的前后半波则不对称，这种原理本质上是利用电流中的偶次谐波分量来制动的。相应波形及奇次谐波为动作量，因而有更好的防励磁涌流能力。

从理论上而言，稳态短路电流只含有奇次谐波，不含偶次谐波。在暂态过程中，短路电流含有非周期分量，此时就会出现偶次谐波，但由于是分相制动，用偶次谐波制动绝不会造成保护拒动，只会延缓保护动作。

波形对称原理闭锁可改为分相制动方式，但不能达到高的躲避励磁涌流的能力。若采用绕组差动接线，就能达到更高水平。

从频域角度分析，波形对称原理差动继电器判据的动作条件，输入电流中的偶次谐波为制动量，相应基波及奇次谐波为动作量。非周期分量电流的影响是指故障电流中存在非周期分量电流时，判据的数值离零值的大小，偏离越大，影响越严重，增大了波形的不对称度，时间常数越大，非周期分量电流影响越小。当采样频率取 600Hz 时，在时间常数为 40ms 左右时，偏离零值最大不会超过 10%，当采样频率增高时，偏离零值还会减小。

如下简述三种波形判别方法。

1. 波形对称原理闭锁

采用一种波形对称算法，可将变压器在空负荷合闸时产生的励磁涌流和故障电流区分开来。这种方法如下：首先将流入继电器的差电流进行微分，将微分后的差电流的前半波和后半波作对称比较，设差电流导数前半波某一点的数值为 I_i；后半波对应点的数值为 $I_{i+180°}$，如果数值满足下式

$$\left|\frac{I_i + I_{i+180°}}{I_i - I_{i+180°}}\right| \leqslant K$$

则为对称，否则称不对称。连续比较半个周波，对于故障电流上式恒成立，对于励磁涌流则有 $1/4$ 周波以上的点不满足上式，这样可以区分故障和涌流。假定 I_i 与 $I_{i+180°}$ 方向相反称为方向对称，相同称为方向不对称，则方向不对称的波形不满足上式。

分析单相变压器空负荷合闸的励磁涌流，涌流最大可能的波宽为 $240°$，是偏于时间轴的一侧，如果用波形对称的方法计算涌流导数，相对于工频量来讲，不满足对称条件。三相变压器空负荷合

闸的励磁涌流分为两种：一种是偏于时间轴一侧单向涌流，另一种是分布与时间轴两侧的对称涌流。无论是对称涌流还是单向涌流，其导数相对于工频量来讲，其前半波和后半波在 90°内是完全不对称的，在另外 90°内方向对称，数值也不对称。而故障电流的导数前半波和后半波基本对称。利用这个特点，设定恰当的采样频率和计算门槛，用差电流导数的前半波和后半波作对称比较，就可以区分励磁涌流和故障电流。对于三相变压器，用对称原理计算，任何条件下的任何一相的励磁涌流，都有明显的特征，即都能做到可靠的制动。利用分相制动方式，当变压器合闸至内部故障或外部切除转化为内部故障，保护都能瞬时动作。实验证实，对励磁涌流，符合对称条件的角度范围最多 60°，另外 120°内不对称；而故障电流最多 30°不对称，另外 150°范围内是对称的。区分故障电流和励磁涌流的角度范围在 30°～120°之间，冗余量较大，即使有 30°数据干扰，仍可正确判断。

2. 模糊识别闭锁

设差流导数为 $I(k)$，每周的采样点数是 $2n$ 点，对数列为

$$X(k) = |I(k) + I(k+n)| / [|I(k)| + |I(k+n)|] \qquad k = 0, 1, 2, \cdots, n$$

可认为 $X(k)$ 越小，该点所含的故障信息越多，即故障的可信度越大；反之，$X(k)$ 越大，该点所包含的涌流的信息越多，即涌流的可信度越大。取一个隶度函数，设为 $A[X(k)]$，综合半周信息，对 $k = 0, 1, 2, \cdots, n$，求得模糊贴近度 N 为

$$N = \sum_{k=1}^{n} |A[X(k)]| / n$$

取门槛值 K（内部固定），当 $N > K$ 时，认为是故障；当 $N < K$ 时，认为是励磁涌流。

采用按相闭锁方式，即三相差流中某相判为励磁涌流，仅闭锁该相比率差动保护。

3. 波形判别原理闭锁

利用三相差动电流中的波形判别作为励磁涌流识别判据。内部故障时，各侧电流经过互感器变换后，差流基本上是工频正弦波。而励磁涌流时，有大量的谐波分量存在，波形是间断不对称的。

内部故障时，有如下表达式成立

$$S > K_b S_+$$
$$S > S_t$$

其中 S 是差动电流的全周积分值，S_+ 是差动电流的瞬时值＋差动电流半周前的瞬时值的全周积分值，K_b 是大于 1 的固定常数，S_t 是门槛定值，S_t 的表达式如下

$$S_t = aI_d + 0.1I_N$$

式中 I_d——差电流的全周积分值；

     a——某一比例常数；

   I_N——额定电流值。

当三相中的某一相满足以上方程后，开放该相比率差动保护元件。而励磁涌流时，以上波形判别关系式肯定不成立，比率差动保护元件不会误动作。

（四）磁制动原理的差动继电器

磁制动原理闭锁是利用计算变压器的磁通特性，当忽略漏磁通，则变压器电动势简化为 $U = M \dfrac{\mathrm{d}i_e}{\mathrm{d}t}$，式中 i_e 为变压器励磁电流，M 为励磁电感，M 与铁芯的励磁特性有关，当变压器工作磁密变化时，沿磁化曲线变化，M 值也随之变化，当工作磁密在磁化曲线的饱和位置时，M 值大大降低，从而出现励磁涌流，因此计算电流上升沿开始几个点的 M 值即可判断是励磁涌流抑或是故障电流。

磁制动原理

$$M = \frac{U}{\frac{\mathrm{d}i_d}{\mathrm{d}t}}$$

微机保护采集的是电流和电压，因此将上式变化为差分形式

$$M_n = \frac{U_n}{(i_{d(n+1)} - i_{d(n-1)})/\mathrm{d}t}$$

其中采样周期 $\mathrm{d}t$ 为常数，如保护装置为每周波 48 点采样，1/4 周波可计算 12 次 M 值，如果有连续三次满足

$$M_n - M_{n+6} \geqslant k$$

判为励磁涌流，否则判为故障电流。整个计算过程只需 1/4 周波时间，上升沿是从过零点至最大绝对值。下降沿是从最大绝对值至过零点。图 3-13 和图 3-14 分别示意涌流和故障情况下差流和 M 的变化规律。

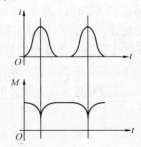 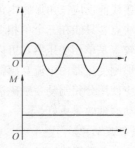

图 3-13 励磁涌流情况下差流和励磁电感的关系　　　　图 3-14 故障情况下差流和励磁电感的关系

励磁感抗算法真实地反应变压器励磁涌流物理特性的本质，简单可靠。变压器过励磁电流对磁通制动原理没有影响，对系统的静止补偿电容，超高压线路和电缆的分布电容没有影响，其中 k 值可以消除铜耗和漏感的误差。

磁制动原理的算法立足于单相变压器，因此不考虑转角，对于低压侧接成三角形的一次接线形式，需在三角形连接线内接一组电流互感器测低压侧各相绕组内电流。

磁制动原理只反应变压器的磁通特性，纵差不反应低压侧的三角形连接线外的故障。动作速度可稳定于 10ms 以内，可以防止电流互感器的饱和问题。

磁制动原理闭锁可以采用分相制动方式。缺点有：①只适用于单相变压器。②需要使用电压量，当电压回路有问题时，则测量不正确，失去差动保护只使用电流量的优点。

五、变压器励磁涌流和差动接线的问题

（一）励磁涌流

变压器空负荷合闸的励磁涌流波形严重畸变，在波形上以间断角和波形不对称出现，具有大量谐波分量，以偶次谐波为主，尤其是二次谐波。

三相变压器空负荷合闸，由于 YNd 相位校正的关系，任一相差流实际都是两相励磁涌流之差。一种是偏于时间轴一侧的单相励磁涌流，另一种是分布于时间轴两侧的对称励磁涌流。单相涌流是由剩磁方向相反的两相励磁涌流相减生成的电流，其波形明显偏向于时间轴的一侧，对称性涌流是由剩磁方向相同的两相励磁涌流相减生成的电流。

对于 YNd11 接线变压器，星形侧空负荷合闸时，在三角形侧由于饱和相的励磁电流流过非饱和相，非饱和相的二次三角形侧必然感应出电流来抵消该电流，即环流，它对非饱和相是去磁作用，对饱和相是助磁作用，因此三角形侧绕组中的环流助磁的影响导致星形侧涌流出现不一样的波形特征，影响二次谐波的幅值和相位。所以其特征将不完全等同于单相变压器空负荷合闸励磁涌流

的特征。如果只有高压侧的励磁涌流则由于三角形侧环流而可能抵消二次谐波的影响，使得二次谐波电流量降低。

（二）分析三种差动接线对于涌流中二次谐波量的差流特征

1. 高压侧电流是两相电流之差的接线（由高压侧电流完成相位补偿）

由于是两相励磁支路的电流差，A、B两相的二次谐波相量不在一条直线上，只要参与运算的某相涌流二次谐波含量较多，其转角后的二次谐波都能保证一定的含量。

2. 高压侧电流减零序电流接线（由低压侧电流完成相位补偿）

A相电流差流是由A、B、C三相励磁支路的涌流合成得到，因此基波与二次谐波的幅值和相位关系更为复杂，一个平面内的三个相量必定线性相关，总有可能在某些条件下，三相涌流中的二次谐波互相抵消，使差流的二次谐波量很低。

3. A相电流与三角形侧内的a相电流组成绕组差动接线

由于该接线能反应三角形侧内的电流，因此差流基本上反应A相涌流，躲励磁涌流的特征最好；唯一的缺点，只能在三个单相变压器组成的三相变压器上使用。在大型500kV以上的电压等级的变压器较多是单相变压器，可以方便实现。此外它不能保护变压器三角形侧出口引线的故障，需增设三角形侧变压器内电流互感器与三角形侧变压器引线上的电流互感器组成纵差保护。

该接线应使用分相制动，励磁涌流用二次谐波、波形对称、磁制动等原理闭锁都可以，但波形对称、磁制动原理效果更好。

（三）灵敏度的比较

有下列4种差动接线：

（1）绕组差动。

（2）相间电流差动。

（3）星形侧电流减中性点零序电流差动，这种接法由于星形侧电流互感器与中性点电流互感器特性不一致，能产生较大的差流。

（4）星形侧电流减去自产零序电流差动

$$I'_A = I_A - \frac{1}{3}(I_A + I_B + I_C)$$

当星形侧内部发生单相接地时的灵敏度：

（1）和（3）差流等于接地故障电流，（2）差流等于$1/\sqrt{3}$故障电流，（4）差流等于2/3故障电流。

因此灵敏度比较（1）＝（3）＞（4）＞（2）。

总之第（4）种接法较第（2）种接法灵敏度仅提高1.15倍，但躲避励磁涌流几率的性能差。

六、比率制动特性的纵差保护

（一）比率制动纵差保护原理

纵差保护的主要问题是克服区外短路故障时差动回路的不平衡电流，以及变压器空负荷投入时励磁涌流的影响，同时还要保证内部短路故障时差动保护的灵敏性和快速性。

流入差动继电器的不平衡电流与变压器外部故障时的穿越电流有关，穿越电流越大，不平衡电流越大。如果差动保护的动作电流按照躲过最大穿越电流下的不平衡电流整定，将会降低内部故障的灵敏度。

比率制动纵差保护，利用反应变压器穿越电流大小的制动电流，使保护动作电流随制动电流而变化，当外部短路穿越电流增大，制动电流随之增加，增强了外部故障时的制动作用，有效地防止了不平衡电流引起的误动，同时提高了内部故障时的灵敏度，较好地解决了区外短路故障不平衡电流影响与内部短路故障灵敏度间的矛盾。

目前广泛应用的变压器纵差保护，普遍使用两折线或三折线比率制动特性。如图 3-15 所示。

两折线比率制动纵差保护动作判据为

$$I_d \geqslant I_{op. min} \qquad 当 I_{res} < I_{res. 0}$$

$$I_d \geqslant I_{op} = I_{op. min} + k_b(I_{res} - I_{res. 0}) \qquad 当 I_{res} \geqslant I_{res. 0}$$

式中　I_{op} ——保护动作电流；

　　I_d ——差动电流；

　　I_{res} ——制动电流；

$I_{op. min}$ ——最小动作电流；

　$I_{res. 0}$ ——保护起始制动电流；

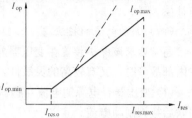

图 3-15　比率制动特性的纵差保护

　　K_b ——动作特性折线的斜率，$k_b = \dfrac{I_{op} - I_{op. min}}{I_{res} - I_{res. 0}}$。

（二）双绕组变压器的纵差保护制动特性

设变压器两侧电流为 $\dot{I}_1$ 和 $\dot{I}_2$，则差动电流 $\dot{I}_{op} = \dot{I}_1 + \dot{I}_2$，制动电流 $\dot{I}_{res} = \dfrac{1}{2}(\dot{I}_1 - \dot{I}_2)$

整流型、静态型比率制动特性差动继电器的比率制动电路的电抗变压器的一次侧有两个绕组，二次侧有一个绕组作为制动输出，内部故障时，制动电流为两电流相减，灵敏度高，外部故障时，制动电流为两电流相加，具有最大制动量，一般双绕组变压器均能使用。

（三）多绕组变压器的纵差保护制动特性

整流型、静态型比率制动特性差动继电器要求每一侧电抗变压器二次侧有两个绕组，其中一个为差动绕组，另一个为制动绕组，各侧差动绕组相互串联组成差回路，各侧制动绕组通过整流后并联取其最大值制动。变压器内部故障，差电流为各侧故障电流相加，而制动电流为最大侧的故障电流。外部故障，差电流为不平衡电流，而制动电流为最大侧的故障电流，即故障侧的总故障电流。

微机型变压器的纵差保护，差动电流仍为变压器各侧电流相量之和，即 $\dot{I}_{op} = \dot{I}_1 + \dot{I}_2 + \cdots + \dot{I}_n$，但制动电流常用的三种选取方法是：

（1）$I_{res} = \max\{|\dot{I}_1|, |\dot{I}_2|, \cdots |\dot{I}_n|\}$；

（2）$I_{res} = \dfrac{1}{2}\sum\limits_{i=1}^{n} |\dot{I}_i|$ 即 $I_{res} = \dfrac{1}{2}\{|\dot{I}_1| + |\dot{I}_2| + \cdots + |\dot{I}_n|\}$；

（3）$I_{res} = \dfrac{1}{2}\left|\dot{I}_{max} - \sum\limits_{\substack{i=1 \\ \dot{I}_i \neq \dot{I}_j}}^{n} \dot{I}_i\right|$，$\dot{I}_j = \dot{I}_{max}$。

方法（1）区外故障，当电流互感器饱和时，使制动电流减小，不利于防止误动，内部故障求灵敏度相当于单电源变压器，制动电流为电源供给的故障电流，使灵敏度降低。

方法（2）区外故障，当多侧电源所供给的短路电流相量有差异时，制动电流取绝对值之和，使制动电流增大，有利于防止误动，但内部故障则造成灵敏度降低，但比（1）的灵敏度高。单侧电源时制动电流为故障电流的 1/2。当区外故障，一侧电流互感器饱和时，使制动电流减小，但比（1）减得少，较（1）可靠。

方法（3）使多侧电源的变压器简化为双侧电源的变压器计算制动电流，因此区外故障制动电流取相量之和，比取绝对值之和略为降低，但内部故障则灵敏度增大。

制动电流的选择要考虑到对外部故障穿越性短路电流的制动作用最大，同时在内部故障情况下，其制动作用最小，使保护灵敏动作。在正常运行和外部故障情况下，以上三种方法的制动电流的制动作用是等效的，但在大部分内部故障情况下，采用制动电流方法（3）的保护较为灵敏。需指出的是，以上用于差动电流、制动电流计算的各侧电流，均已进行了各侧电流相位校正和幅值平衡补偿。

（四）制动电流的接法

通常要求该保护装置在变压器外部故障时具有可靠的选择性，流入保护的制动电流为最大，而在内部故障时，又有较高的灵敏性，因此差动继电器制动电流的接法原则一般为：

（1）变压器有电源侧电流互感器如接入制动电流，则必须单独接入，不允许经多侧电流互感器并联后接入制动电流。

（2）变压器无电源侧电流互感器必须接入制动电流，当制动绕组数量不足时，同一电压等级均无电源的两个分支电流互感器可并联后接入制动电流。

（五）过励磁闭锁

变压器在某些情况下，如超高压长距离输电线路甩负荷时会造成变压器短时过电压。现代大型变压器饱和磁密较高，在过电压作用下易造成铁芯饱和，使励磁电流大大增加，容易发生过励磁，励磁电流成为差动保护的不平衡电流，可能引起差动保护误动作。当过电压为 $120\% \sim 140\%$ 额定电压时，应闭锁差动保护以防止误动。对于可能发生过励磁的超高压大型变压器，根据过励磁电流中含有显著的五次谐波分量，闭锁差动保护。通常选择差动电流中五次谐波分量与基波分量比值大于 35% 作为闭锁判据，防止差动保护误动。

当电压超过 140% 额定电压时，严重威胁变压器的安全，此时五次谐波成分降低，其比值小于 35%，差动保护自动解除闭锁，差动保护动作也是合理的，使差动保护起到部分过励磁保护的后备作用。

过励磁闭锁不允许用过励磁保护来闭锁纵联差动保护。

大型变压器低压侧装设无功补偿电力电容器组。当变压器故障时，这些电容会向故障点放电，该谐波电流可能使差动保护延时，为此在使用微机保护时，可不计算低压侧电流的谐波制动量，达到解除无功补偿电容放电影响。但由于系统分布电容的影响，也可能使差动保护延时，因此五次谐波制动是否投入可根据系统运行情况决定，一般 $500kV$ 以上等级的变压器投入使用。

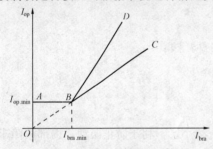

图 3-16　比率制动特性曲线

（六）比率制动特性的差动继电器的整定

纵联差动保护为防止变压器外部故障引起不平衡的差动电流造成误动作，采取了比率制动特性。理想的制动运行曲线为通过原点且斜率为制动系数 K_{bra} 的一条直线，如图 3-16 中的 BC 斜线。

当变压器内部短路，短路电流较小时，具有无制动作用，使之灵敏动作，为此制动特性是具有一段水平线的比率制动特性，如图中的 ABC 折线。水平线的动作电流称为最小动作电流 $I_{op.min}$，继电器开始具有制动作用的最小制

动电流称为拐点电流 $I_{bra.min}$，由于制动特性曲线中折线不一定通过原点 O，如图 3-16 中 ABD 折线，只有斜率 $m = \dfrac{I_{op} - I_{op.min}}{I_{bra} - I_{bra.min}}$ 为常数，而制动系数 $K = \dfrac{I_{op}}{I_{bra}}$ 随制动电流不断变化，故整定的比率制动系数 K_{bra} 实质上是折线的斜率 m。

为防止外部故障时误动，依靠的是制动系数 K，而不是斜率 m，因此必须使各点的 K 值均满足选择性及灵敏系数，使继电器的制动特性曲线位于理想的制动曲线上部。

制动特性曲线由下述三个定值决定：①比率制动系数；②拐点电流；③最小动作电流。

(1) 比率制动系数 K_{bra} 的整定

$$K_{bra} = K_{rel}(K_{ap}K_{cc}f_i + \Delta U + \Delta m)$$

式中　　K_{rel}——可靠系数，取 $1.3 \sim 1.5$。

　　　　K_{cc}——电流互感器同型系数，取 1.0。

　　　　K_{ap}——非周期分量系数，两侧同为 P 级电流互感器时取 $1.5 \sim 2.0$，两侧同为 TP 级电流互感器时取 1。

　　　　f_i——电流互感器的最大相对误差，满足 10% 误差，取 0.1。

　　　　ΔU——变压器由于调压所引起的相对误差，取调压范围中偏离额定值的最大值。

　　　　Δm——变压器经过电流互感器（包括自耦变流器）变比，不能完全补偿所产生的相对误差。微机保护软件可以完全补偿，使 $\Delta m = 0$。

单侧电源时，要求灵敏度系数应大于 2.0，故制动系数 $K \leqslant 0.5$。

(2) 拐点电流 $I_{bra.\,min}$ 的整定，一般整定在 $0.8 \sim 1.0$ 倍变压器额定电流，微机保护整定可为变压器额定电流。

(3) 最小动作电流 $I_{op.\,min}$ 的整定。按满足制动特性的要求整定，若制动系数不随制动电流而变化，则最小动作电流与拐点电流关系如下：

设变压器额定电流 I_N 的标幺值为 1.0，当拐点电流为 1.0，则 $I_{op.\,min} = K_{bra}$。

当拐点电流为 KI_N 值时，则 $I_{op.\,min} = KK_{bra}$，$K = 0.8 \sim 1.0$。

按上述整定均能满足选择性和灵敏系数，可不再校验灵敏系数。

变压器最小动作电流为防止运行变压器和应涌流误动，宜不少于 $0.4I_N$。

(4) 二次谐波制动比：$15\% \sim 20\%$，必要时二次谐波制动比最低可降到 12%。五次谐波制动比：35%。间断角：$65°$。

七、关于变压器纵差保护的几个观点

(一) 加强主保护，应使纵差保护更完善和简化整定计算

加强主保护的目的，是为了简化后备保护，使变压器发生故障能够瞬时切除故障。目前 220kV 及以上电压等级的变压器纵联差动保护双重化，这是加强主保护的必要措施。差动保护应在安全可靠的基础上使之完善。

在简化整定计算方面，差动保护应多设置自动的辅助定值和固定的输入定值，使用户需要整定的保护定值减到最少，以发挥微机型继电保护装置的优越性。不需要系统参数，不需要校核灵敏度，可以根据变压器的参数独立完成保护的整定，整定方法简单清晰。

(二) 纵差保护用的电流互感器的基本要求

纵差保护用的电流互感器需要满足两个条件，其一是稳态误差必须控制在 10% 误差范围之内，因为整定计算中采用的不平衡稳态电流是按 10% 误差条件计算。其二是暂态误差，影响电流互感器暂态特性的参数主要有：短路电流及其非周期分量，一次回路时间常数，电流互感器工作循环及经历时间，二次回路时间常数等。电流互感器剩磁对于饱和影响很大，因此电流互感器铁芯中存在剩磁，则电流互感器可能在一次电流远低于正常饱和值即过早饱和。差动保护的暂态不平衡电流比稳态时大得多，仅在整定计算时将稳态不平衡电流增大两倍是不够安全的。采取抗饱和的办法是使用带有气隙的 TPY 级电流互感器。但是差动保护广泛使用的是 P 级电流互感器，对 P 级电流互感器规定允许稳态误差不超过 10%，暂态误差必然要超过稳态误差，在实用上可在按稳态误差选出的技术规范基础上通过"增容"以限制暂态误差。

目前 110kV 及以下电压等级均采用 P 级电流互感器，220kV 变压器亦采用 P 级电流互感器或 5P 级、PR 级（剩磁系数小于 10%）电流互感器，因此差动保护需要采取抗电流互感器饱和的措

施。500kV 变压器在 500kV 侧、220kV 侧均用 TPY 级电流互感器，对于 600MW 大型发电机—变压器组保护，500kV 侧均采用 TPY 级电流互感器，在发电机侧已有 TPY 级电流互感器可选用。

（三）纵差保护的高灵敏度和快速性的前提是安全、可靠

纵差保护应具有高灵敏度和快速性，轻微匝间短路能快速跳闸，但是提高灵敏度和快速性必须建立在安全、可靠的基础上。运行实践说明：使用较低的启动电流值在区外故障或区外故障切除时引起纵差保护误动的严重后果，因此对于灵敏度和快速性而言不要追求过高的指标而忽视可靠性。

提高灵敏度虽对反映轻微故障是有效的，但灵敏度的提高必然降低安全性。变压器的严重故障并不都是由轻微故障发展而来的，故障发生的瞬间仍会发生烧毁设备的事故，同时轻微故障发展为严重故障也需要时间，因此轻微故障带一些时间切除故障也是允许的，长时间的运行实践证实变压器瓦斯保护是动作时间稍长地切除轻微的匝间故障。

轻微匝间故障时产生的机械应力和热效应不大，在 200ms 内故障切除，不会危及铁芯，从检修的角度，只要铁芯不损坏，轻微和严重的匝间故障都是需要更换线圈，因此只要差动保护在铁芯损坏之前动作，就可以满足检修的要求，不需要追求减少线圈的烧损程度而牺牲保护的安全性。

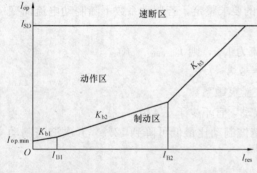

图 3-17　比率制动的差动保护特性

八、新研制的比率制动差动保护

（一）比率制动差动保护工作特性

比率制动差动保护提供差动电流速断保护、比率制动差动保护，其保护特性如图 3-17 所示。

（1）差动速断主要是防止内部故障当短路电流很大时使 TA 饱和，由于涌流的判据而导致比率制动保护拒动，用差动速断电流躲涌流作为辅助保护。

（2）比率制动差动保护主要设置励磁涌流鉴别（二次谐波制动或波形对称原理识别），过励磁鉴别（五次谐波制动），电流互感器饱和检测等功能。

差动保护制动电流将多侧差动保护等效为两侧差动，以指向变压器为电流正方向，则对应的差流 I_{op} 和制动电流 I_{res} 的取法如下

$$I_{op} = \left| \sum_{i=1}^{N} \dot{I}_i \right| $$

$$I_{res} = \frac{1}{2} \left| \dot{I}_{max} - \sum \dot{I}_i \right| $$

无论被保护元件为多侧元件，都有 $\dot{I}_{max}$ 为各侧同相的最大电流，$\sum \dot{I}_i$ 为其他侧同相电流之和。其特点是对于区外故障 I_{res} 值不变，对区内故障 I_{res} 将减少一半，提高了区内故障的灵敏度，可以设置更大的制动系数以保证区外故障不误动。

动作方程式为

$$I_{op} > K_{b1} I_{res} + I_{op.min} \qquad (I_{res} \leqslant I_{B1})$$

$$I_{op} > K_{b2}(I_{res} - I_{B1}) + K_{b1} I_{B1} + I_{op.min} \qquad (I_{B1} < I_{res} \leqslant I_{B2})$$

$$I_{op} > K_{b3}(I_{res} - I_{B2}) + K_{b2}(I_{B2} - I_{B1}) + K_{b1} I_{B1} + I_{op.min} \qquad (I_{B2} < I_{res})$$

式中　K_{b1}、K_{b2}、K_{b3}——各段的比率制动斜率；

　　　I_{B1}、I_{B2}——两个拐点电流；

$I_{op.min}$ ——差动启动电流定值。

K_{b1} 固定为 0.2，K_{b3} 固定为 0.7，I_{B1} 第一拐点电流固定为 $0.6I_N$。国外差动保护认为 TA 在 $6I_N$ 下不会饱和，I_{B2} 第二拐点电流为更安全可靠固定为 $5I_N$。

（二）抗电流互感器饱和及区外故障切除的防止误动措施

1. 抗电流互感器饱和措施

通过理论分析和实验得知，电流互感器饱和时将出现大量谐波，暂态过程中电流的波形除直流分量外，含有二次谐波和三次谐波，暂态饱和主要是二次谐波，稳态饱和主要是三次谐波，利用二次谐波鉴别差动不平衡电流肯定是有效的，区内故障的初期在短路电流中也会有二次谐波，但不会很大，存在时间很短，不会导致保护拒动，但会带来保护延时动作。利用各侧相电流的二次和三次谐波对基波的比值判断电流互感器的饱和。

由于电感中电流不能突变，短路后 TA 的励磁电流上升达到使铁芯饱和需要时间，在此之前 TA 能无误差地准确变换，若差动保护能在这段时间内完成测量，说明区外故障差动不平衡电流的出现较短路电流滞后一段时间，以判出区外故障和区内故障。

故障发生时，差动保护可利用 TA 未饱和时，差流达到动作值即认为区内故障，当差动还未动作，经过 3ms 差动电流才动作，此时判为区外故障投入 TA 饱和判据，将差动保护自动延时 40ms 才动作。

2. 区外故障切除防止差动保护误动的措施

当通过变压器的区外故障切除时，一次回路电流发生突变并不为零，此电流将引起铁芯饱和，同时变压器两侧电流互感器暂态特性不一致，穿越性的暂态电流在二次侧可能出现较大的差流，根据多次事故分析，切除区外故障时的误动特点是保护的动作点均落在差动无制动特性的拐点附近，其原因是区外故障时制动电流较大，故动作点落在非动作区；在区外故障切除时，制动电流降得较多，而差动电流降得少，造成动作点落在动作区而误动。

解决的措施，可以通过识别差动电流和制动电流的变化轨迹，正确识别区内故障和区外故障后电压恢复过程中差流的大小，当比率制动差动保护的动作点由制动区转到动作区时，差动保护经几十毫秒延时动作，而且动作时限根据差流自适应调整，差流越大则延时越短。

抗区外故障电流互感器饱和和区外故障切除时，差动保护误动的措施均不采取闭锁而是延时动作，其目的是为了防止变压器轻微故障拒动的问题，虽然当区外故障转变为区内故障时，差动保护带一些延时动作，这对于轻微故障而言也是允许的，用时间换安全。

（三）简化差动保护的整定计算工作

差动保护各定值的整定如下：

（1）差速断定值：（3～7）I_N，用于发电机一变压器组为（3～4）I_N。

（2）最小启动电流值：$I_{op.min}=0.3I_N+K_{rel}\times(\Delta U+\Delta m)\times I_N$。其中，$K_{rel}$ 为可靠系数；ΔU 为变压器调压引起的误差，取调压范围中偏离额定值的最大值；Δm 为电流互感器变比未完全匹配产生的误差，微机保护可以完全匹配为零。一般 $I_{op.min}$ 取 $0.4I_N$。

（3）比率制动斜率 K_{b2}：$K_{b2}=K_{rel}(K_{ap}K_{cc}K_{er}+\Delta U+\Delta m)$。其中，$K_{rel}$ 为可靠系数，取 1.5；K_{er} 为非周期分量系数，两侧同为 P 级电流互感器时取 2.0；K_{cc} 为电流互感器的同型系数，取 1.0；K_{er} 为电流互感器比误差，取 0.1。一般 K_{b2} 取 0.5。

（4）二次谐波制动比：0.12～0.15，一般取 0.15。

（5）电流互感器断线是否闭锁差动保护和五次谐波制动是否投入可通过控制字选用。220kV 及以下电压等级的变压器一般不投五次谐波制动，远离负荷中心的大型水电站，在其附近的 110、220kV 变压器，有可能导致变压器过励磁，则为防止误动，可投入五次谐波制动。

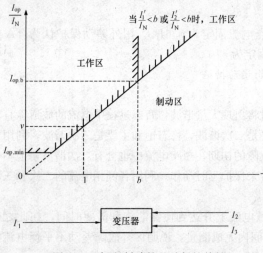

图 3-18　标积制动的差动保护特性

按上述整定，均能满足选择性和灵敏系数，不需要校验灵敏系数。

九、标积制动式差动保护

标积制动式差动保护较比率制动式差动保护灵敏，因设有工作特性开关点（固定为 $1.5 I_N$），对于区外故障不会误动，区内故障能保证足够的灵敏度，整定计算亦非常简单。

（1）变压器差动保护的工作特性见图 3-18。

差动电流 $I_{op} = |\dot{I}_1 + \dot{I}_2 + \dot{I}_3|$

制动电流 $I_{res} = \begin{cases} \sqrt{I'_1 I'_2 \cos\alpha} & (\cos\alpha \geqslant 0) \\ 0 & (\cos\alpha < 0) \end{cases}$

$\alpha = \angle(I'_1, I'_2)$

式中，I'_1、为 $\dot{I}_1$、$\dot{I}_2$、$\dot{I}_3$ 中最大者，$\dot{I}'_2 = I_1 + I_2 + I_3 - I'_1$。

当变压器外部故障时，恒有 $-90° < \alpha < 90°$，$\cos\alpha > 0$，$I_{res} > 0$，而 I_{op} 很小，纵差保护可靠制动。

若外部故障，短路电流很大，电流互感器严重饱和，I_{op} 可能较大。只要 $\dfrac{I_{res}}{I_N} > b$（工作特性开关点 b），且 $\dfrac{I'_1}{I_N} > b$ 或 $\dfrac{I'_2}{I_N} > b$，则保护动作电流切换到无穷大，不会动作（见图 3-18 中的工作区）。

当变压器内部故障时，一般情况 $90° < \alpha < 270°$，$\cos\alpha > 0$，$I_{res} = 0$，而 $I_{op} > I_g$ 保护灵敏动作。如果变压器内部故障，由于负荷电流等因素，导致 $-90° < \alpha < 90°$，$\cos\alpha > 0$ 和 $I_{res} \neq 0$，这时即使 $\dfrac{I_{res}}{I_N} > b$，只要 $\dfrac{I'_1}{I_N}$ 或 $\dfrac{I'_2}{I_N}$ 中有一个小于 b，保护仍按 v 的梯度进行动作。

（2）$I_{op.min}$ 差动启动电流。差动启动电流的选择除了相间故障以外，还能对变压器接地故障和匝间故障起保护作用，但需考虑下述因素：

1）电流互感器的误差；

2）短时最大系统电压下的最大励磁电流。

电源变压器的励磁电流较低，通常在额定电压时占额定电流的 $0.3\% \sim 0.5\%$。在短时电压峰值则励磁电流可达 10% 或更大。

3）电压抽头切换开关范围，通常在 $\pm 5\% \sim \pm 10\%$，但不会出现 $\pm 20\%$ 或更大的范围。

上述三种因素都会产生差电流，一般整定为 $0.3 I_N$。

（3）v 制动比。经过"0"点的斜率，有 0.25 和 0.5 两级，变压器为 0.5。

（4）b 工作特性开关点，b 整定为 1.5，能确保外部故障不误动，且内部故障有足够的灵敏度。

考虑到外部故障电流会导致电流互感器饱和，当 $\dfrac{I_{res}}{I_N} > b$，且 $\dfrac{I'_1}{I_N}$ 和 $\dfrac{I'_2}{I_N}$ 也大于 b 时，才确认为外部故障，特性曲线梯度切换到无穷大，若 $\dfrac{I'_1}{I_N}$ 或 $\dfrac{I'_2}{I_N}$ 小于 b 时，特性曲线仍按 v 的梯度变化。

（5）$I_{op.h}$ 高定值启动电流。需要外部信号启动切换高定值，系统操作过程中引起较高的差流，如：①较高的系统电压引起的励磁电流的增加（断路器操作、发电机励磁调节器故障等）；②电压切换开关调节到最大范围时引起的电流比增加。利用电压继电器或监测饱和继电器提供相应的信号，将差动定值由"$I_{\text{op. min}}$"切换到"$I_{\text{op. h}}$"，即 $I_{\text{op. h}}$ 一般为 0.75 I_N。例如利用 1.3 倍额定电压判断启动切换高定值，可以不采用五次谐波制动方式。

（6）差动速断。

定值应躲开励磁涌流。

低、中容量的变压器 $10I_N$，I_N 为变压器额定电流。

发电机—变压器组 $4I_N$。

厂用变压器 $8I_N$。

（7）二次谐波制动比。一般二次谐波制动比大于 15%，考虑到能确保检测到涌流条件的裕度，用 10% 二次谐波制动比。

（8）涌流检测的持续时间。涌流检测功能持续多长时间，取决于涌流带来误动跳闸的危险存在多久，整定为 5s，即 5s 决定是否是励磁涌流。

十、故障分量比率制动式差动保护

当一台变压器发生少量匝间短路，短路支路的电流折合到原方的电流很小，因此差动保护就不能动作，为了争取匝间短路时差动保护有更大的灵敏性，使之允许在内部短路时，存在更大的流出电流，可使用故障分量比率制动式差动保护。

故障分量比率差动继电器测量到的都是故障分量，不受负荷电流影响，不需要考虑内部轻微故障仍有穿越性负荷电流存在的影响，因此在内部故障时肯定有 $\Delta I_d = I_k$（I_k 为流入故障点的总故障电流）和 $\Delta I_d \approx 2\Delta I_{\text{res}}$（$\Delta I_{\text{res}}$ 为制动电流故障分量）。区外故障时 ΔI_{res} 中虽然不会有负荷分量，但由于负荷分量小于故障分量，它们的相位差也较大，因此仍有 $\Delta I_{\text{res}} \approx I_k$，故需要带制动特性。

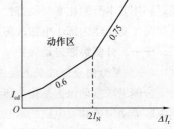

故障分量差动继电器可以通过快速测量来抗电流互感器严重饱和，提高了保护的选择性。

故障分量差动继电器的选择性强，不受负荷电流影响，较灵敏，但故障分量存在时间很短。为防止内部故障缓慢发展，同名相区外转区内故障或振荡中心发生故障等情况下不能获得足够的故障分量而拒动，因此必须保留反应稳态量的比率差动，因而故障分量差动只能作为稳态量的差动保护的补充。

图 3-19 故障分量比率差动
保护的动作特性

故障分量比率差动动作特性如图 3-19 所示。

故障分量比率差动保护的动作方程如下

$$\begin{cases} \Delta I_d > 1.25\Delta I_{\text{dt}} + I_{\text{dth}} \\ \Delta I_d > 0.6\Delta I_r & (\Delta I_r < 2I_N) \\ \Delta I_d > 0.75\Delta I_r - 0.3I_N & (\Delta I_r > 2I_N) \end{cases}$$

$$\Delta I_r = \max\{|\Delta I_1|、|\Delta I_2|、|\Delta I_3|、|\Delta I_4|\}$$

$$\Delta I_d = |\Delta \dot{I}_1 + \Delta \dot{I}_2 + \Delta \dot{I}_3 + \Delta \dot{I}_4|$$

式中　ΔI_{dt}——浮动门槛，随着变化量输出增大而逐步自动提高。取 1.25 倍可保证门槛电压始终略高于不平衡输出，保证在系统振荡和频率偏移情况下，保护不误动。

对于主变压器差动，ΔI_1、ΔI_2、ΔI_3、ΔI_4 分别为主变压器Ⅰ侧、Ⅱ侧，发电机出口，高压厂

用变压器高压侧电流的故障分量。

对于发电机差动，ΔI_1、ΔI_2 分别为发电机出口、发电机中性点电流的故障分量，ΔI_3、ΔI_4 不接入。

ΔI_d 为差动电流的故障分量；I_{dth} 为固定门槛，取 $0.2\,I_N$；ΔI_r 为制动电流的故障分量，它取最大相制动。

二折线制动特性的动作方程为

$$\begin{cases} \Delta I_d \geqslant I_{cd} & (\Delta I_r \leqslant 0.4 I_N) \\ \Delta I_d \geqslant k_b(\Delta I_r - 0.4 I_N) + I_{cd} & (\Delta I_r > 0.4 I_N) \end{cases}$$

$$I_{cd} = 0.3 I_N + \Delta I_{dt}$$

$$\Delta I_d = |\,\dot{\Delta I_1} + \dot{\Delta I_2} + \dot{\Delta I_3} + \dot{\Delta I_4}\,|$$

$$\Delta I_r = \frac{1}{2}\{\,|\dot{\Delta I_1}| + |\dot{\Delta I_2}| + |\dot{\Delta I_3}| + |\dot{\Delta I_4}|\,\} + \dot{\Delta I_{dt}}$$

式中　　ΔI_{dt} ——浮动门槛；拐点电流固定为 $0.4 I_N$；

　　　　k_b ——比率制动斜率，固定为 0.8。

故障分量比率差动保护的定值基本固定，只要输入高压侧额定电流 I_N 值。

依次按每相判别，当满足以上条件时，比率差动动作。对于变压器故障分量比率差动保护，还需经过二次谐波涌流闭锁判据或波形判别涌流闭锁判据闭锁，同时经过五次谐波过励磁闭锁判据闭锁，利用其本身的比率制动特性抗区外故障时 TA 的暂态和稳态饱和。故障分量比率差动元件的引入提高了变压器内部小电流故障检测的灵敏度。

十一、分侧纵联差动保护

(一) 星形侧分侧纵联差动保护

分侧纵联差动保护是指变压器星形接线的一侧每相绕组分别设置纵联差动保护。每相绕组的分侧纵联差动保护和发电机的纵联差动保护一样，不需要考虑励磁涌流、过励磁电流、调压、变比不同等复杂因素，使纵联差动保护的原理简单，从而提高了可靠性。分侧纵联差动保护对接在 500kV 中性点侧的调压变压器调压绕组接地故障有较高的灵敏系数，但不反应不接地的匝间保护。分侧纵联差动保护同样适用于自耦变压器，其特点要求高压侧、中压侧和中性点侧电流互感器应采用同类型电流互感器，而且各侧变比均相等。

分侧纵联差动保护对变压器绕组的接地故障灵敏，但要求装设保护的每一个绕组均有两个引出端，通常的三相变压器无法装分侧纵联差动保护。对于单相变压器装设分侧纵联差动保护较零序纵差保护灵敏可靠。

差动继电器可采用与发电机纵联差动保护相同的比率制动特性的差动继电器。一般可使用二折线制动特性。整定计算原则完全与发电机纵联差动保护相同。

当用于自耦变压器则使用多绕组变压器的比率制动特性的纵差保护。

(二) 三角形侧分侧纵联差动保护

当纵差的接线一相电流与三角形侧内的该相电流组成绕组差动接线，需增设三角形侧分侧纵联差动保护，作为套管及引出线的快速保护。

1. 差动电流及制动电流的计算

(1) TA 接线方法。差动各侧电流互感器采用星形接线，二次电流直接接入本装置，断路器 TA 以及套管 TA 均以母线侧为极性端，以母线指向变压器为正方向指向。

(2) 平衡系数的计算。以低压侧套管 TA 为基准，计算对应的低压侧断路器 TA 的平衡系数

$$K_{phL} = \frac{n_{TAL}}{n_{TAR}}$$

式中　n_{TAR}——低压侧绕组套管 TA 变比；

　　　n_{TAL}——低压侧断路器 TA 变比。

将低压侧断路器 TA 各相电流与相应的平衡系数相乘，即得幅值补偿后的各相电流。

（3）相位校正。对于低压套管 TA 的电流必须经过相位校正，校正公式如下（以 Yyd11 接线为例）

$$\left.\begin{array}{l} \dot{I}'_A = \dot{I}_A - \dot{I}_B \\[4pt] \dot{I}'_B = \dot{I}_B - \dot{I}_C \\[4pt] \dot{I}'_C = \dot{I}_C - \dot{I}_A \end{array}\right\}$$

式中　$\dot{I}_A$、$\dot{I}_B$、$\dot{I}_C$——低压绕组套管 TA 二次电流；

　　　$\dot{I}'_A$、$\dot{I}'_B$、$\dot{I}'_C$——校正后的各相电流。

其他接线方式的相位校正公式可以类推。

（4）差动电流及制动电流的计算。利用各侧补偿后的各相电流计算差动电流和制动电流，计算方法如下

$$\left.\begin{array}{l} I_d = |\dot{I}_1 + \dot{I}_2| \\[6pt] I_r = \dfrac{1}{2}|\dot{I}_1 - \dot{I}_2| \end{array}\right\}$$

式中　$\dot{I}_1$、$\dot{I}_2$——校正后的低压侧断路器 TA 和低压绕组套管 TA 的各相电流。

2. 比率制动曲线

比率制动曲线如图 3-20 所示。

3. 动作判据

比率差动保护的动作判据如下：

$$\left.\begin{array}{ll} I_d \geqslant K_1 I_r + I_{cd} & (I_r \leqslant 0.6 I_N) \\[4pt] I_d \geqslant K_2 (I_r - 0.6 I_N) + K_1 \times 0.6 I_N + I_{cd} & (I_r > 0.6 I_N) \end{array}\right\}$$

式中　I_{cd}——$0.4 I_N$；

　　　I_d——差动电流；

　　　I_r——制动电流；

　　　K_1——第一段折线的斜率，固定取为 0.2；

　　　K_2——第二段折线的斜率，固定取为 0.6；

　　　I_N——低压侧套管 TA 处的变压器额定电流。

十二、零序纵联差动保护

变压器星形接线的一侧，如中性点直接接地，则可装设变压器零序纵联差动保护。零序差动回路由变压器

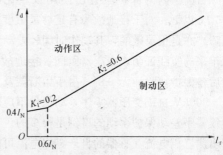

图 3-20　三角侧分侧差动比率制动特性曲线

中性点侧零序电流互感器和变压器星形侧电流互感器的零序回路组成，同样对自耦变压器也可设置零序纵联差动保护，如图 3-21 所示，要求高压侧、中压侧和中性点侧的电流互感器均采用同类型同变比的电流互感器。零序纵联差动保护由于不需要考虑励磁涌流、调压、变比不同等因素，定值较低，故对变压器绕组接地故障较灵敏，如果常规的差动保护不能满足内部接地短路的灵敏系数要

求，可增设零序纵联差动保护。

零序比率差动原理：

针对主变压器高压侧接地故障，装置设有零序比率差动保护，其动作方程如下

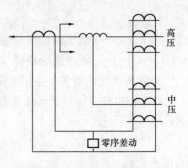

图 3-21　自耦变压器零序
纵联差动保护

$$I_{0d} > I_{0cd}$$

$$I_{0d} > K_{0b1} I_{0r}$$

$$I_{0r} = \max \{ |I_{01}|, |I_{02}|, |I_{0n}| \}$$

$$I_{0d} = |\dot{I}_{01} + \dot{I}_{02} + \dot{I}_{0n}|$$

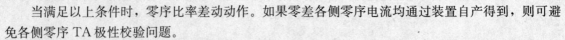

式中　I_{01}、I_{02}、I_{0n}——主变压器高压 I 侧、II 侧自产零序电流和中性点侧零序电流；

I_{0cd}——零序比率差动启动定值；

I_{0d}——零序差电流；

I_{0r}——零序差动制动电流；

K_{0b1}——零序差动比率制动系数整定值；

推荐 K_{0b1} 整定为 0.5。

当满足以上条件时，零序比率差动动作。如果零差各侧零序电流均通过装置自产得到，则可避免各侧零序 TA 极性校验问题。

运行经验表明，零序纵联差动保护用工作电压和负荷电流检验零序纵联差动保护接线的正确性困难较大，在外部接地故障，由于电流互感器极性接错而造成的误动作，该保护的正确动作率较低。

零序纵联差动保护的应用：

变压器接地故障与匝间故障对纵联差动保护性质上完全相同，只有轻微的匝间故障如发生在靠近中性点附近的接地故障，则由于差动保护有一定的启动值而不能动作，此时零序差动回路反映接地处与中性点接地点的短路匝内的电流而灵敏动作，因此零序差动的优点是在近中性点处发生接地故障，且接地电阻又不可忽略的情况才能显示优越性，但是零序差动既然有起动值，当接地电阻达到一定数值时仍是有死区的。

目前国内的保护配置已使用双重化的差动保护，由于微机型差动保护的启动电流下降到 $0.5 I_N$ 以下，对于接地故障有足够灵敏度，变压器瓦斯保护对于变压器内部接地故障（相当于匝间故障）亦是很灵敏的，其动作时间较差动保护略长，由于是轻微故障带些延时动作也是允许的。几十年来的实践证明，变压器匝间、接地故障（包括 500kV 变压器）造成差动、瓦斯保护均拒动而由后备保护切除尚无一例（由于熔断器及二次回路问题除外）。

500kV 自耦变压器零序差动保护不应使用中性点的电流互感器，因特性易饱和，且极性难判断导致零序差动保护误动的事例是很多的。若发生区外相间故障，则中性点的电流互感器无电流，而引出侧三相电流互感器的自产零序电流可能较大，相似于内部接地故障而导致误动。

综上所述，编者认为 220kV 电压等级以下的变压器不必增设零序差动保护，多一套保护亦是误动机率增加的根源。

330、500kV 自耦变压器，容量较大，均为单相变压器组成，接地故障概率较相间故障概率高，可以将零序差动保护作为接地故障主保护的辅助保护。

多侧电流互感器同型号、同变比，负荷阻抗亦相同，则差动的不平衡电流可以减到最小，对于变压器各侧的电流互感器不可能做到这一点，而分侧差动保护和零序差动保护原则上可以做到，由

于零序差动保护是三个电流互感器的相量和组成，从不平衡电流的数值而言，分侧差动保护优于零序差动保护，因此设有分侧差动保护的变压器就更不需要装设零序差动保护。

变压器零序差动保护应使用高压侧、中压侧、中性点侧三相电流互感器的自产零序电流，同型号、同变比的 TPY 级电流互感器。如图 3-22 所示。

从简化保护和降低启动值而言，对于零序差动保护没有必要设零序差速断。比率制动差动只设二段式的经过原点的制动特性，为了降低启动值可略带 40ms 延时，启动电流取（0.3～0.4）I_N，制动系数取 0.4～0.5。各侧电流互感器不是同一变比，是经过补偿取得一致变比，则定值可取上限值。

为避免在区外相间故障等因素所导致电流互感器暂态特性差异与饱和等所产生的自产零序电流不平衡电流，可采用下述措施：

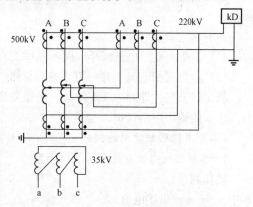

图 3-22 零序差动保护正确接线图

当各侧的三相电流中有两个相电流值大于 1.5 I_N，即判为相间故障，则将制动电流 [$I_{0.res} = \max(I_{0.H}, I_{0.M}, I_{0.T})$，其中 $I_{0.H}$、$I_{0.M}$、$I_{0.T}$ 分别为自耦变压器高压侧、中压侧、中性点侧的自产零序电流。] 自动切换为 $\max\{|I_{AH}|, |I_{BH}|, |I_{CH}|, |I_{AM}|, |I_{BM}|, |I_{CM}|\}$，使制动电流增加为故障相的最大相电流，如果变压器内部单相接地故障时误切换，则灵敏度可能降低，也能正确动作。

对零序比率差动也可采用正序电流制动的闭锁判据，即对于零序差动各侧的电流，当所有侧的零序电流大于正序电流的 β_0 倍时，才开放零序比率差动。其表达式为

$$I_0 > \beta_0 I_1$$

式中　I_0——某侧的零序电流；

　　　I_1——对应侧的正序电流；

　　　β_0——某一比例常数。

十三、纵联差动保护电流回路的断线闭锁措施

差动继电器动作电流的整定值应躲过电流互感器二次回路断线时的差流，BCH 型速饱和差动继电器在整定基本满足上述条件。但对于比率制动特性的差动继电器，为了提高其灵敏性和快速动作，一般定值均低于 0.5 I_N。

电流互感器电流回路断线时，断线闭锁保护应该把二次电压限制在允许范围之内，以防止设备遭受破坏，同时闭锁差动保护，但是由于没有完善可靠的电流回路断线闭锁保护，对变压器考虑到电流互感器回路断线，造成二次开路，产生高电压要损坏二次设备，为此在加强电流回路运行维护的基础上，允许当电流回路断线时，纵联差动保护动作。

断线闭锁保护的断线判别原理，常规的可采用相邻电流互感器差回路电流继电器闭锁方式，该电流继电器可不考虑励磁涌流和外部故障不平衡电流的因素，定值小于比率制动特性差动继电器的动作电流。

微机变压器保护主要利用相电流判别原理，根据断点的电流互感器的不同位置时的断线前、后相电流下降的突变来判别和采用同相差动回路不同侧电流比较作为辅助判据。也可利用零序电流判别原理，依据三相电流之和同变压器中性点零序电流互感器的零序电流的关系，但必须增加辅助判据，以防止故障时的不平衡电流的影响而误判。由于微机变压器差动保护的电流互感器 Y－△变换可用软件来实现，则有利于星形侧电流互感器的断线判别。

（一）微机保护常用的判别方式一：TA 异常判别

正常情况下判断 TA 断线是通过检查所有相别的电流中有一相无流且存在差流，即判为 TA 断线。

在有电流突变时，判据如下：

(1) 发生突变后电流减小（而不是增大）。

(2) 本侧三相电流中有一相无流，对侧三相电流健全且无变化。

满足以上条件即判为 TA 异常，当检测到 TA 异常时，延时 1s 发出告警信号。同时按照用户的需求来闭锁相应的保护。

（二）微机保护常用的判别方式二：TA 异常判别

1. 各侧三相电流回路 TA 断线报警

动作判据：
$$I_2 > 0.04 I_N + 0.25 I_{max}$$

式中　I_2——负序电流；

　　　I_N——二次额定电流（1A 或 5A）；

　　I_{max}——最大相电流。

延时 10s 后发相应 TA 异常报警信号，异常消失，延时 10s 后自动返回。

2. 纵差保护 TA 断线报警或闭锁

对于正常运行中 TA 瞬时断线，纵差保护设有瞬时 TA 断线判别功能，只有在相关纵差保护投入时，纵差保护 TA 断线报警或闭锁功能投入。

内部故障时，至少满足以下条件中一个：

(1) 任一侧负序相电压大于 2V（6V）。

(2) 启动后任一侧任一相电流比启动前增加。

(3) 启动后最大相电流大于 $1.2 I_N$（$1.1 I_N$）。

(4) 同时有三路电流比启动前减少。

而 TA 断线时，以上条件均不符合。因此，纵差保护启动后 40ms 内，以上条件均不满足，判为断线。纵差保护断线报警或闭锁。

（三）差流越限报警

正常情况下监视各相差流异常，延时 5s 发异常告警信号，判据如下
$$I_{d\phi} > K_{yx} I_{op}$$

式中　$I_{d\phi}$——各相差动电流；

　　　K_{yx}——装置内部固定的系数（固定取 0.3）；

　　　I_{op}——差动保护电流定值。

第四节　变压器电流速断保护

电压在 10kV 及以下、容量在 10MVA 及以下的变压器，当后备保护时限大于 0.5s 时，应装设电流速断保护。

电流速断保护应装设在变压器的电源侧，一般采用两相式。

电流速断保护的动作电流，按躲过负荷侧母线的最大短路电流整定，同时躲过励磁涌流，取其中最大的为 I_{op}。

(1) 按躲过负荷侧母线的最大短路电流整定。
$$I_{op1} = K_{rel} I_{k.max}$$

式中　　K_{rel}——可靠系数，取 1.3；

　　　　$I_{k.max}$——变压器负荷侧母线最大短路电流。

10kV 变压器的短路阻抗约为 4.5％。

（2）充电合闸时，躲过励磁涌流整定。

$$I_{op} = (7 \sim 12)I_N$$

（3）灵敏系数

$$K_{sen} = \frac{I_{k.min}}{I_{op}} \geqslant 2$$

式中　　$K_{k.min}$——保护安装处发生两相短路时，流过保护装置的最小短路电流。

第五节　变压器后备保护

后备保护作用主要是为了变压器区外故障，特别是考虑在其连接的母线发生故障未被切除的保护，当然也可以兼作变压器主保护的后备（尤其 110kV 及以下电压等级的变压器）和其连接的线路保护的后备（尤其 110kV 及以下电压等级的线路）。当加强主保护以后，差动保护双重化配置，瓦斯保护独立直流电源，因此主保护是非常可靠、灵敏、快速的，理应简化后备保护。后备保护只要具备在 220kV 及以上电压系统是近后备，在 110kV 及以下电压系统是远后备的基础，不需要仿照线路保护设几段后备保护，线路保护有距离保护，基本不受短路电流的影响，保护范围较固定，配合比较简单。变压器后备保护主要是母线的近后备，110kV 及以下电压等级线路的远后备，只要系统内故障能由保护动作切除不至于拒动就满足要求。如果后备保护要从电流保护的多段式与相邻线路距离保护的多段以解决多段式配合，这是既复杂又困难的问题。变压器后备保护不需作多段配合、定值校核的工作，要摆脱整定计算中难以配合的困扰。目前，微机型保护各侧设置相间和接地保护各设Ⅲ段八时限的复杂保护是作茧自缚，没有好处，因此必须简化后备保护。

简化后备保护的原则是：①500kV 电压等级的变压器，是双电源，高、中压侧设置一段式距离保护和反时限过电流保护。一段式零序方向过电流（或接地距离一段）和零序过电流（或反时限零序过电流）作为母线近后备和最后防线；②220kV 及以下电压等级的变压器，由于 110kV 及以下电压等级电网开环运行，变压器中、低压侧有地区小电源，则使用专用的解列装置。在高压侧故障，将小电源解列，使变压器中、低压侧后备保护可按无电源配置。不需要配置方向元件。变压器高压侧只设置复合电压过电流保护，中、低压侧设复合电压过电流保护作为远后备，电流限时速断作为母线近后备。

一、过电流保护

过电流保护作为变压器内部短路时的近后备保护及外部短路时下一级保护或断路器失灵的后备保护。当变压器所接母线无专用母线保护时，作为该母线的主要保护。

过电流保护的接线，在大接地短路电流系统采用三相三继电器的接线。在小接地短路电流系统，根据变压器容量的大小，可采用三相三继电器式、二相三继电器式、二相二继电器式和相电流之差的二相一继电器式的接线。对于 Yd 接线的变压器不能采用相电流之差的接线。

过电流保护动作电流按下述四个条件整定，取其中的最大值为 I_{op}。

（1）按变压器额定电流整定

$$I_{op} = \frac{K_{rel}}{K_r} I_N$$

式中　　K_{rel}——可靠系数，取 1.2；

K_r ——返回系数，取 0.85～0.95；

I_N ——每台变压器的额定电流。

有数台变压器并列运行时，则躲过并列运行中的变压器当切除一台时所产生的过负荷电流。对不同容量的变压器并列运行，按其中最大容量的一台切除，再按变压器阻抗分配其总的负荷电流。

（2）躲过负荷自启动电流

$$I_{op} = K_{rel} K_{ast} I_N$$

式中　K_{rel} ——可靠系数，取 1.2；

K_{ast} ——自启动系数，对 35kV 负荷取 1.5～2，对 6～10kV 负荷取 1.5～2.5。或根据实际负荷进行计算。

（3）躲过变压器低压侧自投负荷

$$I_{op} = K_{rel}(I_{ld. max} + K_{ast} I_{ald})$$

式中　K_{rel} ——可靠系数，取 1.2；

$I_{ld. max}$ ——原正常运行的最大负荷电流；

K_{ast} ——自启动系数，取 1.5～2.5；

I_{ald} ——自投的负荷电流。

（4）与相邻元件的保护配合。变压器高、低压侧母线上均有相邻元件，因此，上下级保护之间应遵守动作参数逐级配合的原则，要做到灵敏系数和动作时间两个方面都配合。上、下级保护的配合系数 K 取 1.1。

过电流保护灵敏度系数校验

$$K_{sen} = \frac{I_{k. min. k}}{I_{op}}$$

式中　$I_{k. min. k}$ ——灵敏系数检验点短路时，流过继电器的最小短路电流。

在被保护变压器低压侧母线短路时，要求 $K_{sen} \geqslant 1.5$；远后备保护范围末端发生短路时，$K_{sen} \geqslant 1.2$。

如果要求该过电流具有完全的远后备作用有困难时，允许缩短远后备保护范围。在同一运行方式下，保护的灵敏系数与接线方式、故障类型有关，校验灵敏系数时，应选择最不利的故障类型。

过电流保护的动作时间应大于所有出线的最长时间。

二、低电压过电流保护

当过电流保护灵敏系数不符合要求时，可装设低电压过电流保护。

低电压过电流保护，由于装设低电压闭锁控制元件，正常过负荷时保护装置不会动作，因此，电流元件可按变压器的额定电流整定。

变压器各侧保护间的配合属于上、下级保护配合范围，亦遵守保护配合原则。

低电压元件按下述条件整定：

（1）躲过运行中可能出现的最低工作电压，即 $U_{op} = 0.7U_N$。

（2）躲过电动机自启动电压，即 $U_{op} = 0.6U_N$。

灵敏系数为

$$K_{sen} = \frac{U_{op}}{U_{k. max}}$$

式中　$U_{k. max}$ ——灵敏系数检验点发生短路时，保护安装处的最高残余电压。

变压器各侧母线短路时，要求灵敏系数为 1.5。若不能满足灵敏系数要求时，可分别在各侧母线均安装低电压闭锁元件，而后并联。电压元件一般接相间电压。对于中小型变压器，但低压侧未设电压互感器，在经过 Yd 变压器后，当满足高、低压侧均有足够的灵敏系数，也可接相电压。

三、复合电压过电流保护

复合电压过电流保护是将低电压过电流保护的三个低电压元件，简化为一个负序电压和一个相间电压组成，对不对称短路故障，高、低压侧电压与变压器的接线组别无关，仅增加变压器本身的短路压降，因此灵敏度较高。

复合电压过电流保护是最主要的后备保护，因为是按变压器额定电流整定，故保护范围较长，可以兼作和其连接的线路的后备保护，但是需要与线路的后备段最长时间相配合。虽然时限较长，但它是防止系统内保护拒动最优的措施，避免造成系统电源的根部各发电厂相应发电机的跳闸，是防止大面积停电、保证系统安全的措施，也是最后一道防线。

复合电压过电流保护设有各侧（高、中、低）复合电压闭锁，无电源端的复合电压闭锁只取本侧复合电压闭锁。双绕组变压器低压侧无电源，则高压侧过电流可不设高压侧复合电压闭锁，只需低压侧复合电压闭锁，就能满足各侧故障的电压灵敏度要求。

当各侧复合电压闭锁的任一侧电压断线时，只能断开该侧复合电压闭锁，其他侧仍有电压闭锁。当断开闭锁侧发生故障，保护将拒动，后果严重。因此任一侧电压发生断线时，宁可使之变成无电压闭锁的过电流保护也不能导致失去最后防线的作用。如果失去电压闭锁，能够造成负荷跳闸，则失电压后自动抬高电流定值为 $1.5 I_N$。

多侧电源的各侧复合电压闭锁过电流不宜设方向判据，尤其高压侧复合电压闭锁过电流更不应设方向判据。

过电流定值为

$$I_{op} = \frac{K_{rel}}{K_r} I_N = (1.2 \sim 1.3) I_N$$

式中　K_{rel}——可靠系数；

　　　K_r——返回系数；

　　　I_N——变压器额定电流。

对于大容量小负荷的变压器也可按照最大负荷电流整定。

低电压定值为

$$U_{op} = \frac{U_{min}}{K_{rel} K_r} = 0.8 U_N$$

式中　U_N——额定相间电压；

　　　U_{min}——最低工作电压。

U_{op} 按躲过电动机自启动时的电压整定，可整定为 $0.7 U_N$。

负序电压定值为：$U_{2op} = (0.06 \sim 0.08) U_N$，$U_N$ 为额定相电压。

动作时间与同侧相邻线路距离段最长的时间相配合，增加一个 Δt。

四、电流限时速断保护

在变压器中、低压侧均可装设电流限时速断保护作为母线的快速后备保护，其电流可按照保护本侧母线的灵敏度整定，取灵敏系数 $1.2 \sim 1.3$。动作时间与电流伸到相邻同侧线路保护的配合段的时间相配合，增加一个 Δt。如中压侧有电源则加方向闭锁，方向固定指向母线。

五、负序电流保护

因为负序电流保护与相邻元件保护配合很复杂，运行经验证明，变压器负序电流保护在外部故障时误动作很多，故仅用于发电机—变压器组。

六、阻抗保护

为了使变压器的后备保护与其高、中压侧超高压线路的阻抗保护相配合，可设阻抗保护。

阻抗保护不能作为变压器的后备保护，变压器内部故障所测的阻抗是一个很复杂的问题，对于自耦变压器，经过仿真计算，高压侧、中压侧单相接地、匝间短路，低压侧匝间短路几乎全部位于变压器短路阻抗为半径的圆以外，有一部分测量的阻抗还落到负荷阻抗之外，因此阻抗元件不能作为变压器各侧绕组内部短路的近后备保护，从简化的原则考虑取消变压器的阻抗保护是正确的。

目前500kV变压器的500kV侧极大部分是3/2断路器接线，母线保护都是双重化，因此作为母线故障的近后备功能大为降低，设立复合电压闭锁的过电流保护作为最后一道防线，也无可非议。220kV侧极大部分是双母线三分段、四分段接线，过去只有一套母线差动保护。当母线故障，母差拒动或者母差未投则就需要变压器增设阻抗保护作为母线的近后备保护，编者认为500kV自耦变压器的220kV侧设一段方向固定指向220kV母线的带偏移特性的方向阻抗保护还是有必要的。

（一）相间阻抗保护

阻抗保护通常作为330kV及以上大型变压器短路故障的后备保护，由保护启动、阻抗测量元件、延时、电压回路断线闭锁元件等部分组成。

（1）保护启动元件。有突变量启动和负序电流启动，其中突变量启动同差动保护，负序电流启动元件如下：

$$\begin{cases} I_2 > I_{2.\,\text{st}} \\ I_{2.\,\text{st}} = 0.2I_N \end{cases}$$

式中　I_2——负序电流的有效值；

$I_{2.\,\text{st}}$——固定门槛；

I_N——变压器的额定电流。

（2）阻抗测量元件。相间阻抗保护的动作特性，可根据需要整定成为全阻抗特性或偏移阻抗特性。阻抗的正方向指向变压器，也可以指向系统，由定值来决定。装置可提供Ⅰ段二时限。

（3）最大灵敏角固定为85°。相间阻抗保护采用0°接线，电压选取各线电压，电流取对应的线电流。如$\dot{U} = \dot{U}_A - \dot{U}_B$，$\dot{I} = \dot{I}_A - \dot{I}_B$，计算阻抗。

阻抗保护的动作特性如图3-23所示。

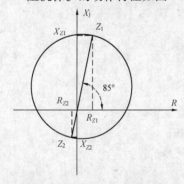

图3-23　阻抗元件的动作特性

R_{Z1}—正向电阻分量；

X_{Z1}—正向电抗分量；

R_{Z2}—反向电阻分量；

X_{Z2}—反向电抗分量；

Z_1—指向变压器的阻抗值；

Z_2—指向系统的阻抗整定定值

其中：Z_1为指向变压器的阻抗值，为变压器阻抗的70%，其根据定值"高—中短路电压百分数"计算得到。Z_2为指向系统的阻抗值，可以整定。

（4）阻抗保护不设振荡闭锁元件。本侧电压互感器断线应闭锁本侧的阻抗保护功能。

（5）为简化阻抗保护可由过电流启动的阻抗保护。当电压断线时，可将时间元件自动切换到1.5～2.0s，变成过电流保护。

阻抗保护整定原则：

（1）方向指向变压器。阻抗保护采用略带3%偏移特性的方向阻抗元件。作为变压器及其引出线和对侧母线的相间短路故障的后备保护。

阻抗保护整定原则，应与对侧母线相邻线路距离保护的定值配合，但灵敏系数按对侧母线故障校验，不得小于1.5，动作时间与所配合的线路距离保护段时间相配合

$$Z_{\text{op}} = 0.7Z_T + 0.8\frac{1}{K_b}Z_{\text{op.}1}$$

式中　Z_T——主变压器阻抗，折算为安装处的每相欧姆值；

$Z_{op.1}$——与其相配合的线路距离保护段定值，折算为安装处的每相欧姆值；

K_b——分支系数，取各种可能出现的运行方式下的最大值。

对于 500/220kV 变压器，一般在 500kV 侧设一段式阻抗保护，方向指向 220kV 母线，第一段时限切 220kV 断路器，第二段时限切各侧断路器。在 220kV 侧设一段式阻抗保护，方向指向 500kV 母线，第一段时限切 500kV 断路器，第二段时限切各侧断路器。

如允许自耦变压器可以不带低压侧静补装置运行，则只设一个时间，切各侧断路器。

（2）方向指向母线。阻抗保护用偏移特性的方向阻抗元件。

正方向阻抗 Z_1 整定与本侧线路距离保护的定值相配合。

$$Z_1 = 0.8 \frac{1}{K_b} Z_L$$

Z_L 为与之相配合的线路距离段动作阻抗，一般为线路保证灵敏度段的动作阻抗，时间尚需防止系统振荡的误动，大于 1.5s。也可与相配合的线路距离保证灵敏度段的时间大 Δt，如动作阻抗值较小，可为 1.0s。一般在振荡时不误动。

反方向阻抗 Z_2 整定：$Z_2 = 0.7 Z_T$。

方向指向母线的整定方式存在的问题。失去变压器的后备保护作用（有 30% 死区）。如果作为母线的近后备保护则母线故障，后备保护的灵敏度应该考虑弧光电阻的因素。母线的相间距离 220kV 为 2.5～3.0m，500kV 为 5～6m。目前缺乏相间故障的弧光电阻数值而且又受到分支系数的影响。总之不能设置过小的阻抗定值。

例如：500kV、220kV、750MVA 变压器。阻抗百分比为 $X_T = 14\%$，按 100MVA 基量计算主变压器标幺值为 $X_T* = 0.019$，500kV 侧为 0.019×2500=47.5（Ω）相当于 500kV、160km 线路。220kV 侧为 0.019×484=9.2（Ω）相当于 220kV、23km 线路。如果正方向的阻抗按变压器阻抗值 10% 整定，电阻值约为 25%，显然不能满足有弧光电阻的灵敏度，220kV 侧更为严重。

超高压系统的各电气设备（包括线路）均装设两套独立的快速保护和断路器失灵保护，后备保护均为近后备。若系统一次设备有冗余度，能满足 $n-1$ 的安全性。则保护误动可以容忍，但保护拒动，在电网中没有任何保护能动作切除故障，其后果极其严重。

后备保护的目的是防止保护拒动。因此当后备保护动作，应该不考虑系统的稳定问题。而要求把故障切除，使损害程度降到最低。为此后备保护的作用是用时间来换取灵敏度。

当 500kV 变压器的高、中压侧相间距离的后备保护都是指向母线的整定方式，不但失去变压器的后备作用，而且整定值过低又将失去靠近母线的相邻线路部分后备作用。

为解决变压器的后备作用和保护拒动能切除故障的最后一道防线，可采取下述措施：

1）方向指向母线的整定方式，应与相邻线路配合，尽可能增加保护范围以满足弧光电阻的灵敏度，适当增加延时。220kV 侧正方向应大于 30% 的变压器阻抗值。

2）在 500kV 侧增设反延时过电流保护，否则可设一段定限时过电流保护，整定按躲开事故性负荷取 2.0～2.5I_N 整定，时限取变压器能承受的时间 8～10s，作为变压器的后备保护和防止保护拒动的最后一道防线。

（二）接地阻抗保护

接地阻抗元件可以代替方向零序电流保护。接地阻抗特性使用对原点对称的长方形特性，反应故障点过渡电阻能力强。在满足振荡不误动的条件下，使时限缩短到 0.5～1.0s，方向指向母线，整定应与线路接地距离的定值相配合。

（三）相间阻抗和接地阻抗保护

相间阻抗和接地阻抗保护，当母线的母差保护停用时，为系统稳定需要，应使用更短的时限投入。作为母线的主保护，允许在较小范围内无选择动作。

（四）振荡闭锁

阻抗元件的振荡闭锁分三个部分：

（1）在启动元件动作起始 160ms 以内，其动作条件是，启动元件开放瞬间，若按躲过变压器最大负荷整定的正序过电流元件不动作或动作时间尚不到 10ms，则振荡闭锁开放 160ms。

该元件在正常运行突然发生故障时立即开放 160ms，当系统振荡时，正序过电流元件动作，其后再有故障时，该元件已被闭锁，另外当区外故障或操作后 160ms 再有故障时也被闭锁。

（2）不对称故障开放元件。不对称故障时，振荡闭锁回路还可由下述元件开放

$$|I_0| + |I_2| > m|I_1|$$

其中 m 为某一固定比例常数，取值是根据最不利的系统条件下，振荡又区外故障时振荡闭锁不开放为条件验算，并留有相当裕度。I_1、I_2、I_0 分别为正序、负序和零序电流。

采用不对称故障开放元件保证了在系统已经发生振荡的情况下，发生区内不对称故障时瞬时开放振荡闭锁以切除故障，振荡或振荡又区外故障时则可靠闭锁保护。

（3）对称故障开放元件。在启动元件开放 160ms 以后或系统振荡过程中，如发生三相故障，则上述两项开放措施均不能开放保护，装置中另外设置了专门的振荡判别元件，其测量振荡中心电压

$$U_{OS} = U_1 \cos \varphi_1$$

式中 　　φ_1——正序电流电压的夹角；

　　　　U_1——正序电压。

由图 3-24 假定系统联系阻抗的阻抗角为 90°，则电流相量垂直于 E_M、E_N 连线，与振荡中心电压同相。

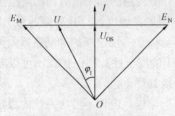　　　　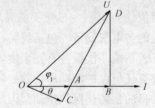

图 3-24　系统电压相量图　　　　图 3-25　短路电流电压相量图

在系统正常运行或系统振荡时，$U_1 \cos \varphi_1$ 恰好反应振荡中心的正序电压。

在三相短路时，设线路阻抗角为 90° 时，则 $U_1 \cos \varphi_1$ 是弧光电阻上的压降，三相短路时过渡电阻是弧光电阻，弧光电阻上压降小于 $5\%U_N$；实际系统线路阻抗角不为 90°，因而可进行角度补偿，如图 3-25 所示。

OD 为测量电压，$U_1 \cos \varphi_1 = OB$，因而 OB 反应当线路阻抗角为 90° 时弧光电阻压降，实际的弧光压降为 OA，与线路压降 AD 相加得到测量电压 U。

本装置引入补偿角 $\theta = 90° - \varphi_1$，得到 $\varphi = \varphi_1 + \theta$，上式变为 $U_{OS} = U \cos \varphi$，三相短路时，$U_{OS} = OC \leqslant OA$，可见 $U \cos \varphi$ 可反应弧光压降。

利用 $U_1 \cos \varphi_1$ 可判别振荡与短路。

本装置采用的动作判据分两部分：

1）$-0.03U_N < U_{OS} < 0.08U_N$，延时 150ms 开放，即保护增延时 0.15s。

2）$-0.1U_N < U_{OS} < 0.25U_N$，延时 500ms 开放，即保护增延时 0.5s。

　　距离保护的振荡闭锁是一个复杂的问题，使用微机保护有了改进。在故障（不论区内外）开始的最初时间 160ms 内无条件开放保护，稍后有条件开放保护。

　　不过振荡中发生故障的可能性是较小的。振荡时系统电压也在振荡，大部分时间电压低于正常值，再发生故障的可能性当然减少。随着网架结构的加强，使系统振荡的事故大为减少。同时故障被快速保护瞬时切除后系统仍然是稳定的。

　　距离保护中对于瞬时动作的振荡闭锁是必需的，作为带有延时动作的变压器阻抗后备保护既不能保证系统的稳定，又不能解决动作时间和灵敏度的矛盾。在防止保护拒动的前提下，满足灵敏度适当提高动作时间也是允许的。这样，振荡闭锁最好不使用，以简化后备保护。

七、500kV 变压器反时限过电流保护

（一）反时限过电流保护

　　阻抗保护不能作为变压器内部故障全范围的后备保护，也无法作为相邻线路的远后备保护，因此最后防线必须是电流保护。低压过电流保护在整定配合上有困难。根据 500kV 变压器的允许过负荷曲线制作变压器反时限过电流保护。

　　变压器的过负荷特性曲线一般可由下述公式表示

$$t = \frac{35t_p}{I_*^2 - I_{p*}^2}$$

式中　I_*——I 的标幺值，I 为三相电流中的最大值，其基准值为该侧的额定电流；

　　　　I_p——反时限保护启动电流；

　　　　t_p——时间常数。

一般要求 $I_* = 7$，允许时间为 2s。

当 $I_* \geqslant 2$ 时，设 $t_p = 3$，$I_{p*} = 1.1$。

$$I_* = 7，则 t = \frac{35 \times 3}{49 - 1.21} = 2.19s；$$

$$I_* = 2，则 t = \frac{35 \times 3}{4 - 1.21} = 37.6s；$$

$$I_* = 1.3，则 t = \frac{35 \times 3}{1.69 - 1.21} = 218s。$$

　　当 $1.3 < I_* < 2$ 时，考虑散热等条件，可将 t_p 值增大。如 t_p 取 4.5，这样 $I_* = 1.3$ 时，$t = 328s$，时间过长，作为系统故障最后一道防线已无意义。从系统上考虑，且有利于变压器设备的安全，宜将 1.3 倍额定电流限制在 100s 以内。即任何故障电流按照反时限特性曲线大于 100s 时，均限制在 100s 跳闸。

　　反时限过电流保护 $I_* \geqslant 1.3$ 时作用于跳闸；$I_* = 1.1$ 时，经 10s 发告警信号。

（二）反时限零序电流保护

　　采用反时限特性的零序电流，全网使用统一的启动值和反时限特性。接地故障时按电网自然的零序电流分布以满足选择性。

　　全网的线路均使用反时限零序电流保护。

　　反时限特性为

$$T = T_1 + T_2$$

$$T_1 = \frac{k}{\left(\dfrac{I}{I_p}\right)^R - 1} t_p，\quad T_2 = t + \Delta t$$

式中　T_1——反时限特性的动作时间；

　　　　T_2——定时限特性的动作时间；

t ——全网接地距离最末一段中最长的时限；

I_p ——反时限电流整定值；

t_p ——为时间常数对应零序反时限时间定值；

$\Delta t = 0.5s$。

用 IEC 标准的正常反时限 $R = 0.02$，$k = 0.14$。

非常反时限 $R = 1$，$k = 13.5$

极端反时限 $R = 2$，$k = 80$

全网线路统一为

$$t_{(0)} = \frac{0.14}{\left(\dfrac{I_0}{I_p}\right)^{0.02} - 1} t_p$$

例如某 500kV 系统全网整定为 $I_p = 300A$，$t_p = 0.8$。

变压器零序反时限特性与线路零序反时限特性用相同的特性和相同的 I_p 值，但 T_2 的时间较线路 T_2 的时间再增加一个 Δt。

当线路 $T_2 = t + \Delta t$，则变压器 $T_2 = t + 2\Delta t$。

反时限零序电流保护采用自产零序电流即 $\dot{I}_A$、$\dot{I}_B$、$\dot{I}_C$ 之和，需设置电流互感器断线闭锁。

八、66kV 及以下电压等级变压器接地保护

(1) 10～66kV 系统低电阻接地变压器配置零序过电流保护。零序过电流保护宜接于接地变压器中性点回路中的零序电流互感器。当专用接地变压器不经断路器直接接于变压器低压侧时，零序过电流保护宜有三个时限，第一时限断开低压侧母联或分段断路器，第二时限断开主变压器低压侧断路器，第三时限断开变压器各侧断路器。当专用接地变压器接于低压侧母线上，零序过电流保护宜有两个时限，第一时限断开母联或分段断路器，第二时限断开接地变压器断路器及主变压器各侧断路器。

(2) 一次侧接入 10kV 及以下非有效接地系统，绕组为星形—星形接线，低压侧中性点直接接地的变压器，对低压侧单相接地短路应装设下列保护之一：

1) 在低压侧中性点回路装设零序过电流保护。

2) 灵敏度满足要求时，利用高压侧的相间过电流保护，此时该保护应采用三相式，保护带时限断开变压器各侧。

九、大电流接地系统变压器接地保护

(一) 变压器中性点直接接地的零序电流保护

零序电流保护的主要作用是保护母线，同时也对相邻线路接地故障和变压器内部接地故障起后备保护作用。

零序电流保护与相邻元件的接地保护配合必须遵守动作参数逐级配合的原则。

零序电流保护的定值要与相邻线路零序电流末段相配合，也可与相邻线路接地距离后备段配合，对母线接地故障的灵敏系数要求大于 1.5。

$$I_{op} = K_{rel} K_b I_{op.1}$$

式中　　K_{rel} ——可靠系数取 1.1；

　　　　K_b ——分支系数，取各种运行方式下的最大值；

　　　　$I_{op.1}$ ——与其相配合的相邻线路零序保护后备段定值。

动作时间为与之配合的所有相邻线路零序保护段最长的时间相配合，一般为 4.0～4.5s。设两个时限元件，以第一较短时间先跳本侧断路器，第二较长时间跳各侧断路器。对于双绕组变压器，则设一个时限元件。

当系统内线路的后备保护为接地距离后备段，同时线路接地距离后备段对本线路末端故障均有足够灵敏系数，则变压器零序电流保护按母线接地故障的灵敏系数计算，只要求动作时间的配合。

零序电流快速段因为整定困难，而且 110kV 及以下电压等级电网解环运行，可看成无电源，故没有必要设置。

Yd11 接线变压器零序电流保护一般使用中性点的电流互感器，无需方向元件。对于 110kV 变压器属于远后备方式计算定值，纵差保护与后备保护分别装设独立的硬件，由于只装设一套纵差保护，此时后备的零序电流保护作为变压器的后备保护，为降低保护的动作时间，可配置零序方向过电流保护，使用 110kV 侧三个电流互感器组成的自产零序电流，方向指向变压器，动作电流躲开变压器低压侧三相短路的不平衡电流，动作时间小于 1.5s。

（二）变压器中性点间隙接地的接地保护

为防止工频过电压对变压器的危害，对 220kV 中性点不直接接地的变压器采用经放电间隙接地方式。放电电压整定均等于变压器额定相电压值，间隙长度为 300～350mm。当系统发生单相接地故障时，有关中性点直接接地变压器全部断开后，带电源的中性点不直接接地的变压器，因接地点未消除而引起电网零序电压升高，使放电间隙放电，降低了对地电压。为防止变压器绝缘损坏，保护采用零序电流与零序电压并联启动时间元件方式。在放电间隙放电，有零序电流时，通过零序电流保护切除变压器。若放电间隙不放电，则利用零序过电压切除变压器。

放电间隙零序电流的专用电流互感器，设在放电间隙直接接地的一端。当放电间隙放电，中性点通过零序电流时，该保护动作跳闸，零序电流一般整定为 100A。

零序过电压的零序电压定值按 1.8 倍相电压整定。当 $3U_0$ 取自变比为 $\dfrac{U_N}{\sqrt{3}}/\dfrac{100}{\sqrt{3}}/100$ 的电压互感器时，其定值为 180V。

变压器中性点间隙接地保护为防止间隙性弧光放电而拒动，零序电流元件和零序电压元件共用时间元件，并使电流、电压元件返回时略带延时，保护动作时间为 0.3～0.5s，动作于全切。

110kV 侧电压的中性点直接接地的电网，分级绝缘的变压器中性点不装设放电间隙，只能用于中性点直接接地运行。

当有两组及以上变压器并列运行，不考虑零序电流电压保护先切除不接地变压器，后切除接地变压器的保护方式，应采用变压器中性点装设放电间隙的间隙接地保护。根据运行实践，110kV 的放电间隙的间距短，由于周围环境的污染，在接地故障时误击穿，造成变压器误动跳闸事故。为此采用间隙零序电流和零序电压分别启动时间的方案。零序电压按 150～180V 整定，时间 0.3～0.5s；零序电流按一次电流为 100A 整定，延时可与相邻线路的零序电流保护配合整定，选用 0.5～2.0s。虽然间隙在接地故障时误击穿，间隙零序电流与相邻线路零序电流不配合，但时间上配合，亦能防止较多的误动跳闸事故。

（三）中性点全绝缘变压器的接地保护

中性点全绝缘变压器的接地保护，除有零序过电流保护外，应增设零序过电压保护。当变压器中性点不接地时，所连接的系统发生单相接地故障同时又失去接地中性点的情况，这对中性点直接接地系统的电气设备绝缘将构成威胁，为此靠零序过电压保护切除。

过电压保护定值可取 180V、0.3s。

分级绝缘变压器应在中性点装设放电间隙并装设变压器中性点间隙接地的接地保护，如不装设放电间隙，则宜中性点直接接地运行。

（四）高、中压侧中性点连通的变压器的零序保护

对高、中压侧中性点都直接接地的三个电压等级的变压器，在高、中压两侧要分别装设零序电流保护，其中一段带方向元件，其方向指向本侧母线，切本侧断路器。另一段不带方向，作为变压器内部故

障的后备保护，切各侧断路器。各侧接地保护应分别接到变压器各侧电流互感器的零序回路上。

对自耦变压器，按上述原则装设保护。

自耦变压器高、中压侧具有共同直接接地的中性点，当系统单相接地故障，零序电流在变压器高、中压侧间流动，但流入接地中性线上的零序电流与系统运行方式有关，其大小和相位会有较大变化，不能正确反应外部单相接地故障，因此，必须在高、中压侧分别装设零序电流保护，零序电流保护接于本侧三相电流互感器组成的零序电流滤过器上，或者自产零序电流，为满足选择性要求，可增设零序方向元件，方向指向本侧母线。

220kV 自耦变压器，当中、低压侧无电源，为保护变压器高、中压侧发生接地故障，220kV 侧增设零序电流方向段保护作为后备段，方向指向变压器以缩短跳闸时间，整定不超过 2s。但实际上纵差保护双重化，灵敏度足够，而且中压侧母线接地，灵敏系数难满足要求，主要靠中压侧方向指向母线的零序电流方向保护，因此高压侧设零序电流方向段保护似无必要。

500kV（220kV）和 220kV（110kV）的各侧接地保护设两段。整定原则：

第一段为方向接地保护，零序方向元件中的零序电压和零序电流均采用自产，动作范围为 $\varphi_{lm} \pm 80°$（φ_{lm} 为最大灵敏角）。方向固定指向母线，整定与同侧相邻线路的接地距离或接地电流保护配合整定。一般要求母线接地故障有一定的灵敏度，近后备为 1.3，时限一般为 1.5s。

第二段为接地保护，不带方向的接地电流应按被保护母线考虑适当的弧光电阻后的灵敏度整定，并与同侧相邻线路保证灵敏度段的最长段配合。一般与接地故障最末一段（如一次值为 300A）配合是困难的，可以不考虑。

500kV、750MVA 变压器空投侧的零序涌流可达 2.5 倍额定电流，经 0.3s 下降到额定电流以下，如零序电流保护整定为 300A，时间 4.5～6.0s，则可能误动。变压器和应涌流衰减时间长，且与励磁涌流方向相反，对零序方向保护不利。为此可设谐波制动闭锁措施。当二次谐波含量达到一定比例时闭锁零序电流保护。一般零序方向保护只要保证本侧母线灵敏度整定，其定值较高，可以不闭锁。

当低压侧为三角形接线的自耦变压器高压侧或中压侧断开一侧后，内部发生单相接地故障，零序电流保护的灵敏系数不符合要求时，可在变压器中性点回路增设一段零序过电流保护，动作电流为 $I_{op.0} = K_{rel} I_{unb.0}/n_a$，式中可靠系数 K_{rel} 取 1.5～2；$I_{unb.0}$ 为正常运行时零序回路可能出现的最大不平衡电流。保护动作时间大于各侧零序过电流保护动作时间。

一般电流定值为一次值 300A，时间为 5s。

（五）自耦变压器低压侧不接地系统的保护

（1）低压侧过电流保护具有两段时间，第一时限跳本侧断路器，第二时限跳各侧断路器。

过电流保护按额定电流整定，并保证灵敏系数大于 1.5。

第一时限与低压侧保护配合，第二时限为第一时限增加一个 Δt。

（2）低压侧零序过电压保护，电压取自产零序电压。定值固定为 40％的 3 倍相电压（3×57.7V＝173V）

电压取电压互感器开口三角电压为 100V，则为 40V，6s 告警。

十、后备保护段多段时间的跳闸问题

后备保护各时间段除了切除被保护设备外，增加了缩小故障影响范围，因此设计了程序式跳闸，第一时限切两分段断路器，第二时限切本侧母联断路器，第三时限切本侧断路器，第四时限全切。这在理论上时间程序很合理，但在实际运行时没有必要。从运行实践得知：

（1）用多级分段时间来缩小故障范围没有实际意义，对于母线上单电源的线路有效，对于双电源的线路不起作用。例如，后备保护的时限是 1.5s，当采用程序式跳闸，则线路对端的断路器均由线路保护跳闸，因此切母联断路器仅在 110kV 及以下等级的单电源线路起作用。对于目前

220kV 环网连接的线路没有效果，这样做的结果延长了切除故障的时间。

（2）当后备保护动作来切除母线故障，系统稳定已破坏，这样按时间程序跳闸只能造成更严重的破坏。

（3）实践经验由后备保护动作来保证母线的选择性，成功的概率是非常小的。

（4）本设备的保护最好只切除本设备的断路器，如果切运行中的其他断路器，在运行维护、保护试验中造成误切，这样的事例较多。

（5）不符合加强主保护和简化后备保护的原则，造成接线非常复杂，增加保护误动的概率。

（6）当母差保护停用时，只能加快后备保护的动作时间，不允许再考虑母线的选择性。

综合如上所述，属于最后防线的过电流保护只设一个时间段，可以全切，如高压侧的过电流保护、接地保护等，其他保护最多设两个时间段，如对于单侧电源的变压器的低压侧第一时限切母联，第二时限切本侧。高压侧后备段对于某侧灵敏度不足的某侧后备段而言，第一时限切某侧，第二时限全切。四分段的母线，同时母线上的线路多数是单电源线路，第一时限切母线两个断路器（分段、母联），第二时限切本侧。

十一、特殊问题处理

（一）地区小电源的问题

全国电网中，随着 500kV 电网的形成与发展，110kV 及以下电压等级电网是开环运行，但是尚存在很多的地区小电源经过 110kV 及以下电压等级线路与系统联网。

220kV 及以下电压等级的变压器，中、低压侧有地区小电源，当高压侧故障，小电源不能供给足够的故障电流，或者故障电流小于变压器的负荷电流，则无法使用方向电流保护，应采取小电源联络线路的小电源专用解列装置，在高压侧故障，将小电源解列。这样使变压器中、低压侧后备保护可按无电源整定。专用解列装置可利用变压器本侧的方向（指向变压器）和地区小电源联络线的电流构成方向电流解列装置，或者用频率解列装置，根据负荷平衡，动作于母联或小电源联络线。也可用逆功率保护解列小电源。

专用解列装置利用变压器本侧的方向（指向变压器）。由于负荷是指向中、低压侧，方向过电流保护不需要按相启动方式接线，电流用本侧的负序电流（不对称故障）和本侧突变量电流并用本侧相间电压自保持（三相故障）组成的方向电流解列装置。限时动作于母联或小电源联络线。解列装置的整定：负序电流躲不平衡电流且和突变量电流一样按保证高压（中压）侧故障的灵敏度整定。自保持电压按 0.8 额定电压整定。时限可较相配合线路保证灵敏度的保护时限段增加一个 Δt，一般不超过 1.5s。必要时可降低时限为 0.5～1.0s。

（二）2 台变压器并列运行问题

110kV 及以下电压等级的变压器和线路均是一套微机保护，因此变压器高压侧的电源线应作为变压器的远后备，而变压器低压侧复合电压过电流保护应作为低压侧线路的远后备。若 2 台变压器并列运行，将使上、下级电流保护配合困难，要满足远后备的灵敏度更困难，为此需采取下述措施：

（1）2 台变压器在低压侧解列运行，用母联设置备用电源自动投入装置，这是最安全的措施。

（2）2 台变压器必须并列运行，则在母联上设置解列装置，并设母线差动保护。解列装置由复合电压过电流保护组成，当高压侧 220kV 线路保护后备段伸不到并列后的低压母线，则电流按 $0.5 I_N$ 整定，时间较变压器同侧母线的复合电压过电流保护降低一个 Δt，其缺点是切除故障的时间增大一倍，这也是允许的。另外，再增设限时电流速断解列，电流按变压器限时速断的 0.5 倍整定，时限降低一个 Δt。当高压侧 110kV 及以下电压等级的线路保护作为远后备作用时，为了上、下级保护配合，只设复合低压过电流保护解列，电流按 $0.5 I_N$ 整定，时间按 0.5～1.0s 整定，要求在线路故障时母联解列，以保证起远后备作用。

（3）2台三绕组的变压器不允许三侧并列运行，低压侧必须解列运行。

（三）变压器双侧电源的等值阻抗相差不多的独立电网

变压器双侧均加设一段方向限时过电流保护，方向均指向变压器。由于这种独立电网已经比较少见，因此保护的配置可以特殊处理。

第六节　变压器过励磁保护

对于超高压大型变压器应考虑装设过励磁保护。变压器在轻微的过励磁下允许持续运行，对于较高的过励磁，允许变压器运行时间随过励磁倍数而不同。在整定变压器过励磁保护时，必须有变压器制造厂提供的变压器允许的过励磁能力曲线（见图3-26）。

变压器过励磁保护由信号段和跳闸段构成。

定时限过励磁保护通常分为两段，一段低定值动作于信号，二段高定值动作于跳闸。变压器过励磁倍数为

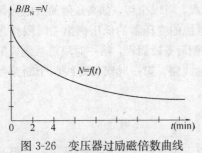

图3-26　变压器过励磁倍数曲线

$$N = \frac{B}{B_N} = \frac{U}{f} \bigg/ \frac{U_N}{f_N}$$

式中　N——过励磁倍数；

B、B_N——变压器铁芯磁通密度的实际值和额定值；

U、U_N——加于变压器绕组的实际电压和额定电压；

f、f_N——实际频率和额定频率。

定时限过励磁保护的第一段动作值一般可取为变压器额定励磁的 $1.15 \sim 1.2$ 倍，第一段的动作时间可根据允许的过励磁能力适当整定，一般经 $4 \sim 5s$ 动作于信号。第二段为跳闸段，可整定 $N = 1.25 \sim 1.35$ 倍，为保障变压器的安全，可取跳闸时间小于允许的时间。可取 $4 \sim 10s$ 或以厂家允许过励磁倍数曲线所对应的延时。

过励磁保护的跳闸段选用反时限特性，反时限的特性应与被保护变压器的允许过励磁能力相配合。即在曲线下部，略有余度。微机型保护均以多段折线来模拟变压器制造厂提供的允许过励磁能力曲线，以构成反时限特性过励磁保护。

第七节　变压器过负荷保护

变压器过负荷保护采用一相式定时限过负荷保护，动作于信号。其动作电流为

$$I_{op} = \frac{K_{rel}}{K_r} I_N$$

式中　K_{rel}——可靠系数取 1.05；

K_r——返回系数取 $0.85 \sim 0.95$。

动作时间应大于变压器及其所连接元件的过电流保护中最长的动作时间，一般取 $6 \sim 8s$。

对自耦变压器和多绕组变压器，自耦变压器的公共绕组也有可能过负荷，保护应能反应公共绕组及各侧过负荷的情况，分别装设过负荷保护。

公共绕组额定电流计算

$$S_G = \sqrt{3} U_M I_G = S_N \left(1 - \frac{1}{k}\right)$$

$$I_G = \frac{S_N}{\sqrt{3}U_M} - \frac{S_N}{\sqrt{3}U_M k} = I_M - I_H$$

式中 S_G、I_G ——公共绕组容量和电流;

$\quad\quad I_M$、I_H ——中压侧和高压侧的额定电流;

$\quad\quad U_M$ ——中压侧的额定电压;

$\quad\quad k$ ——自耦变压器的变比。

第八节 电压互感器断线检测

(1) 电压平衡式电压互感器异常判别。有两组电压互感器时,比较两组电压互感器的相间电压,正序电压是否一致来判断电压互感器断线,动作判据为

$$|U_{AB} - U'_{AB}| \geqslant \delta$$
$$|U_{BC} - U'_{BC}| \geqslant \delta$$
$$|U_{CA} - U'_{CA}| \geqslant \delta$$
$$|U_1 - U'_1| \geqslant \delta_1$$

式中,δ、δ_1 为动作值,δ 为 5V,δ_1 为 3V,经延时发出断线信号,用于发电机保护。

(2) 电压互感器电压回路断线判据(一)。

1) 正序电压小于 30V,且任一相电流大于 0.04 I_N;

2) 负序电压大于 8V。

满足以上任一条件,经延时发出断线信号。

(3) 电压互感器电压回路断线判据(二)。

电压互感器逻辑分为三相断线和不对称断线两种判据。

1) 三相电压均小于 18V,且任一相电流大于无流定值(TA 为 5A 时,0.3A; TA 为 1A 时,0.06A)时,判断为 TV 三相断线,10s 后发断线信号。

2) 自产 $3U_0$ 大于 18V,且三个相间电压不相等,并且存在两个相间电压之差大于 18V(用于区别小电流接地系统的一点接地),判断为 TV 不对称断线(一相或两相断线),10s 后发断线信号。

(4) 断线检测装置动作后,经过 0.1~0.2s 或瞬时,可根据保护需要进行闭锁或者变更某些参数值(如取消方向,提高电流定值等),或者进行电压互感器的切换(如发电机保护)。但是保护启动后,不进行 TV 断线检测,防止保护启动时发生 TV 断线,造成误闭锁,误变更,误切换而使保护误动或拒动。

第九节 微机型变压器保护

我国电力系统继电保护迅速发展,继电保护装置从电磁型、感应型、整流型、晶体管型、集成电路型常规的继电保护,发展到数字式的微机保护。

1984 年 4 月 12 日由华北电力大学教授杨奇逊院士主研的第一套线路距离保护装置在河北马头电厂投入运行,1985 年编者参与研制和推广工作,第一代超高压线路 01 型包括高频保护、距离保护、零序电流接地保护和综合重合闸的微机保护于 1986 年 8 月 23 日在东北电网 220kV 线路上投入试运行,1988 年 12 月 28 日投入跳闸,是全国第一套投入跳闸运行的超高压线路微机保护装置。1988 年 10 月 24 日在东北电网 500kV 线路上试运行并于 1989 年 10 月 14 日投入跳闸。编者在 1994 年 5 月继电保护与控制技术新发展国际学术会议(DPSP&C'94)大会中宣读《The Application of Microcomputer Based Protections for EHV Transmission Lines of Northeast China Network》。论文得到与会代表好评,当时中国微机保护的

应用及推广仅次于日本，领先于欧美等国集成电路静态型继电保护。

1988 年 5 月开始，由南京电力自动化设备厂徐进亮高级工程师、华中科技大学陈德树教授和编者为主研制的第一代 500kV 变压器成套微机保护于 1992 年 6 月 6 日在东北电网 500kV 变压器投入运行。我国微机保护是根据电力系统的发展需要而研制和普及。从超高压输电系统普及到配电系统，从线路、变压器普及到发电机、母线、电抗器、电力电容器和电动机。近年来线路、变压器、发电机的继电保护基本上是微机型，国家电力调度通信中心统计 2008 年继电保护微机化率达到 96.3％，微机保护的正确动作率高于常规的继电保护，效果是显著的。

一、微机型变压器保护的构成

微机型变压器保护与常规保护区别之一，是适用于大型变压器的全套电气量保护，包括主保护和各侧后备保护均可以完整地在一套保护装置中实现。

实际应用中，根据不同容量和电压等级的变压器要求，变压器主保护和后备保护的总体配置和组屏方式可分为两类，对于 220kV 及以上电压等级的变压器，微机型变压器保护采用双重化保护配置原则，因此构成一套保护的全部电气量保护，包括主保护和各侧后备保护在一套装置机箱中实现，采用二套这样的包括主后备全套保护的装置构成双重化保护配置，从而简化了硬件配置，提高了可靠性，也有利于设备的调试维护；而对于 66kV 和 110kV 电压等级的变压器，当采用单套保护配置原则时，从可靠性考虑，要求主保护、各侧后备保护配置在不同的装置机箱中，如果投资差别不多，也可以采用两套保护的配置方式。对于 500kV 及以上电压等级的变压器可按主保护和后备保护两套保护配置组成共计四套保护的双重化保护配置。

与 220kV 的变压器保护配置相比较，500kV 变压器保护中，主保护还需要配置零序比率差动保护或分侧差动保护，相间比率制动差动保护需要五次谐波制动的过励磁闭锁；后备保护还配置有过励磁保护，以及阻抗保护等。

微机型保护中各侧后备保护的功能基本是按照变压器相应的电压侧是大电流接地还是小电流接地方式区分的。大电流接地侧一般是 500kV（330kV）侧、220kV 侧或 110kV 侧，小电流接地侧一般是 66、35kV 或 10kV 侧。

除了上述电量保护外，变压器保护还有本体保护（也称非电量保护），包括作为主保护的瓦斯保护和压力释放保护等。

二、微机型变压器保护配置

（一）微机型变压器的主保护配置

微机型变压器的主保护配置见表 3-2。

表 3-2　　　　　　　　　　　　　　微机型变压器的主保护配置

保护功能			220kV 变压器	500kV 变压器
纵差保护	差动速断保护		✓	✓
	比率制动差动保护		✓	✓
	涌流制动[①]	二次谐波原理	✓	✓
		波形识别原理	✓	✓
	五次谐波过励磁闭锁			✓
	差电流越限告警		✓	✓
	TA 断线检测		✓	✓
零序差动保护或分侧差动保护	比率制动零序差动保护			✓

① 涌流制动任选一种，双重化的主保护可选择不同的涌流制动，只有单套主保护一般以二次谐波制动。

（二）微机型变压器的后备保护配置

微机型变压器的后备保护配置见表 3-3。

表 3-3 微机型变压器的后备保护配置

	保护功能	220kV 变压器	500kV 变压器
大电流接地侧后备保护	复合电压闭锁过电流保护①	√	
	反时限过电流保护		√
	零序方向过电流保护②	√	√
	零序过电流保护②	√	√
	零序反时限过电流保护		√
	变压器中性点零序过电流保护	√	√
	零序电流电压保护（间隙）	√	√
	过负荷保护	√	√
	相间（接地）阻抗保护		√
	过励磁保护		√
	TV 断线检测	√	√
小电流接地侧后备保护	复合电压闭锁过电流保护	√	√
	限时速断保护	√	
	零序过电压保护	√	√
	过负荷保护	√	√
	TV 断线检测	√	√

① 变压器两侧均有强电源则可带方向，如只有一侧强电源，另侧为小电源，可按单侧电源考虑另设小电源专用解列装置。

② 适用于自耦变压器。

（三）500～750kV 变压器保护配置

对图 3-27 中各差动保护的保护功能和保护范围的说明：

（1）分侧差动保护。由高压侧断路器 TA1/TA2、中压侧断路器 TA3、公共绕组套管 TA6 构成，其保护范围为高、中压侧绕组和引线的接地及相间故障，但不保护绕组的匝间故障。由于差动回路中不存在磁耦合关系，所以无励磁涌流问题。

（2）三角形侧差动保护。由低压侧断路器 TA4 和低压侧套管 TA5 构成，其保护范围为低压侧绕组和引线的两点接地和相间故障，但不保护匝间故障。由于差动回路中不存在磁耦合关系，所以无励磁涌流问题。

（3）分相差动保护即绕组差动接线（稳态量和故障分量原理）。由高压侧断路器 TA1/TA2、中压侧断路器 TA3、低压侧套管 TA5 构成，其保护范围为变压器内部绕组所有故障和高中压侧引线故障。由于差动回路中存在磁耦合关系，所以有励磁涌流问题。但是相比于传统的差动保护（由各侧断路器 TA 构成），由于不存在 Y/D 转角折合关系，所以励磁涌流闭锁的处理变得相对简单。此外，为了提高靠近中性点附近的接地故障以及高阻接地故障和匝间故障的灵敏度，采用了故障分量差动保护原理。

（四）变压器差动主保护配置方案优势

1. 可计算真实的励磁电流从根本上实现励磁涌流分相闭锁

分相差动保护将变压器看做三台单相变压器来配置差动保护，对于单相变压器没有 Y/D 转角

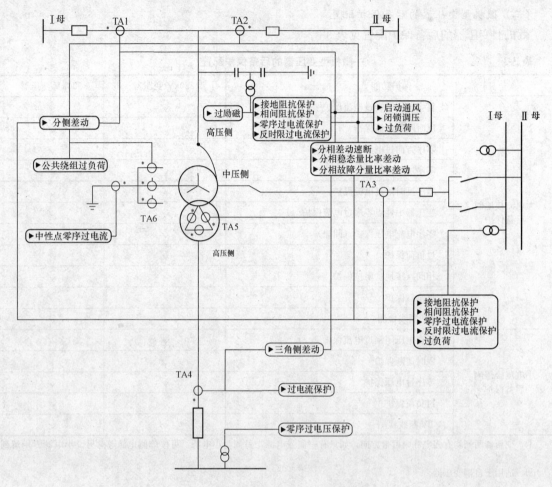

图 3-27　自耦变压器保护配置

折合关系，每相的差动电流都为该相真实的励磁电流。因此可以提取真正的励磁涌流的特征，从根本上实现涌流分相闭锁。这样就避免了因为相位校正对差动保护的影响，提高了涌流判别的准确度，可在提高差动保护可靠性的前提下大大提高空充于匝间故障的动作速度。

传统的大差保护由变压器各侧外附 TA 构成，必须进行 Y/D 相位校正。因为通常高中压侧（星形侧）是涌流相，不管采用 Y→D 或 D→Y，在计算差流前的相位校正都可能会导致出线对称性的涌流，使差动保护误动。变压器差动保护长期以来都存在着涌流一相闭锁三相还是分相闭锁的难题。若采用涌流一相闭锁三相，但空充故障变压器时，非故障相的涌流会减缓保护的动作时间，不利于大型变压器和整个系统的安全稳定运行。若采用涌流分相闭锁，会使变压器差动保护在涌流情况下容易误动。另外，在星形侧相电流减去零序电流的做法实际上不能消除涌流的影响，反而降低涌流判据的判别能力，该原理的保护在实际运行中多次误动，使差动保护正确动作率偏低。

因此取出三角绕组的电流和星形侧的电流组成分相差动保护才能从根本上实现变压器差动保护涌流分相闭锁。这样变压器差动保护的可靠性、速动性以及灵敏性都得到大幅提高。

2. 提高了区内单相接地故障时保护的灵敏度

对于大型自耦变压器，单相接地故障为常见的故障类型。传统的大差保护无论采用 Y→D 还是 D→Y 的相位校正方法，在差动电流计算时都需要将零序电流减去。而单相接地故障时零序电流为明显的故障特征，减去零序电流会使保护灵敏度降低。而分相差动保护不需减去零序电流，灵敏度较 Y→D 接法可提高 1.732 倍，较 D→Y 接法减去自产零序电流提高 1.5 倍。

3. 提高了低压侧故障时保护的灵敏度

三角侧差动保护的保护范围为低压侧绕组和引线的两点接地和相间故障，由于无励磁涌流问题，是简单的电气量差动，灵敏度高。

4. 各种差动保护优势互补

本方案各种差动保护在功能和性能上发挥各自的优势，互相补充，差动保护的可靠性得以大大提高，同时提高了接地故障和匝间故障检测的灵敏度。分侧差动保护和三角侧差动保护主要保护各侧绕组和引线的接地及相间故障（在设计该保护时，可以考虑在故障量较大时起作用），对于匝间故障及高阻接地故障则由分相差动保护来保护。

三、微机型变压器保护功能特点

微机型保护的研究和运行充分表明，与常规保护装置相比较，微机型变压器保护装置具有很大的优越性，主要具有以下特点。

（1）微机型变压器保护能够在单个装置机箱内实现全套电气量保护的所有功能，包括主保护和各侧后备保护，装置体积和组屏面积比常规保护显著减小。对于 220kV 及以上变压器保护的双重化配置，两套装置的各个回路之间完全独立，以保证保护的总体可靠性，并便于装置运行维护。

（2）变压器各侧 TA 二次电流均可以直接接入保护装置，由软件计算对各侧二次电流相位校正和幅值平衡补偿，从而简化了 TA 二次接线，减轻了 TA 负荷，增强了差动保护可靠性，也有利于 TA 二次断线的判别。

（3）比率制动差动保护的动作特性采用三折线特性，第一段特性差动动作电流值较低，对于内部故障特别是匝间短路的灵敏度有所提高，第三段折线斜率较高，有助于防止外部故障穿越电流很大时，电流互感器饱和造成保护误动作。

（4）在实际运行中应用的励磁涌流闭锁判据主要有两种，二次谐波制动原理，具有比较成熟的运行经验，波形判别原理也得到越来越多的应用。双重化的主保护一般选择不同的励磁涌流判据，而单套主保护配置则以二次谐波制动原理为主。

（5）微机型变压器保护的运行经验表明，各侧电流互感器的特性不同，或电流互感器的饱和容易造成纵联差动保护的误动作。除了强调变压器各侧应尽可能采用特性一致的电流互感器外（如超高压变压器各侧应采用 TP 型电流互感器），最新的微机型变压器保护均采用了 TA 饱和识别的闭锁判据，一种判据是利用 TA 饱和时差动电流中二次、三次谐波含量的增加判别饱和，另外一种判据基于保护启动和差动动作时刻比较的同步识别判据，在防止差动保护误动方面，取得了较好效果。但饱和判据并不能解决所有饱和问题，特别是对短路电流较小时可能出现的暂态饱和问题无法检测，因此，饱和判据应与比率制动特性相互配合，才能防止各种饱和对差动保护的影响。

（6）微机型保护能够对电流回路断线进行判别，主要利用断线前后相电流下降以及同相差动回路不同侧电流的比较检测断线，并发出断线告警信号，TA 二次断线后是否闭锁差动保护可以选择。由于 TA 二次断线会对设备安全造成危害，规程提出电流回路断线允许差动保护动作跳闸。如果选择 TA 断线闭锁差动保护，当 TA 断线后也应由保护对差电流持续监视，一旦差动电流迅速增大，差动保护应立即动作跳闸。电流回路断线后允许差动保护动作跳闸是有利于设备和人身安全的。

（7）微机型保护中差动保护也可以由故障分量电流构成，称为故障分量比率差动保护，国外针对双绕组变压器提出这一原理时称为△差动继电器。由于故障分量差动保护仅与发生短路后的故障分量有关，与短路前的穿越性负荷电流无关，对变压器内部故障保护的灵敏度有所改善。但故障分量比率差动保护仅在故障后的短时间内起作用，不能反应缓慢发展性故障，因此只能作为辅助性保护。

（8）变压器后备保护种类较多，与常规变压器保护不同的是，微机型保护功能是由软件实现的。因此，后备保护一般按照变压器的每一侧绕组分别配置，有利于简化变压器各侧后备保护的配合关系。

（9）微机型保护能够提供更多的内部信息，便于运行维护和事故快速分析判断。例如可以提供事故过程中各相电流、差动电流、基波电流、二次谐波电流等信息的录波和记录，也可通过差流显示，判断各侧互感器电流的极性正确性。

微机型变压器保护在保护原理算法、保护性能改善方面，仍有很大的发展潜力，随着各种技术的发展，微机型保护将为提高变压器的运行水平发挥重要作用。

第十节 变压器相关知识

一、系统接地

电力系统接地是指电力系统中性点和大地之间的连接方式。电力系统中性点是三相电力系统中绕组采用星形接法的电力设备（如变压器、发电机）各相的连接对称点和电压平衡点，其对地电位在电力系统正常运行时为零或接近于零。

（1）电网中性点接地方式通常分为有效接地和非有效接地系统两大类。

1）有效接地系统也称为大接地电流系统。主要包括中性点直接接地和中性点经小电阻、小电抗接地系统。

小电抗接地的目的是限止电力系统中的短路电流，小电阻接地在输电系统中是为改善系统的稳定性，在配电系统中是为设备安全而在接地故障时跳闸。

其特征：该系统的零序电抗 X_0 和正序电抗 X_1 的比值 $(X_0/X_1) \leqslant 3$，零序电阻 r_0 和正序电抗 X_1 的比值 $(r_0/X_1) \leqslant 1$。

2）非有效接地系统也称为小接地电流系统。主要包括中性点不接地，经消弧线圈接地以及中性点经高电阻接地，使接地电流被控制在较小数值的系统。这种电力系统中性点不接地，则对地电位将是浮动的。非有效接地系统最显著的特点是单相接地故障，不需要跳闸，从而提高了可靠性。

中性点经过高电阻接地，其目的是消除变电站内 $6 \sim 10 \mathrm{kV}$ 侧各种原因引起的谐振高电压，显著的降低弧光接地过电压幅值，但允许带一相接地故障长期运行，避免因跳闸而使供电中断。

其特征：$(X_0/X_1) > 3$，$(r_0/X_1) > 1$。

（2）电网中性点接地方式。

1）220kV 及以上系统直接接地。

2）110kV 直接接地。

3）10、35、63kV 不接地，经消弧线圈接地。

4）380/220V 直接接地。

5）220kV 为限止电力系统中的短路电流及提高系统稳定，可经低阻抗接地。

6）3～63kV 不直接连接发电机的系统，当单相接地故障电流不大于下列数值时宜采用不接地方式，否则可采用经消弧线圈接地方式。

a. 3～10kV 系统，30A。

b. 20kV 及以上系统，10A。

c. 6kV 和 10kV 分区供电的架空配电系统，当单相接地故障电流在 10A 以上时，根据运行经验也可采用经消弧线圈接地方式。

7）6～35kV 主要由电缆线路构成的配电系统，单相接地故障电流较大时，根据供电可靠性，电气设备的安全，可采用低电阻接地方式，单相接地故障时瞬时跳闸。

系统接地故障的 $3I_0$ 电流值一般 35kV 及 10kV 皆为 1000A，35kV 为 20Ω 低电阻、10kV 为 6Ω 低电阻，亦有采用中电阻接地，$3I_0$ 电流为 500A。

8）6～10kV 主要由架空线路构成的配电系统，单相接地故障电流较小时，为防止谐振，间歇性电弧接地过电压等对设备的损害，可采用经高电阻（单相接地故障不瞬时跳闸）接地方式，电阻值的选取应兼顾不影响接地电弧的自灭和限制过电压的要求。

二、变压器正序、负序、零序参数

（一）变压器三相对称，绕组静止，所以正序、负序参数相同

变压器正序等值电路如图 3-28 所示，阻抗角大于 80°，故用电抗表示。

X_{T1}——1 侧绕组漏抗；X_{T2}——2 侧绕组漏抗（已归算）；$X_{\mu 1}$——变压器的励磁电抗。

一般情况下，$X_{\mu 1} \geqslant X_{T1}$，$X_{\mu 1} \geqslant X_{T2}$。

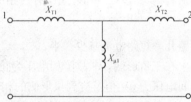

图 3-28　变压器正序等值电路

所以变压器励磁阻抗与变压器空负荷阻抗是相等的。空负荷电流越小，励磁阻抗越大。当变压器施加正序电压时，三相磁通 $\dot\Phi_A + \dot\Phi_B + \dot\Phi_C = 0$，即每相磁通经其他一相或两相磁路构成回路，磁阻很小，产生磁通只要很小的励磁电流，说明励磁电抗 $X_{\mu 1}$ 很大，在短路故障分析中忽略 $X_{\mu 1}$。

这样变压器的正序等值电路：$X_T = X_{T1} + X_{T2}$。

X_T 值与变压器的短路电压 $U_{k\%}$ 相对应。

（二）变压器的零序参数

三相变压器的零序参数与变压器结构、绕组接线方式、中性点接地与否有关。因为铁芯形式不同，正序（负序）磁通和零序磁通路径就不同，相应的磁阻不同，使正序（负序）励磁阻抗与零序励磁阻抗也不同。

Y_Nd 接线的变压器，当星形侧发生单相接地故障，零序电流在三角形侧三角形接线形成短路，如果变压器由三个单相组成、外铁型三相变压器、三相五柱式变压器，因零序磁阻很小，零序励磁阻抗很大，因此零序电抗和正序电抗相同。即

$$X_0 = X_{T1} + X_{T2} = X_1$$

对于三柱式内铁型的结构，则零序磁通必须通过空气（或油）、变压器外壳构成回路，磁阻较大，从星形侧看到的零序电抗为

$$X_0 = X_{T1} + \frac{X_{T2} X_{\mu 0}}{X_{T2} + X_{\mu 0}}$$

式中　$X_{\mu 0}$——零序励磁电抗。

一般 X_0 要比 X_1 小 10％～30％，在使用零序阻抗必须实测，在计算中可取 $X_0 = 0.8X_1$。

三、变压器匝间短路电气量特点分析

（1）变压器匝间短路时，电源侧要向变压器供给短路电流，因为变压器匝间短路时，相当于有一短路绕组存在。当短路匝数越小时，则电源向变压器供给的短路电流越小，由于短路匝数全额绕组匝数比的原因，虽然短路匝中的短路电流很大，但经过匝数比的换算，电源向变压器供给绕组的一次电流是不大的。因此变压器的纵联差动保护在匝间短路时能动作，但匝数很少时可能不动作。

（2）短路匝位置不同时，短路匝电流和变压器绕组一次电流随之改变。变压器中部的部分绕组与整个绕组耦合最好，两端部的部分绕组耦合较差，因此当中部的绕组匝间短路时，短路匝电流和绕组的一次电流较大，当匝间短路位于绕组端部时，一次电流较小。

（3）出线负序功率，可以区别变压器发生了匝间短路（或内部不对称短路）还是外部不对称短路。

（4）对于 YNd 接线的变压器，不论绕组匝间短路发生在星形侧还是三角形侧，只要星形侧中性点接地则星形侧就有零序电流出现。

四、不对称短路故障时变压器两侧电流、电压关系

（一）在 Yd11 接线变压器三角形侧发生某一种两相短路

在 Yd11 接线变压器三角形侧发生某一种两相短路时，设短路电流为 I_k，在星形侧有两相的相电流各为 $\frac{1}{2} \times \frac{I_k}{\frac{\sqrt{3}}{2}} = I_k/\sqrt{3}$，有一相的相电流为 $2\frac{I_k}{\sqrt{3}}$。如果只有两相有电流继电器，则有 1/3 的两相短路几率短路电流减少一半。

在三角形侧，非故障相电压为正常电压，故障相的相间电压降低。当变压器三角形侧故障时，相间电压为 0V 但反应到星形侧的相电压有一相为 0V，另外两相为大小相等、方向相反的相电压。此时，星形侧绕组接相间电压时，就不能正确反映故障相间电压；如果星形侧绕组接相电压时，则在星形侧发生两相短路时也不能正确反映故障相间电压。

解决办法：

（1）变压器星形侧的电流互感器为星形接法，则需每相均设电流继电器，即三相式电流继电器；如为两相式电流互感器，则 B 相电流继电器接中性线电流（—B 相）。

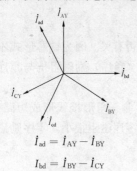

$$\dot{I}_{ad} = \dot{I}_{AY} - \dot{I}_{BY}$$
$$\dot{I}_{bd} = \dot{I}_{BY} - \dot{I}_{CY}$$
$$\dot{I}_{cd} = \dot{I}_{CY} - \dot{I}_{AY}$$

图 3-29　正常运行时的电流相量图

（2）变压器高低压两侧均设三个电压元件接相间电压，即 6 块电压继电器，或设负序电压元件和单元件低压元件（接相间电压）。

（二）在 YNd11 接线变压器三角形侧发生 ab 两相短路的电流、电压相量分析

在 YNd11 联结组别变压器三角形侧发生 ab 两相短路，设变压器变比为 1。

（1）YNd11 联结组别变压器正常运行时的电流相量图如图 3-29 所示。

（2）三角形侧 ab 两相故障时，故障电流相量图如图 3-30 所示（设短路电流为 I_k）：

三角形侧：$\dot{I}_{a1} = \dot{I}_{a2} = \dot{I}_k/\sqrt{3}$

$$\dot{I}_a = -\dot{I}_b = \dot{I}_k$$

星形侧：$\dot{I}_A = \dot{I}_C = \dot{I}_k/\sqrt{3}$

$$\dot{I}_B = 2\dot{I}_k/\sqrt{3}$$

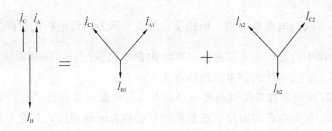

图 3-30　故障电流相量图

从相量图中可以看出，星形侧有两相电流为 $I_k/\sqrt{3}$，有一项为 $2I_k/\sqrt{3}$，如果只有两相电流继电器，则有 1/3 的两相短路几率为短路电流减少一半。

（3）故障电压相量图如图 3-31 所示。

三角形侧：$U_a = U_b = U_c/2$

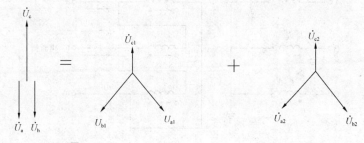

星形侧：$\dot{U}_A = -\dot{U}_C = \dfrac{\sqrt{3}}{2}\dot{U}_{cn}$

$U_B = 0$

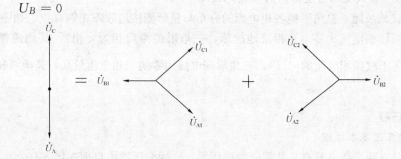

图 3-31　故障电压相量图

在星形侧的相电压，有一项为 0，另两相为大小相等、方向相反的电压。

（4）通过分析，反映三角形侧两相短路的星形侧过电流元件、低电压元件、阻抗元件应采取如下接法：

1）过电流元件：如果星形侧的 TA 为星形接线，则每侧均设电流元件；如果为两相式 TA，则 B 相电流元件接中性线电流。

2）电压元件：三个电压元件接每相相电压。

3）阻抗元件：按相电压和相电流接法。

由图 3-30 得知，三角形侧两相故障对应的两相中滞后相的电流最大（如三角形侧 ab 两相短路，星形侧 B 相电流最大）数值为故障相电流的 $\dfrac{2}{\sqrt{3}}$ 倍。其他两相电流大小相等，方向相同，数值

为故障相电流的 $\frac{1}{\sqrt{3}}$，方向与电流最大的一相相反。计及变压器内部电抗的压降后，星形侧与三角形侧两故障相对应的两相中的滞后相电压最低（不计内部电抗的压降，该相电压为零），其他两相电压较高，相角差接近 $180°$（不计内部电抗的压降为 $180°$）。

（三）在 Y_Nd11 接线变压器星形侧相间短路的电流、电压相量分析

按上例同理得知，星形侧相间短路，三角形侧三相均有电流通过，对应于故障相的两相中超前相电流最大（如星形侧 AB 两相短路，三角形侧对应于故障相两相中超前相为 a 相）数值为故障相电流的 $\frac{2}{\sqrt{3}}$ 倍。其他两相电流大小相等，方向相同，数值为故障相电流的 $\frac{1}{\sqrt{3}}$，方向与最大一相的电流相反。三角形侧的电压情况是，电流最大一相的电压为零，其他两相电压大小相等，相角差为 $180°$。

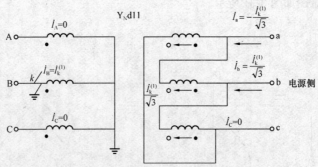

图 3-32　星形侧 B 相接地及其电流分布

（四）在 Y_Nd11 接线变压器星形侧 B 相接地故障

星形侧 B 相接地故障，三角形侧各相电流的分布与星形侧接地故障相别有关，如图 3-32 所示，对应于故障相的滞后相电流为零（B 相接地故障，三角形侧滞后相为 c 相），其他两相电流相等，方向相反，数值等于故障相电流的 $\frac{1}{\sqrt{3}}$ 倍，三角形侧电流为零的一相电压最高，其他两相电压相等，相间电压一般较高。

五、自耦变压器

（一）自耦变压器基本原理

自耦变压器是有两个绕组且有公共部分的变压器。自耦变压器中自耦连接（有公共部分）两个绕组之间，除有磁的耦合外，还有电路上的联系。高低压绕组所共有的绕组称为公共绕组，如图 3-33 所示的 N_2、N_1 称为串联绕组。

自耦变压器与普通变压器在原理上不同点是：自耦变压器的二次绕组输出电流除了通过磁感应从一次绕组传递外，其中有较大的一部分电流是直接由电源通过电路供给的。普通变压器的二次电流完全是通过磁感应传递的。

双绕组的自耦变压器接线如图 3-33 所示。

显然变压器的一次绕组为 $N_1 + N_2$，二次绕组为 N_2，故自耦变压器的变比为

$$K_{12} = \frac{U_1}{U_2} = \frac{N_1 + N_2}{N_2} = 1 + \frac{N_1}{N_2} = \frac{I_{2a}}{I_1} \tag{3-1}$$

或

$$\frac{N_1}{N_2} = K_{12} - 1$$

从电流来看

$$\dot{I}_{2a} = \dot{I}_1 + \dot{I}_2 \tag{3-2}$$

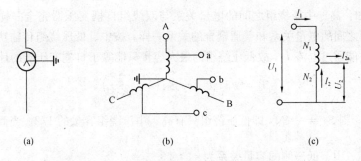

图 3-33　双绕组自耦变压器原理接线

（a）符号图；（b）三相图；（c）单相图

式中　I_1 ——一次侧电流，也是串联绕组电流；

　　　I_2 ——公共绕组中的电流。

根据磁动势平衡方程得

$$\dot{I}_1(N_1+N_2)-\dot{I}_{2a}N_2=0 \tag{3-3}$$

由式（3-2）、式（3-3），得 $\dot{I}_1N_1-\dot{I}_2N_2=0$。

故

$$\dot{I}_2=\frac{N_1}{N_2}\dot{I}_1=(K_{12}-1)\dot{I}_1=\left(1-\frac{1}{K_{12}}\right)\dot{I}_{2a} \tag{3-4}$$

于是可得出两侧电量的关系为

$S_N=\sqrt{3}I_1U_1=\sqrt{3}I_{2a}U_2$，称为自耦变压器的额定容量，也称为最大容量或通过容量。而公共绕组中的容量（称计算容量）为

$$S_2=\sqrt{3}I_2U_2=\sqrt{3}I_{2a}\left(1-\frac{1}{K_{12}}\right)U_2=S_N\left(1-\frac{1}{K_{12}}\right)$$

由上面两式可知：自耦变压器两侧额定容量相等，为 S_N，而公共绕组容量仅为 $S_2=\left(1-\frac{1}{K_{12}}\right)S_N$。如 $K_{12}=2$，则 $S_2=\frac{1}{2}S_N$，即公共绕组容量为额定容量的一半。

为了消除星形绕组中感应的三次谐波分量和使零序电流通路，稳定零序阻抗值，还需要一个三角连接的第三绕组。全星形自耦变压器的零序阻抗是非线性的，难于配合整定。三次谐波电流没有通路，易使正弦电压波形发生畸变，力求避免出现。

三绕组自耦变压器原理接线如图 3-34 所示。

各绕组的有关符号和双绕组一样，只是增加了第3绕组 N_3。

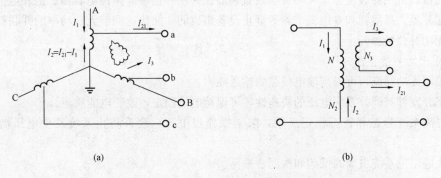

图 3-34　三绕组自耦变压器原理接线

（a）三相图；（b）单相图

由图 3-34 可知：高、中压绕组之间的电量关系与双绕组自耦变压器完全一样。而高、低压绕组和中、低压绕组之间的电量关系和普通耦合的关系一样。按中、低压绕组传输功率的关系看，由于公共绕组中，只能通过电流 I_2，故低压绕组的最大容量只能等于自耦变压器的计算容量，即

$$S_3 = \sqrt{3} I_3 U_3 = S_N \left(1 - \frac{1}{K_{12}}\right)$$

如果 $K_{12} = 2$，则 $S_3 = \frac{1}{2} S_N$，即低压绕组只有高、中压绕组容量的 1/2。当高、中压之间的变比 K_{12} 为 2 时，高、中、低三侧的容量关系为：$1 : 1 : \frac{1}{2}$。

由于自耦变压器绕组容量只是同容量普通变压器的容量的 $\frac{1}{2}$，可节省原材料，并能降低损耗。

（二）自耦变压器公共绕组的零序电流方向

接地中性点电流流向问题：自耦变压器中压侧接地故障时，接地中性点电流总是由地流向变压器，高压侧系统零序阻抗大小只影响接地中性点电流大小，而不影响流向。高压侧接地故障时，接地中性点电流的流向、大小随中压侧系统零序阻抗的大小而发生变化。就流向而言，可能由地流向变压器，也可能由变压器流向地，就大小而言，有时甚至没有电流。因此不能利用中性点电流来构成自耦变压器的接地保护及零序方向电流保护。但当一侧断开时，变压器内部接地故障，断开侧电流互感器不起作用，另一侧零序电流保护的灵敏系数不符合要求，则中性点过电流能起辅助作用，以增进切除单相接地故障的可靠性。

（三）500kV 变压器的阻抗百分比

500/220/35kV 三绕组自耦变压器，容量为 750、1000、1500MVA，三侧容量比为 100/100/25%，阻抗电压百分比及允许偏差：

绕组间	750MVA	1000MVA	1500MVA
高—中压	12±5（%）	16±5（%）	24±5（%）
高—低压	42±7.5（%）	50±7.5（%）	50±7.5（%）
中—低压	30±10（%）	36±10（%）	36±10（%）

35kV 低压侧主要是供接入静止无功补偿装置。

（四）静止无功补偿装置

自耦变压器低压侧装设静止无功补偿装置。静止无功补偿装置是由电容器、饱和电抗器或线性电抗器、滤波器、晶闸管和专用调节器等静止设备组成的。能快速调节无功功率的并联补偿装置统称为静止无功补偿装置。

1. 静止无功补偿装置的特点

（1）控制无功潮流，可提高输电线路的输送能力。

（2）充分发挥其调节系统电压的快速性，可保持电压稳定，改善电能质量。

（3）提高系统静态和暂态稳定极限，限制操作过电压，改善防止系统发生电压崩溃事故的能力。

（4）改进阻尼系统出现的低频和次同步振荡。

（5）改善无功功率的分区平衡，提高功率因数的合格率，降低线损。

2. 静止无功补偿装置 SVC 的结构形式

SVC 的结构形式有以下 5 类，分别如图 3-35（a）～（e）所示。

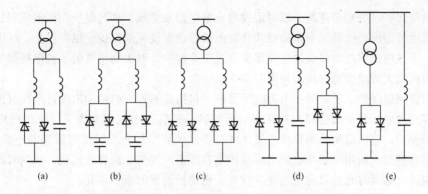

图 3-35 晶闸管控制 SVC 的结构形式

(a) TCR；(b) TSC；(c) TSR；(d) TCR/TSC；(e) TCT

（1）晶闸管控制电抗器组型 TCR。

（2）晶闸管投切电容器组型 TSC。

（3）晶闸管投切电抗器组型 TSR。

（4）晶闸管控制电抗器组和晶闸管投切电容器组并用型 TCR/TSC。

（5）晶闸管控制高阻抗变压器 TCT。

图 3-35（a）TCR 中电感和电容串联组成高次谐波滤波器。图 3-35（b）TSC 中电容器串入小电抗器的目的是限制操作暂态、阻尼冲击电流。

混合型无功补偿装置（TCR+TSC）。

使用适当容量的 TCR 可以使 TSC 由投切电容器引起的阶跃形变化变成平滑，两者并联。其基本结构，包括晶闸管投切容量不同或相同的几组电容器。还可有一些固定连接投切的电容器组组成，如图 3-36 所示。

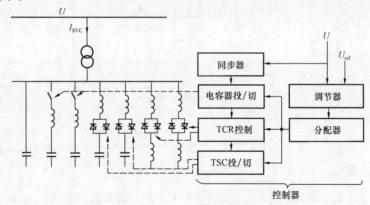

图 3-36 TCR+TSC+MSC+FC 型静止无功补偿装置

MSC—机械投切的电容器组；

FC—固定连接的电容器组或滤波器组

3. 静止无功补偿装置继电保护

静止补偿装置故障或不正常运行时，为减轻其损坏程度和防止影响系统安全运行而采用的动作于跳闸或信号的自动装置。一般分为并联电容器组（包括滤波器）保护、并联电抗器（包括饱和电抗器）保护、晶闸管阀组和调节器保护四部分。

（1）并联电容器组。通常设电容器内部故障保护（包括单台熔断器和内部故障继电保护）、相间短路与过负荷保护（通常带速断的反时限过电流继电器来完成）和过电压与低电压保护。

（2）并联电抗器保护。高、中压油浸式并联电抗器通常设瓦斯保护、纵差保护、过电流保护和过负荷保护；干式电抗器通常仅设过电流保护和过负荷保护。对大型重要的干式电抗器加设距离保护，在回路阻抗增大或减少超过规定极限时动作。

（3）晶闸管阀组保护。通常设：①过电压保护，包括晶闸管阀组两端出现过电压时使阀组立即导通以防击穿的过电压保护接线和跨接在每对反并联晶闸管阀上以限制暂态过电压的电阻电容保护；②过负荷保护，包括监测晶闸管接点温度的过热保护和冷却介质温度与流量的连续监测装置；③晶体管故障监测器，利用跨接在电阻电容保护电容器上的发光二极管来监视，晶闸管故障击穿时发光二极管熄灭，必要时光信号可通过光导纤维传送到控制室的指示单元。

（4）调节器保护。通常设：①调节器故障保护，当响应电压与参考电压 U_{ref} 之差超过整定值并持续一段时间后动作于跳闸；②低电压保护；③控制回路故障保护；④冷却装置故障保护；⑤辅助电源故障保护。

六、变压器零序阻抗等值电路

（一）双绕组变压器零序阻抗等值电路

双绕组变压器零序阻抗等值电路如表 3-4 所示。

表 3-4　　　　　　　　　　双绕组变压器零序阻抗等值回路

三相绕组连接方式	零序阻抗等值回路	
	单相或外铁型三相变压器	三柱式内铁型三相变压器

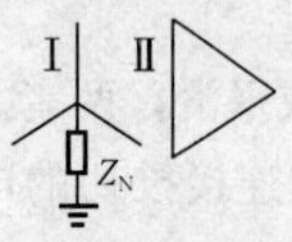

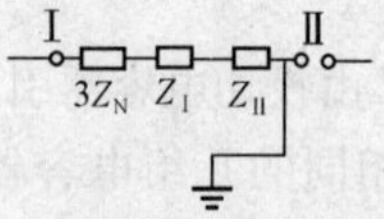

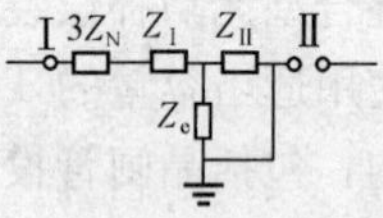

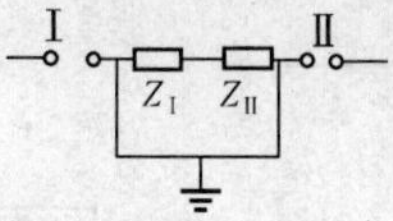

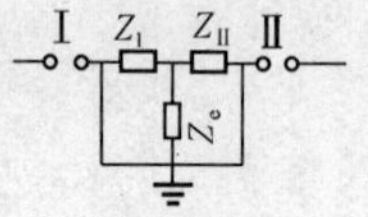

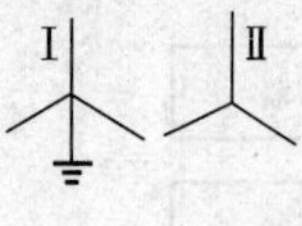

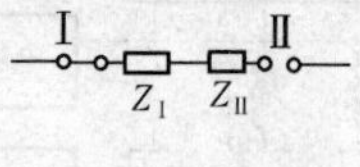

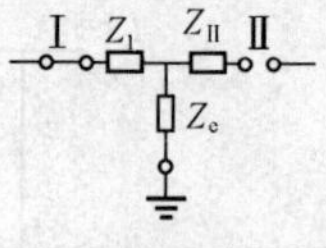

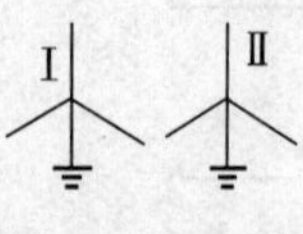

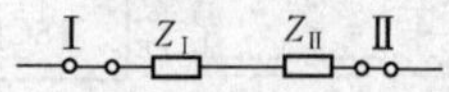

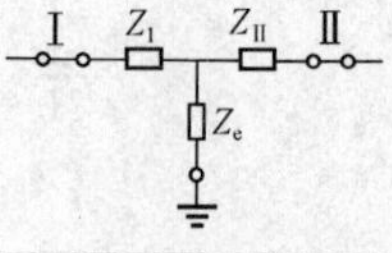

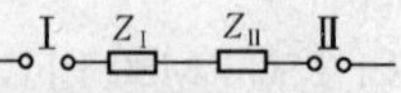

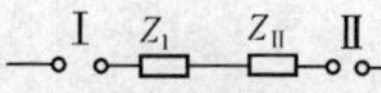

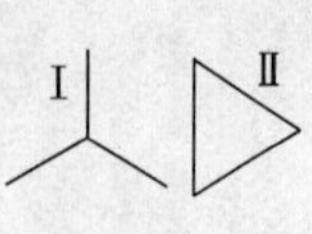

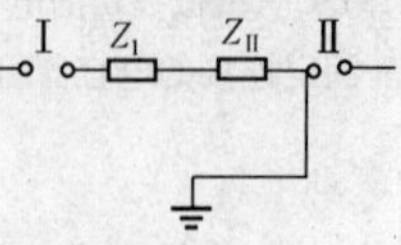

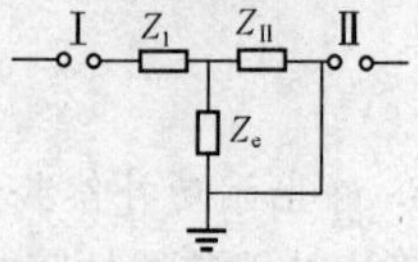

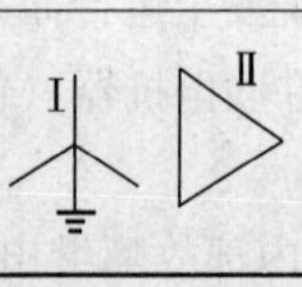

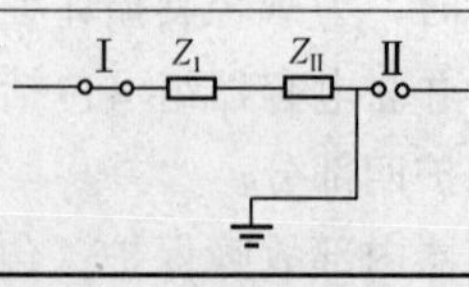

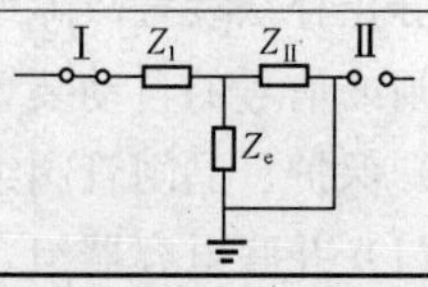

（二）三绕组变压器零序阻抗等值电路

三绕组变压器零序阻抗等值电路如表 3-5 所示。

表 3-5　　　　　　　　三绕组变压器零序阻抗等值回路

三相绕组连接方式	零序阻抗等值回路	
	单相或外铁型三相变压器	三柱式内铁型三相变压器（简化）

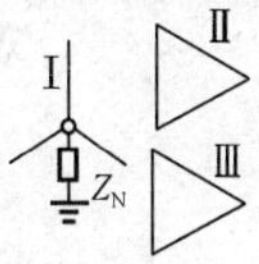

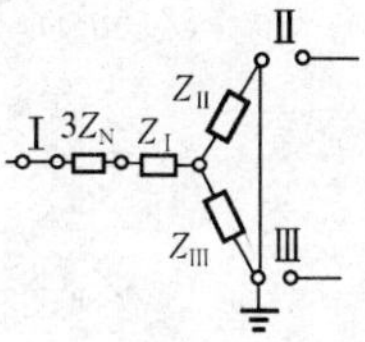

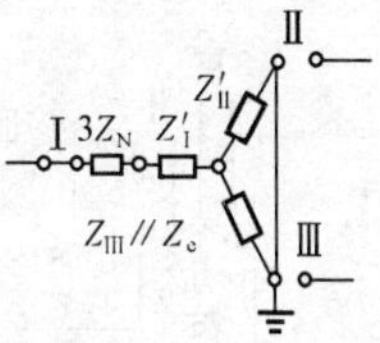

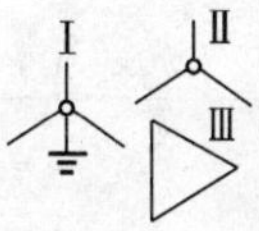

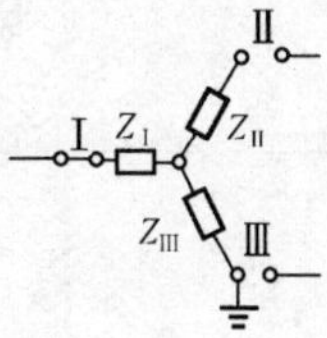

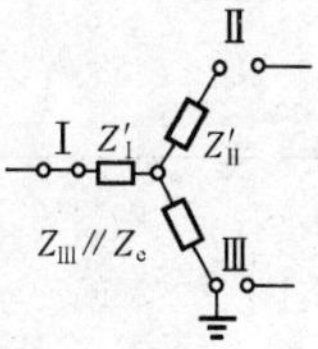

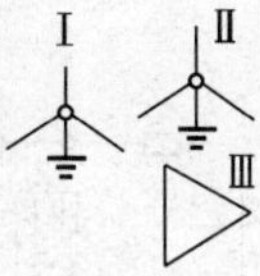

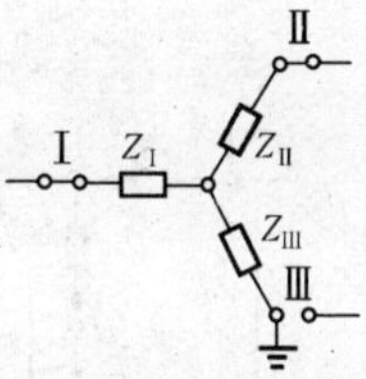

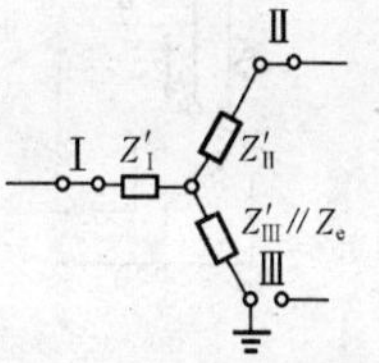

（三）自耦变压器零序阻抗等值电路

自耦变压器零序阻抗等值电路如表 3-6 所示。

表 3-6　　　　　　　　自耦变压器零序阻抗等值电路

三相绕组连接方式	零序阻抗等值回路	
	单相或外铁型三相自耦变压器	三柱式内铁型三相自耦变压器

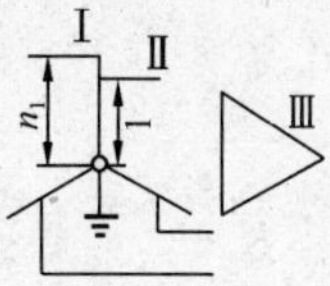

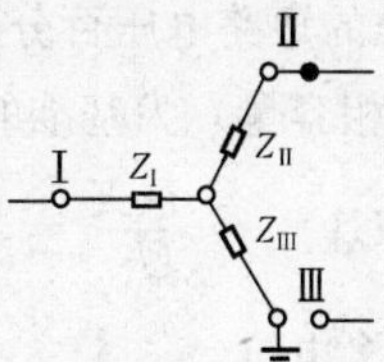

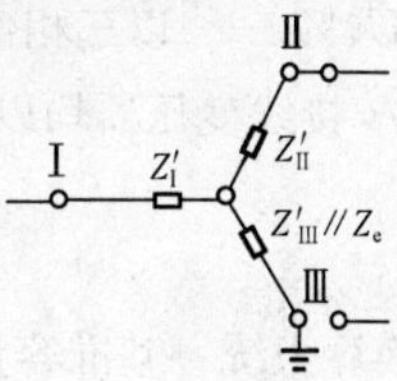

三相绕组连接方式	零序阻抗等值回路	
	单相或外铁型三相自耦变压器	三柱式内铁型三相自耦变压器

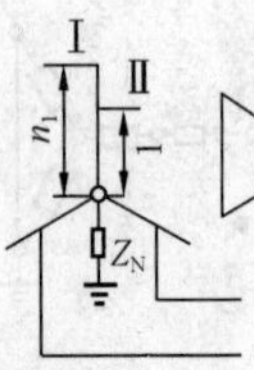

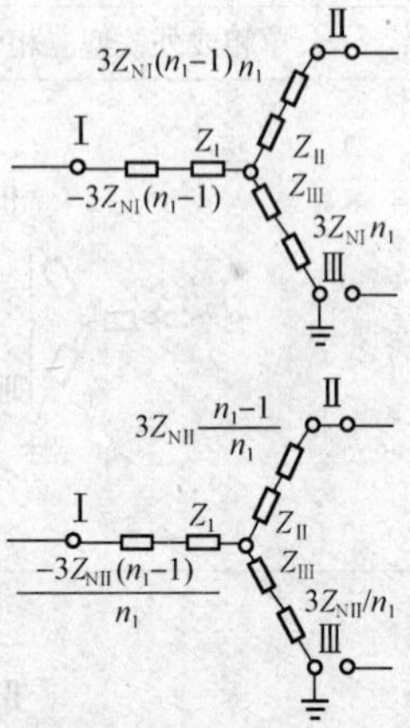

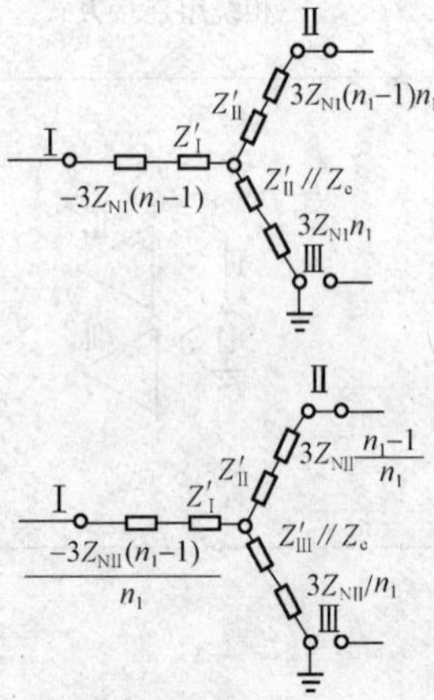

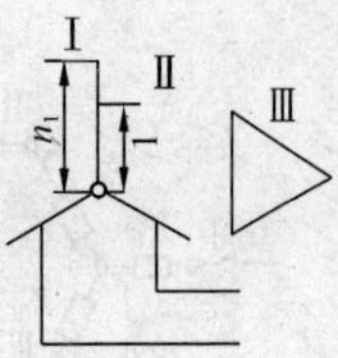

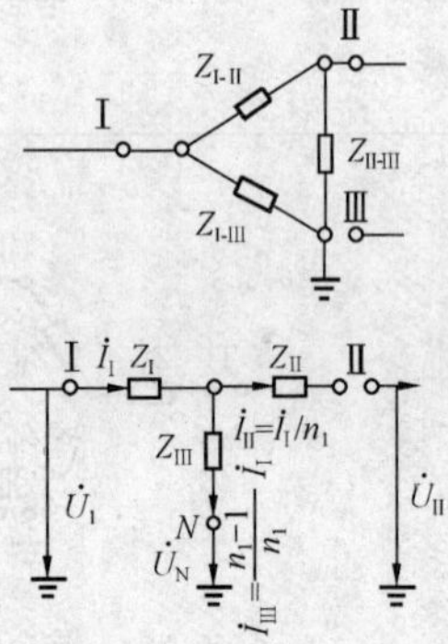

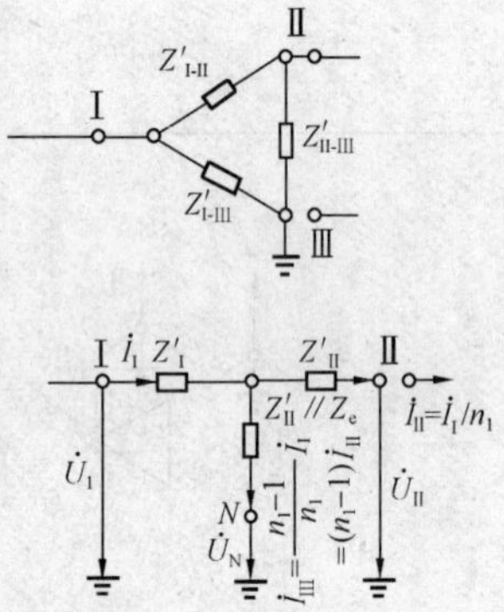

七、Vv 接线变压器短路阻抗及等值电路

三相变压器：$U_k\% = X\dfrac{S_N}{U_N^2}$

式中　U_N —— 相间电压；

$\quad\quad S_N$ —— 三相额定容量；

$\quad U_k\%$ —— 以三相额定容量为基准的短路电压百分值。

Vv 接线变压器均以本身容量（单相容量）为基准的短路电压百分值 $U'_k\%$。

$$U'_k\% = \frac{I_N X}{U_N} = X\frac{S_N}{U_N^2}$$

换算为统一基准容量 S_J 条件的标幺电抗

$$X'_* = U_k\% \frac{S_J}{S_N}$$

$$X'_{t*} = U_k\% \frac{S_J}{S_{N*\phi}}$$

在短路电压相同时 Vv 变压器的短路电抗较大。$X'_* = 3X_*$。但其中一相阻抗为 0。Vv 接线变压器等值电路如图 3-37 所示。

三相短路如图 3-38 所示。

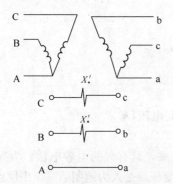

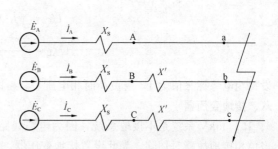

图 3-37　Vv 接线变压器等值电路　　　图 3-38　Vv 接线变压器三相短路

图中 X_S 为系统电抗

$$\dot{E}_A - \dot{E}_B = \dot{E}_A(1-a^2) = \dot{I}_A j X_S - \dot{I}_B j(X_S + X')$$

$$\dot{E}_B - \dot{E}_C = \dot{E}_A(a^2 - a) = 0 + \dot{I}_B j(X_S + X') - \dot{I}_C j(X_S + X')$$

$$\dot{I}_A + \dot{I}_B + \dot{I}_C = 0$$

解得：$\dot{I}_A = \dfrac{\dot{E}_A}{j\left(X_S + \dfrac{X'}{3}\right)}$

$$\dot{I}_B = \frac{\dot{E}_A\left[3a^2 X_S + (a^2 - 1)X'\right]}{j(X_S + X')(3X_S + X')}$$

$$\dot{I}_C = \frac{\dot{E}_A\left[3a X_S + (a - 1)X'\right]}{j(X_S + X')(3X_S + X')}$$

两相短路：

(1) a、b 相短路

$$\dot{I}_A^{(2)} = -\dot{I}_B^{(2)} \qquad (\dot{I}_C^{(2)} = 0)$$

$$\dot{E}_A - \dot{E}_B = \dot{E}_A(1-a^2) = \dot{I}_A^{(2)} j X_S - \dot{I}_B^{(2)} j(X_S + X') = \dot{I}_A^{(2)} j(2X_S + X')$$

$$\dot{I}_A^{(2)} = \frac{\dot{E}_A(1-a^2)}{j(2X_S + X')} = \frac{\sqrt{3}\,\dot{E}_A}{2X_S + X'} e^{-j60°}$$

$$\dot{I}_B^{(2)} = -\dot{I}_A^{(2)}$$

(2) b、c 相短路

$$\dot{I}_B^{(2)} = -\dot{I}_C^{(2)} \qquad (\dot{I}_A^{(2)} = 0)$$

$$\dot{E}_B - \dot{E}_C = \dot{I}_B^{(2)} j(X_S + X') - \dot{I}_C^{(2)} j(X_S + X') = \dot{I}_B^{(2)} j2(X_S + X')$$

$$\dot{I}_B^{(2)} = \frac{\dot{E}_B - \dot{E}_C}{j(2X_S + X')} = -\frac{\sqrt{3}\,\dot{E}_A}{2(X_S + X')}$$

$$\dot{I}_C^{(2)} = -\dot{I}_B^{(2)}$$

(3) c、a 相短路

$$\dot{I}_{\mathrm{C}}^{(2)} = \frac{\sqrt{3}\,\dot{E}_{\mathrm{A}}}{2X_{\mathrm{S}}+X'}e^{\mathrm{j}60°}$$

$$\dot{I}_{\mathrm{A}}^{(2)} = -\,\dot{I}_{\mathrm{C}}^{(2)}$$

三相短路的电压
$$\dot{U}_{\mathrm{A}} = 0$$

$$\dot{U}_{\mathrm{B}} = \mathrm{j}\,\dot{I}_{\mathrm{B}}X'_{*}$$

$$\dot{U}_{\mathrm{C}} = \mathrm{j}\,\dot{I}_{\mathrm{C}}X'_{*}$$

$$\dot{U}_{\mathrm{AB}} = \frac{\dot{U}_{\mathrm{A}}-\dot{U}_{\mathrm{B}}}{\sqrt{3}}$$

设每相电势标幺值为1，空负荷时相电压 $U_{\phi}=1$，相间电压 $U_{\phi-\phi}=\sqrt{3}$

八、接地变压器

6、10、35kV 系统是不接地系统，因为电缆线路的发展，具有大的电容电流。为保护设备安全，当单相接地故障时切除，为此设置接地变压器。接地变压器是人为地制造一个中性点，用来连接接地电阻。当系统发生接地故障时，对正序、负序电流呈高阻抗，对零序电流呈低阻抗，使接地保护可靠动作。

变压器采用 Z 型接线（又称为曲折型接线），与普通变压器的区别是每相绕组分别绕在两个磁柱上。这样连接是零序磁通可沿磁柱流通，而普通变压器的零序磁通是沿着漏磁磁路流通。所以 Z 型接地变压器的零序阻抗很小，而普通变压器要大得多。

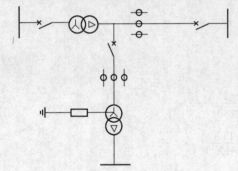

图 3-39　接地变压器与系统接线示意图

接地变压器接于变电站相应的母线上，亦可直接接于变压器相应的引线上，如图 3-39 所示。

低电阻接地系统中接地电阻的选取宜为 6～30Ω。低电阻接地系统的设备发生单相接地故障，本设备的保护应可靠切除故障。允许短延时动作，但保护动作时间必须满足有关设备热稳定要求。

低电阻接地系统必须且只能有一个中性点接地运行，当接地变压器或中性点电阻失去时，相应电源主变压器同级断路器必须同时断开。

接地变压器接于低压侧母线，电流速断和过电流保护动作后应联跳供电变压器同侧断路器，过电流保护动作时间宜与供电变压器后备保护跳低压侧断路器时间一致。

接地变压器接于供电变压器低压侧时，电流速断和过电流保护动作后跳供电变压器各侧断路器，过电流保护动作时间宜大于供电变压器后备保护跳各侧断路器时间。

（一）电流速断保护

（1）按躲过低压侧母线的最大短路电流整定。

$$I_{\mathrm{op}} = K_{\mathrm{rel}}I_{\mathrm{k.\,max}}$$

式中　K_{rel}——可靠系数，取 1.3；

$I_{\mathrm{k.\,max}}$——变压器低压侧母线最大短路电流。

（2）充电合闸时躲过励磁涌流整定。

$$I_{\mathrm{op}} = (7 \sim 10)I_{\mathrm{N}}$$

（3）灵敏系数

$$K_{sen} = \frac{I_{k.min}}{I_{op}} \geq 2$$

式中　$I_{k.min}$——变压器电源侧最小两相短路电流。

（二）过电流保护

（1）按额定电流

$$I_{op} = K_{rel}I_N, \quad K_{rel} \geq 1.3$$

式中　K_{rel}——可靠系数。

（2）按躲过区外单相接地时，流过接地变压器的最大故障相电流为

$$I_{op} = K_{rel}I_{k.max}^{(1)}$$

式中　K_{rel}——可靠系数，取1.3。

（3）与相邻元件的保护配合。上、下级保护之间应遵守动作参数逐级配合的原则，要做到灵敏系数和动作时间两个方面都配合。上、下级保护的配合系数 K_{co} 取1.1。

（4）灵敏系数校验。在被保护接地变压器低压侧母线短路时流过最小短路电流的灵敏系数 $K_{sen} \geq 1.5$。

（5）保护动作时间取 1.5～2.5s。

（三）零序电流保护

接地变压器中性点上装设零序电流Ⅰ段保护、零序电流Ⅱ段保护，作为接地变压器单相接地故障的主保护和同侧电压系统各元件的总后备保护。

1. 零序电流Ⅰ段保护

（1）按灵敏系数整定

$$I_{op.I} = \frac{I_{k.min}^{(1)}}{K_{sen}}$$

式中　$I_{k.min}^{(1)}$——系统最小单相故障电流；

　　　K_{sen}——灵敏系数，$K_{sen} = 2$。

（2）与下一级设备零序电流保护Ⅰ段中最大定值配合整定

$$I_{op.I} = K_{co}I'_{0I.op}$$

式中　$I'_{0I.op}$——下一级零序电流保护Ⅰ段中最大定值；

　　　K_{co}——配合系数，取1.1。

整定时间

$$t_{0I} = t'_I + \Delta t$$

式中　t'_I——母线上除接地变压器以外所有设备零序电流保护Ⅰ段中最长时间定值；

　　　Δt——时间级差，0.2～0.5s。

保护动作跳供电变压器的同侧断路器。

2. 零序电流Ⅱ段保护

（1）可靠躲过线路的电容电流

$$I_{op.II} = K_{sen}I_c, \quad K_{sen} \geq 1.5$$

保证单相高阻接地故障有灵敏度，因此 $I_{op.II} < I_{op.I}$。

（2）与下一级设备零序电流保护最后一段最大定值配合。

$$I_{op.II} = K_{co}I'_{0II.op}$$

式中　$I'_{0II.op}$——下一级零序电流保护Ⅱ段中最大定值；

　　　K_{co}——配合系数，取1.1。

整定时间为

$$t_{o\mathrm{II}} = t'_{\mathrm{II}} + \Delta t$$

式中　t'_{II}——母线上除接地变压器以外所有设备零序电流保护Ⅱ段中最长时间定值；

　　　Δt——时间级差，0.3~0.5s。

保护动作跳供电变压器的各侧断路器。

九、线路—变压器组保护

线路—变压器组是指变压器高压侧没有断路器的线路与变压器的串联组合，一般是短线路，可以节省变压器的高压侧断路器，而且不要高压侧的后备保护，这样保护可以简化。

在 220kV 电压等级中，为了加强可靠性，在变压器高压侧安装电流互感器，也可使用高压侧套管电流互感器。线路—变压器组的保护可以区分为线路保护和变压器保护两部分。线路保护采用光纤纵联分相电流差动保护和电流后备保护，变压器保护采用变压器纵联差动保护和低压侧电流后备保护。同时线路侧和变压器侧增设远方跳闸回路，当变压器故障时，利用远方跳闸回路切除线路侧的断路器。

在 110kV 以下电压等级的中性点非直接接地系统的线路—变压器组，因为变压器高压侧没有电流互感器，可以配置下述保护装置，如图 3-40 所示。

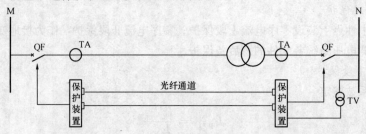

图 3-40　线路—变压器组保护接线示意图

线路—变压器组保护装置包括光纤电流分相电流差动保护、线路侧后备保护和变压器低压侧后备保护。

（一）线路—变压器组光纤电流分相电流差动保护与线路光纤分相差动保护的差异

（1）线路差动保护接入线路出线断路器电流和变压器高压侧电流，而线路—变压器组差动保护接入线路出线断路器电流和变压器低压侧电流，因此要满足变压器各侧电流相位差与平衡补偿。各侧电流相位补偿是由电流互感器二次电流相位由软件自动校正。采用在星形侧进行校正相位，例如 $Y_{\mathrm{N}}d11$ 的接线，则星形侧为

$$\dot{I}'_A = (\dot{I}_A - \dot{I}_B)/\sqrt{3}$$
$$\dot{I}'_B = (\dot{I}_B - \dot{I}_C)/\sqrt{3}$$
$$\dot{I}'_C = (\dot{I}_C - \dot{I}_A)/\sqrt{3}$$

式中　$\dot{I}_A$、$\dot{I}_B$、$\dot{I}_C$——星形侧电流互感器二次电流；

　　　$\dot{I}'_A$、$\dot{I}'_B$、$\dot{I}'_C$——星形侧校正后的各相电流。

（2）线路—变压器组光纤电流分相电流差动保护的特性与变压器的纵联差动保护的特性一致。比率制动特性曲线采用三段式折线，如图 3-41 所示。

保护具有二次谐波的励磁涌流闭锁判据和差电流速断保护。

（二）线路—变压器组保护的特点

（1）采用光纤通道的纵联差动保护必须有可靠的电流差动保护与通信系统的连接方式，其工作

的前提条件是两侧装置通信的同步。装置通信同步包括采样同步和时钟同步。采样同步设置线路侧为"主机方式"，变压器侧为"从机方式"。设定主机保护装置的采样时刻作为基准，其他侧的装置通过不断的调整以使所有保护装置的采样时刻一致，从而达到满足差动保护的要求。时钟同步可用专用光纤通道，数据发送采用装置的内部时钟，接收时钟从接收数据码流中提取。

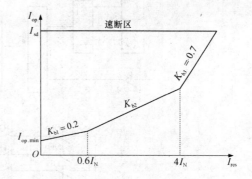

图 3-41　比率制动特性曲线

（2）两侧具有远方跳闸回路。当变压器侧给线路侧发跳闸信号，而线路侧收到跳闸信号且就地判据可靠开放，才能动作线路侧断路器，就地判据可使用电流量和电流突变量。

电流突变量动作值取（0.1～0.2）I_N（变压器额定电流），并自保持 0.2～0.3s。因为当变压器瓦斯保护动作时，线路侧电流量和电流突变量均不一定动作，但当变压器低压侧断路器断开，切除负荷，此时线路侧电流突变量才动作，为保证线路侧切除故障，必须将电流突变量自保持，以保证断路器可靠切除故障。

（3）线路侧后备保护的过电流保护不能用电压闭锁，否则起不到变压器低压侧故障的后备作用。

1）过电流第一段：为速断段，其定值可按躲过变压器低压侧母线故障和励磁涌流整定。

2）过电流第二段：其定值按变压器额定电流并考虑自启动系数整定。但必须保证变压器低压侧母线故障的灵敏度大于 1.5，以 2.0 为宜。

3）过电流第三段：当过电流第二段不能保证灵敏度，则增设第三段，作最后一道防线。其定值按变压器额定电流整定。时间躲过自启动过程，取 10～15s。

（4）变压器低压侧后备保护，可用电流保护、过电流保护启动远方跳闸回路。

1）电流延时速断保护，应该保证低压侧母线故障灵敏度为 1.2，其时间可与低压侧线路的快速保护相配合。

2）过电流保护，其定值与低压侧线路的过电流保护相配合，并满足低压侧母线故障灵敏度，当自启动电流过大时，不能满足灵敏度，则用低压侧母线电压闭锁，以降低电流整定值。

（5）线路—变压器组不应考虑两侧电源，只按单侧电源配置保护装置，如果变压器低压侧有电源，应使用解列装置，断开小电源，避免使用方向元件导致保护配合的困难和死区等问题。

十、断路器非全相运行保护

变压器、发电机—变压器组 220kV 及以上电压侧多为分相操作的断路器，常由于误操作或机械方面的原因使三相不能同时合闸或跳闸，或在正常运行中突然一相跳闸。

这种异常工况，将在发电机—变压器组的发电机中流过负序电流，如果靠反应负序电流的反时限保护动作（对于联络变压器，要靠反应短路故障的后备保护动作），则会由于动作时间较长，而导致相邻线路对侧的保护动作，使故障范围扩大，甚至造成系统瓦解事故。因此发电机—变压器组，在 220kV 及以上电压侧为分相操作的断路器时，要求装设非全相运行保护。

非全相运行保护的构成原理。

非全相运行保护一般由灵敏的负序电流元件，零序电流元件和非全相判别回路（断路器三相位置不一致综合触点 K）组成，如图 3-42 所示。

图 3-42 中 I_2 为负序电流元件，I_0 为零序电流元件。

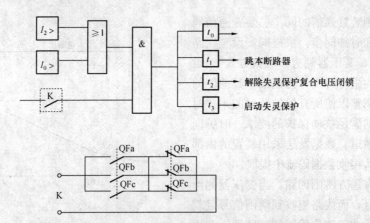

图 3-42　发电机—变压器组非全相运行保护的原理接线图

QF_a、QF_b、QF_c 为被保护回路 A、B、C 相断路器辅助触点。

（1）为确保发电机的安全，在发现断路器非全相运行时，应首先采取减少发电机出力的措施。

（2）断路器一相拒合或一相拒跳，是由于断路器失灵引起的，则非全相运行保护动作即使 t_1 时间跳本断路器，仍不能三相完全跳闸，只有启动断路器失灵保护将母线上相邻元件跳闸。

（3）断路器失灵保护一般由检查断路器电流判据和电压闭锁元件组成，但在非全相运行时，电流判据和电压判据都有可能不动作。为此必须用负序电流和零序电流作判据，直接启动断路器失灵保护，达到启动失灵保护和解除电压闭锁。

（4）发电机—变压器组非全相运行保护的整定。负序电流元件的动作电流 $I_{2.op}$ 按发电机允许的持续负序电流下能可靠返回的条件整定。

$$I_{2.op} = \frac{K_{rel} I_{G.2}}{K_r}$$

式中　　K_{rel}——可靠系数，取 1.2；

K_r——返回系数取 0.9；

$I_{G.2}$——发电机允许持续负序电流，一般取（0.06～0.1）$I_{G.N}$；

$I_{G.N}$——发电机额定电流；

I_N——变压器的额定电流。

$$I_{2.op} = (0.15 \sim 0.2) I_N$$

零序电流元件可按躲过正常不平衡电流整定

$$I_{0.op} = (0.15 \sim 0.2) I_N$$

t_1 躲过断路器三相不同期合闸时间，为 0.3s。

t_2 解除断路器失灵保护的复合电压闭锁时时间，为 0.3～0.5s。

t_3 启动断路器失灵保护为 0.5s～0.8s。

（5）变压器的非全相运行保护以防止相邻线路保护跳闸，为此变压器的非全相运行保护可只设零序电流判据，t_1 时间跳本断路器。应优先采用断路器本体内设置的非全相运行保护。变压器的非全相运行保护和变压器其他保护一样，启动变压器断路器失灵保护。

十一、变压器断路器失灵保护

当变压器发生故障，保护装置动作并发出了跳闸指令，但故障设备的断路器拒绝动作，称为断路器失灵。尤其是 220kV 及以上设备，是近后备保护，因此要设置断路器失灵保护。

变压器断路器失灵保护的构成原理。

变压器断路器失灵保护一般由电流判别元件、保护出口动作触点及断路器位置辅助触点构成，如图 3-43 所示。

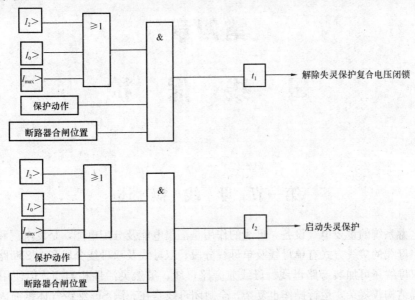

图 3-43　变压器断路器失灵保护的原理接线图
I_2 —负序电流元件；I_0 —零序电流元件；I_{max} —最大相电流

断路器合闸位置指断路器合闸时辅助触点闭合；断路器分相操作为三相辅助触点并联。

（1）断路器失灵保护应由故障设备的继电保护启动。

（2）断路器失灵保护的启动回路中，除有故障设备的继电保护出口触点之外，还应有断路器失灵判别元件的出口动作元件。为此电流判别元件不能接于变压器套管电流互感器的绕组，防止在变压器引线故障时造成死区，必须反应断路器流过的电流。

（3）对于变压器、发电机—变压器组采用分相操作的断路器，允许只考虑单相拒动。应用零序电流代替相电流判别元件和复合电压闭锁元件。变压器故障电压元件可能不动作，复合电压闭锁必须解除。

（4）在失灵启动回路中不能使用非电气量保护出口触点，如瓦斯保护、压力保护、发电机的断水保护及热保护等。非电气量保护动作后不能快速返回，容易造成误动。要求相电流判别元件的动作时间和返回时间要快，均应小于 20ms。

（5）失灵保护应有动作延时，且最短的动作延时应大于故障设备断路器的跳闸时间与继电保护返回时间之和。失灵启动延时与失灵保护延时的总和为 0.3s。

（6）电流判别元件的整定。

最大相电流整定：$I_{max.op} = (1.1 \sim 1.2)I_N$

负序电流整定：$I_{2.op} = (0.15 \sim 0.2)I_N$

零序电流整定：$I_{0.op} = (0.15 \sim 0.2)I_N$

第四章

母 线 保 护

第一节 母 线 概 述

母线是电力系统的重要电气设备，母线的作用是汇集电能及分配电能，是发电厂和变电站的重要组成部分。母线的接线方式有单母线及单母线分段、双母线及双母线分段和 3/2 断路器接线等。

此外，双母线还可加装旁路母线。母线兼旁路母线，虽然灵活性相当高，但使用的电气设备多，配电装置结构较复杂，运行操作也复杂。全封闭母线是在充满 SF₆ 绝缘气体钢筒内的母线。母线全部封闭，不会发生由外界物体造成母线短路故障，运行的可靠性高，同时母线的外壳为接地钢筒，布置紧凑，节省占地，一般都采用分箱母线的结构形式。全封闭母线不采用旁路母线。

运行经验证明，由于污闪、雷击、误操作和母线上连接元件（如电流互感器、电压互感器、避雷器和元件的母线侧隔离开关等）损坏等原因造成的母线故障时有发生。

母线的故障类型主要有单相接地故障和相间短路故障，两相接地短路故障。三相短路故障的几率较少。

母线故障属严重性故障，如不能快速切除，可能造成事故范围扩大、系统稳定破坏，甚至于酿成大面积停电或系统瓦解等重大事故。

第二节 母 线 差 动 保 护

一、母线完全差动保护

母线完全差动保护是将母线上所有的各连接元件的电流互感器按同名相、同极性连接到差动回路，电流互感器的特性与变比均应相同，若变比不相同时，可采用补偿变流器进行补偿，满足 $\sum \dot{I} = 0$。

差动继电器的动作电流按下述条件计算、整定，取其最大值。

躲开外部短路时产生的不平衡电流

$$I_{op} = K_{rel} f_t I_{k.max}$$

式中　　K_{rel}——可靠系数，取 1.5；

f_t——电流互感器的 10% 误差，取 0.1，具有中间变流器，取 0.15；

$I_{k.max}$——母线外部短路时的最大短路电流。

躲开母线连接元件中，最大负荷支路的最大负荷电流，以防止电流二次回路断线时误动

$$I_{op} = K_{rel} I_{max}$$

式中　　K_{rel}——可靠系数，取 1.3；

$I_{\max}$ ——最大负荷电流。

二、固定连接方式差动保护在发生区内、外故障时的电流分布

按母联断路器只有一组电流互感器考虑，区内、外故障时的电流分布图分别见图 4-1、图 4-2。

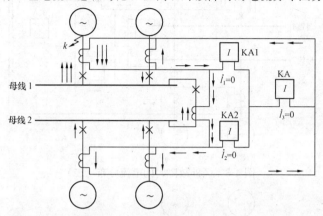

图 4-1　区外故障时的电流分布（一）

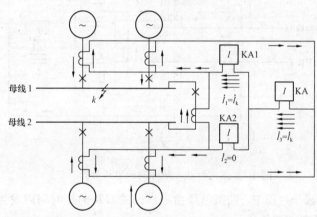

图 4-2　区内母线 1 故障时的电流分布（一）

区外故障启动元件 KA，选择元件 KA1、KA2 均无电流流过。区内母线 1 故障，启动元件 KA、选择元件 KA1 均有故障电流流过，选择元件 KA2 的电流为零，因此将母联断路器及连接在母线 1 上元件的断路器均动作跳闸。

三、固定连接破坏后差动保护在发生区内、外故障时的电流分布

破坏双母线的固定连接后，保护区外故障，选择元件 KA1、KA2 均流过部分短路电流，但启动元件 KA 无电流，故母线差动保护不会动作。其电流分布见图 4-3。

破坏双母线固定连接后，保护区内母线 1 故障时的电流分布见图 4-4。此时选择元件 KA1、KA2 均流过短路电流。选择元件 KA1 流过的短路电流大，动作切母联断路器及母线 1 上连接元件的断路器 QF1、QF2。选择元件 KA2 流过的短路电流小，如不动作，则通过 QF4 仍供给短路电流，故障仍未消除。因此如破坏双母线固定连接，则必须将选择元件 KA1、KA2 触点短接，使母线差动保护变成无选择动作，将母线 1、母线 2 上所有连接元件切除。

四、对母线保护的基本要求

（1）母线保护应具有良好的选择性，适应一次系统的各种运行方式，并能满足双母线同时及先后发生故障的要求。

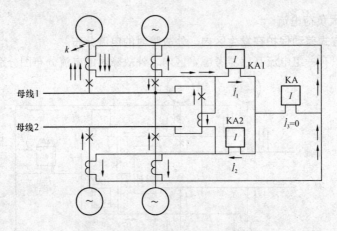

图 4-3 区外故障时的电流分布（二）

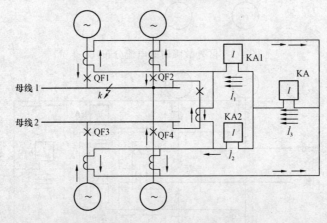

图 4-4 区内母线 1 故障时的电流分布（二）

1）双母线在倒闸操作过程中，两条母线由隔离开关双跨的短时间内发生区内、区外故障时，母线保护应保证其动作的正确性。

2）双母线的固定连接方式破坏后，母线保护仍具有选择性。当双母线分列运行（母联断开）发生故障时亦应正确动作，可靠地切除故障母线。

3）当利用母联断路器向另一条准备投运的空母线充电并合闸于故障时，母线保护应能快速切开母联断路器，而正常运行母线上连接的各元件的跳闸回路应可靠地闭锁。

4）当用母联兼旁路或专用旁路断路器带送其他元件时，母线保护相关的交直流二次回路能方便、安全地进行切换，确保带送时仍有选择性。

（2）母线保护的误动、拒动都将给电网的安全运行带来严重后果，所以应采取必要的措施，使母线保护获得更高的可靠性。

1）在双母线及双母线多分段母线中，除每一条母线设一个选择元件外，再设一个启动元件，启动元件和选择元件构成"与"门方式，实现双重化判据，增加其可靠性。

2）短路电流中含有非周期分量，能在差动回路中产生很大的不平衡电流，母线保护必须采取措施，最大限度地消除区外故障时暂态分量的影响。

3）对构成环路的各类母线，如 3/2 断路器接线、双母线多分段等母线接线，当母线短路时，故障电流有可能自母线向外流出，此时母线保护不应拒动。

4）为防止意外原因造成母线保护误动，母线保护必须采取"电压闭锁"措施，即使误碰母线保护中任一只继电器、任一对触点都不会造成误跳闸。

5）母线保护的交流电流二次回路涉及的元件多，接线复杂，易发生接触不良或断线，所以母线保护应对其交流电流二次回路有完善的监视和报警措施。

6）母线保护的直流电源需要监视，直流一旦消失，应及时发出告警。

7）母线保护应单独使用电流互感器一组二次绕组。电流互感器，包括中间变流器的技术指标必须满足母线保护的要求。

8）母线保护必须有完善的自检功能，装置各部位发生故障能及时将保护退出运行或发出告警，同时还必须有完善的抗干扰措施，各项抗干扰指标必须符合国家有关标准要求。

（3）母线保护的动作涉及母线上所有连接元件，所以母线保护接线必须考虑与其他各连接元件继电保护及安全自动装置的配合。

1）对装有纵联保护且不带分支线的线路，母线保护动作后应采取措施，如对纵差保护停信或对纵差保护导引电缆短接等，以加速线路对侧纵联保护跳闸，消除断路器与电流互感器之间的故障。

2）如果要使用母线重合闸，应考虑一条电源线路先重合于永久性故障母线时，母线保护必须有足够的灵敏度，否则应加灵敏启动元件，其回路只有在重合时才起作用，母联断路器不宜作为重合元件。如果不使用母线重合闸，母线保护动作后应闭锁有关元件的重合闸。为安全起见，重合闸还可以检查母线有、无电压或检同期等。

3）母联断路器与其电流互感器之间也可能发生短路，此时母线保护虽能切开母联断路器，但故障点并不能消除，主要是通过断路器失灵保护跳开另一组正常母线上所有元件来解决。

五、对电流互感器的要求

母线差动保护是将母线上所有的各连接元件的电流互感器连接到差动回路。而且区外故障，故障连接元件的电流互感器将流过总的故障电流，较其他连接元件的电流互感器流过的故障电流大许多，为此母线保护应接在专用电流互感器二次回路中，要求该回路中不接入其他设备的保护装置或测量表计。电流互感器的测量精度要高，暂态特性及抗饱和能力强。电流互感器在电气上的安装位置应是母线保护与线路保护或变压器保护有重叠保护区。

（一）电流互感器饱和的特点

母线出线故障时，该出线的电流互感器流过很大的电流，一次电流中含有很大的非周期分量时，当电流互感器铁芯中有很大的剩磁，二次负荷阻抗很大时，将使电流互感器很容易饱和。电流互感器二次电流存在如下特点：

（1）在故障发生瞬间，因铁芯中的磁通不能跃变，电流互感器不能立即进入饱和区，最快在短路发生 2ms 之后才会出现饱和。因此短路初始一段时间内电流互感器一、二次电流总有一段线性传变的时间。

（2）电流互感器饱和后，在每个周期内一次电流过零点附近存在不饱和时段，在此时段一、二次电流是线性传变的。

（3）电流互感器饱和后，二次电流波形发生畸变，偏于时间轴的一侧，此时电流的正、负半波不对称，含有大量的谐波分量。

（4）电流互感器饱和后，其励磁阻抗大大减少，使其内阻大大降低。

（5）在稳态短路电流的情况下电流互感器的变比误差小于 10%，但在短路暂态过程中由于短路电流中的非周期分量的影响，其误差大于 10%。

（二）抗电流互感器饱和的方法

电磁型母线差动保护装置中，电流互感器饱和鉴别元件均是根据饱和后电流互感器二次电流的特点及其内阻变化规律原理构成的。微机型母线差动保护装置中，电流互感器饱和鉴别元件主要是根据同步识别法及差流波形存在线性传变区的特点，辅之以谐波制动原理构成，加以闭锁防止差动保护误动。

1. 同步识别法

当母线上发生故障时，母线电压及各出线元件上的电流将发生很大的变化。与此同时，在差动元件中出现差流，即电压或工频电流的变化量与差动元件中的差流是同时出现。当母差保护区外发生故障，某组电流互感器饱和时，母线电压及各出线元件上的电流立即发生变化。但由于故障后2ms电流互感器的磁路才会出现饱和，因此差动元件中的差流比故障电压及故障电流晚出现2ms。

在母差保护中，当故障电流与差动元件中的差流同时出现时，认为是区内故障开放差动保护；而当故障电流比差动元件中的差流出现早时，即认为差动元件中的差流是区外故障电流互感器饱和产生的，立即将差动保护闭锁一定时间。这种鉴别区外故障电流互感器饱和的方法称为同步识别法。

2. 自适应阻抗加权抗饱和法

自适应阻抗加权抗饱和法的基本原理也是同步识别法原理，即故障后电流互感器不应立即饱和。

自适应阻抗加权抗饱和法的母差保护装置中设置有工频变化量差动元件、工频变化量阻抗元件（母线电压变化量与差流变化量的比值）及工频变化量电压元件。当发生故障时，如果差动元件、电压元件及阻抗元件同时动作，即判为母线故障，开放母差保护。如果电压元件动作在先而差动元件及阻抗元件后动作，即判为区外故障电流互感器饱和，立即将母差保护闭锁。

3. 基于采样值的重复多次判别法

基于采样值的重复多次判别法是基于电流互感器一次故障电流过零点附近存在线性传变区的原理构成。

若在对差流一个周期的连续 R 次采样值判别中，有 S 次及以上不满足差动元件的动作条件，认为是区外故障电流互感器饱和，继续闭锁差动保护；若在连续 R 次采样值判别中，有 M 次以上满足差动元件的动作条件时，判为区内故障或发生区外故障转区内故障，立即开放差动保护（$M>S$）。

4. 谐波制动原理

电流互感器饱和时差电流的波形将发生畸变，其中含有大量的谐波分量，用谐波制动可以防止区外故障电流互感器饱和误动。

但是当区内故障电流互感器饱和时，差动电流中同样会有谐波分量，因此，为防止区内故障、区外故障或区外故障转区内故障电流互感器饱和时差动保护拒动，必须引入其他辅助判据，以确定是区内故障还是区外故障。

利用区外故障电流互感器饱和后在每个周波内的线性传变区内无差流，而区内故障电流互感器饱和时，无论是否工作在线性传变区，一直是有差流的方法来区别区内、区外故障，再利用谐波制动防止区外故障误动。

（三）电流互感器选型

母线差动保护在 330、500kV 以上电压均使用 TPY 级电流互感器。

110kV 及以下电压母线均使用 P 级电流互感器。

220kV 电压母线有使用 P 级电流互感器的，也有使用 TPY 级电路互感器的。

P 级电流互感器暂态误差大，为此按稳态检查符合 10% 误差条件，再增加一倍，即暂态系数不低于 2。

220kV 电压母线的差动保护，因母线上各元件的先、后建设造成 TPY 级和 P 级电流互感器共用，则要求 P 级电流互感器有足够的暂态裕度，同时母差保护装置中有可靠地防饱和措施外，适当提高制动系数，取最高值。

六、复合电压闭锁元件

母线是电力系统中的重要元件。母差保护动作后跳的断路器数量多，它的误动可能造成灾难性的后果。为防止保护出口继电器误动或其他原因误跳断路器，采用复合电压闭锁元件。只有当母差保护差动元件及复合电压闭锁元件同时动作，才能跳各路断路器。

（一）动作方程

在大接地电流接地系统中，复合电压闭锁元件由相低压元件、负序电压及零序电压元件组成，其动作方程为

$$U_\phi \leqslant U_{op}, U_2 \geqslant U_{2.op}, 3U_0 \geqslant U_{0.op}$$

式中　　U_ϕ——相电压；

　　　　U_2——负序相电压；

　　　　$3U_0$——零序电压，利用电压互感器二次三相电压自产。

当相低电压元件、负序相电压元件及零序过电压元件中只要有一个或一个以上的元件动作，立即开放母差保护。在小接地电流系统中，复合电压闭锁元件由相间电压元件组成。

（二）闭锁方式

为防止差动元件出口继电器由于振动或人员误碰出口回路造成误跳断路器，复合电压闭锁元件采用出口继电器触点的闭锁方式，即复合电压闭锁元件各对出口触点分别串联在差动元件出口继电器的各出口触点回路中。微机型母差保护的复合电压闭锁采用软件闭锁。

跳母联或分段断路器时，不经过复合电压闭锁。断路器失灵保护、母联死区保护、母联失灵保护要经过复合电压闭锁；母联充电保护、母联过电流保护不经过复合电压闭锁。

500kV 的母线保护由于采用 3/2 接线方式，不用装设复合电压闭锁。因为母线保护误动跳边断路器，各线路和变压器都仍然能正常工作。

（三）整定计算

低电压元件：低电压按躲过最低运行电压整定。在故障切除后能可靠返回，并保证对母线故障有足够的灵敏度。

$$U_{op} = 60\% \sim 70\% U_{N.min}$$

大电流接地系统：$U_{op} = 35 \sim 40V$，或固定为 40V。

小电流接地系统：$U_{op} = 60 \sim 70V$，或固定为 70V。

负序电压元件：负序相电压按正常运行最大不平衡电压整定，并保证对母线不对称故障有足够的灵敏度。$U_{2.op} = 2 \sim 6V$，或固定为 4V。

零序电压元件：零序电压按正常运行最大不平衡电压整定，并保证对母线接地故障有足够的灵敏度。$U_{0.op} = 4 \sim 8V$，或固定为 6V。

七、母线差动保护整定计算

不同类型的母线保护装置在整定内容及取值方面有差异。微机型母线保护装置，其差动保护为完全电流差动保护，且带比率制动和抗饱和元件。差动保护的整定包括启动元件、比率制动元件。

（一）启动元件

对不带比率制动的启动元件，应按可靠躲过区外故障最大不平衡电流和任一元件电流回路断线时，由于负荷电流引起的最大差电流整定。对带比率制动原理的启动元件，应可靠躲过最大负荷时的不平衡电流及躲开出线最大负荷电流（防止电流互感器断线时误动）。当保护有完善的电流互感

器断线闭锁元件时，可取前者。同时满足按被保护母线最小短路故障灵敏度不小于2。

(1) 按躲过正常工况下的最大不平衡电流整定。

$$I_{op} = K_{rel}(K_{er} + K_2 + K_3)I_N$$

式中　K_{rel}——可靠系数，取 $1.5\sim2.0$；

　　　K_{er}——各元件电流互感器的相对误差，取 0.06 （10P级电流互感器）；

　　　K_2——保护装置通道传输及调整误差，取 0.1；

　　　K_3——区外故障切除瞬间各侧电流互感器暂态特性产生的误差，取 0.1；

　　　I_N——电流互感器二次额定电流 （1A 或 5A）。

代入得：$I_{op} = (0.39\sim0.52)I_N$。

(2) 按躲过电流互感器二次断线由负荷电流引起的最大差流整定

$$I_{op} \geqslant I_N$$

综合上述条件，$I_{op} = (0.5\sim1.1)I_N$，当保护有完善的电流互感器断线闭锁元件时，可取较小值。

(二) 比率制动元件

大差动元件进行母线故障判别，各段小差动元件选择故障母线。对大差动元件应考虑正常运行和分列运行时的灵敏度问题。有些装置设置了高、低两个定值。高定值按母联处于合位整定，低定值按母联处于分位整定。

比率制动系数的整定按躲过区外故障所产生的不平衡电流整定，并保证在区内故障有足够的灵敏度。

(1) 按躲过区外故障整定。区外故障时，在差动元件回路中产生的最大差流为

$$I_{unb.max} = (K_{re} + K_2 + K_3)I_{k.max}$$

式中　K_{er}——电流互感器的 10% 误差，取 0.1；

　　　K_2——保护装置通道传输及调整误差，取 0.1；

　　　K_3——区外故障切除瞬间各侧电流互感器暂态特性不同产生的误差，取 0.1；

　　　$K_{k.max}$——区外故障最大短路电流。

代入得：$K_{unb.max} = 0.3 I_{k.max}$。

此时，比率制动系数可按下式计算

$$S = K_{rel}\frac{K_{unb.max}}{I_{k.max}}$$

式中　K_{rel}——可靠系数，取 $1.5\sim2.0$。

代入得：$S = 0.45\sim0.6$。

(2) 按确保动作灵敏度整定。当母线上出现故障时，其最小故障电流大于母差保护启动电流的2倍以上时，可按下式计算比率制动系数。

$$S = \frac{1}{K_{sen}}$$

式中　K_{sen}——灵敏系数，取 $1.5\sim2.0$。

代入得：$S = 0.5\sim0.67$ 是合适的。

第三节　母线保护类型

一、带速饱和变流器电流差动式保护

这种保护的原理是利用母线上各连接元件电流相量和为动作量，它将母线上各元件电流互感器

二次按同极性并联构成差电流回路，再经过速饱和变流器后接差电流继电器，如图 4-5 所示。

正常运行或区外短路时，母线上各元件电流相量和为零，无差电流，保护不动作；母线短路时，母线上各元件电流相量和不为零，差电流很大，保护动作。

（1）区外短路时的暂态不平衡电流很大，而且很难依靠定值躲过它，目前主要采用速饱和变流器，利用短路电流暂态分量中的直流分量使速饱和变流器的铁芯迅速饱和，造成差动继电器灵敏度下降，防止误动作，但母线故障时动作稍有延时。

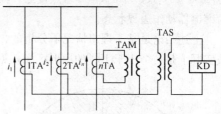

图 4-5 带速饱和变流器的
电流差动保护原理图

1TA～nTA—电流互感器；TAM—中间变流器；
TAS—速饱和变流器；KD—差电流执行元件

（2）对于稳态下的不平衡电流，主要是靠电流互感器在通过最大区外短路电流时其误差不超过 10%，母线保护的整定值必须躲过此时的不平衡电流。

（3）各电流互感器的变比必须相同，不同时可采用中间变流器进行补偿，但对中间变流器的要求比主电流互感器更为严格，一般要求其误差不超过 5%。为减轻主电流互感器二次负荷，中间变流器宜采用降流方式，最好安装在户外的开关场地内。如必须采用升流方式时，其升流比不应超过 2，而且最好安装在保护屏上或保护屏下的电缆层中。

（4）为减轻电流互感器二次负荷和经济起见，各电流互感器二次侧连线应在开关场内的母差端子箱内先并联，然后再通过一根大截面电缆与室内的保护屏相连。

二、母联电流比相式母线保护

这种母线保护由启动元件和选择元件构成，启动元件接于母线上除母联断路器以外其他各元件电流相量和，即差电流 I_D；选择元件 KW 是一个比较两个电流量的方向继电器，KW 引入的电流量一是 $\dot{I}_D$，另一个是 $\dot{I}_M$，见图 4-6。选择元件的动作力矩为 $\dot{I}_D \dot{I}_M \cos\varphi$，$\varphi$ 是 $\dot{I}_M$ 和 $\dot{I}_D$ 间的相角。

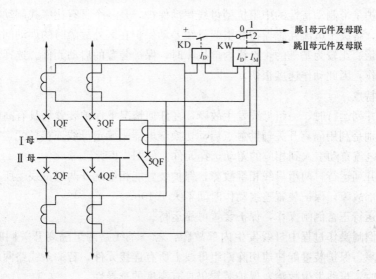

图 4-6 母联电流比相式母线保护原理图

正常运行或区外短路时，差电流 $\dot{I}_D$ 很小，保护不能动作。当 Ⅰ 母故障时，$\dot{I}_D \dot{I}_M \cos\varphi > 0$，KW 中的 0—1 触点接通，其动作区域为 $90° > \varphi > 270°$，$\varphi = 0°$ 时最灵敏；当 Ⅱ 母线故障时，$\dot{I}_D$

$\dot{I}_{\rm M}\cos\varphi<0$，KW 中的 0－2 触点接通，其动作区域为 $90°<\varphi<270°$，$\varphi=180°$时最灵敏。$\varphi=\pm90°$时为继电器动作边界状态。

上述结论是基于理想情况下分析的，由于固有动作功率的存在，电流相位比较继电器的动作区域实际上是一个小于 180°的扇形区图，见图 4-7。

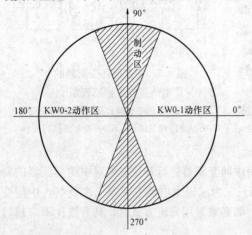

图 4-7　比相式继电器 KW 相角特性

（1）电流相位比较继电器在正常运行或区外短路时，有可能因为不平衡电流而误动，所以要采取闭锁措施，使电流相位比较继电器只有在母线故障（启动元件动作）时才投入工作。

（2）二次谐波分量将影响电流相位比较继电器在动作的边界条件下发生抖动，必须采取措施消除，通常的作法是在继电器的线圈两端接入一个 100Hz 的滤波回路。

（3）必须严格控制电流相位比较继电器的动作区域，在动作的边界区域上，电流相位比较继电器的两个执行元件触点不准同时动作。

（4）当母线保护动作将母联断路器切开时，必须防止电流相位比较继电器因母联电流突然消失发生抖动或交替动作现象。

（5）母联电流相位比较式母线保护的最大优点是不受母线固定方式的限制，而且装置比较简单，但其缺点也是显而易见的：当双母线分列运行时保护将失去选择性；保护的灵敏度受启动元件限制；双母线同时发生故障时保护只能切开母联断路器，目前这种母线保护已较少应用。

三、中阻抗型比率制动式母线保护

（一）中阻抗型比率制动式母线保护的特点

快速母线保护是带制动特性的中阻抗型母线差动保护，是一个具有比率式制动特性的中阻抗型电流差动继电器，解决了电流互感器饱和引起母线差动保护在区外故障时的误动问题。保护装置是以电流瞬时值测量、比较为基础的，母线内部故障时，保护装置的启动元件、选择元件能先于电流互感器饱和前动作，因此动作速度很快。

保护装置的特点：

（1）双母线并列运行时，一组母线发生故障，在任何情况下保护装置均具有高度的选择性。母线运行方式的识别是利用隔离开关辅助触点启动切换继电器来确定母线连接单元运行在哪条母线上的。将 TA 二次电流自动引入到相应的差动选择元件。如图 4-8 所示。

（2）双母线并列运行，两组母线相继故障，保护装置能相继跳开两组母线上所有连接元件。

（3）母线内部故障，保护装置整组动作时间不大于 10ms。

（4）双母线运行正常倒闸操作，保护装置可靠运行。

（5）双母线倒闸操作过程中母线发生内部故障：若一条线路两组隔离开关同时跨接两组母线时，母线发生故障，保护装置能快速切除两组母线上所有连接元件，若一条线路两组隔离开关非同时跨接两组母线时，母线发生故障，保护装置仍具有高度的选择性。

（6）母线外故障，不管线路电流互感器饱和与否，保护装置仍具有高度的选择性。

（7）正常运行或倒闸操作时，若母线保护交流电流回路发生断线，保护装置经整定延时闭锁整套保护，并发出交流电流回路断线告警信号。

（8）在采用同类断路器或断路器跳闸时间差异不大的变电站，保护装置能保证母线故障时母联

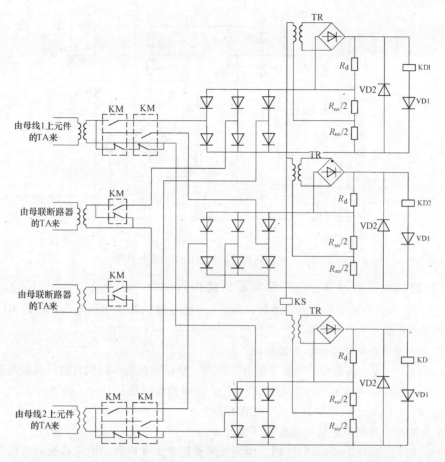

图 4-8 带比率制动特性的母线差动保护单相接线示意图

R_{res}—制动电阻；R_d—动作电阻；KM—隔离开关切换继电器；KD—差动继电器（启动元件）；

KD1、KD2—差动继电器（选择元件）；KS—断线信号继电器；TR—整流变压器

断路器先跳开。

（9）母联断路器的电流互感器与母联断路器之间的故障，由母线保护与断路器失灵保护相继跳开两组母线所有连接元件。

（10）由于使用辅助变流器，体积大，调试复杂，已被微机型母差代替。

（二）中阻抗型比率制动式的动作原理

这种母线保护的动作是以电流的瞬时作测量比较的，差动继电器动作速度很快（2ms），同时差动继电器做成具有比率制动特性，可以较好地防止电流互感器严重饱和时发生误动，保护的原理接线如图 4-9 所示。

图 4-9 中的 1TAM～nTAM 可以补偿电流互感器变比，同时还可以降低二次电流，使电流切换回路更安全。1TAM～nTAM 的二次电流 $I_{13}～I_{n3}$ 分别经两个二极管组成全波整流后，同极性跨接在制动电阻 R_b（$R_b/2+R_b/2$）两端的 T 点和 L 点上。母线上各元件电流的绝对值之和 $\sum_{j=1}^{n}|\dot{I}_j|$ 流过 R_b 并产生制动电压 U_b，U_b 能使二极管 VD2 导通，导通后将差动继电器 KD 旁路，起制动作用。

差动回路接入可调节的差动电阻 R_{cd} 和差动变流器 TAD，TAD 的一次线圈 W1 流过的电流为母线上各元件电流的相量和 $i_{d1}=\sum_{j=1}^{n}\dot{I}_j$，即差电流。TAD 的二次线圈 W2 接全波整流器后的电流 $i_{d2}=n_d|\sum_{j=1}^{n}\dot{I}_j|$，$I_{d2}$ 流过动作电阻 R_d 后产生动作电压 U_d，U_d 能使二极管 VD1 导通，使差

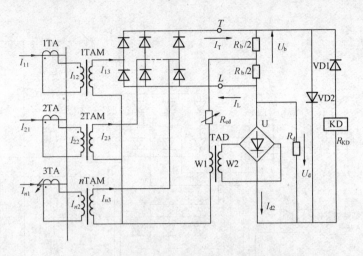

图 4-9　比率制动式差动继电器原理接线图

动继电器 KD 流过电流而动作。差动继电器的动作条件为：$n_d \left| \sum_{j=1}^{n} \dot{I}_j \right| - K_b \sum_{j=1}^{n} |\dot{I}_j| > I_{op.min}$，$K_b$ 是一个小于 1 大于零的制动系数，$I_{op.min}$ 为继电器的最小动作电流，所以 KD 是一个比率制动的差动继电器。

1. 正常运行时比率制动差动继电器的动作行为

正常运行时，母线上各元件的电流互感器不饱和，励磁阻抗为一时间常数很长的高阻抗，所以流进继电器的总电流 I_T 等于流出继电器的电流 I_L。此时差动回路 $i_{d1} = 0$、$i_{d2} = 0$、$U_d = 0$，而制动电压 U_b 加在 T、L 两端，VD2 导通，KD 可靠不动作。

2. 区外故障时比率制动差动继电器的动作行为

区外发生故障开始的 2～3ms 时间内，电流互感器还未出现饱和，继电器里的电流分布与正常运行时一样，继电器可靠不动。

当电流互感器深度饱和时，其励磁阻抗仅有电阻成分，此时将产生一个总的瞬时不平衡电流 $i_{\Sigma unb}$，$i_{\Sigma unb}$ 等于母线上各有源电流互感器二次电流瞬时值的代数和。

总的瞬时不平衡电流 $i_{\Sigma unb}$ 在继电器的差动回路和饱和电流互感器励磁回路组成的并联回路中分配，从而影响继电器的动作行为，所以必须对继电器的有关参数进行分析和整定，才能确保继电器在区外故障电流互感器严重饱和时不误动。

（1）电流互感器深度饱和时，分配在继电器差动回路中的瞬时不平衡电流的等值工作电路如图 4-10 所示。

由图可知，流过差回路的瞬时不平衡电流为

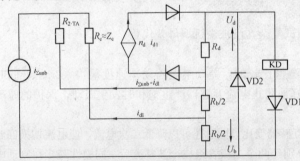

图 4-10　母线外部故障，电流互感器严重
饱和时分配在继电器差动回路中的
瞬时不平衡电流的等值工作电路

$i_{\Sigma unb}$—流入继电器总的瞬时不平衡电流；i_{d1}—流入继电器差回路的瞬时不平衡电流；$R_{2.TA}$—由继电器端子向饱和电流互感器二次侧的回路总阻抗，$R_C \approx Z_C$；n_d—差动变流器变比（W_1/W_2）；$n_d i_{d1}$—受控电流源

$$i_{d1} = \frac{R_{2.TA} + \dfrac{R_b}{2}}{R_C + R_{2.TA} + \dfrac{R_b}{2}} i_{\Sigma unb}$$

当母差保护所用的电流互感器和母差保护装置一经安装、整定、调试完毕，式中的 $R_{2.TA}$、R_C、R_b 便均为常数。故可令

$$A = \frac{R_{2.\text{TA}} + \dfrac{R_b}{2}}{R_C + R_{2.\text{TA}} + \dfrac{R_b}{2}}$$

则可以改写为

$$i_{d1} = Ai_{\Sigma\text{unb}} \tag{4-1}$$

式（4-1）中 A 为总的瞬时不平衡电流在继电器差动回路的分配系数，$i_{\Sigma\text{unb}}$ 在 i_{d1} 与构成的 $X-Y$ 坐标系中，式（4-1）为一过原点的直线，A 为该直线方程斜率，其控制范围为 $0 \ll A \ll 1$，见图 4-11 中直线 3、4。

（2）理想情况下，继电器的动作边界条件是 $U_d = U_b$，从而可以得出满足继电器处于动作边缘时流入差动回路中的电流表达式为

$$i_{d1} = \frac{R_b}{n_d R_d + \dfrac{R_b}{2}} i_{\Sigma\text{unb}}$$

式中的 n_d、R_d 和 R_b 一经选定即为常数，故可令

$$a = \frac{R_b}{n_d R_d + \dfrac{R_b}{2}}$$

则可以改写作

$$i_{d1} = ai_{\Sigma\text{unb}} \tag{4-2}$$

式（4-2）为继电器的理想动作边界方程式，a 为满足继电器差回路中的分配系数，在 $i_{\Sigma\text{unb}}$ 与 i_{d1} 构成的 $X-Y$ 坐标系中，式（4-2）也是一条过原点的直线，见图 4-11 中的直线 1。a 为直线的整定斜率，它是人为设计和整定的，其调整范围为左右 $0.4 \ll a \ll 0.8$。

由于固有动作功率的存在和二极管压降，所以实际的动作边界线为

$$i_{d1} = ai_{\Sigma\text{unb}} + K \tag{4-3}$$

该直线与直线 1 平行，Y 轴截距为 K，见图 4-11 直线 2。

（3）分析比较式（4-1）、式（4-2）和式（4-3），可以得到外部故障电流互感器严重饱和时，保证继电器可靠不动作的判别条件为 $i_{d1} < ai_{\Sigma\text{unb}}$，而 i_{d1} 是由 $i_{d1} = Ai_{\Sigma\text{unb}}$ 决定的，为此得出继电器可靠不动作的条件为 $A < a$。

它的物理意义是：只要继电器差电流的实际分配系数（实际斜率）小于继电器的整定分配系数（整定斜率）a，便可保证比率差动继电器在区外故障电流互感器严重饱和时可靠不动作。

（4）由 $\dfrac{R_{2.\text{TA}} + \dfrac{R_b}{2}}{R_C + R_{2.\text{TA}} + \dfrac{R_b}{2}} < a$ 可得，在区外故障电流互感器严重饱和时，确保比率差动继电器可靠不动作的另一种判别式

$$R_{2.\text{TA}} < \frac{a}{1-a} R_C - \frac{R_b}{2} \tag{4-4}$$

式中 $R_{2.\text{TA}}$ 表示由继电器端子（辅助变流器二次）向饱和电流互感器二次入视的回路总电阻，数值为

$$R_{2.\text{TA}} = n_{\text{TAM}}^2 (r_{2.\text{TA}} + 2r_L + r_{1\text{TAM}}) + r_{2\text{TAM}} \tag{4-5}$$

式中　n_{TAM}——辅助变流器的变比；

　　　$r_{2.\text{TA}}$——饱和电流互感器二次线圈电阻；

　　　r_L——电流互感器至继电器之间的连系电缆电阻；

r_{1TAM}、r_{2TAM}——辅助变流器一、二次线圈电阻；

R_C——继电器差电流流经回路总电阻；

R_b——继电器制动电阻；

a——继电器制动系数。

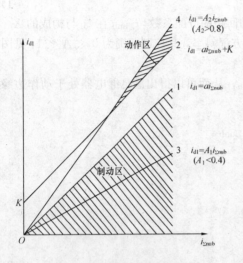

图 4-11　母线外部故障继电器
制动特性（$a=0.8$）

由式（4-4）可知，当母线外部故障，故障侧电流互感器严重饱和情况下，该差动继电器能否误动与流入继电器的 $i_{\Sigma unb}$ 大小和过渡过程无关，即与一次系统的短路容量和一次系统时间常数无关。当测定式（4-5）大于式（4-4），将有较大不平衡电流流入差流回路使保护误动。故测定式（4-5）的 $R_{2.TA}$ 不满足式（4-4），可采取如下措施：

1）减少辅助变流器的变比。

2）增加电缆截面。

（5）内部故障时比率制动差动继电器动作行为。母线内部故障时，母线各元件的电流互感器不会发生饱和现象；无源电流互感器的励磁阻抗和时间常数很大，对故障电流分流很小。这对继电器灵敏性和快速动作极为有利，因此，当母线发生故障时，各元件的二次电流流过 $R_b/2$，全部差流流过差回路，所以继电器能够可靠动作。

第四节　微机型母线保护

一、BP-2B 微机母线保护装置

分相瞬时值复式比率差动元件为主的母线保护装置。

（一）启动元件

母线差动保护的启动元件由"和电流变化量"和"差电流越限"两个判据组成。"和电流"是指母线上所有连接元件电流的绝对值之和 $I_r = \sum\limits_{j=1}^{m} |I_j|$；"差电流"是指所有连接元件电流和的绝对值 $I_d = \left| \sum\limits_{j=1}^{m} I_j \right|$，$I_j$ 为母线上第 j 个连接元件的电流。与传统差动保护不同，微机保护的"差电流"与"和电流"不是从模拟电流回路中直接获得，而是通过电流采样值的数值计算求得。启动元件分相启动，分相返回。

（1）和电流变化量判据，当任一相的和电流变化量大于变化量门槛时，该相启动元件动作。其表达式为

$$\Delta i_r > \Delta I_{dset}$$

式中　Δi_r——电流瞬时值比前一周波的变化量；

ΔI_{dset}——变化量门槛定值。

（2）差电流越限判据，当任一相的差电流大于差电流门槛定值时，该相启动元件动作。

其表达式为

$$I_d > I_{dset}$$

式中 I_d——分相大差动电流；

I_{dest}——差电流门槛定值。

（3）启动元件返回判据，启动元件一旦动作后自动展宽 40ms，再根据启动元件返回判据决定该元件何时返回。当任一相差电流小于差电流门槛定值的 75％时，该相启动元件返回。

其表达式为

$$I_d < 0.75 I_{dest}$$

（二）差动元件

母线保护差动元件由分相复式比率差动判据和分相变化量复式比率差动判据构成。

1. 复式比率差动判据

动作表达式为 $\begin{cases} I_d > I_{dset} \\ I_d > K_r \times (I_r - I_d) \end{cases}$

式中 I_{dset}——差电流门槛定值；

K_r——复式比率系数（制动系数）。

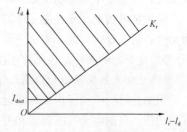

图 4-12　复式比率差动
元件的动作特性

复式比率差动判据相对于传统的比率制动判据，由于在制动量的计算中引入了差电流，使其在母线区外故障时有极强的制动特性，在母线区内故障时无制动，因此能更明确地区分区外故障和区内故障，图 4-12 表示复式比率差动元件的动作特性。

可以参考表 4-1 确定复式比率系数 K_r 的取值，表中 E_{xt} 为母线区内故障时流出母线的电流占总故障电流的百分比，此时判据应可靠动作；δ 为母线区外故障时故障支路电流互感器的误差（其余支路电流互感器的误差忽略不计），此时判据应可靠不动作。

表 4-1　　　　　　　　　　　　　　　复式比率系数 K_r 的取值

K_r	E_{xt}（％）	δ（％）	K_r	E_{xt}（％）	δ（％）
1	40	67	3	15	85
2	20	80	4	12	88

2. 故障分量复式比率差动判据

根据叠加原理，故障分量电流有以下特点：①母线内部故障时，母线各支路同名相故障分量电流在相位上接近相等（即使故障前系统电源功角摆开）。②理论上，只要故障点过渡电阻不是∞，母线内部故障时故障分量电流的相位关系不会改变。

为有效减少负荷电流对差动保护灵敏度的影响，为进一步减少故障前系统电源功角关系对保护动作特性的影响，提高保护切除经过渡电阻接地故障的能力，采用电流故障分量分相差动构成复式比率差动判据。

故障分量的提取有多种方案，本保护采用的数字算法如下

$$\Delta i(k) = i(k) - i(k - N)$$

式中 $i(k)$——当前电流采样值；

$i(k - N)$——一个周波前的采样值。

在故障发生后的一个周波内，其输出能较为准确地反映包括各种谐波分量在内的故障分量。

故障分量差电流 $\Delta I_d = \left| \sum_{j=1}^{m} \Delta I_j \right|$，故障分量和电流 $\Delta I_r = \sum_{j=1}^{m} | \Delta I_j |$。

动作表达式为

$$\begin{cases} \Delta I_d > \Delta I_{dset} \\ \Delta I_d > K_r \times (\Delta I_r - \Delta I_d) \\ I_d > I_{dset} \\ I_d > 0.5 \times (I_r - I_d) \end{cases}$$

式中　　ΔI_j——第 j 个连接元件的电流故障分量；

ΔI_{dset}——故障分量差电流门槛；

K_r——复式比率系数（制动系数）。

由于电流故障分量的暂态特性，故障分量复式比率差动判据仅在和电流突变启动后的第一个周波投入，并受使用低制动系数（0.5）的复式比率差动判据闭锁。

保护将母线上所有连接元件的电流采样值输入上述两个差动判据，即构成大差（总差）比率差动元件；对于分段母线，将每一段母线所连接元件的电流采样值输入上述差动判据，即构成小差（分差）比率差动元件。各元件连接在哪一段母线上，是根据各连接元件的隔离开关位置来决定。

（三）电流互感器饱和检测元件

为防止母线差动保护在母线近端发生区外故障时，由于电流互感器严重饱和出现差电流的情况下误动作，根据电流互感器饱和发生的机理，以及电流互感器饱和后二次电流波形的特点设置了电流互感器饱和检测元件，用来判别差电流的产生是否由区外故障电流互感器饱和引起。

该饱和检测元件可以称为自适应全波暂态监视器。该监视器判别区内故障情况下截然不同于区外故障发生电流互感器饱和情况下 ΔI_d 元件与 ΔI_r 元件的动作时序，以及利用了电流互感器饱和时差电流波形畸变和每周波都存在线形传变区等特点，可以准确检测出饱和发生的时刻，具有极强的抗电流互感器饱和能力。

（四）故障母线选择逻辑

以双母线其中的 I 段为例，差动保护的整个逻辑关系如图 4-13 所示。

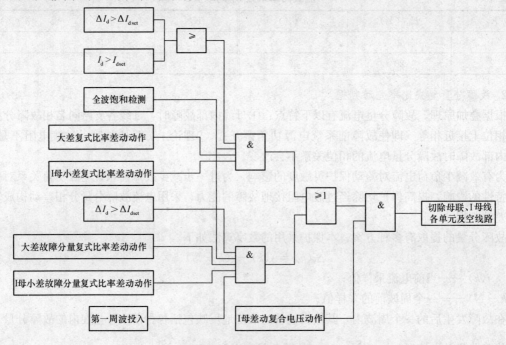

图 4-13　母差保护逻辑框图

大差比率差动元件与小差比率差动元件各有特点。大差比率差动元件的差动保护范围涵盖各段母线，大多数情况下不受运行方式的控制；小差比率差动元件受当时的运行方式控制，但差动保护范围只是相应的一段母线，具有选择性。

对于固定连接式分段母线，如单母分段、3/2断路器等主接线，由于各个元件固定连接在一段母线上，不在母线段之间切换，因此大差电流只作为启动条件之一，各段母线的小差比率差动元件既是区内故障判别元件，也是故障母线选择元件。

对于存在倒闸操作的双母线、双母分段等主接线，差动保护使用大差比率差动元件作为区内故障判别元件；使用小差比率差动元件作为故障母线选择元件。即由大差比率元件是否动作，区分母线区外故障与母线区内故障；当大差比率元件动作时，由小差比率元件是否动作决定故障发生在哪一段母线。这样可以最大限度地减少由于隔离开关辅助触点位置不对应造成的母差保护误动作。

考虑到分段母线的母联断路器断开的情况下发生区内故障，非故障母线段有电流流出母线，影响大差比率元件的灵敏度，大差比率差动元件的比率制动系数可以自动调整。母线并列运行，大差比率制动系数与小差比率制动系数相同（可整定）；母线分列运行，大差比率差动元件自动转用比率制动系数低值（也可整定）。

母线上的连接元件倒闸过程中，两条母线经隔离开关相连时（母线互联），装置自动转入"母线互联方式"（"非选择方式"）——不进行故障母线的选择，一旦发生故障同时切除两段母线。当运行方式需要时，如母联操作回路失电，也可以设定保护控制字中的"强制母线互联"软连接片，强制保护进入互联方式。

（五）母差保护定值整定方法

复式比率系数 K_r 的定值整定应综合考虑区外故障时，故障支路的电流互感器饱和引起的传变误差 δ（%）及区内故障时流出母线的电流占总故障电流的比例 E_{xt}（%）。

（1）考虑区外故障时故障支路的电流互感器饱和引起的传变误差 δ（%），而其余支路的电流互感器误差忽略不计，则

$$I_d = |1 - \delta - 1| = \delta, \quad I_r = |1 - \delta| + |1| = 2 - \delta$$

$$K_r = \frac{I_d}{I_r - I_d} = \frac{\delta}{2 - 2\delta}$$

根据复式比率差动继电器的动作判据可知，要保证区外故障时差动不误动，必须满足 $\dfrac{\delta}{2-2\delta} < K_r$。

（2）考虑区内故障时流出母线的电流占总故障电流的比例 E_{xt}（%）。

令 $I_d = 1$，则

$$I_r = 1 + 2E_{xt}$$

$$K_r = \frac{I_d}{I_r - I_d} = \frac{1}{1 + 2E_{xt} - 1} = \frac{1}{2E_{xt}} > K_r$$

根据复式比率差动继电器的动作判据可知，要保证区内故障时差动动作，必须满足 $\dfrac{1}{2E_{xt}} > K_r$。

（3）整定举例。先考虑区内故障有20%的总故障电流流出母线，区外故障支路的电流互感器的误差 $\delta < 80\%$，整定 K_r 值。

1）区内故障：$K_r = \dfrac{1}{2 \times 0.2} = 2.5$。

2）区外故障：$K_r = \dfrac{0.8}{2 - 2 \times 0.8} = \dfrac{0.8}{0.4} = 2$。

3）实际电流互感器误差小于80%，为了提高区内故障的灵敏性，取 $K_r = 2$。则区内故障灵敏

度高，不会拒动。区外故障有较强的制动特性，不会误动。

（4）复式比率系数低值按母线分列运行（母联断开），小电源供电母线故障时，大差比率元件由足够灵敏度来整定。推荐值0.5。

（5）比率差动门槛定值：保证母线最小方式故障时有足够的灵敏度，尽可能躲过母线出现最大负荷电流，灵敏度大于或等于1.5。

（6）相电流变化量是母线上所有元件相电流绝对值之和的故障变化量。其定值应保证母线最小方式故障时有足够的灵敏度。灵敏度大于或等于3。

二、RCS-915 微机母线保护装置

母线差动保护有分相式比率差动元件构成。差动回路包括母线大差回路和各段母线小差回路。母线大差是指除母联及分段断路器外所有支路电流构成的差动回路。母线大差比率差动用于判别母线区内和区外故障，小差比率差动用于故障母线的选择。

1. 启动元件

（1）电压工频变化量元件，其判据为

$$\Delta U > \Delta U_T + 0.05 U_N$$

式中　ΔU——相电压工频变化量瞬时值；

　0.05U_N——固定门槛；

　ΔU_T——浮动门槛，随着变化量输出变化而逐步自动调整。

（2）差动元件，其判据为

$$I_d > I_{op}$$

式中　I_d——大差动相电流；

　I_{op}——差动电流启动值。

母线差动保护启动元件启动后展宽500ms。

2. 比率差动元件

（1）比率差动元件动作判据为

$$\left| \sum_{j=1}^n \dot{I}_j \right| > I_{op} \text{ 和 } \left| \sum_{j=1}^n \dot{I}_j \right| > K \sum_{j=1}^n |I_j|$$

式中　K——比率制动系数；

　I_j——第 j 个连接元件的电流；

　I_{op}——差动电流启动值。

其动作特性曲线如图4-14所示。

为防止在母联断开的情况，弱电源侧母线发生故障时，大差比率差动元件的灵敏度不够，大差比率差动元件的 K 有高、低定值。母联合闸或隔离开关双跨时采用高值，母线分列运行时自动转换为低值。小差比率差动元件的 K 值固定为高值。

（2）工频变化量比例差动元件。

为提高保护抗过渡电阻能力，减少保护性能受故障前系统功角关系的影响，除采用比率差动元件外，增加了工频变化量比例差动元件，与低制动系数（取0.2）的比率差动元件共同构成快速差动保护（利用加权算法）。其动作判据为

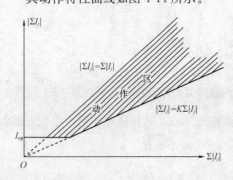

图4-14　比例差动元件动作特性曲线

$$\left| \Delta \sum\nolimits_{j=1}^{n} \dot{I}_j \right| > \Delta DI_T + DI_{op} \text{ 和 } \left| \Delta \sum\nolimits_{j=1}^{n} I_j \right| > K' \sum\nolimits_{j=1}^{n} |\Delta I_j|$$

式中 K'——工频变化量比例制动系数，一般取 0.75，当母线区内故障有较大电流流出时，可根据流出的电流比适当地降低 K' 值，小差固定取 0.75；

ΔI_j——第 j 个连接元件的工频变化量电流；

ΔDI_T——差动电流启动浮动门槛；

DI_{op}——差动启动的固定门槛，由 I_{op} 得出。

小差比率差动元件，作为故障母线选择元件。当连接元件在倒闸过程中两条母线经隔离开关双跨，则装置自动识别为单母运行方式，不进行故障母线的选择，将所有母线同时切除。

3. 母差保护另设一后备段

当抗饱和母差动作（下述饱和检测元件二检测为母线区内故障）且无母线跳闸，则经过 250ms 切除母线上所有的元件。装置在比率差动连续动作 500ms 后将退出所有的抗饱和措施，仅保留比率差动元件，若其动作仍不返回则跳相应母线。

4. TA 饱和检测元件

为防止母线保护在母线近端发生区外故障时，TA 严重饱和的情况下发生误动，根据 TA 饱和波形特点设置了两个 TA 饱和检测元件，用以判别差动电流是否有区外故障 TA 饱和引起，如果是则闭锁差动饱护出口。

（1）TA 饱和检测元件一。采用自适应阻抗加权抗饱和方法，即利用电压工频变化量启动元件自适应地开放加权算法。当发生母线区内故障时，工频变化量差动元件 ΔCD 和工频变化量阻抗元件 ΔZ 与工频变化量元件 ΔU 基本同时动作，而发生母线区外故障时，由于故障起始 TA 尚未进入饱和，ΔCD 和 ΔZ 动作滞后 ΔU。利用 ΔCD、ΔZ 与 ΔU 动作的相对时序关系的特点，得到抗 TA 饱和的自适应阻抗加权判据。由于此判据充分利用了区外故障发生饱和时差流不同于区内故障时差流的特点，具有抗饱和能力，而且区内故障和区外转至区内故障时动作速度很快。

例如将半个周波分为 10 个点，每点代表数字不一样，开始点为最大，然后逐步降低，当达到某个数以区分内部和外部，加权抗饱和方法实质上是利用故障开始经 4ms 发出跳闸令，因为 4ms 内 TA 不能饱和，当外部故障时 TA 饱和一般在 4ms 以上，则即使差动元件开始动作，由于加权数达不到区别内部故障的数，则不会跳闸。

（2）TA 饱和检测元件二。由谐波制动原理构成的 TA 饱和检测元件。利用 TA 饱和时差流波形畸变和每周波存在线性传变区等特点，根据差流中谐波分量的波形特征检测 TA 是否发生饱和。认为波形畸变则闭锁保护。

5. 电流互感器断线闭锁

正常运行时，电流互感器回路断线，比率制动的差动元件和复合电压闭锁不会使母差保护误动。但断线期间发生区外故障，母差保护会误动。因母差保护误动可能造成严重的后果，所以母差保护有电流互感器断线闭锁元件。当差动中电流互感器断线时，延时将母差保护闭锁，发出告警信号。

母差保护为分相差动，电流互感器断线闭锁也应分相设置。

母联（分段）电流互感器断线，发信号而不闭锁母差保护，但此时可以自动切换到单母方式。发生区内故障时，不再进行故障母线的选择。其判据为大差差动电流不满足差流越限，两个小差差动电流满足差流越限。

电流互感器二次回路断线判据：

（1）用差流越限来判断电流互感器二次回路断线。

$$I_\mathrm{d} \geqslant I_\mathrm{op}$$

式中 I_d —— 差电流；

        I_op —— 断线闭锁元件差流越限动作电流。

I_op 应大于正常运行时的差动最大不平衡电流。同时小于启动电流。$I_\mathrm{op} \geqslant 0.1 I_\mathrm{N}$（$I_\mathrm{N}$ 为电流互感器额定电流），延时 5s。

（2）任一支路 $3I_0 > 0.25 I_{\phi\mathrm{max}} + 0.04 I_\mathrm{N}$ 时延时 5s 判为差动保护电流互感器断线。

（3）当母线电压异常（母差电压闭锁开放或母线电压 $3U_0$ 大于 5V）时不进行电流互感器断线的检测。

6. 电压互感器断线监视

对采用复合电压闭锁的母差保护，为防止由于电压互感器二次回路断线造成对母线电压的误判，设置电压互感器二次回路的监视元件。

（1）母线负序电压大于 8V，延时 1.25s 报信。

（2）母线三相电压幅值之和 $|U_\mathrm{a}| + |U_\mathrm{b}| + |U_\mathrm{c}| < U_\mathrm{N}$，且母联或任一出线的任一相有电流大于 $0.04 I_\mathrm{N}$，延时 1.25s 报信。

（3）三相电压恢复正常后，经 10s 延时，全部恢复正常运行。

（4）当检测到系统有扰动或任一支路的零序电流大于 $0.1 I_\mathrm{N}$ 时不进行电压互感器断线的检测，以防止故障时误判。

（5）若母线任一电压闭锁条件开放，延时 3s 报该母线电压闭锁开放，即退出复合闭锁。

7. 母差保护的工作框图

母差保护的工作框图如图 4-15 所示。

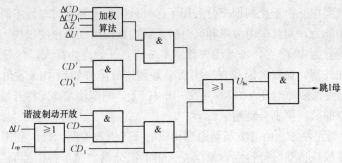

图 4-15   母差保护的工作框图（以 Ⅰ 母为例）

ΔU—Ⅰ母电压变化量元件；ΔZ—变化量阻抗元件；I_op—差动启动元件；ΔCD—大差变化量比率差动元件；ΔCD_1—Ⅰ母变化量比率差动元件；CD'—大差比率差动元件（$K=0.2$）；CD_1'—Ⅰ母比率差动元件（$K=0.2$）；CD—大差比率差动元件；CD_1—Ⅰ母比率差动元件；U_bs—Ⅰ母电压闭锁元件

8. 母差元件定值

（1）差动启动电流高值 I_op，保证母线最小运行方式故障时有足够灵敏度，并应尽可能躲过母线出线最大负荷电流。

（2）差动启动电流低值，该整定值为防止有小电源重合于故障母线而设，按切除小电源能满足足够的灵敏度整定，当不存在母差动作重合闸时，整定为 $0.95 I_\mathrm{op}$。

（3）大差变化量比率制动系数，一般情况下推荐取 0.75。在某些情况下，例如双母线运行方式、母联断开、两母线经双回线连接，且只有一侧有电源，此时当非电源侧母线故障时，比率制动系数取 0.75，灵敏度远远不够，此时可适当降低定值。

（4）小差比率制动系数高值，按一般最小运行方式（母联处合位）发生母线故障时，大差比率差动元件具有足够的灵敏度整定，一般情况下推荐取为 0.7。

（5）小差比率制动系数低值，按母联断开时，弱电源供电母线发生故障的情况下，小差比率差动元件具有足够的灵敏度整定。一般情况下推荐取 0.6。

三、CSC-150 微机母线保护装置

装置的主保护采用分相式快速虚拟比相式电流变化量保护和比率制动式电流差动保护原理。快速虚拟比相式电流变化量保护仅在故障开始时投入，然后改用比率制动式电流差动保护。比率制动式电流差动保护基于电流采样值构建，采取持续多点满足动作条件才开放母线保护电流元件方式实现。

（一）比率制动式电流差动保护原理

装置的稳态判据采用常规比率制动原理。母线在正常工作或其保护范围外部故障时所有流入及流出母线的电流之和为零（差动电流为零），而在内部故障情况下所有流入及流出母线的电流之和不再为零（差动电流不为零）。差动保护可以正确地区分母线内部和外部故障。

比率制动式电流差动保护的基本判据为

$$|i_1 + i_2 + \cdots + i_n| \geqslant I_0 \tag{4-6}$$

$$|i_1 + i_2 + \cdots + i_n| \geqslant K(|i_1| + |i_2| + \cdots + |i_n|) \tag{4-7}$$

式中　i_1、i_2、$\cdots$、i_n——支路电流；

$\quad\quad K$——制动系数；

$\quad\quad I_0$——差动电流门槛值。

式（4-6）的动作条件是由不平衡差动电流决定的，而式（4-7）的动作条件是由母线所有元件的差动电流和制动电流的比率决定的。在外部故障短路电流很大时，不平衡差动电流较大，式(4-6)易于满足，但不平衡差动电流占制动电流的比率很小，因而式（4-7）不会满足，装置的动作条件由上述两判据"与"门输出，所以当外部故障短路电流较大时，保护不误动，而内部故障时，式（4-7）易于满足，只要同时满足式（4-6）提供的差动电流动作门槛，保护就能正确动作，这样提高了差动保护的可靠性。比率制动式电流差动保护动作曲线如图4-16所示。图中 $i_d = |i_1 + i_2 + \cdots + i_n|$ 为差动电流，$i_f = |i_1| + |i_2| + \cdots + |i_n|$ 为制动电流，K 为制动系数。

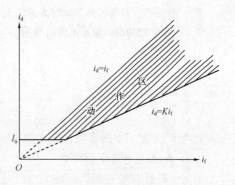

图 4-16　比率制动式电流
差动保护动作曲线

（二）虚拟比相式电流变化量保护原理

为了加快差动保护的动作速度，提高重负荷、高阻接地及系统功角摆开时常规比率制动式差动保护的灵敏度，装置采用了快速虚拟比相式电流变化量保护，该保护和常规比率制动原理配合使用。

假设 t 时刻母线系统故障，各支路电流为 $i_{1t}, i_{2t}, \cdots, i_{nt}$，变化量为 $\Delta i_{1t}, \Delta i_{2t}, \cdots, \Delta i_{nt}$，前一周正常负荷电流为 $i_{1(t-T)}, i_{2(t-T)}, \cdots, i_{n(t-T)}$，母线 t 时刻的故障电流为

$$i_{dt} = \sum_{j=1}^{n} i_{jt} = \sum_{j=1}^{n}(i_{j(t-T)} + \Delta i_{jt}) = \sum_{j=1}^{n} i_{j(t-T)} + \sum_{j=1}^{n} \Delta i_{jt} = \sum_{j=1}^{n} \Delta i_{jt} = \sum_{j=1}^{n} \Delta i_{jt+} - \sum_{j=1}^{n} \Delta i_{jt-}$$

把同一时刻所有电流正变化量之和 $\sum\limits_{j=1}^{n}\Delta i_{jt+}$ 虚拟成流入电流，所有电流负变化量之和 $\sum\limits_{j=1}^{n}\Delta i_{jt-}$

虚拟成流出电流，当母线发生区外故障时每一时刻均满足 $i_{dt}=\sum\limits_{j=1}^{n}\Delta i_{jt+}-\sum\limits_{j=1}^{n}\Delta i_{jt-}=0$，虚拟流入

电流等于虚拟流出电流，即 $\dfrac{\left|\sum\limits_{j=1}^{n}\Delta i_{jt+}\right|}{\left|\sum\limits_{j=1}^{n}\Delta i_{jt-}\right|}=1$，此时虚拟流入电流和虚拟流出电流的对应关系如图 4-

17 所示；当母线发生区内故障时 $i_{dt}=\sum\limits_{j=1}^{n}\Delta i_{jt+}-\sum\limits_{j=1}^{n}\Delta i_{jt-}\neq 0$，虚拟流入电流不等于虚拟流出电流，

即 $\dfrac{\left|\sum\limits_{j=1}^{n}\Delta i_{jt+}\right|}{\left|\sum\limits_{j=1}^{n}\Delta i_{jt-}\right|}\neq 1$，若各支路系统参数一致则满足 $\dfrac{\left|\sum\limits_{j=1}^{n}\Delta i_{jt+}\right|}{\left|\sum\limits_{j=1}^{n}\Delta i_{jt-}\right|}=\infty$ 或 $\dfrac{\left|\sum\limits_{j=1}^{n}\Delta i_{jt+}\right|}{\left|\sum\limits_{j=1}^{n}\Delta i_{jt-}\right|}=0$，若考虑各支

路系统参数之间的差异，则 $\dfrac{\left|\sum\limits_{j=1}^{N}\Delta i_{jt+}\right|}{\left|\sum\limits_{j=1}^{N}\Delta i_{jt-}\right|}>1$ 或 $\dfrac{\left|\sum\limits_{j=1}^{N}\Delta i_{jt+}\right|}{\left|\sum\limits_{j=1}^{N}\Delta i_{jt-}\right|}<1$，此时虚拟流入电流和虚拟流出电流

的对应关系如图 4-18 所示。因此快速虚拟比相式电流变化量保护的主要判据如下

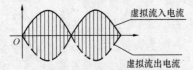

图 4-17　母线区外故障时虚拟流入
电流和虚拟流出电流对照图

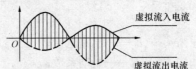

图 4-18　母线区内故障时虚拟流入
电流和虚拟流出电流对照图

$$\dfrac{\left|\sum\limits_{j=1}^{n}\Delta i_{jt+}\right|}{\left|\sum\limits_{j=1}^{n}\Delta i_{jt-}\right|}\geqslant K \text{ 或 } \dfrac{\left|\sum\limits_{j=1}^{n}\Delta i_{jt+}\right|}{\left|\sum\limits_{j=1}^{n}\Delta i_{jt-}\right|}\leqslant \dfrac{1}{K}$$

其中 K 为大于 1 的常数，该常数根据系统结构和短路容量确定。

（三）电流互感器饱和判别

为防止母线保护在母线近端发生区外故障时，由于电流互感器严重饱和形成的差动电流而引起母线保护误动作，根据电流互感器饱和发生后二次电流波形的特点，装置设置了电流互感器饱和检测元件，用来区分区外电流互感器饱和与母线区内故障。

区外故障电流互感器饱和虽然产生差动电流，但即使最严重的电流互感器饱和，在电流的过零点和故障初始阶段，仍存在线性传变区。在该传变区内差动电流为零，过了该区就会产生差动电流。电流互感器饱和检测元件就是利用该特点，通过实时处理线性传变区内的各种变量关系，包括电压变化量、差动电流变化量、制动电流变化量、差动电流变化率、制动电流变化率等，形成几个并行的电流互感器饱和判据，根据不同判据的特点，赋予不同的同步因子。通过同步因子和时间变量的关系来准确地鉴别电流互感器饱和发生的时刻，加上差动电流谐波量的谐波分析，使得该电流互感器饱和检测元件具有极强的抗电流互感器饱和能力，能够鉴别 2ms 电流互感器饱和。对于饱和相区外转区内故障，由于采用波形识别技术，可以快速切除故障。

（四）电流互感器、电压互感器断线检测

1. 电流互感器断线检测

装置的电流互感器断线判别分为两段：告警段和闭锁段，其中告警段差动电流越限定值低于闭锁段差动电流越限定值。告警段和闭锁段均经固定延时10s发告警信号。当电流互感器断线闭锁条件满足后，装置执行按相按段闭锁差动保护，电流互感器断线闭锁条件消失后，自动解除闭锁。母联电流互感器断线后，只告警不闭锁装置。

2. 电压互感器断线检测

（1）大接地电流系统电压互感器断线判据：

1）三相电压互感器断线。

三相母线电压均小于8V且运行于该母线上的支路电流不全为0。

2）单相或两相电压互感器断线。

自产$3U_0$大于7V。

持续10s满足以上判据确定母线电压互感器断线。

（2）小接地电流系统电压互感器断线判据：

1）三相电压互感器断线。

三相母线电压均小于8V且运行于该母线上的支路电流不全为0。

2）两相电压互感器断线。

自产$3U_0$大于7V且三个线电压均小于7V。

3）单相电压互感器断线。

自产$3U_0$大于7V且线电压两两模值之差中有一者大于18V。

持续10s满足以上判据确定母线电压互感器断线。

对于双母线/双母双分段接线保护装置，电压互感器断线后电压闭锁元件对电压回路自动进行切换，并发告警信号，但不闭锁保护。对于双母单分段接线保护装置，电压互感器断线后开放本段母线电压闭锁元件并发告警信号，但不闭锁保护。

（五）双母线运行方式字的识别

双母线运行的一个特点是操作灵活、多变，但是运行的灵活却给保护的配置带来了一定的困难，常规保护中通过引入隔离开关辅助触点的方法来动态跟踪现场的运行工况，如图4-19所示。L为连接在双母线上的一条支路，G1、G2是L的隔离开关，将G1、G2辅助触点的状态送到母线保护的开关量输入端子，若用高电平"1"表示隔离开关合上，低电平"0"表示隔离开关断开，则保护可将L的运行状态表述见表4-2。

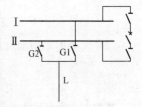

图 4-19 双母线
运行方式示意图

表 4-2 L 的运行状态

G1	G2	说 明	G1	G2	说 明
0	0	L停运	1	0	L运行在Ⅰ母
0	1	L运行在Ⅱ母	1	1	L同时运行在Ⅰ、Ⅱ母（倒闸操作）

微机母线保护通过其开关量输入读取各支路状态，形成各段母线运行方式字，同时辅以电流校验，实时跟踪母线运行方式变化。装置配备了母线运行方式显示屏，对应于某种运行方式，在电流不平衡时会出现告警，提醒用户进行干预。用户可以根据现场的运行方式选择自动、强合、强分来干预显示屏上每个隔离开关辅助触点，使得运行方式识别准确可靠。装置在支路有电流但其隔离开

关辅助触点信号因故消失时可以通过记忆保持正常状态。另外针对因隔离开关辅助触点工作电源丢失而导致的所有隔离开关位置都为 0 的情况，装置能够记忆掉电前的隔离开关位置和母线运行方式字直到开入电源恢复正常为止，使得母线保护在该状态下仍可以正确跳闸。

（六）差动电流和制动电流的构成

1. 双母线/双母双分段专用母联接线

双母线/双母双分段专用母联接线共用同一软件，其电流分布如图 4-20 所示，用户按图示虚线框配置母线保护，每套保护最多可包含 24 个支路，包括母联、分段及其他支路。软件固定支路 1 为母联（连接于Ⅰ母和Ⅱ母，其电流互感器极性与Ⅰ母一致或连接于Ⅲ母和Ⅳ母，其电流互感器极性与Ⅲ母一致），支路 23 为分段 1（连接于Ⅰ母或Ⅲ母，其电流互感器极性与Ⅰ母或Ⅲ母一致），支路 24 为分段 2（连接于Ⅱ母或Ⅳ母，其电流互感器极性与Ⅱ母或Ⅳ母一致）。支路 2、支路 3、支路 14、支路 15 为主变压器支路。母联/分段的隔离开关固定为闭合状态，辅助触点输入仅用于驱动模拟盘上的 LED，除此之外所有支路的Ⅰ母隔离开关、Ⅱ母隔离开关均应作为确定母线运行方式字的输入量。大差差动电流和制动电流均不计及母联电流，各段小差差动电流和制动电流均应根据母联断路器跳位及母联分列运行连接片投退状态决定是否计及母联电流。以配置于Ⅰ、Ⅱ母的母线保护为例，假设 $i_1, i_2, i_3, \cdots, i_{24}$ 为经过换算后的二次电流，则差动电流和制动电流表述如下：

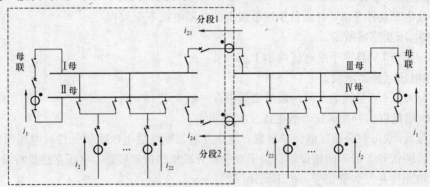

图 4-20　双母线/双母双分段专用母联接线电流示意图

（1）大差差动电流和制动电流

$$i_d = |\, i_2 + i_3 + i_4 + \cdots + K'_{23} i_{23} + K_{24} i_{24} \,|$$

$$i_f = |\, i_2 \,| + |\, i_3 \,| + |\, i_4 \,| + \cdots + |\, K_{23} i_{23} \,| + |\, K_{24} i_{24} \,|$$

其中 K_{23} 为分段 1（支路 23）支路系数，K_{24} 为分段 2（支路 24）支路系数。当分段 1 跳位有效且分段 1 分列运行连接片投入时，$K_{23}=0$，否则 $K_{23}=1$。当分段 2 跳位有效且分段 2 分列运行连接片投入时，$K_{24}=0$，否则 $K_{24}=1$。

（2）Ⅰ母小差差动电流和制动电流

$$i_{d1} = |\, K'_1 i_1 + K'_2 i_2 + K'_3 i_3 + \cdots + K'_{22} i_{22} + K'_{23} i_{23} \,|$$

$$i_{f1} = |\, K'_1 i_1 \,| + |\, K'_2 i_2 \,| + |\, K'_3 i_3 \,| + \cdots + |\, K'_{22} i_{22} \,| + |\, K'_{23} i_{23} \,|$$

其中 K'_1 为母联支路系数（支路 1），K'_{23} 为分段 1 支路系数（支路 23），$K'_2, \cdots, K'_{22}$ 为其他支路系数。当Ⅰ母和Ⅱ母都处于运行状态、母联跳位有效、母联无流且母联分列运行连接片投入时，$K'_1=0$，否则 $K'_1=1$。当分段 1 跳位有效且分段 1 分列运行连接片投入时，$K'_{23}=0$，否则 $K'_{23}=1$。

（3）Ⅱ母小差差动电流和制动电流

$$i_{d2} = |\, K''_1 i_1 + K''_2 i_2 + K''_3 i_3 \cdots + K''_{22} i_{22} + K''_{24} i_{24} \,|$$

$$i_{f2} = |K''_1 i_1| + |K''_2 i_2| + |K''_3 i_3| + \cdots + |K''_{22} i_{22}| + |K''_{24} i_{24}|$$

其中 K''_1 为母联支路系数（支路1），K''_{24} 为分段2支路系数（支路24），$K''_2,\cdots,K''_{22}$ 为其他支路系数。当Ⅰ母和Ⅱ母都处于运行状态、母联跳位有效、母联无流且母联分列运行连接片投入时，$K''_1 = 0$，否则 $K''_1 = -1$。当分段2跳位有效且分段2分列运行连接片投入时，$K''_{24} = 0$，否则 $K''_{24} = 1$。

在双母线接线方式下，因支路23和24为固定连接元件，无法支持倒闸操作，所以应将"设备参数定值"中支路23和支路24的电流互感器一次值整定为退出状态（即将支路23和支路24的电流互感器一次值整定为0）。

2. 双母单分段专用母联接线

双母单分段专用母联接线电流分布如图 4-21 所示，每套保护最多可包含 24 个支路，包括母联、分段及其他支路。软件固定支路 1 为母联 1（连接于Ⅰ母和Ⅱ母，其电流互感器极性与Ⅰ母一致），支路 24 为母联 2（连接于Ⅲ母和Ⅱ母，其电流互感器极性与Ⅲ母一致），支路 23 为分段（连接于Ⅰ母和Ⅲ母，其电流互感器极性与Ⅰ母一致）。支路 2 至支路 12 运行于分段母线Ⅰ母，支路 13 至支路 22 运行于分段母线Ⅲ母。支路 2、支路 3、支路 14、支路 15 为主变压器支路。母联/分段的隔离开关固定为闭合状态，辅助触点输入仅用于驱动模拟盘上的 LED，除此之外所有支路的隔离开关辅助触点均应作为确定母线运行方式字的输入量。大差差动电流和制动电流均不计及母联电流和分段电流，各段小差差动电流和制动电流均应根据母联/分段断路器跳位及对应的分列运行连接片投退状态计及母联或分段电流。假设 $i_1, i_2, \cdots, i_{22}, i_{23}, i_{24}$ 为经过换算后的二次电流，则差动电流和制动电流表述如下：

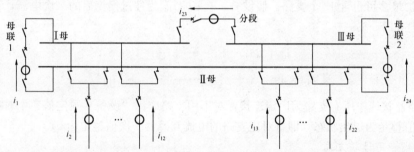

图 4-21　双母单分段专用母联接线电流示意图

（1）大差差动电流和制动电流

$$i_d = |i_2 + i_3 + \cdots\cdots + i_{21} + i_{22}|$$

$$i_f = |i_2| + |i_3| + \cdots + |i_{21}| + |i_{22}|$$

（2）Ⅰ母小差差动电流和制动电流

$$i_{d1} = |K'_1 i_1 + K'_2 i_2 + K'_3 i_3 + \cdots + K'_{12} i_{12} + K'_{23} i_{23}|$$

$$i_{f1} = |K'_1 i_1| + |K'_2 i_2| + |K'_3 i_3| + \cdots + |K'_{12} i_{12}| + |K'_{23} i_{23}|$$

其中 K'_1 为母联1支路系数，K'_{23} 为分段支路系数，$K'_2, K'_3, \cdots, K'_{12}$ 为连接在Ⅰ母上的其他支路系数。当Ⅰ母和Ⅱ母都处于运行状态、母联1跳位有效、母联1无流且母联1分列运行连接片投入时，$K'_1 = 0$，否则 $K'_1 = 1$；当Ⅰ母和Ⅲ母都处于运行状态、分段跳位有效、分段无流且分段分列运行连接片投入时，$K'_{23} = 0$，否则 $K'_{23} = 1$；对于其他支路，若其运行于Ⅰ母，则对应的支路系数为1，否则为0。

（3）Ⅱ母小差差动电流和制动电流

$$i_{d2} = |K_1'' i_1 + K_2'' i_2 + K_3'' i_3 + \cdots + K_{22}'' i_{22} + K_{24}'' i_{24}|$$

$$i_{f2} = |K_1'' i_1| + |K_2'' i_2| + |K_3'' i_3| + \cdots + |K_{22}'' i_{22}| + |K_{24}'' i_{24}|$$

其中 K_1'' 为母联 1 支路系数，K_{24}'' 为母联 2 支路系数，K_2''，K_3''，$\cdots$，K_{22}'' 为连接在Ⅱ母上的其他支路系数。当Ⅰ母和Ⅱ母都处于运行状态、母联 1 跳位有效、母联 1 无流且母联 1 分列运行连接片投入时，$K_1'' = 0$，否则 $K_1'' = -1$；当Ⅲ母和Ⅱ母都处于运行状态、母联 2 跳位有效、母联 2 无流且母联 2 分列运行连接片投入时，$K_{24}'' = 0$，否则 $K_{24}'' = -1$；对于其他支路，若其运行于Ⅱ母，则对应的支路系数为 1，否则为 0。

（4）Ⅲ母小差差动电流和制动电流

$$i_{d3} = |K_{13}''' i_{13} + K_{14}''' i_{14} + \cdots + K_{22}''' i_{22} + K_{23}''' i_{23} + K_{24}''' i_{24}|$$

$$i_{f3} = |K_{13}''' i_{13}| + |K_{14}''' i_{14}| + \cdots + |K_{22}''' i_{22}| + |K_{23}''' i_{23}| ++ |K_{24}''' i_{24}|$$

其中 K_{24}''' 为母联 2 支路系数，K_{23}''' 为分段支路系数，K_{13}'''，K_{14}'''，$\ldots$，K_{22}''' 为连接在Ⅲ母上的其他支路系数。当Ⅲ母和Ⅱ母都处于运行状态、母联 2 跳位有效、母联 2 无流且母联 2 分列运行连接片投入时，$K_{24}''' = 0$，否则 $K_{24}''' = 1$；当Ⅰ母和Ⅲ母都处于运行状态、分段跳位有效、分段无流且分段分列运行连接片投入时，$K_{23}''' = 0$，否则 $K_{23}''' = -1$；对于其他支路，若其运行于Ⅲ母，则对应的支路系数为 1，否则为 0。

3. 3/2 断路器接线

3/2 断路器接线如图 4-22 所示。

每套保护最多可包含 12 个支路。假设 i_1，i_2，$\cdots$，i_{12} 为经过换算后的二次电流，则差动电流和制动电流表述如下

$$i_d = |i_1 + i_2 + \cdots + i_{11} + i_{12}|$$

$$i_f = |i_1| + |i_2| + \cdots + |i_{11}| + |i_{12}|$$

3/2 断路器接线中所有支路为固定连接，对不用支路应将"设备参数定值"中对应的支路电流互感器一次值整定为退出状态（即将对应支路的电流互感器一次值整定为 0）。

4. 双母线专用母联方式

双母线专用母联接线如图 4-23 所示。

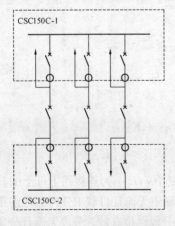

图 4-22　3/2 断路器接线图

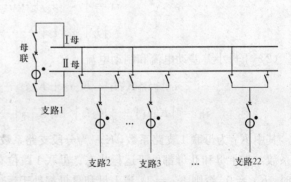

图 4-23　双母线专用母联接线图

在此种接线方式下所有支路的Ⅰ母隔离开关、Ⅱ母隔离开关均应作为确定母线运行方式字的输

入量。大差差动电流和制动电流均不计入母联电流，各段小差差动电流和制动电流均应根据母联断路器位置的状态和母联电流互感器的极性计入母联电流。

5. 双母线有旁路方式

（1）双母线专用母联专用旁路方式如图4-24所示。

在这种接线形式下，所有支路的Ⅰ母隔离开关、Ⅱ母隔离开关均应作为确定母线运行方式字的输入量，旁路按非母联支路处理。其电流参与大、小差差动电流和制动电流计算。处理方法同双母线专用母联方式。

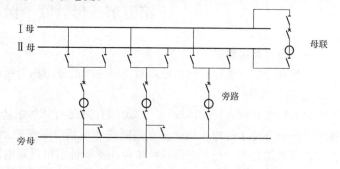

图4-24　双母线专用母联专用旁路接线图

（2）双母线母联兼旁路方式。双母线母联兼旁路方式分Ⅰ母带旁路和Ⅱ母带旁路两种。双母线母联兼旁路（Ⅰ母带旁路）接线图如图4-25所示。

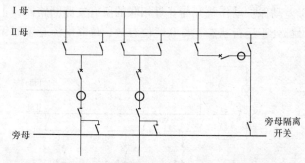

图4-25　双母线母联兼旁路（Ⅰ母带旁路）接线图

母联兼旁路支路作母联时该支路旁母隔离开关断开，"母联旁路运行"连接片退出，电流处理如同双母线专用母联。作旁路时母联兼旁路支路Ⅰ母隔离开关和旁母隔离开关合上，Ⅱ母隔离开关断开，"母联旁路运行"连接片投入，此时计算大差和Ⅰ母差动电流和制动电流时应计及该支路电流，计算Ⅱ母差动电流和制动电流时不需计及该支路电流。

（3）母线兼旁母方式。母线兼旁母方式就是以线路跨条代替旁母的运行方式，其接线图如图4-26所示。

假设跨条连接于Ⅰ母，合跨条隔离开关前应将所有支路倒闸操作到Ⅱ母上，然后断开除母联支路外其他支路的Ⅰ母隔离开关，再合上跨条隔离开关，最后拉开需检修的断路器和它的Ⅱ母隔离开关。在整个倒闸操作过程中，跨条未合上按双母线专用母联处理电流，跨条合上后母联支路作为普通支路，按单母线运行方式处理，此时在处理母联电流时应注意母联电流互感器的极性，因此跨条隔离开关的状态影响母线的运行方式，应作为确定运行方式的输入量。

（七）互联运行

在双母线/双母双分段接线或者双母单分段接线倒闸操作出现隔离开关双跨或强制互联连接片投入时，装置采取将相关联的两段母线合并为一段母线。在母线发生区外故障时差动保护可靠不动作，发生区内故障时跳开相关联的两段母线上所连接的所有断路器。

（八）差动保护补跳功能

在双母线/双母双分段/双母单分段接线方式下，装置的动作跳闸逻辑如下：（1）差动保护动作速动跳开运行于故障母线上的所有支路；（2）差动保护动作跳闸后经母联分段失灵时间定值

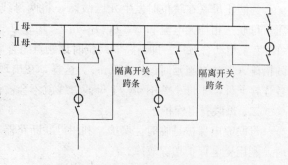

图4-26　母联兼旁母接线图

延时判别大差差动电流是否平衡，若不平衡则补跳无隔离开关引入的其他支路。

第五节 母 联 保 护

一、母联死区保护

发生在母联电流互感器与母联断路器之间的故障称为死区故障。

1. 死区保护方案一

（1）母联并列运行死区故障。双母线并列运行死区故障示意图如图 4-27 所示。此时Ⅰ母差动保护动作跳开与Ⅰ母相联的所有支路断路器包括母联断路器。Ⅰ母差动动作后经 150ms 固定延时检查母联跳位是否存在，若母联跳位存在则软件退出母联电流互感器电流。待母联电流互感器电流退出后，Ⅱ母差动电流出现不平衡，致使Ⅱ母差动保护动作跳开与Ⅱ母相联的所有支路断路器，至此死区故障被切除。

（2）母联分列运行死区故障。双母线分列运行死区故障示意图如图 4-28 所示。当母线分列运行时，母联跳位被判有效，母联电流互感器电流不计入Ⅰ母和Ⅱ母小差。若发生死区故障，则Ⅰ母差动电流平衡而Ⅱ母差动电流不平衡导致Ⅱ母差动保护动作跳开与Ⅱ母相联的所有支路断路器。Ⅰ母和Ⅱ母分列运行的判别条件为：Ⅰ母和Ⅱ母都处于运行状态、母联跳位有效、母联电流互感器无流并且母联分列运行连接片投入。

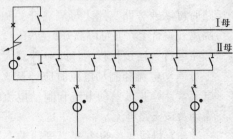 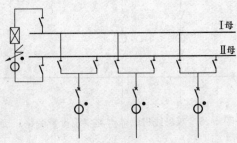

图 4-27 双母线并列运行死区故障示意图　　图 4-28 双母线分列运行死区故障示意图

2. 死区保护方案二

在母联合位时，同时满足下述四个条件：①母线差动发过Ⅰ母的跳令。②母联断路器已跳开。③母联电流互感器任一相仍有电流 $[\max(I_A, I_B, I_C) > 0.04 I_N]$。④大差及Ⅰ母的小差动作后不返回。故而经短延时 100ms 和复合电压闭锁跳开Ⅱ母各连接元件。

为防止母联在跳位时发生死区故障，将两母线各连接元件全部切除。设立检查两母线均有电压、母联三相均无电流 $[\max(I_A, I_B, I_C) < 0.04 I_N]$，且母联断路器的跳闸位置继电器 KCT 在跳位（KCT 三相动合触点，即断路器跳位时该触点闭合串联）时母联电流不计入两个小差的电流计算中的措施（上述措施延时返回 400ms）。这样，在出现这种故障时，大差及Ⅱ母都能动作跳Ⅱ母上的各连接元件，Ⅰ母小差不动，Ⅰ母侧母线就不会被误切除。

二、母联充电保护

母联充电保护是临时性保护，利用母联断路器对母线充电时投入充电保护。当该母线存在故障时，利用充电保护切除故障。

充电保护的构成原理是：当母联断路器的 KCT 由动作变为不动作，或虽然 KCT 在动作位置但母联已有电流（大于 $0.04 I_N$）或两母线均变为有电压状态，这时说明母联断路器已在合闸位置。于是开放充电保护 300ms。在充电保护开放期间，若母联任一相电流大于充电保护整定值，说明母联断路器合于故障母线上，则经过短延时跳母联断路器。母联充电保护的跳闸不经复合电压闭锁。

充电保护的电流定值按充电保护对空母线充电有灵敏度整定。

充电保护动作后，一般为防止母差将运行的母线误切除，在整个充电保护开放期间将母差保护闭锁。如果确认母差不会误动作也可以不闭锁。

母联充电保护动作的同时还启动母联失灵保护。

三、母联失灵保护

当Ⅰ段母线发生故障，Ⅰ母的差动保护动作跳母联及Ⅰ母上的所有断路器。如果母联断路器失灵而拒跳，则依靠母联失灵保护动作，时Ⅱ段母线上的所有断路器跳闸，才能切除故障。

母联失灵保护的动作条件：①保护动作跳母联断路器的同时启动失灵保护。②母联任一相仍一直有电流大于母联失灵电流定值。同时满足上述两个条件的时间大于母联失灵延时时间，在经过两个母线电压闭锁后，切除两母线上的所有连接元件。

母联失灵电流定值按母线故障时流过母联的最小故障电流满足灵敏度整定。应考虑母差动作后系统变化时对流经母联的故障电流影响。

母联失灵的动作时间，考虑母联断路器跳闸时间再加保护返回时间和裕度时间，同时考虑最大跳闸灭弧时间。动作时间为 $0.15\sim0.3s$。

四、母联过电流保护

在特殊情况下，如母联断路器经某一母线带一条输电线路运行时，一般为向新建线路充电，需用母联断路器的母线过电流保护临时作为输电线路的保护。当线路上有故障时，由母联过电流保护跳母联断路器切除故障。母联过电流保护有相电流元件、零序电流元件和延时元件构成。

动作方程为

$$I_{A(B,C)} \geqslant I_{op}$$

$$3I_0 \geqslant I_{0.op}$$

式中　$I_{A(B,C)}$——流过母联的 A、B 相或 C 相电流；

$\quad\quad I_{op}$——过电流元件的动作电流整定值；

$\quad\quad 3I_0$——流过母联的零序电流；

$\quad\quad I_{0.op}$——零序电流元件的动作电流整定值。

母线过电流保护动作后经延时跳开母联断路器。

五、母联非全相运行保护

母联非全相运行保护由负序电流元件、零序电流元件和非全相判别回路组成。

非全相判别回路由断路器三相位置不一致判别。如图 4-29 所示。

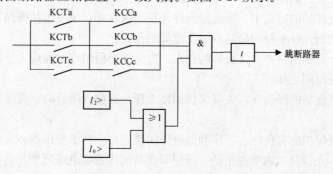

图 4-29　母联非全相运行保护

图 4-29 中的 KCTa、KCTb、KCTc 分别为断路器 A、B、C 三相跳闸位置继电器触点。断路器跳

闸后触点闭合。KCCa、KCCb、KCCc 分别为断路器 A、B、C 三相合闸位置继电器触点，断路器合闸后触点闭合，I_2 为负序电流，I_0 为零序电流，t 为躲过断路器三相不同期合闸时间（0.2～0.3s）。

负序电流和零序电流定值可躲过正常不平衡电流整定。

$$I_{2.op} = (0.1 \sim 0.15)I_N$$

$$I_{0.op} = (0.1 \sim 0.15)I_N$$

式中　I_N——电流互感器额定电流。

第六节　断路器失灵保护

一、概述

当输电线路、变压器、母线或其他主设备发生故障，保护装置动作并发出了跳闸指令，但故障设备的断路器拒绝动作跳闸，对于 110kV 及以下电压等级设备，依靠相邻设备的远后备保护动作切除故障；对于 220kV 及以上电压等级设备，由于相邻设备都是近后备保护，近后备保护是当主保护拒动时，由本设备的另一套保护来实现后备作用，即双套快速保护，因此当断路器拒动，由断路器失灵保护来实现后备保护。否则设备故障无法切除，造成非常严重的后果。

当发生断路器失灵故障，在 220kV 及以上电压等级的设备故障，使用断路器失灵保护，以较快的时间切除故障，有利于系统的稳定运行，防止系统瓦解。

运行实践说明，发生断路器失灵故障的原因很多，主要有：断路器跳闸线圈断线、断路器操动机构出现故障、空气断路器的气压低、液压式断路器液压降低、直流电源消失及控制回路故障等。其中发生最多的是气压或液压降低、直流电源消失及操作回路出现问题。

对断路器失灵保护的要求是动作可靠性高和动作安全性强。因为断路器失灵保护的跳闸对象与母差保护相同，其误动或拒动都将造成严重后果。

对于双母线和单母线接线方式，失灵保护的动作对象是跳失灵断路器所在母线上的所有断路器，其跳闸对象与母线保护跳闸对象完全一致，所以将失灵保护与母线保护做在同一套装置中，以节省二次电缆。为此介绍的是与母线保护做在一起的断路器失灵保护。

二、双母线接线方式断路器失灵保护设计原则

（1）对带有母联断路器和分段断路器的母线，要求断路器失灵保护应首先动作于断开母联断路器或分段断路器，然后动作于断开与拒动断路器连接在同一母线上的所有电源支路的断路器，同时还应考虑运行方式来选定跳闸方式。

（2）断路器失灵保护由故障元件的继电保护启动，手动跳开断路器时不可启动失灵保护。

（3）在启动失灵保护的回路中，除故障元件保护的触点外，还应包括断路器失灵判别元件的触点，利用失灵分相判别元件来检测断路器失灵故障的存在。

（4）为从时间上判别断路器失灵故障的存在，失灵保护的动作时间应大于故障元件断路器跳闸时间和继电保护返回时间之和。

（5）为防止失灵保护的误动作，失灵保护回路中任一对触点闭合时，应使失灵保护不被误启动或引起误跳闸。

（6）断路器失灵保护应有负序、零序和低电压闭锁元件。对于变压器、发电机—变压器组采用分相操作的断路器，允许只考虑单相拒动，应用零序电流代替相电流判别元件和电压闭锁元件。

（7）当变压器发生故障或不采用母线重合闸时，失灵保护动作后应闭锁各连接元件的重合闸回路，以防止对故障元件进行重合。

（8）当以旁路断路器代替某一连接元件的断路器时，失灵保护的启动回路可作相应的切换。

（9）当某一连接元件退出运行时，它的启动失灵保护的回路应同时退出工作，以防止试验时引起失灵保护的误动作。

（10）失灵保护动作应有专用信号表示。

三、断路器失灵保护

（一）启动失灵开入设置

所有支路都配置有四个启动失灵开入：启动失灵开入 TA、启动失灵开入 TB、启动失灵开入 TC 和启动失灵开入 ST，分别于线路保护跳 A、跳 B、跳 C 和三跳或变压器保护的三跳相连接。

（二）失灵电流元件

1. 单跳启动失灵电流构成

单跳启动失灵电流由本相相电流、零序电流和负序电流构成，其电流开放逻辑如图 4-30 所示。相电流定值为无流门槛（0.08In），零序电流和负序电流门槛为整定值。

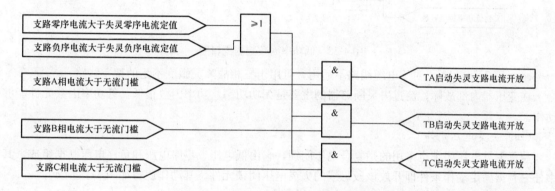

图 4-30 单跳启动失灵电流开放逻辑图

负序电流和零序电流用有流相电流控制是为防止非全相运行时启动失灵保护和保护触点粘住不返回而误动。

2. 三跳失灵电流构成

三跳启动失灵电流由三相相电流、零序电流和负序电流构成，其电流开放逻辑如图 4-31 所示。相电流、零序电流和负序电流门槛为整定值。

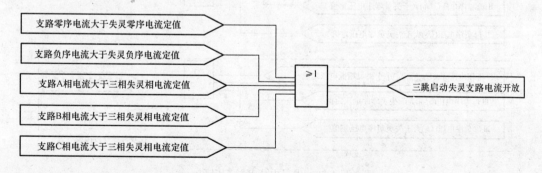

图 4-31 三跳启动失灵电流开放逻辑图

（三）低功率因数元件

为解决三相故障、三相失灵，对三跳启动失灵还增加了低功率因数开放逻辑。低功率因数角固定为 70°。当三相失灵启动开入有效或者差动动作启动主变压器失灵时该判据固定投入。低功率因数按相执行。三相"或"逻辑开放总的功率因数。低功率因数判据逻辑图如图 4-32 所示。

233

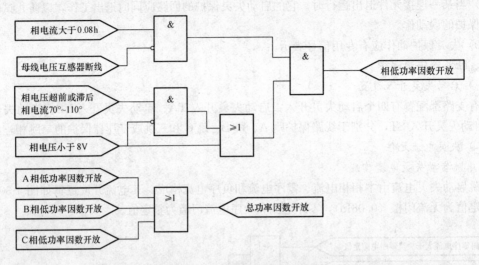

图 4-32　低功率因数判据逻辑图

cosφ 用 $70°\sim110°$，对于电缆线路不适用，可用于三相故障灵敏度不足的架空线路。

在变压器内部故障，流过失灵断路器的主要是无功功率，功率因数很低，低功率因数元件能够动作。

（四）失灵电压元件

装置失灵电压闭锁也采用的是复合电压闭锁，它由低电压、零序电压和负序电压判据组成，其中任一判据满足动作条件即开放该段母线的失灵电压闭锁元件。其动作逻辑如图 4-33 所示。

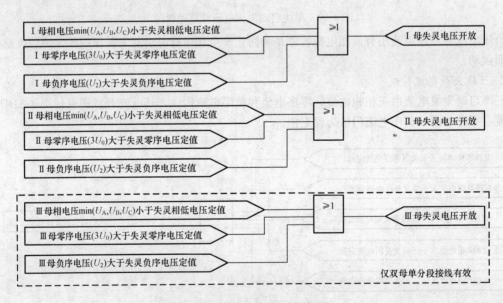

图 4-33　失灵电压开放逻辑图

（五）失灵解除电压闭锁

当变压器或发电机—变压器组支路发生内部故障或低压侧故障而导致高压侧断路器失灵时，可能会出现失灵保护复合电压闭锁不能开放的情形。为了保证此前提下断路器失灵保护可靠动作，变压器或发电机—变压器组支路还必须提供一个开入供断路器失灵保护解除电压闭锁用。当变压器支路断路器失灵且对应支路解除电压闭锁开入存在时，断路器失灵保护按失灵支路所在的母线段解除该段的失灵电压闭锁，使得失灵保护可靠动作。

主变压器支路解除失灵电压闭锁逻辑图如图 4-34 所示。

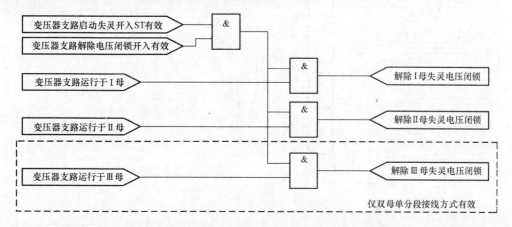

图 4-34　断路器失灵保护主变压器解除电压闭锁逻辑图

针对局部地区长线路末端故障失灵电压灵敏度不够的情形，装置还提供一个线路解除失灵电压闭锁开入，用户可以根据需求将线路解除电压闭锁开出并接入该端子。线路解除电压闭锁逻辑如图 4-35 所示。

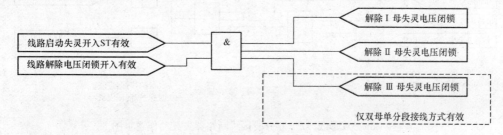

图 4-35　断路器失灵保护线路解除电压闭锁逻辑图

（六）失灵保护动作逻辑

当失灵开入有效，失灵电流元件和失灵电压元件均开放时，断路器失灵保护按图 4-36 所示的逻辑图跳闸。

（1）经失灵保护 1 时限延时后失灵条件仍满足，则失灵保护跳开母联、分段断路器。

（2）经失灵保护 2 时限延时后失灵条件仍满足，则失灵保护跳开与失灵支路处于同一母线上的所有支路断路器。

（七）母线故障启动变压器失灵联跳功能

当母线差动保护动作导致变压器高压侧断路器失灵时，必须启动变压器失灵联跳功能以断开有源侧断路器，隔离故障电流。母线故障启动变压器失灵联跳功能在母线保护装置内进行。当差动保护功能和失灵保护功能投入时，母线故障启动变压器失灵联跳功能投入。母线保护动作跳变压器后启动变压器支路断路器失灵逻辑，驱动主变压器失灵联跳出口继电器等功能。

四、断路器失灵保护整定计算

1. 电流元件

（1）相电流元件应保证在本线路末端金属性短路或本变压器低压侧故障时有足够灵敏度，灵敏系数大于 1.3，并尽可能躲过正常运行负荷电流。

（2）负序电流元件和零序电流元件应保证在本线路末端金属性短路或本变压器低压侧故障有足

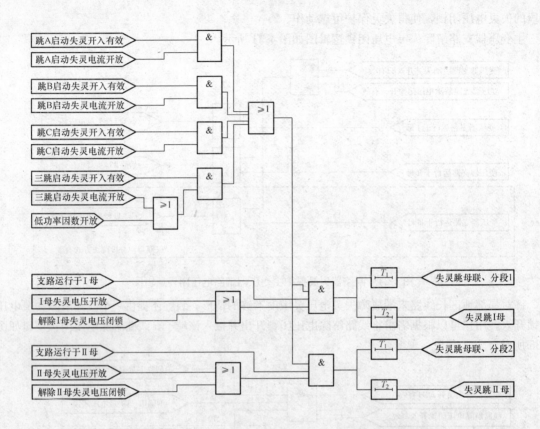

注： T_1—失灵保护1时限定值；
T_2—失灵保护2时限定值。

图 4-36　双母线/双母双分段接线断路器失灵动作逻辑图

够灵敏度。对于 220kV 及以上电压等级的定值，一般应大于 300A（一次电流值）。对不满足精工电流要求的情况，可适当抬高定值。

2. 复合电压元件

（1）低电压元件应保证与本母线相连的任一线路末端和任一变压器低压侧发生短路故障有足够灵敏度，且在母线最低运行电压下不动作，而在切除故障后能可靠返回。

当变压器低压侧故障时灵敏度不够，可以解除复压闭锁。

（2）负序和零序电压元件应保证与本母线相连的任一线路末端发生短路故障时有足够的灵敏度，同时可靠躲过正常运行情况下的不平衡电压。

3. 动作时间

较短时间 T_1：0.25～0.35s 动作与母联或分段断路器。

较长时间 T_2：0.5s 动作于本母线上的所有支路断路器。

五、3/2 接线方式断路器失灵保护

对于 3/2 断路器接线方式或多角形接线方式的断路器失灵保护有下述要求：

（1）鉴别元件采用反应断路器位置状态的相电流元件，应分别检查每台断路器的电流，以判别那台断路器拒动。

（2）当 3/2 断路器接线方式的一串中的中间断路器拒动，或多角形接线方式相邻两台断路器中的一台断路器拒动时，应采取远方跳闸装置，使线路对端断路器跳闸并闭锁重合闸的措施。

（3）断路器失灵保护按断路器设置。因此断路器失灵保护与重合闸在一起随断路器设置。3/2 断路器失灵保护逻辑示意图如图 4-37 所示。

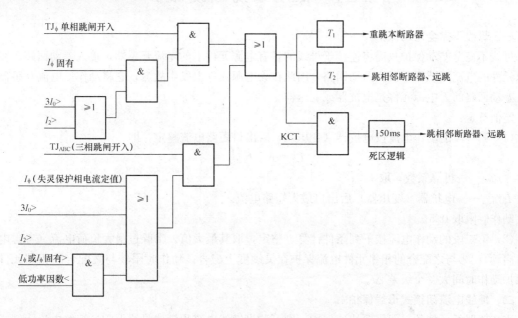

图 4-37　3/2 接线断路器失灵保护逻辑示意图

1）单相故障失灵时，I_ϕ 用装置内部的固有值，即保护装置内部设置"有无电流"的相电流元件判别元件，其最小电流门槛值应大于保护装置的最小精确工作电流（$0.05I_N$）。

2）三相故障失灵时，I_ϕ 用失灵保护的相电流定值，整定时按灵敏度设置。低功率因数判据有一个电流把关，小于电流值时，低功率因数判据退出，此电流 I_ϕ 可为失灵保护的相电流定值，也可为装置内部的固有值（$0.1I_N$）。

3）低功率因数元件和电流元件都是分相式的，图中只表示一相，只是示意图，不代表实际的逻辑图。

4）因为线路保护只需要三个分相开入，且不考虑三相故障三相失灵问题，所以，TJ_{ABC} 开入口，仅为变压器设置，如纯线路单元的断路器，例如两侧均为线路的中断路器，失灵保护的相电流元件 I_ϕ，按较大的值整定，例如，躲过线路最大负荷电流整定。

5）由于断路器感受的电流不等于变压器的负荷电流，当断路器感受的电流大于变压器的负荷电流时，失灵保护的相电流元件 I_ϕ 即使按变压器的 $1.2I_N$ 整定，也不一定躲过断路器感受的电流，所以低功率因数元件投入运行，也可以闭锁相电流元件 I_ϕ，启动防误的作用。此时应断开相电流元件 I_ϕ 直接启动回路，将低功率因数的内部 I_ϕ 的固定值改为相电流元件的动作值 $1.2I_N$。同时，当低功率因数元件退出或电压断线时，退出闭锁功能，保留相电流元件。

当断路器感受的电流小于变压器的负荷电流，例如电流接近于零时，低功率因数元件容易误判，所以，电流门槛宜取稍大的值，取 $0.1I_N$。

6）3/2 断路器接线方式可直接经 1 时限 $T_1 = T_2 = 0.2\sim0.5\text{s}$ 跳本断路器三相及与拒动断路器相关联的所有断路器，包括经远跳断开对侧的断路器。也可经较短时限 $T_1 = 0.13\sim0.15\text{s}$ 动作于跳本断路器三相。经较长时限 $T_2 = 0.2\sim0.25\text{s}$ 跳开与拒动断路器相关联的所有断路器，包括经远方跳闸通道断开对侧的线路断路器。

第七节　低压系统母线保护

一、母线不完全差动保护

母线不完全差动保护只需将连接于母线的各有电源元件上的电流互感器，接入差动回路，在无电源元件的电流互感器不接入差动回路。因此在无电源元件上发生故障，它将动作。电流互感器不接入差动回路的无电源元件是电抗器或变压器。

定值整定：

（1）第一段的动作电流按电抗器（变压器）后出口短路电流整定，即

$$I_{op} = K_{rel} I_{k.\,max}$$

式中　　K_{rel}——可靠系数，取 1.3；

　　　　$I_{k.\,max}$——电抗器（变压器）后出口最大短路电流。

动作时限取 0.5。

（2）第二段的动作电流按下列条件计算、整定，取其最大值。①躲过最大负荷电流（考虑电动机自启动）；②与之配合的相邻元件电流保护在灵敏度上配合，动作时限较与之配合的相邻元件电流保护动作时间大一个级差 Δt。

二、馈线电流闭锁式母线保护

当变压器低压侧的母线需要快速保护，则可装设馈线电流闭锁式母线保护。馈线电流闭锁式母线保护的原理是使用分段母线上所有馈线的电流元件不动作以加速变压器低压侧过电流保护动作跳闸。当任一馈线的电流元件动作，立即闭锁变压器低压侧过电流保护的加速措施。

馈线电流闭锁式母线保护有动作元件和闭锁元件两部分组成。变压器低压侧的电流元件是动作元件，母线上所有馈线的电流元件都是闭锁元件。

当母线上发生故障，变压器低压侧的电流元件动作，切除变压器低压侧断路器。当馈线发生故障，虽然变压器低压侧的电流元件动作，但是故障馈线的电流元件也动作，立即闭锁母线保护。

馈线的电流元件定值较变压器低压侧电流元件定值更为灵敏。在整定值上必须互相配合。馈线上的电流元件可采用馈线的过电流保护中的电流元件。变压器低压侧的电流元件必须考虑事故性过负荷，自启动过负荷等因素。最好采用专用的电流元件。只要能满足母线故障的灵敏度，使定值尽量高些，防止误动。馈线电流闭锁式母线保护为防止动作元件和闭锁元件的动作竞赛，需带 0.15～0.2s 的时限。

闭锁信号的传递方式，可以用触点方式，也可用保护专用网络方式连接，通过网络发一个闭锁指令到变压器低压侧以闭锁母线保护。

馈线电流闭锁式母线保护的不足之处：

馈线不能带有小电源，否则电流闭锁元件需加方向判据，使接线复杂化。馈线中主要用户是电动机，则电动机反馈的影响，在母线故障由于馈线的闭锁信号造成母线保护的拒动。这样在整定配合上非常困难，为此，电流闭锁元件要加装方向判据。

第五章

并联电抗器保护

第一节　电抗器保护

一、概述

在超高压远距离输电线路，电容效应较为突出，为此通常装设并联电抗器以补偿电容电流。同时限制系统的操作过电压。

并联电抗器应装设下述保护装置

（1）瓦斯保护。当并联电抗器内部产生大量瓦斯时，动作于跳闸，产生轻微瓦斯或油面下降时，动作于信号。

（2）纵联差动保护。当并联电抗器内部及其引出线的相间短路和单相接地短路时，动作于跳闸。

（3）过电流保护。作为差动保护的后备保护。

（4）匝间短路保护。差动保护不反应电抗器匝间短路，而单相电抗器的故障大部分为匝间短路，所以除瓦斯保护外，应装设匝间保护，作为电抗器匝间短路和部分绕组单相接地的保护。

（5）过负荷保护。在某些情况下，电源电压可能升高而引起电抗器过负荷。

（6）中性点调谐电抗器装设过电流保护和瓦斯保护，对外部系统因三相不对称等原因引起的过负荷，可装设过负荷保护。

（7）并联电抗器如无专用断路器而直接接于超高压线路上，则并联电抗器保护装置动作后，除进行线路本侧断路器跳闸外，尚需配置远方跳闸装置，使线路对侧断路器跳闸。

二、瓦斯保护

瓦斯保护采用 QJ1-80（50）型气体继电器，其动作原理和整定原则与变压器瓦斯保护相同。

并联电抗器一般在 500kV 及以上电压等级系统中应用，因此为防止瓦斯保护电缆绝缘不良而误动，造成线路停电事故，可将气体继电器内部作用于跳闸元件双触点引出，使之各自启动中间继电器，然后由中间继电器的触点相串联后进行跳闸。

三、纵联差动保护

纵联差动保护采用三个差动继电器按三相式接线构成，瞬时动作于跳闸，差动保护用的两侧电流互感器应具有相同的伏安特性。

纵联差动保护对电抗器（没有二次绕组）的励磁涌流如同"穿越"电流，从而不存在躲过励磁涌流的问题。可采用作为发电机纵联差动保护用的差动继电器。

在整定上，应躲过最大负荷电流下的不平衡电流和外部短路暂态过程中电抗器反馈电流引起的不平衡电流。

差动继电器采用比率制动型差动继电器。

差动继电器最小动作电流整定为

$$I_{op.\,min} = (0.25\sim0.4)\,I_N$$

式中 I_N——电抗器额定电流。

起始制动电流 $I_{res.\,min} = (0.8\sim1.0)\,I_N$，制动系数 $K_{res} = 0.3\sim0.4$，差动速断元件动作电流躲过电抗器的最大励磁涌流引起的不平衡电流为 $4I_N$。

四、过电流保护

过电流保护采用三个电流元件按三相式接线构成。过电流保护应防止励磁涌流而误动，故此整定：动作电流为 $1.5I_N$，动作时间为 $1.5\sim3$s 与线路相应段配合。如为瞬时元件，则动作电流按 $4\sim5I_N$ 整定。

零序过电流保护的零序电流取自电抗器线端电流互感器。零序过电流保护需要零序功率方向继电器控制，作为电抗器绕组的接地保护。

为了躲过合闸时产生的零序励磁涌流，动作时间一般取为 1.5s。若装设能反应接地故障的匝间短路保护，则不装设零序过电流保护。

零序过电流保护按躲过正常运行中出现的零序电流整定，也可按电抗器中性点连接的接地电抗器的额定电流整定。如果没有零序功率方向继电器控制，则其时限应与线路接地保护最长时限的后备段相配合。

五、匝间短路保护

匝间短路保护电压取自线路电压互感器的零序电压，零序电流取自电抗器线端的电流互感器。这样，电抗器的内部和外部接地故障，用零序功率方向继电器即能明显地区别开来，对电抗器全部绕组的接地故障都在保护范围内。

假设零序电流取自电抗器中性点侧电流互感器，但匝间短路时反映在电压互感器的零序电压很低，不足以启动功率方向继电器。为此插入一个补偿电压 $U_{0\infty}$，它由故障时零序电流流经一个补偿阻抗产生，即 $\dot{U}_{0\infty} = \dot{I}_0 Z_{0\infty}$，忽略电阻影响，$\dot{U}_{0\infty}$ 始终超前 $\dot{I}_0$ 为 90°，这样继电器由 $\dot{U} = \dot{I}Z$ 与 $\dot{U}_0 + \dot{U}_{0\infty}$ 两个电气量进行比相。在发生单相接地故障时，$\dot{U}_{0\infty}$ 与 $\dot{U}_0$ 方向相反，起相减作用；在匝间短路时，$\dot{U}_{0\infty}$ 与 $\dot{U}_0$ 方向相同起助增作用。

以 A 相故障为例，接地与匝间短路时的相量图如图 5-1 所示。$\dot{I}_0$ 为故障时的零序电流。在电抗器外部接地时，相量图如图 5-1（a）所示。因 $|\dot{U}_0| > |\dot{U}_{0\infty}|$，故 $90° < \left|\arg\dfrac{\dot{U}_0 + \dot{U}_{0\infty}}{\dot{U}}\right| \leqslant 180°$，

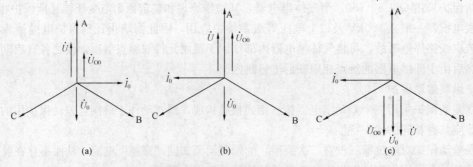

图 5-1 接地与匝间短路时的相量图

（a）外部接地，$|\dot{U}_0| > |\dot{U}_{0\infty}|$；（b）内部接地，$|\dot{U}_0| < |\dot{U}_{0\infty}|$；（c）匝间短路，$\dot{U}_{0\infty}$ 与 $\dot{U}_0$ 同相

继电器不会动作。

在电抗器内部接地时，相量图见图 5-1（b）。因 $|\dot{U}_0| < |\dot{U}_{O0}|$，故 $\arg\dfrac{\dot{U}_0 + \dot{U}_{O0}}{\dot{U}}$ 接近于 $0°$，继电器可靠动作。

在电抗器匝间短路时，其相量图见图 5-1（c），故 $0° \leqslant \left| \arg\dfrac{\dot{U}_0 + \dot{U}_{O0}}{\dot{U}} \right| \leqslant 90°$。

但 $\dot{U}_0$ 较小，由于 $\dot{U}_{O0}$ 的助增使继电器可靠动作。

从分析中可看出，取适当的 Z_{O0}，能使 $\dot{U}$ 和 $\dot{U}_0 + \dot{U}_{O0}$ 构成的相位比较回路在继电器中，内部接地及匝间短路判为同相动作，外部接地判为反相而不动作。一般 Z_{O0} 不能取得过大，若 Z_{O0} 大于电抗器的阻抗 Z_0，则在外部接地时，造成 $|\dot{U}_{O0}| > |\dot{U}_0|$，则继电器将误动。反之，如 Z_{O0} 取得过小，则内部接地时保护范围太小，且匝间短路时灵敏度很低，故一般 Z_{O0} 取 0.6～0.8 电抗器的阻抗为宜。

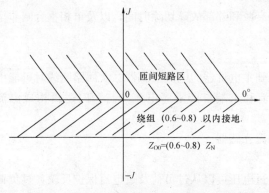

图 5-2　继电器的动作特性

在阻抗平面图表示的继电器特性，如图 5-2 所示。

当取消 $\dot{U}_{O0}$ 时，变成功率方向继电器，其最大灵敏度角为 $85° \pm 5°$，动作范围为 $170° \pm 5°$。

由于 $\dot{U}_{O0}$ 的存在，当零序电压为零时，则变成一个单独电流量动作的继电器，因此在电流互感器回路断线时将误动作。

匝间短路保护的整定：

（1）零序电流取自电抗器中性点侧电流互感器，则

$$Z_{O0} = (0.6 \sim 0.8) Z_N$$

式中　　Z_N——电抗器的额定阻抗。

零序电流取自电抗器线端电流互感器，则

$$Z_{O0} = (0.8 \sim 1.0) Z_N$$

（2）匝间短路动作电流是指单独通以零序电流时继电器的动作电流，其整定值必须躲过正常的最大零序电流的数倍，一般取 $(0.1 \sim 0.3) I_N$。

（3）为防止电流互感器二次回路断线或继电器内部元件损坏而造成继电器误动作，故应加设接入相邻电流互感器的零序电流继电器闭锁元件，其动作值应躲过正常的最大零序电流。

（4）为了躲过合闸时因断路器不同期而产生的零序励磁涌流，故动作时间应整定 $1.0 \sim 1.5 s$。如继电器内设二次谐波闭锁元件，则动作时间可降低到 $0.5 s$ 以下。

六、过负荷保护

并联电抗器过负荷保护采用定时限过负荷保护，动作于信号。

动作电流整定为 $1.2 I_N$。

动作时间应大于电流保护的动作时间，一般取 $4 \sim 6 s$。

七、零序小电抗器保护

为了限制线路单相重合闸时的潜供电流，提高单相重合闸的重合成功率，高压电抗器的中性点都接有小电抗器。当线路发生单相接地或断路器一相未合上，三相严重不对称时，接地电抗器会流过数值较大的电流，造成绕组过热，为此装设小电抗器保护。

(一) 过负荷保护

主要是对三相不对称原因引起的异常。作为监视三相不平衡状态，作用于信号。

电流取自主电抗器末端自产零序电流或外部零序电流互感器，按主电抗器额定值整定。

$$3I_{0.op} = (0.15 \sim 0.2) I_N$$

式中　I_N——主电抗器额定电流值。

校核该电流整定值不大于 1.2 倍的小电抗器额定电流。

动作时间为 $5 \sim 10s$，一般整定为 8s。

(二) 过电流保护

小电抗器正常运行时只流过很小的不平衡电流，当主电抗器一相断开或由于外部故障时，小电抗器将流过较大的零序电流。此时小电抗器过电流保护应延时跳闸。

按主电抗器额定值整定

$$3I_{0.op} = 0.3I_N$$

校核电流整定值不大于 1.5 倍小电抗器额定电流。

动作时间应躲过电抗器空负荷投入的励磁涌流衰减和外部故障切除时间，以及单相重合闸非全相运行时间。

动作时间为 $5 \sim 7s$。

电流保护采用主电抗器的自产零序电流，考虑到主电抗器的电流互感器二次回路断线时可能引起保护误动，因此采用主电抗器首端自产零序电流和末端自产零序电流"与"门逻辑构成电流回路。

电流保护也可采用小电抗器反映零序电流的电流互感器。

八、过电压保护

电抗器保护从技术规程中无过电压保护，其实电压可以从过负荷及过电流保护反映，过负荷整定 $I_{op} = 1.2I_N$。如电抗值不变，相当于 $U = 1.2U_N$，从表 5-1、表 5-2 中可得知允许时间。

表 5-1　　330~500kV 并联电抗器从备用状态投入运行允许过电压的倍数和时间的关系

过电压倍数（额定相电压）	1.15	1.2	1.25	1.3	1.4	1.5
允许时间	120min	40min	20min	10min	1min	20s

表 5-2　　330~500kV 并联电抗器在额定电压下运行允许过电压的倍数和时间的关系

过电压倍数（额定相电压）	1.05	1.15	1.2	1.25	1.3	1.4	1.5
允许时间	连续	60min	20min	10min	3min	20s	8s

若 $U = 1.3U_N$ 电抗值可能饱和而变小，则过电流保护也可能跳闸。国外保护有配置过电压保护。

过电压保护整定：

(1) 信号段。

$U_{op} = 1.1U_N$，延时 10s。

(2) 跳闸段。

$U_{op} = 1.3U_N$，延时 $(0.3 \sim 0.5)$ s。

九、零序差动保护

分相差动保护与零序差动保护相似，如果两者的差动保护动作电流为两电流之和，制动电流为

1/2 的两电流之差，而且比率制动特性相同，则两者的整定值亦相同，对于接地故障的灵敏度是相同的。

当分相差动的动作电流为两电流之和，制动电流为中性点侧电流，而零序差动的动作电流为两电流之和，制动电流为 1/2 两电流之差，则同样的内部接地故障，由于前者的制动电流小，电源侧故障电流大于中性点侧电流，因此分相差较零序差动灵敏。当故障点发生在中性点侧同样有死区。总之对于接地故障，分相差动优于零序差动。

国外设计的差动保护没有整套保护装置的双重化，由分相差动和零序差动组成双重化。因此设计的两套微机保护也可不使用零序差动保护。

（1）零序差动保护一般由二折线制动特性，差动电流和制动电流为

$$3I_{0d} = |3\dot{I}_{0.1} + 3\dot{I}_{0.2}|$$

$$3I_{0.res} = \frac{1}{2}|3\dot{I}_{0.1} - 3\dot{I}_{0.2}|$$

式中　$\dot{I}_{0.1}$——电抗器首端零序电流；

$\dot{I}_{0.2}$——电抗器末端零序电流。

首端零序电流为自产零序电流 $3\dot{I}_{0.1} = \dot{I}_{a1} + \dot{I}_{b1} + \dot{I}_{c1}$。

末端零序电流为自产零序电流 $3\dot{I}_{0.2} = \dot{I}_{a2} + \dot{I}_{b2} + \dot{I}_{c2}$。

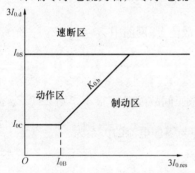

图 5-3　电抗器零序差动保护动作特性

首端与末端电流互感器用同型号电流互感器，如变比不同，用软件补偿使之相同。

当零序差动使用外接零序电流互感器，由于极性不易测试判别正确性，更重要的是首端电流互感器自产零序电流的特性与外接电流互感器的特性差异大，则空投电抗器或者相邻线路重合闸过程中，最大励磁涌流能引起误动，因此不宜使用外接电流互感器。

（2）比率制动的零序差动动作方程。零序差动保护由零序差动和零序差动速断两部分组成，如图 5-3 所示。

零序差动速断动作方程为

$$3I_{0d} > I_{0S}$$

式中　$3I_{0d}$——零序差动动作电流；

I_{0S}——差动速断定值。

比率制动的零序差动动作方程为

$$3I_{0d} > I_{0C} \qquad (3I_{0.res} < I_{0B})$$

$$3I_{0d} > K_{0.b}(3I_{0.res} - I_{0B}) + I_{0C} \qquad (3I_{0.res} \geqslant I_{0B})$$

式中　I_{0C}——零序差动启动电流值；

I_{0B}——拐点电流值；

$3I_{0.res}$——制动电流；

$K_{0.b}$——比率制动斜率。

正常情况下，监视零序差动电流异常，延时 5s 发告警信号。判据为 $3I_{0d} > 0.6I_{0C}$。

（3）零序差动保护的整定。零序差动速断电流定值 I_{0S} 按躲过空投电抗器励磁涌流和非周期电流产生的最大不平衡电流整定。

零序差动速断电流定值 $I_{0S} = (3 \sim 4)I_N$。

式中 I_N——电抗器的额定值。

零序差动最小动作电流值 I_{0C} 按躲过正常运行时最大不平衡电流和其他异常暂态特性而产生的最大不平衡电流整定。

零序差动最小动作电流定值 $I_{0C}=(0.3\sim0.4)I_N$。两侧电流互感器变比相同时，取 $0.3I_N$，变比不相同时取 $0.4I_N$。

零序差动拐点电流定值 $I_{0B}=0.8I_N$。

零序差动比率制动斜率 $K_{0.b}=(0.8\sim1.0)$。

十、负序功率方向原理的匝间保护

零序功率方向原理的电抗器匝间短路保护在轻微匝间短路时零序电压、零序电流均很小，需采用带补偿特性的零序功率方向保护。由于匝间故障时负序分量比零序分量值大，因此负序功率方向保护提高了匝间短路动作的灵敏度。

假设并联电抗器 a 相发生匝间故障，其阻抗大小由 Z_L 变化为 Z_F，如图 5-4 所示的故障序网图。

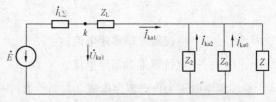

图 5-4　匝间短路的故障序网图

设：$\dot{E}$ 为电源电动势，Z_L 为并联电抗器阻抗，Z_N 为中性点小电抗，$Z_{1\Sigma}$、$Z_{2\Sigma}$、$Z_{0\Sigma}$ 分别为由并联电抗器安装点看入的系统正、负、零序阻抗。正常运行时，$\dot{I}_{ka1}=\dfrac{\dot{U}_{ka1}}{Z_L}$，$I_{ka2}=I_{ka0}=0$。a 相发生匝间故障，序网图中 $Z=\dfrac{1}{3}(Z_F-Z_L)$。

负序网阻抗 $Z_2=Z_{2\Sigma}+Z_L$。

零序网阻抗 $Z_0=Z_{0\Sigma}+Z_L+3Z_N$。

设 $Z_{20}=Z_2//Z_0=(Z_{2\Sigma}+Z_L)//(Z_{0\Sigma}+Z_L+3Z_N)$，轻微匝间故障时 Z 很小，则 $Z\ll Z_{20}$。

$\dot{I}_{ka1}=\dfrac{\dot{U}_{ka1}}{Z_L+Z//Z_{20}}\approx\dfrac{\dot{U}_{ka1}}{Z_L}$，其值与正常运行时接近。负序与零序电流的关系为

$$\frac{\dot{I}_{ka0}}{\dot{I}_{ka2}}=\frac{Z_{2\Sigma}+Z_L}{Z_{0\Sigma}+Z_L+3Z_N}$$

对于超高压、特高压输电系统，一般 $Z_{0\Sigma}=(1.5\sim3)Z_{2\Sigma}$，显然匝间故障时的负序电流大于零序电流。

负序功率方向原理与零序功率方向原理相似的匝间保护，通常判断负序电压与负序电流之间的相位关系，明确故障时负序功率的流向以确定故障发生在区内还是区外。

负序功率方向保护的负序电压 $\dot{U}_2$ 取自电抗器引出端线路上的负序电压，负序电流 $\dot{I}_2$ 取自电抗器的高压侧，正方向为线路流向电抗器。按下述四种故障分析 $\dot{U}_2$ 与 $\dot{I}_2$ 之间的关系。

1. 单相匝间短路

在负序回路中有纵向负序故障电压 $\dot{E}_2$，设 X_{L1}、X_{L2} 分别为故障点两侧的电抗，X_N 为中性点小电抗。X_{S2} 为系统等值负序电抗。$\dot{U}_2$ 为电抗器引出端的负序电压，则负序网络如图 5-5 所示。

由图 5-5 可得：$\dot{U}_2=-\dot{I}_2\mathrm{j}X_{S2}$。

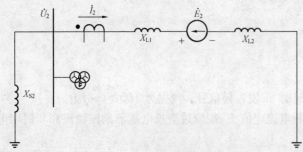

图 5-5　匝间故障时负序回路

2. 电抗器内部接地故障

负序网络如图 5-6 所示。

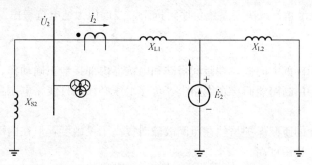

图 5-6　电抗器内部接地故障时负序回路

由图 5-6 可得：$\dot{U}_2 = -\dot{I}_2 jX_{S2}$。

3. 电抗器外部接地故障

负序网络如图 5-7 所示。

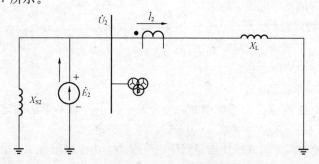

图 5-7　电抗器外部接地故障负序回路

由图 5-7 可得：$\dot{U}_2 = \dot{I}_2 jX_L$。

4. 线路非全相运行

负序网络如图 5-8 所示。

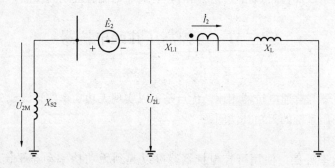

图 5-8　线路非全相运行时负序回路

负序电压取自母线侧电压互感器：$\dot{U}_{2M} = -\dot{I}_2 jX_{S2}$。

负序电压取自线路侧电压互感器：$\dot{U}_{2L} = \dot{I}_2 jX_L$。

如上分析可知：

负序功率方向保护的动作判据为

$$-90° \leqslant \arg \frac{\dot{U}_2 e^{-j\varphi_{lm}}}{\dot{I}_2} \leqslant 90°$$

式中　φ_{lm}——最大灵敏角，取决于系统负序阻抗角，按近似为纯电抗考虑，则为$-90°$。

$$0° \leqslant \arg \frac{\dot{U}_2}{\dot{I}_2} \leqslant 180°$$

负序功率方向有明确的方向性，在匝间短路和电抗器内部接地正确动作。在电抗器外部接地不会动作。当电抗器无专用断路器而接在线路上，负序电压必须取自线路电压互感器，否则在线路非全相运行时引起误动。

负序功率方向原理的匝间保护虽然在匝间故障时提高了灵敏度，但在内部接地故障没有带有补偿特性的零功率方向的灵敏度高。

十一、绝对值比较式负序及零序复合型方向的匝间保护

负序方向判据的动作方程为

$$|\dot{U}_2 - \dot{I}_2 jX_{L2}| \geqslant |\dot{U}_2 + \dot{I}_2 jX_{S2}|$$

式中　X_{L2}——电抗器的负序电抗；

X_{S2}——系统等值负序电抗。

零序方向判据的动作方程为

$$|\dot{U}_0 - \dot{I}_0 jX_{L2}| \geqslant |\dot{U}_0 + \dot{I}_0 jX_{S0}|$$

式中　X_{L0}——电抗器的零序电抗；

X_{S0}——系统等值零序电抗。

相对于电抗器的电抗值而言，系统电抗 X_{S2}、X_{S0} 很小，如果无法确定 X_{S2}、X_{S0} 可近似用 $X_{S2} = (0.03 \sim 0.05)X_{L2}$，$X_{S0} = (0.03 \sim 0.05)X_{L0}$ 来整定。

绝对值的比较式较功率方向式的优点是当序电流很小，由于序阻抗 X_L 很大，故动作量仍相当大，而制动量为 0，因此死区小而灵敏。

电抗器中性点经小电抗器接地的匝间短路，负序判据性能好些，而电抗器中性点直接接地的内部单相接地短路零序判据性能好些。两判据组成或门出口作用于跳闸，起到互补作用。

本保护作为可控电抗器的高压绕组，高压中性点小电抗的保护外，对于可控电抗器的低压绕组或空芯电抗器匝间短路以及它们单相接地短路时，有负序电流感应到高压侧，也能灵敏动作。

第二节　可控高压并联电抗器

一、概述

超高压可控电抗器与普通电抗器相比，优点是可以实现无功功率的平滑或分级调节，特别适用于潮流变化大的超高压系统的无功补偿问题。

可控电抗器的功用：

(1) 线路容性功率补偿。使用可控电抗器，可以起到无功功率动态平衡和电压波动的动态抑制。

(2) 限制工频过电压。在电网正常运行，可控电抗器无功功率可根据线路传输功率自动调节，以稳定其电压水平，处于轻负荷运行可快速调节到系统所需的容量，以限制工频过电压。

(3) 消除发电机自励磁。

(4) 限制操作过电压。由于可控电抗器的调节作用使电网的等效电动势降低，同时抑制工频过电压，从而降低了系统操作过电压水平。

（5）潜供电流的抑制。可控电抗器配合中性点小电抗和一定的控制方式，可以大大地减少线路单相接地时的潜供电流，有效促使电弧熄灭。

可控电抗器与固定电抗器有较大的区别，它新增了一个二次侧控制绕组。通过调节二次侧绕组中的电流就可以控制磁路中的磁通，进而控制电抗器的容量。如图 5-9 所示，在其二次侧接有负荷小电抗器，通过阀和旁路断路器改变所接入的负荷的数量，可实现容量的分级调节。当仅 K100 对应的阀或旁路断路器闭合时，对应 100％容量；当仅 K75 对应的阀或旁路断路器闭合时，对应 75％容量；当所有的阀或旁路器都打开时，对应 25％容量。高阻抗式可控高压并联电抗器的原理类似一个变压器，但漏抗高达 100％，正常运行在二次侧绕组短路的工况下，此时对应 100％容量。

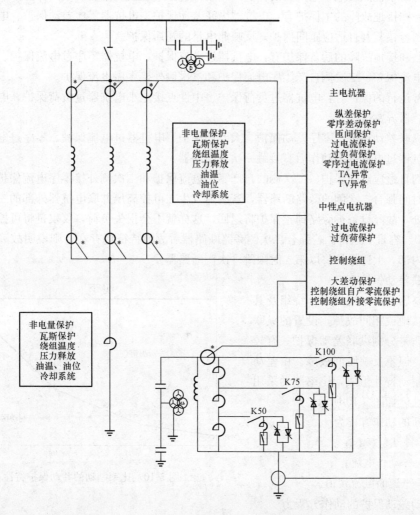

图 5-9　分级式可控电抗器保护装置

阀端接的电抗器，其值非常小，仅 3Ω，保持一定的残压，有利于阀的控制调节。

稳态调节策略：

从小到大时，阀先导通，随后断路器闭合承担长期工作电流。

从大到小时，由于小电抗存在，阀可以导通，断路器打开，随后闭锁阀，由阀来关断电流，完成调节。

可控高压并联电抗器有母线高压并联电抗器和线路高压并联电抗器。作为母线高压并联电抗器时，通过断路器接到高压母线上，电抗器故障只需跳本身的断路器，而且无中性点接地小电抗器。作为线路高压并联电抗器时，与线路之间没有断路器，电抗器故障需要跳开线路本侧断路器和通过远方跳闸装置跳开线路对侧断路器，因线路使用单相重合闸，故需要有中性点接地小电抗器。

二、保护配置

可控高压并联电抗器与普通高压并联电抗器的结构特点，运行方式不同。两者所配置的保护有所不同。可控高压并联电抗器保护的设置，除包括对主电抗器一次侧的保护以及作为线路高压并联电抗器运行时对中性点接地小电抗器的保护外，还应包括对二次侧控制绕组的保护。

反映短路和接地故障的主保护有：电抗器纵联差动保护、电抗器零序差动保护、电抗器大差动保护和电抗器容错复判自适应匝间保护。反映非电量的瓦斯保护。

反映短路和接地故障的后备保护有：电抗器过电流保护、电抗器零序过电流保护、中性点接地小电抗器过电流保护、二次侧自产零序电流保护和二次侧外接零序电流保护。

反映异常运行的保护有：电抗器过负荷保护、中性点接地小电抗器过负荷保护、电流互感器异常和电压互感器异常告警。

电抗器纵联差动保护、零序差动保护、大差动保护、电抗器过电流保护、零序过电流保护以及中性点小电抗器过电流保护动作后直接跳一次侧断路器。

容错复判自适应匝间保护、二次侧的自产零序电流保护和二次侧外接零序电流保护分两个时限出口，第一时间强合二次侧的旁路断路器，若故障发生在可控高压并联电抗器外部的二次侧电缆或控制设备等处，故障设备被旁路掉，保护将返回，这样就不会损失负荷，仅仅是将可控高压并联电抗器调整 100％容量下运行。若强合二次侧旁路断路器后故障特征仍存在，则说明故障发生在高压并联电抗器内部，上述保护将以第二时限跳一次侧断路器。

三、纵联差动保护

为防止高压并联电抗器内部绕组及其引出线单相接地或相间故障，设置的纵联差动保护实质是分侧纵联差动保护。有较高的灵敏性，但不反映匝间故障。由差动速断、比率制动特性组成，比率制动采用三段折线特性。如图 5-10 所示。

差动速断的动作方程为

$$I_{op} > I_{SD}$$

式中　I_{op} ——动作电流；

　　　I_{SD} ——速断电流定值。

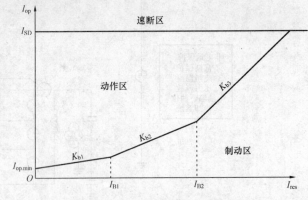

图 5-10　比率制动的差动保护特性

比率制动差动保护的动作方程为

$$I_{op} > K_{b1} I_{res} + I_{op.min} \qquad I_{res} < I_{B1}$$
$$I_{op} > K_{b2}(I_{res} - I_{B1}) + K_{b1} I_{B1} + I_{op.min} \qquad I_{B1} \leqslant I_{res} < I_{B2}$$
$$I_{op} > K_{b3}(I_{res} - I_{B2}) + K_{b2}(I_{B2} - I_{B1}) + K_{b1} I_{B1} + I_{op.min} \qquad I_{B2} \leqslant I_{res}$$

式中　　　I_{res} ——制动电流；

K_{b1}、K_{b2}、K_{b3} ——各段的比率制动斜率，装置内部分别固定为 0.2、0.4 和 0.6；

　　I_{B1}、I_{B2} ——拐点电流，其中 I_{B1} 在装置内部固定为 $0.5I_N$，I_{B2} 在装置内部固定为 $1.0I_N$；

$I_{op. min}$ ——差动启动电流定值。

动作电流 I_{op} 和制动电流 I_{res} 的计算公式为

$$I_{op} = |\dot{I}_1 + \dot{I}_2|, \ I_{res} = |\dot{I}_2|$$

式中　$\dot{I}_1$、$\dot{I}_2$ ——电抗器首端和末端电流，以末端电流为基准，首端电流为经过平衡补偿后电流，均以流入电抗器为正方向。

制动电流只选取末端电流的算法，内部故障时保护具有很高的灵敏度，外部故障时，差动保证不误动。

由于电抗器在空投过程中，空充电流的暂态波形中含有较大的非周期分量，会导致电流互感器饱和情况的出现。如果电抗器两端电流互感器中，一侧饱和、另一侧不饱和，差动保护很可能会误动。为此软件设置有电流互感器饱和检测功能，采用波形识别原理并辅以谐波分析，进行容错复判。当判出存在空投直流饱和时，则闭锁差动保护，而在内部故障饱和时保护能快速出口。另一方面设置空投判据，当检测到空投时，自动抬高定值 1.75 倍。100ms 动作，以保证空投于内部故障时正确动作。

正常情况下，监视各相差流异常，延时 5s 发告警信号，判据为 $0.6 I_{op. min}$。

整定内容：

（1）速断电流定值为

$$I_{SD} = (3 \sim 5) I_N$$

（2）纵差最小动作电流为

$$I_{op. min} = (0.3 \sim 0.4) I_N$$

两侧电流互感器变比相同时，取 0.3；变比不相同而使用补偿时，取 0.4。

四、大差动保护

大差动保护作为高压并联电抗器内部故障主保护。侧重于保护二次侧和一次侧的匝间故障。大差动保护具有明确的选择性，大差动保护动作说明一定发生了内部故障，因此直接跳一次侧的断路器。大差动保护的电流取自一次侧、二次侧的首端电流。

可控高压并联电抗器装设大差动保护是可行的，其一次侧和二次侧绕组有磁的耦合关系，虽其漏抗达到 100%，但经过理论分析和实验证明，能满足差动平衡的条件。可控高压并联电抗器励磁阻抗很大，一次侧、二次侧的电流仍满足变比关系。因此可以装大差动保护。大差动保护的特性与电抗器纵联差动保护基本相似，也由差动速断、比率制动特性组成，其中比率制动采用三段折线特性。

大差动保护的动作电流为

$$I_{op} = |\dot{I}_1 + \dot{I}_2|, \ I_{res} = \frac{1}{2} |\dot{I}_1 - \dot{I}_2|$$

式中　$\dot{I}_1$ ——主电抗器一次侧首端的二次电流；

$\dot{I}_2$ ——电抗器二次侧控制绕组的经过平衡补偿后的二次电流，均以流入电抗器为正方向。

为了保证大差动保护在电抗器空投和区外故障切除的可靠性。保护具有二次谐波制动性能，当差动电流中二次谐波与基波的比值大于定值时，采用"或"闭锁方式。

为了防止电抗器饱和后，由于励磁电流的增大影响大差动保护的动作，采用差动电流的五次谐波与基波的比值作为闭锁判据。

设有完善的电流互感器饱和检测功能，采用波形识别原理并结合谐波分析进行判别。当相电流差流中的基波及谐波分量超过一定数值且差动电流波形偏向时间轴一侧时，就判出电流互感器饱和，以防止电抗器在空投以及区外故障或其他区外扰动的暂态过程中，流经电抗器中的直流分量可能很大且衰减缓慢。可能使电流互感器饱和，大差动保护误动。

电抗器空投时，为了躲过空投时差动回路中较大不平衡电流量。除了电流互感器饱和检测功能外，还设置了空投检测功能。当检测到电抗器空投时，自动适当提高差动定值，防止因冲击电流使大差动保护误动，同时又能保证空投于内部故障时纵联差动保护正确动作。

整定内容：

（1）速断电流定值为

$$I_{op} = (3 \sim 5)I_N$$

（2）大差动最小动作电流为

$$I_{op.min} = (0.3 \sim 0.4)I_N$$

（3）二次谐波比和五次谐波比定值，根据实际需要整定，可参考普通变压器的定值。

大差动二次谐波比为 0.15，大差动五次谐波比为 0.35。

可控高压并联电抗器也可不采用大差动保护。而用电抗器二次分侧纵联差动保护和负荷电抗器的纵联差动保护。但是需要足够多的电流互感器。例如除了二次侧首端电流互感器外，增加二次侧末端电流互感器和负荷电抗器末端电流互感器。组成二次侧和负荷电抗器的分侧纵联差动保护，这样增加了纵联差动保护套数。

五、容错复判自适应匝间保护

容错复判自适应匝间保护是通过容错复判电抗器首末端各电气量，来区分电抗器正常运行的三相不平衡和匝间短路。主判据采用比相元件，辅助判据为突变量和稳态量判据。采用主判据和辅助判据容错复判的办法，可靠性高。

主判据比相元件由电抗器末端自产零序电流 $3\dot{I}_0$、电抗器安装处自产零序电压 $3\dot{U}_0$ 组成。电抗器内部匝间短路时，$3\dot{U}_0$ 超前 $3\dot{I}_0$，零序阻抗测量值为系统的零序阻抗；当电抗器区外故障时，对应的 $3\dot{U}_0$ 滞后 $3\dot{I}_0$，测到的为电抗器的零序阻抗。当短路匝数很少时，零序电压源很小，相应地在系统零序阻抗（系统的零序阻抗远小于电抗器的零序阻抗）上产生的零序电流和零序电压很小，影响比相元件的判别，因此，为了更好地反应小匝数的匝间故障，必须对零序电压进行补偿。

当测量的零序电压较大时，直接用比相继电器进行比相，当测量的零序电压很小时，进行自适应的零序电压补偿，再用比相继电器进行比相。

零序功率比相元件的动作方程为

$$0° < \arg\frac{(3\dot{U}_0 + KZ \times 3\dot{I}_0)}{3\dot{I}_0} < 180°$$

式中　K——自适应补偿系数，取 $0 \sim 0.8$；

Z——电抗器的零序阻抗（包括中性点接地电抗器的零序阻抗）。

在非全相运行、带线路空充电抗器、线路发生接地故障后重合闸再重合、线路两侧断路器跳开后的 LC 振荡、断路器非同期、区外故障及非全相伴随系统振荡时，为了提高匝间保护的可靠性，在主判据动作后，再投入突变量和稳态量判别的辅助判据，辅助判据按 $0.2I_N$ 整定。同时，保护出口延时与故障严重程度相关，若故障严重，保护瞬时出口，若故障特征不明显，零序电流和零序电压较小，保护会反复判断，经自适应的延时出口，兼顾安全性和快速性。电流互感器或电压互感器异常，闭锁容错复判自适应匝间保护，并有异常告警。

当故障发生在二次侧电缆或控制设备时，容错复判自适应匝间保护也可能满足条件，因此第一时限强合二次侧旁路断路器。若故障设备被旁路掉，保护将返回；若强合二次侧旁路断路器后，故障特征仍存在，则说明故障发生在高压并联电抗器内部，保护以第二时限跳一次侧断路器。

六、电抗器二次侧后备保护

A相、B相、C相的二次侧绕组及各相的负载电抗器，它们的中性点连接在一起，经过专门安装的外接零序电流互感器一点接地。不允许二次侧系统的中性线多点接地。

电抗器二次侧外接零序过电流保护，可作为整个二次侧系统接地故障的快速保护，电流取自电抗器二次侧接地点的外接零序电流互感器。分析验证表明电抗器二次侧外接零序过电流保护具有很好的选择性，可灵敏反应二次侧绕组内部、负载电抗器内部以及二次侧端子到控制系统电缆的接地故障，而在区外不对称故障以及其他不对称异常运行工况下因为只有一个接地点，在零序电流互感器中没有零序电流，可靠不动作。对于区内小匝比的接地故障因为在零序电流互感器一次侧形成接地电流仍有很高的灵敏度。其电流定值需躲过二次侧电容性充电电流，延时定值主要兼顾保护可靠性，可整定短延时。

通常整定为 $(0.1 \sim 0.2) I_{N2}$，I_{N2} 为二次侧额定电流，延时 $0.1 \sim 0.2s$。

电抗器二次侧首端A相、B相、C相的电流互感器组成的自产零序过电流保护是零序电压闭锁的高灵敏零序电流保护，作为高压并联电抗器内部故障后备保护，侧重于其他保护灵敏度不够的二次侧绕组、负载电抗器以及一次侧绕组的小匝比匝间短路。当高压并联电抗器内部故障时，首端零序电压很小，而区外不对称故障时首端的零序电压较大，因此，当零序电压较小时才开放保护。在电压互感器回路断线或三相无压时，闭锁保护，以防失去选择性。另外电流互感器回路异常时也将保护闭锁，以防自产零序电流保护误动。

由于可控高压并联电抗器二次侧三相短路时的电流等于额定电流，不必像其他电流量那样考虑至少20倍的短路倍数，故对二次侧电流通道采用高精度的测量回路。为此保护电流定值可整定得更灵敏，主要躲过正常运行时二次侧三相不平衡电流，延时定值主要考虑二次侧控制系统的三相不一致时间和保护可靠性。

通常整定为 $(0.1 \sim 0.2) I_{N2}$，I_{N2} 为二次侧额定电流，延时 $0.5 \sim 1s$。

零序电压闭锁定值5V，即 $3U_0$ 电压大于5V闭锁保护。零序电压值正常小于5V接近于零，当自产零序电流误动，第一时限强合二次侧的旁路断路器后自产零序电流即返回，不至于第二时限误跳一次侧断路器。

如果没有零序电压闭锁，则延时比电抗器所在的母线上所有线路接地保护最后段最长延时高出 $0.5s$。

由于可控电抗器为 YNyn 接线，并且二次侧是中性点一点接地，当发生接地故障或电抗器异常运行时零序电流的定性分析如下：

（1）区外不对称接地故障或非全相运行时，以A相接地故障为例，此时二次侧自产零序电流为A相故障电流。而二次侧只有一个接地点。因此有自产 $3I_0$，但没有外接 $3I_0$。

（2）电抗器一次侧匝间故障或接地故障。与第（1）种情况的分析相似，结果有自产 $3I_0$，没有外接 $3I_0$。

（3）二次侧负载电抗器或阀接地故障，由于二次侧系统存在两个接地点，可以构成回路。而且故障电流全部流过外接零序电流互感器。此时二次侧外接零序过电流保护的灵敏度很高。由于二次侧系统不再对称，也会产生自产 $3I_0$，同时有外接 $3I_0$。

（4）电抗器二次侧绕组接地故障，与第（3）种情况的分析相似，结果有自产 $3I_0$ 也有外接 $3I_0$，而且外接零序过电流保护灵敏度很高。即使很小匝比的接地故障仍有高的灵敏度。

（5）二次侧负载电抗器匝间短路，由于二次侧系统只有 1 个接地点，没有外接 $3I_0$，由于二次侧系统不再对称，会产生自产 $3I_0$。

（6）电抗器二次侧绕组匝间短路，由于三相电流不再对称，被短路的绕组可等效为电抗器的第三绕组，此时有自产 $3I_0$，但没有外接 $3I_0$。

综上所述，二次侧外接零序电流保护具有很好的选择性，在二次侧接地故障时有很高的灵敏度。而在其他故障和异常运行情况下无电流流过保护。二次侧自产零序电流保护，可灵敏地反应电抗器的不对称故障（匝间故障）。结合高精度的采集回路以及一次侧零序电压闭锁可以起到很好的后备保护作用。

第六章

电 容 器 保 护

第一节 概　述

并联补偿电容器组用于电力系统电压调节，是静止的无功补偿装置。电容器组是将多台电容器通过串联、并联方式组合而成，用串联方法获得符合运行要求的电压，用并联方法获得所需要的容量。

对 1kV 及以上的并联补偿的电容器组，必须按下列故障及异常运行方式装设相应的保护装置：

(1) 电容器组和断路器之间连接线上的短路故障；

(2) 电容器内部故障及其引出线的短路故障；

(3) 电容器组中某一故障电容器切除后所引起的过电压；

(4) 系统电压升高到超过电容器组的允许电压。

电容器组的接线有三角形和星形两种方式。三角形接线方式仅限于短路容量较小的终端变电站和厂矿用户采用。在高压电网中，星形接线的电容器组已广泛应用。

对电容器组的单相接地故障，可利用网络的自然电容电流、消弧线圈补偿后的残余电流或单相接地故障的暂态电流构成有选择性的电流保护或功率方向保护。

采用星形接线电容器组，中性点不接地方式，而且电容器组安装在绝缘支架上，故可不再装设单相接地保护。

一、电容器组接线方式

电容器组的接线有两种：星形接线与三角形接线。当电容器的额定电压与电网电压相符时，采用三角形接线；当电容器的额定电压低于电网电压时，采用星形接线，或串并组合后再接成三角形。

（一）星形接线

一般额定电压为 6.3kV 的电容器在 10kV 电网中使用时，采用此种接线。

在非有效接地系统中采用此种接线，发生一相击穿时，故障电流小。与三角形接线相比，发生外壳爆炸事故的可能性小。

（二）三角形接线

额定电压为 10.5kV 的电容器在 10kV 电网中使用时，采用此种接线。如果采用星形接线，其无功功率仅为三角形接线的 1/3。此种接线的缺点是：电容器击穿时，即形成相间短路，有可能引起电容器外壳爆炸。应采用灵敏系数较高的保护装置。

（三）双星形和双三角形接线

为适应电容器组每相中并联较多的电容器，采用较复杂的比较灵敏的继电保护装置。电容器组的接线方式如图 6-1 所示。

二、并联补偿电容器组保护方式

（1）采用熔断器保护；

（2）采用过电流保护；

（3）采用不平衡电压保护和不平衡电流保护；

（4）采用系统过电压保护；

（5）采用低电压保护。

三、电容器内部故障电流

电容器内部由若干电容元件串、并联组成，其中一个元件短路，与其并联的元件被短接，其余元件电压增高，继续发展，可能相继击穿。

若电容器内部有 P 个元件串联，每个元件的电容值为 C_p。其中有 m 个元件击穿，则

击穿系数为

$$\beta = \frac{m}{P}$$

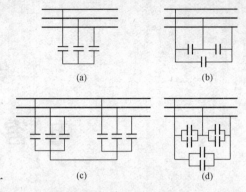

图 6-1　电容器组的接线方式

（a）星形接线；（b）三角形接线；

（c）双星形接线；（d）双三角形接线

电容器的电容为

$$C_\phi = \frac{C_p}{P - m} = \frac{\dfrac{C_p}{P}}{1 - \dfrac{m}{P}} = \frac{C_{N\phi}}{1 - \beta}$$

若外施电压为 U_N，则电容器故障电流为

$$I_{Ck\phi} = \omega C_\phi U_N = \omega \frac{C_{N\phi}}{1 - \beta} U_N = \frac{I_{CN\phi}}{1 - \beta}$$

式中　　$I_{CN\phi}$——单相电容器的额定电流，$I_{CN\phi} = \dfrac{Q_{CN\phi}}{U_N}$；

$C_{N\phi}$——单相电容器的额定电容值。

电容器的过电流倍数为

$$K_i = \frac{I_{Ck\phi}}{I_{CN\phi}} = \frac{1}{1 - \beta} = \frac{P}{P - m}$$

单相电容器的故障电流随击穿元件个数的增加而增加。最后一个元件击穿后，成为极间短路。三角形接线则为相间短路，星形接线则为线电流的 $\sqrt{3}$ 倍，与其并联的电容器对其放电，能量很大。电容器故障会使电容器外壳膨胀变形、开焊漏油。发展为外壳爆炸、喷油事故。

第二节　电容器继电保护

一、熔断器保护

每台电容器装设的单独的熔断器保护，是防止因内部击穿而扩大事故的一种重要保护装置。熔丝结构简单，能够迅速将故障电容器切除，避免电容器的油箱发生爆炸，使附近的电容器免遭波及损坏。当故障电容器被切除以后，其他健全的电容器可以继续运行。此外，熔丝动作后有明显标志，易于找出故障电容器。

熔丝的保护性能是在油箱发生爆炸以前将故障电流切断，以免扩大事故。但目前国产电容器还

不能提供油箱的"爆裂特性"曲线，国产的保护熔丝的安秒特性也只有小电流范围，没有提供整个保护区域内的安秒特性，故只能根据电容器的额定电流和熔丝的熔断电流间的关系来选择。

（一）单台电容器的熔断器及熔丝选择

熔丝的额定电流选择原则：

（1）在电容器允许的长时间运行电流下不熔断。电容器允许在 1.3 倍额定电流下长时间运行，考虑到允许的电容值偏差 10％，则为 1.43 倍额定电流。

（2）电容器内部故障元件击穿一半时能够熔断。当电容器内部故障元件击穿一半时，假设这时端电压不变，静态的故障电流将增加到电容器额定电流的 2 倍。但实际运行情况是，这时电容器端电压会发生变化，且故障段其他健全电容器将对故障电容器放电，因此流入故障电容器的电流远大于电容器额定电流的 2 倍。并联电容器越多，流过故障电容器的放电电流越大。熔丝应在电容器内部串联元件全部击穿前熔断；或者在 30s 之内电容器的击穿系数 $\beta \leqslant 1$。

（3）电容器在合闸涌流下不熔断。规定涌流的峰值为电容器额定电流有效值的 100 倍，通过时间为 4ms。

（4）当电容器故障击穿时，流过很大的故障电流，不能满足在油箱爆裂时间之前使熔丝熔断，则需考虑采取限流措施。为此选择熔断器熔丝的额定电流为

$$I_{FUN} = 1.5 I_{CN}$$

式中 I_{CN}——单台电容器的额定电流。

30s 的熔断电流应小于电容器组的相间短路电流，如表 6-1 所示。电容器的内部元件击穿系数如表 6-2。

表 6-1　　　　　　　　　　　电容器内部元件的熔丝 30s 熔断电流

熔丝额定电流（A）	2	3	5	7.5	10	15	20
30s 熔断电流（A）	6	10	20	30	40	60	80

表 6-2　　　　　　　RN 型熔断器 30s 熔断时电容器内部元件的击穿系数

接线方式	额定电压（kV）	电容器型号	电容器串联元件数 P	电容器额定电流（A）	电容器正常运行电流（A）	熔断器额定电流（A）	熔断器 30s 熔断电流（A）	击穿元件个数（m）	击穿系数 β
三角形接线	10	YY10.5-10-1	14	0.952	0.907	2	6	12	0.857
	10	YY10.5-12-1	13	1.143	1.088	2	6	11	0.846
	6	YY6.3-10-1	8	1.587	1.512	3	10	7	0.875
	6	YY6.3-12-1	8	1.905	1.814	3	10	7	0.875
星形接线	10	YY6.3-10-1	8	1.587	1.455	3	10	7	0.875
	10	YY6.3-12-1	8	1.905	1.746	3	10	7	0.875

（二）多台电容器的熔断器及熔丝选择

当有继电器构成保护装置时，可用一台共用的熔断器保护多台电容器。应满足

$$I_{FU.op} \geqslant 1.5 n_z I_{CN\phi}$$

式中　$I_{FU.op}$——熔断器的熔断电流，A；

　　　n_z——共用一台熔断器的电容器台数，一般为 2～5 台；

　　　$I_{CN\phi}$——电容器额定电流，A。

缺少熔丝特性资料时，单台熔断器保护 $I_{FU} \geqslant (1.5 \sim 2.5)I_{CN\phi}$；多台共用熔断器保护 $I_{FU.op}$ $\geqslant (1.3 \sim 1.8)n_z I_{CN\phi}$。

二、过电流保护

电容器组过电流保护分为电流速断保护和定时限电流保护。电流速断保护主要是为切除电容器组和断路器之间连接线上的短路故障而设的。定时限电流保护主要是为防止电容器过负荷运行而设的。系统电压升高能引起过负荷。当系统电压中有高次谐波时，因容抗相应减少，则电容器将通过很大的谐波电流，也能引起过负荷。

过电流保护也可采用反时限过电流继电器，其瞬动部分兼作电流速断保护用，使保护接线简化。为提高过电流保护的灵敏度，应为三相式。

过电流保护的定值应能可靠躲开电容器组的合闸涌流。试验表明，单相电容器合闸涌流约为电容器组额定电流的 $5 \sim 15$ 倍，合闸涌流中自由振荡频率为 $250 \sim 4000\,\mathrm{Hz}$。电容器合闸涌流衰减很快，实测最大持续时间为 $0.36\mathrm{s}$，但 $10\mathrm{ms}$ 以后即衰减到不足为害的程度，因此定时限电流保护整定在 $0.5\mathrm{s}$ 以上就可躲过涌流的影响。

在电容器回路中装设串联电抗器可以降低合闸涌流的倍数，并且也可以限制高次谐波的影响，一般选择感抗值为电容器容抗值 6% 的串联电抗器，则合闸涌流的最大值不超过电容器组额定电流的 5 倍。

（一）电流速断保护

电流速断保护按灵敏系数整定，即

$$I_{op} = \frac{I_{k.\,min}^{(2)}}{K_{sen} n_{TA}}$$

式中　I_{op}——继电器的动作电流；

　　$I_{k.\,min}^{(2)}$——电容器组出口最小两相短路电流；

　　K_{sen}——灵敏系数，取 2；

　　n_{TA}——电流互感器的变比。

按躲合闸涌流整定，$I_{op} = K_k I_{CN}$，$K_k = 3 \sim 5$。

整定的动作电流如能可靠躲开电容器组的合闸涌流时，保护可瞬时动作；如不能躲开合闸涌流和满足灵敏系数，可加 $0.1 \sim 0.2\mathrm{s}$ 的动作时限，则 $K_k = 2 \sim 3$。

电流速断保护的保护范围和动作时限，必须与相邻元件的保护装置的第二段保护的保护范围和动作时间相配合。

（二）定时限或反时限的过电流保护

电容器组正常允许长期在 1.3 倍额定电流下运行。过电流保护按额定电流整定，即

$$I_{op} = \frac{K_k I_{CN}}{K_r n_{TA}} = 1.53\frac{I_{CN}}{n_{TA}}$$

式中　I_{CN}——电容器组额定电流；

　　K_k——可靠系数，取 1.3；

　　K_r——返回系数，取 0.85；

　　n_{TA}——电流互感器的变比。

过电流保护的动作时间应该与相邻元件的过电流保护时间相配合。如果电容器组电流速断保护的保护范围和动作时限已与相邻元件的过电流保护相配合，则定时限过电流保护的动作时间可取大于 $1\mathrm{s}$。一般整定为 $1.5 \sim 2$ 倍额定电流，时间整定为 $0.5 \sim 1.0\mathrm{s}$。

三、不平衡电压保护和不平衡电流保护

电容器因故障被熔丝切除后，故障段的容抗将增加，其端电压应增高，而当切除的电容器超过

一定台数时，故障段的端电压将超过电容器额定电压的 1.1 倍。这时故障段剩余的健全电容器可能因过电压遭受损害，因此不平衡保护装置应将电容器组的电源切断，以免造成大面积事故。电容器组的不平衡保护方式，可以分为不平衡电压保护和不平衡电流保护。

不平衡保护的整定步骤是：

(1) 首先确定电容器组故障段端电压超过 1.1 倍额定电压时，熔丝切除故障电容器的台数 K。

(2) 根据计算的 K 值，再计算出整定的动作电压或电流，按照计算值确定继电器的整定值。

(3) 继电器的整定值应大于正常运行的最大不平衡电压或电流值。

不平衡电压保护和不平衡电流保护有下述类型。

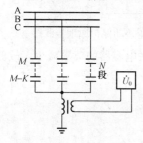

图 6-2　中性点电压偏移保护的原理接线图

（一）中性点电压偏移保护

中性点电压偏移保护接线图见图 6-2。

星形接线的电容器组的每相由 N 段电容器串联，每段由 M 台电容器并联组成，每台电容器的容量均为 C，每相的额定电压为 U_N。如 A 相电容器组中有一段 K 台电容器因内部击穿而使熔丝熔断，则故障段的健全电容器端电压 U_{gj} 与故障段正常状态时电容器端电压 U_C 的比值为

$$\frac{U_{gj}}{U_C} = \frac{3MN}{3N(M-K)+2K}$$

如令 $\dfrac{U_{gj}}{U_C} = 1.1$ 时，则允许切除的电容器的最多台数为

$$K = \frac{0.3MN}{1.1(3N-2)}$$

如 K 台电容器被切除，则 A 相容抗增大，造成三相容抗不相等，电容器组中性点电位偏移，此时中性点电压为

$$U_0 = \frac{-K}{3N(M-K)+2K}U_N$$

因 $M > K$，故 U_0 电压方向与 U_N 方向相反。

电压继电器的电压整定值一般应在 K（整数）与（$K-1$）台熔丝熔断的电容器计算出来的 U_0 之间选定。

这种保护方式简单，但当系统发生接地时可能误动。若系统有三次谐波分量通过中性点流入大地，也可能误动，这时电压继电器应加滤波装置。在中性点不接地电网不宜采用。

（二）开口三角电压保护

开口三角电压保护接线如图 6-3 所示。

单星形接线电容器组中性点不接地，在每相安装一台放电线圈（或单相电压互感器），其二次线圈按开口三角形接线，在开口处连接电压继电器。如某相有部分电容器因故障被熔丝切除，则三角形开口处将出现电压。

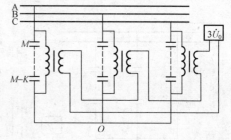

图 6-3　开口三角电压保护原理接线图

此时三角形开口处电压为三相电压之和，这个电压等于中性点位移电压的 3 倍，即

$$3U_0 = \frac{3K}{3N(M-K)+2K}U_N$$

整定方法与中性点电压偏移保护相同，其优点是不受系统接地和三次谐波电流的影响，是一种

比较理想的保护方式。

（三）电压差动保护

电压差动保护接线如图 6-4 所示。是采用的大容量电容器的保护方式。电容器组每相由上下两段串联，每段由 N 节电容器串联，每节由 M 个电容元件并联。在上下两段上，每段都并联一台二次电压相等的放电线圈，其二次线圈按差接线，接入电压继电器的电压 $\Delta \dot{U}_0 = \dot{U}_1 - \dot{U}_2$。正常运行时，$\dot{U}_1 = \dot{U}_2$，故无电压 $\dot{U}_0$ 输出。

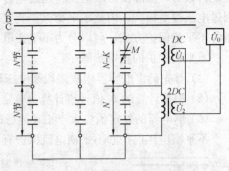

图 6-4　电压差动保护原理接线图

(1) 若 A 相电容器上段有 K 节电容器击穿短路时，电容器组三相的平衡被破坏，中性点发生偏移，A 相电压降低，但因串联电容器的节数减少，故健全电容器的端电压升高到 U_{gi}，与正常状态时电容器端电压 U_C 的比值为

$$\frac{U_{gi}}{U_C} = \frac{6N}{6N - 2K}$$

令 $\dfrac{U_{gi}}{U_C} = 1.1$ 时，则求出

$$K = 0.273N$$

如 K 节电容器击穿，则中性点位移电压为

$$U_0 = \frac{K}{6N - 2K} U_N$$

因 $N > K$，故 U_0 电压方向与 U_N 方向相同。

电压差动保护中的电压继电器电压为

$$\Delta U_0 = \frac{3K}{6N - 2K} U_N$$

电压继电器的整定值一般取 $0.15 U_N$，动作时间为 $1.0 s$。

(2) 若 A 相电容器组中有一段的 K 台电容器，因内部击穿被熔丝切除，则切除后引起的中性点电压偏移与中性点电压偏移保护相同。此时，电压差动保护中的电压继电器电压为

$$\Delta U_0 = \frac{3K}{3N(M - K) + 2K} U_N$$

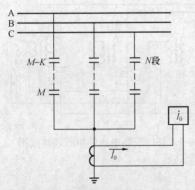

图 6-5　单星形中性点不平衡
电流保护原理接线图

这种保护不受系统接地和三次谐波电流的影响，且是分相保护易于判明故障相别，但结构较复杂。

（四）单星形中性点不平衡电流保护

单星形接线的电容器组中性点直接接地如图 6-5 所示，在中性点接有一台电流互感器，正常运行时，三相电流平衡，中性点电流为零。

如 A 相电容器组中有一段的 K 台电容器，因内部击穿被熔丝切除，则故障段的健全电容器端电压 U_{gi} 与故障段正常状态时电容器端电压 U_C 的比值为

$$\frac{U_{gi}}{U_C} = \frac{MN}{N(M - K) + K}$$

如令 $\dfrac{U_{gi}}{U_C} = 1.1$ 时，则求出

$$K = \frac{0.1MN}{1.1(N-1)}$$

如 K 台电容器被切除，则中性点不平衡电流为

$$I_0 = \frac{-K}{N(M-K)+K} I_N$$

I_0 电流方向与 I_N 方向相反。

这种保护方式，在有系统接地和高次谐波电流时都有可能误动，故在中性点不接地电网中不宜采用。

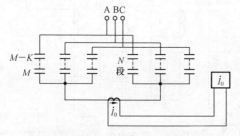

图 6-6　双星形中性点不平衡电流
保护原理接线图

（五）双星形中性点不平衡电流保护

双星形中性点不平衡电流保护接线如图 6-6 所示。对于双星形接线的电容器组，两组电容器的容量相等，每组电容器的每一相都有 N 段电容器串联，而每段又由 M 台电容器并联组成。在两个星形电容器组的中性点间连接一个小变比的电流互感器，电流互感器的二次绕组接一个电流继电器，组成中性点间的不平衡电流保护。正常运行时，三相容抗相等，中性点间电流为零。

若 A 相电容器中的一组某段有 K 台电容器因内部击穿被熔丝切除，则故障段的健全电容器端电压 U_{gi} 与故障段正常状态时电容器端电压 U_C 的比值为

$$\frac{U_{gi}}{U_C} = \frac{6MN}{6N(M-K)+5K}$$

如令 $\dfrac{U_{gi}}{U_C} = 1.1$ 时，则求出

$$K = \frac{0.6MN}{1.1(6N-5)}$$

如 K 台电容器被切除后，中性点间的不平衡电流为

$$I_0 = \frac{3K}{6N(M-K)+5K} I_N$$

式中　I_N ——电容器组的额定电流。

$$I_0 = \frac{3MK}{6N(M-K)+5K} I_{N1}$$

式中　I_{N1} ——单台电容器的额定电流。

这种保护方式不受系统接地和三次谐波电流的影响。

（六）桥式电流差动保护

桥式电流差动保护接线如图 6-7 所示。单星形接线的电容器组，每相均分为两条支路，每条支路又分成两段，形成四组电容量相等的电容器组。在两条支路的中点再桥接一个小变比的电流互感器，其二次绕组接一个电流继电器，这样每相电容器组形成一个电

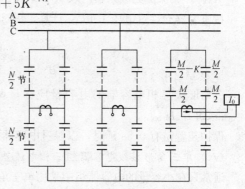

图 6-7　桥式电流差动保护原理接线图

桥回路。正常运行时，因桥路的四条桥臂的电容量相等，容抗相等，桥路平衡，差电流为零。

如 A 相电容器组的任何一个桥臂的一段，有 K 台电容器因内部击穿被熔丝切除，则 A 相桥路的平衡被破坏，其差电流为不平衡电流 $\dot{I}_0$。

故障段的健全电容器端电压 U_{gi}，与故障段正常状态时电容器端电压 U_C 的比值为

$$\frac{U_{gi}}{U_C} = \frac{3MN}{3N(M-2K)+8K}$$

如令 $\dfrac{U_{gi}}{U_C} = 1.1$ 时，则求出

$$K = \frac{0.3MN}{1.1(6N-8)}$$

如 K 台电容器被切除后，差电流的不平衡电流为

$$I_0 = \frac{3K}{3N(M-2K)+8K}I_N$$

这种保护方式较双星形中性点不平衡电流保护的灵敏度高，不受系统接地和三次谐波电流的影响。因每相有单独保护，故易判明故障相别。

（七）单三角形接线电容器组的零序电流保护

零序电流保护接线图如图 6-8 所示。容量较小的并联电容器组常用此接线方式。

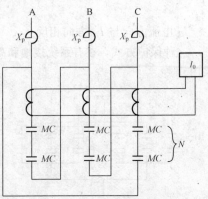

图 6-8　零序电流保护原理接线图

$$I_{0.\,op} = \frac{3\beta MQU_{\phi\text{-}\phi.\,\min}}{N\left[3N(M+\beta)(1-P)-\beta(3-P)\right]K_{sen}U_N^2}$$

$$Q = \omega CU_N^2$$

式中　　N——电容器组串联段数；

M——电容器组每段并联台数；

β——一台电容器的 n 串中有 k 串击穿时，$\beta = \dfrac{k}{n-k}$；

P——比值，$X_P = PX_C = P\dfrac{N}{M\omega C}$；

Q——单台电容器无功伏安数；

C——单台电容器容量；

U_N——电容器额定电压；

$U_{\phi\text{-}\phi.\,\min}$——母线最小相间电压；

K_{sen}——保护灵敏系数，取 $1.3\sim1.5$。

按电容器允许过电压 $1.1U_N$ 计算，无过电压危险，此时 β 可取 $1\sim3$：

$\dfrac{k}{n}\%$	50	66.6	75
β	1	2	3

三角形接三相电容器的电容量应尽量调整平衡，使不平衡电流 $I_{0.\,unb}$ 减至最小，一般要求 $I_{0.\,unb} < 0.15\,I_{0.\,op}$。

保护装置带有 $0.5s$ 延时，以躲过电容器投入瞬间的暂态不平衡电流。

（八）单三角形接线电容器组三相电流差动保护

通常只在小容量的电容器组中采用单三角形电容器组三相电流差动保护。接线图如图 6-9 所示。整定，继电器中的电流为

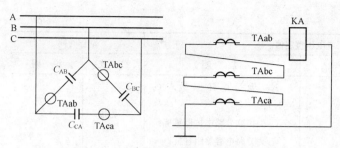

图 6-9 三相电流差动保护原理接线图

$$I_{\text{Ry}} = \frac{1}{n_{\text{TA}}}(C_{\text{AB}} + C_{\text{BC}} + C_{\text{CA}})\omega U_{\text{N}}$$

当 $C_{\text{AB}} = C_{\text{BC}} = C_{\text{CA}}$ ，$I_{\text{Ry}} = 0$。

若 A 相电容器有容差

$$C_{\text{A}} = (1 \pm \alpha)C_{\text{N}}$$

则继电器中的电流为

$$I_{\text{Ry}} = \frac{\alpha}{n_{\text{TA}}}I_{\text{N}}$$

继电器的整定值

$$I_{\text{op}} = \frac{K_{\text{k}}\alpha}{n_{\text{TA}}}I_{\text{N}}$$

式中　K_{k}——可靠系数，取 $1.1 \sim 1.2$。

为防止误动，可设 0.5s 延时。

（九）双三角形电容器组横差保护

对于小容量三角形接线的电容器组，可采用熔断器保护，不装继电器构成的保护装置；中等容量的电容器组，装单三角形三相电流差动保护，并用共用熔断器做短路保护；容量较大、并联台数较多的单三角形三相电流差动保护的灵敏系数不高，则采用双三角形横差保护。

其单相（ab、bc、ca 相接线相同）接线图如图 6-10 所示。

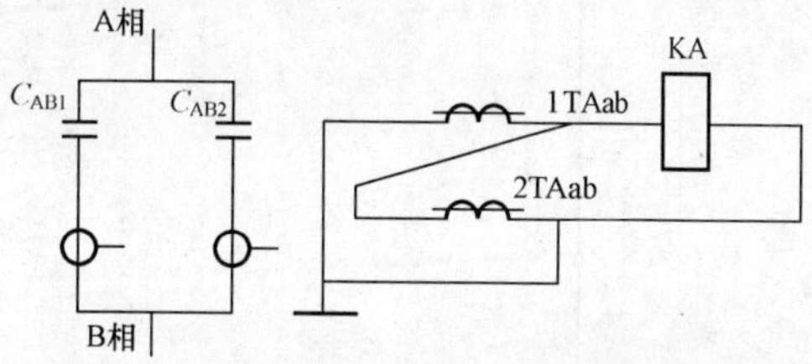

$$I_{\text{Ry}} = \frac{1}{n_{\text{TA}}}(C_{\text{AB1}} - C_{\text{AB2}})\omega U_{\text{N}}$$

若 $C_{\text{AB1}} = C_{\text{AB2}}$ ，$I_{\text{Ry}} = 0$。

若 A 相电容器有容差

$$C_{\text{AB}} = (1 \pm \alpha)C_{\text{N}}$$

则继电器中的电流为

$$I_{\text{Ry}} = \frac{\alpha}{n_{\text{TA}}}I_{\text{N}}$$

继电器的整定值为

$$I_{\text{op}} = \frac{K_{\text{k}}\alpha}{n_{\text{TA}}}I_{\text{N}}$$

图 6-10 横联差动保护单相接线图

式中　K_{k}——可靠系数，取 $1.1 \sim 1.2$。

为防止误动，可设 0.5s 延时。

（十）并联电容器保护整定表

并联电容器保护整定表见表 6-3。

表 6-3　　　　　　　　　　　　　　并联电容器保护整定表

名称	符号	电流或电压整定值		动作时间	
		公　式	说　明	公　式	说　明
限时电流速断保护	I_{op}	$I_{\text{op}} = K_{\text{k}}I_{\text{N}}$	K_{k} 为可靠系数，$K_{\text{k}} = 2 \sim 3$；I_{N} 为电容器组额定电流	$0.1 \sim 0.2\text{s}$	
过电流保护	I_{op}	$I_{\text{op}} = K_{\text{k}}I_{\text{N}}$	K_{k} 为可靠系数，$K_{\text{k}} = 1.5 \sim 2$	$0.3 \sim 1\text{s}$	

名称	符号	电流或电压整定值		动作时间	
		公　式	说　明	公　式	说　明
过电压保护	U_{op}	$U_{op} = K_V \left(1 - \dfrac{X_L}{X_C}\right) U_N$	K_V 为过电压系数，$K_V = 1.1$； X_L 为串联分路电抗器感抗； X_C 为分路电容器组容抗； U_N 为电容器组额定相间电压	不超过 60s	
低电压保护	U_{op}	$U_{op} = 0.2 \sim 0.5 U_N$	U_N 为电容器组额定相间电压	$t = t' + \Delta t$	t' 要求配合的后备保护动作时间 $\Delta t = 0.3 \sim 0.5s$
单星形接线电容器组开口三角电压保护	U_{op}	$U_{CH} = \dfrac{3\beta U_{NX}}{3N\left[M(1-\beta)+\beta\right]-2\beta}$ (1) $U_{CH} = \dfrac{3K U_{NX}}{3N(M-K)+2K}$ (2) $U_{op} = \dfrac{U_{CH}}{K_{sen}}$ (3) $U_{op} \geqslant K_k U_{unb}$ (4) $K = \dfrac{3NM(K_V-1)}{K_V(3N-2)}$ (5)	M 为每相各串联段并联的电容器台数； N 为每相电容器的串联段数； U_{NX} 为电容器组的额定相电压［当有串联电抗器时，应乘以 $(1-X_L/X_C)$ 的系数］； U_{CH} 为开口三角零序电压； U_{unb} 为开口三角正常运行时的不平衡电压； β 为单台电容器内部击穿小元件段数的百分数，如电容器内部为 n 段，则 $\beta = \dfrac{1}{n} \sim \dfrac{n}{n}$； K_k 为可靠系数，$K_k \geqslant 1.5$； K 为因故障切除的同一并联段中的电容器台数，$K = 1 \sim M$ 的整数，按式（5）计算时取接近计算结果的整数； K_V 为过电压系数，$K_V = 1.1 \sim 1.15$； K_{sen} 为灵敏系数，$K_{sen} \geqslant 1$。 　式（1）、式（2）适用于单台电容器内部小元件按先并后串且无熔丝、外部按先并后串方式连接的情况，其中式（1）适用于电容器未装设专用单台熔断器的情况，式（2）适用于电容器装有专用单台熔断器的情况。为提高定值的灵敏系数，用式（3）计算时应尽量降低定值，同时，还应可靠躲过正常运行时的不平衡电压	$t = 0.1 \sim 0.2s$	

名称	符号	电流或电压整定值		动作时间	
		公　式	说　明	公　式	说　明
单星形接线电容器组开口三角电压保护	U_{op}	$U_{CH}=\dfrac{3KU_{NX}}{3n(m-K)+2K}$ (1) $U_{op}=\dfrac{U_{CH}}{K_{sen}}$ (2) $U_{op}\geqslant K_kU_{unb}$ (3) $K=\dfrac{3nm（K_V-1）}{K_V(3N-2)}$ (4)	m 为单台密集型电容器内部各串联段并联的电容器小元件数； n 为单台密集型电容器内部的串联段数； U_{NX} 为电容器组的额定相电压〔当有串联电抗器时，应乘以（$1-X_L/X_C$）的系数〕； U_{CH} 为开口三角零序电压； U_{unb} 为开口三角正常运行时的不平衡电压； K_k 为可靠系数，$K_k\geqslant1.5$； K 为因故障切除的同一并联段中的电容器小元件数，$K=1\sim m$ 的整数，按式（4）计算时取接近计算结果的整数； K_V 为过电压系数，$K_V=1.1\sim1.15$； K_{sen} 为灵敏系数，$K_{sen}\geqslant1$； 式（1）适用于每相装设单台密集型电容器、电容器内部小元件按先后串且有熔丝连接的情况。为提高定值的灵敏系数，用式（2）计算时应尽量降低定值，同时，还应可靠躲过正常运行时的不平衡电压	$t=0.1\sim0.2s$	
单星形接线电容器组电压差动保护	U_{op}	$\Delta U_C=\dfrac{3\beta U_{NX}}{3N〔M（1-\beta）+\beta〕-2\beta}$ (1) $\Delta U_C=\dfrac{3KU_{NX}}{3N(M-K)+2K}$ (2) $U_{op}=\dfrac{\Delta U_C}{K_{sen}}$ (3) $U_{op}\geqslant K_k\Delta U_{unb}$ (4) $K=\dfrac{3NM（K_V-1）}{K_V(3N-2)}$ (5)	ΔU_C 为故障相的故障段与非故障段的差压； ΔU_{unb} 为正常时不平衡差压； 其他符号的含义及说明与开口三角电压保护相同	$t=0.1\sim0.2s$	
双星形接线电容器组中性线不平衡电流保护	I_{op}	$I_0=\dfrac{3MKI_N}{6N（M-K）+5K}$ (1) $I_0=\dfrac{3M\beta I_N}{6N〔M（1-\beta）+\beta〕-5\beta}$ (2) $I_{op}=\dfrac{I_0}{K_{sen}}$ (3) $I_{op}\geqslant K_kI_{unb}$ (4)	I_0 为中性点间流过的不平衡电流； I_N 为单台电容器额定电流； I_{unb} 为正常时中性点间的不平衡电流； 其他符号的含义及说明与单星接线开口三角电压保护相同	$t=0.1\sim0.2s$	

四、过电压保护

由于系统负荷变化等原因，系统电压也经常变化。为避免电容器在工频过电压中长时间运行而发生局部放电，则装设过电压保护，即将一只过电压继电器接在相间电压上。按规定，电容器允许的工频过电压最大持续时间：在 1.1 倍额定电压下，可长期运行；在 1.15 倍额定电压时为 30min；在 1.2 倍额定电压时为 5min；在 1.3 倍额定电压时为 1min。为此，系统电压超过电容器额定电压的 1.1 倍时，保护装置应该动作。

（一）电容器组没有装串联电抗器

在电容器组没有装串联电抗器时，电压继电器的动作电压为

$$U_{\mathrm{op.j}} = \frac{1.1 K_{\mathrm{k}}}{n_{\mathrm{TV}}} U_{\mathrm{N}}$$

式中　U_{N} —— $\sqrt{3}$ 倍电容器组的额定相电压；

$\quad\quad K_{\mathrm{k}}$ —— 可靠系数，取 1.5；

$\quad\quad n_{\mathrm{TV}}$ —— 母线电压互感器的变比。

（二）电容器组装设有串联电抗器

串联电抗器可以降低合闸涌流的倍数，同时也可以限制高次谐波的影响。

电容器组装有串联电抗器，且 $X_L = 0.06 X_C$ 时，此时电容器的端电压将升高 1.064 倍，则

$$U_{\mathrm{op.j}} = \frac{1.1 K_{\mathrm{k}}}{1.064 n_{\mathrm{TV}}} U_{\mathrm{N}}$$

$$U_{\mathrm{op}} = K_{\mathrm{V}} \left(1 - \frac{X_L}{X_C}\right) U_{\mathrm{N}}$$

式中　K_{V} —— 过电压系数，取 1.1；

$\quad\quad X_L$ —— 串联分路电抗器电抗；

$\quad\quad X_C$ —— 分路电容器容抗；

$\quad\quad U_{\mathrm{N}}$ —— 电容器组额定相间电压。

过电压保护的动作时间取 1.0s，以免瞬间电压波动引起保护误动，时间也可以不超过 60s，这也要求电压继电器有很高的返回系数。过电压保护可根据情况选择跳闸或发信号。

若变电站只有一组电容器时，过电压保护动作后，可作用于跳闸。若有多组电容器时，可作用于信号，以便运行人员及时切除一部分电容器，将系统运行电压降低。

五、低电压保护

当变电站事故跳闸、电源中断或电压急剧降低，负荷被切除的情况下，如果电容器还接在母线上，则在变电站恢复送电时，空负荷变压器将带大容量的电容负荷，使工频电压显著增高，对变电站设备及电容器本身会造成危害。为此，变电站应装设低电压保护，当系统电压降低到一定限度时，自动将电容器切除。

低电压保护的整定值按 $U_{\mathrm{op}} = (0.15 \sim 0.4) U_{\mathrm{N}}$ 整定，U_{N} 为额定相间电压。

其动作时间应整定得小于线路重合闸时间，并大于同侧线路保护瞬时段的时间，一般取 0.5 ~ 1s。亦可按式 $t = t' + \Delta t$ 整定，t' 要求配合的后备保护动作时间，$\Delta t = 0.3\mathrm{s}$。

低电压保护应设有防止电压断线的闭锁措施。

第三节　并联电容器补偿装置

并联电容器补偿装置由断路器、电容器组和电抗器组成，其与保护装置的接线图如图 6-11 所

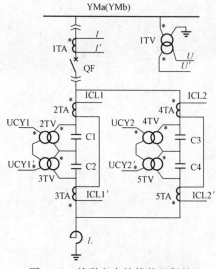

图 6-11　并联电容补偿装置保护
交流回路接线图

示。为了保证设备的安全运行，保护装置设置了以下保护类型。

一、过电流保护

用作电流速断保护的后备保护及并联补偿装置内部部分接地故障的保护。保护整定原则为：

（1）整定电流应大于最大电容器长期允许电流，一般为 1.5 倍额定电流；

（2）用延时的方法躲过合闸涌流。

二、电流速断保护

用作并联补偿装置断路器到电容器组连接线之间的短路故障保护，电流取自供给并补装置的总电流。保护整定原则如下：

（1）不因电力机车或电动车组产生的高次谐波电流而动作；

（2）不因电容投入时产生的涌流而动作。

三、差电流保护

用作补偿装置接地故障的主保护。差电流按下式整定

$$I_{cl} = \Delta f_{max} I_y K_{cc} (K_k / n_{TA})$$

$$I_y = I_{CN} \sqrt{1 + 0.7 X_C / X_L}$$

式中　Δf_{max} ——电流互感器最大允许误差，取 0.1；

　　　I_y ——并联电容补偿装置投入时电流有效值；

　　　I_{CN} ——并联电容补偿装置额定电流；

　　　K_{cc} ——考虑所用电流互感器的特性不同的系数，一般取 1；

　　　K_k ——可靠系数，取 1.3；

　　　n_{TA} ——电流互感器变比。

四、谐波过电流保护

该保护用的电流为综合谐波电流，即 $I_{xb} = I_{CN} \sqrt{I_3^2 + I_5^2 + I_7^2}$，其中 I_3、I_5、I_7 分别为电流 I 中的三次谐波、五次谐波、七次谐波电流值。

五、过电压保护

电压取自馈线母线电压，过电压受电容器组的基波过负荷和电动车组的允许过电压两方面的限制。

六、低电压保护

以并联补偿装置"最后投入、最先断开"的设置原则，可防止主变压器和电容器组同时投入时在电容器组上产生的过电压。

七、差电压保护

差电压保护的整定，可按单台电容器内部串联元件击穿率 $\beta = 60\% \sim 80\%$ 整定。

$$U_{op} = U_d / K_{sen}$$

式中　U_d ——单台电容器内部串联元件击穿率为 β 时产生的差电压；

　　　K_{sen} ——灵敏系数，取 1.5。

差电压为

$$U_{\mathrm{d}} = \frac{3\beta}{3N\left[M(1-\beta)+\beta\right]-2\beta}U_{\mathrm{NX}}$$

式中　U_{NX}——电容器组的额定相电压；

　　　β——单台电容器内部击穿小元件段数的百分数；

　　　N——电容器组串联段数；

　　　M——电容器组每段并联台数。

当 $N = 2$ 时

$$U_{\mathrm{d}} = \frac{3\beta}{6M(1-\beta)+4\beta}U_{\mathrm{NX}}$$

同时检查

$$U_{\mathrm{op}} \geqslant K_{\mathrm{k}}U_{\mathrm{unb}}$$

式中　U_{unb}——正常运行时的不平衡电压；

　　　K_{k}——可靠系数，$\geqslant 1.5$。

第七章

电动机保护

第一节 概　　述

发电厂的厂用电是电力系统中最重要的电能负荷，厂用电系统的故障严重影响发电厂的运行，处理不当将导致发电机事故停机或机组损坏的重大事故。

电动机的主要故障与异常运行有相间短路、单相接地、过负荷、低电压、相电流不平衡及同步电动机失步、失磁、非同步冲击电流等。

（1）相间短路。短路电流能烧毁电动机，甚至导致供电网络电压显著下降，影响其他电动机的运行。必须装设瞬时切除故障的相间短路保护装置。

（2）单相接地。在 3～10kV 电网是非有效接地系统，其电源的中性点是不接地或经消弧线圈接地的，单相接地电流取决于电网的电容电流；是否装设接地保护由电容电流大小决定。380V 低压电网中，通常，电源变压器的中性点是直接接地的。单相接地短路电流较大，需装设瞬时切除故障的单相接地保护装置。

（3）匝间短路。电动机的部分绕组短路，电动机电流增大温度升高，局部过热，时间过长将导致电动机烧损。目前尚无比较完善的匝间保护装置，一般均不装设匝间保护装置。

（4）过电流。这是电动机的不正常运行方式。电动机所带的机械的过负荷及故障，电压、频率降低，相电流不平衡及一相断线等，都能导致电动机过电流。短时间的过电流不会损坏电动机，其运行的过电流与时间的关系由电动机的过电流特性决定。为避免长时间过电流损坏电动机，应装设相应保护装置。

（5）同步电动机的异常运行。同步电动机运行中，失步、失磁都将对系统和电动机本身造成危害，非同步冲击可能损坏电动机，均应装设相应保护装置。

（6）过负荷。由于电动机所带的机械的生产工艺特点或机械故障引起过负荷。

（7）低电压。电源电压短时降低或中断。

第二节　电动机保护装置装设原则

（1）相间保护。2MW 以下的电动机宜装设两相式电流速断保护，2MW 以上或电流速断保护灵敏系数不符合要求的电动机宜装设纵联差动保护。根据负荷特性可动作于跳闸，同步电动机保护还应动作于灭磁。

（2）单相接地保护。接地电流大于 5A 时，应装设单相接地保护。接地电流大于 10A 时，应带时限动作于跳闸；接地电流为 10A 以下时，保护可动作于跳闸或信号。

（3）过负荷保护。运行中易发生过负荷的电动机宜装设反时限继电器构成的过负荷保护，根据负荷特性，可动作于跳闸或信号；启动或自启动困难需要防止启动或自启动时间过长的电动机的过负荷保护应动作于跳闸。

（4）低电压保护。下列电动机应装设低电压保护，带时限动作于跳闸：

1）有备用电源自动投入装置的系统，为保证重要电动机自启动需要断开的电动机；

2）不允许或不需要自启动的电动机；

3）需要自启动的电动机，为保证人身和设备安全，长时无电需从电网断开的电动机。

（5）相电流不平衡保护。2MW 及以上的电动机，为反应相电流不平衡及断相并作为短路的后备保护，可装设负序电流保护。

（6）同步电动机失步保护。带时限动作。对于重要电动机动作于再同步控制，不能或不需要再同步的电动机，应动作于跳闸。可以用反应转子交流分量、定子电流电压间相角变化、定子过负荷等原理构成失步保护。

（7）同步电动机的失磁保护。负荷变动大的同步电动机用反应定子过负荷的失步保护时，应增设失磁保护带时限动作于跳闸。

（8）不允许非同步冲击的同步电动机，应装设防止电源中断再恢复时造成非同步冲击保护。保护应确保在电源恢复前动作。对于重要电动机动作于再同步控制，不能或不需要再同步的电动机，应动作于跳闸。保护可由功率方向、频率下降、频率下降速度继电器构成，或有关保护和自动装置联锁动作。

第三节　高压电动机保护

一、电流保护

感应型电流继电器特性曲线如图 7-1 所示。

过电流保护整定：

动作电流为

$$I_{op} = K_{rel} K_{con} \frac{I_N}{n_{TA} K_r}$$

式中　K_{con}——电流互感器接线系数；

　　　K_{rel}——可靠系数，取 1.2；

　　　K_r——返回系数，取 0.8；

　　　n_{TA}——电流互感器变比。

电动机启动时间一般为 10～15s。

当 $I_k = \dfrac{K_{st} I_N}{n_{TA}}$，$t_{op} \geqslant t_{st}$

式中　t_{st}——电动机启动时间，s；

　　　t_{op}——继电器动作时间，s；

　　　I_k——继电器电流；

　　　K_{st}——电动机启动电流倍数，取 5～8。

反时限特性的电流继电器动作时间：当 $1.1 I_k$ 时，t_{op} 整定 16s。

灵敏系数为

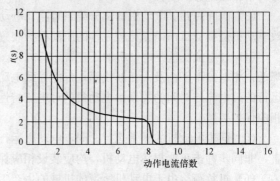

图 7-1　感应型电流继电器特性曲线

$$K_{sen} = \frac{I_{k.min}^{(2)}}{n_{TA} I_{op}} \geqslant 2$$

式中　$I_{k.min}^{(2)}$——最小运行方式下，电动机出口处两相短路电流。

二、速断保护

电流速断保护采用两个电流互感器，按两相式接线构成。当灵敏度足够时，在非重要电动机上也可采用接于相电流之差的两相继电器的接线，保护装置瞬时动作于断路器跳闸。

对于不易遭受过负荷的电动机，保护装置采用电磁型电流继电器。对于易遭受过负荷的电动机，保护装置采用感应型电流继电器，利用其瞬动元件作为速断保护，反时限元件作为过负荷保护。

速断保护整定：

动作电流为

$$I_{op} = K_{rel} K_{con} \frac{K_{st} I_N}{n_{TA}}$$

式中　K_{con}——电流互感器接线系数，不完全星形时取 1，两相电流差接线时取 1.732；

　　　K_{rel}——计及电动机启动时非周期分量影响的可靠系数，电磁型继电器取 1.4，感应型继电器取 1.8；

　　　n_{TA}——电流互感器变比；

　　　I_N——电动机额定电流；

　　　K_{st}——电动机启动电流倍数，取 5～8。

三、纵联差动保护

电动机的纵联差动保护可采用两相式差动接线。

（1）纵联差动保护整定：

动作电流为

$$I_{op} = K_{rel} \frac{I_N}{n_{TA}}$$

式中　K_{rel}——可靠系数，电磁型继电器时取 1.5～2，BCH-2 继电器时取 1.3。

（2）灵敏系数。最小运行方式下，电动机出口处两相短路时，灵敏系数大于 2。

四、接地保护

由零序电流互感器构成的接地保护。零序电流互感器应注意：电缆头和零序电流互感器的支架均要对地绝缘；电缆头的接地线应穿回零序电流互感器，以防止区外接地误动作。

（1）接地保护整定：

动作电流为

$$I_{op} = K_{rel} \times 3I_{0C.max}$$

式中　K_{rel}——可靠系数，瞬时动作取 4～5，延时动作取 1.5～2；

　　　$3I_{0C.max}$——当外部发生接地时，通过被保护回路的最大接地电容电流，是零序电流互感器至电动机的电缆及电动机本身的电容电流。

（2）灵敏系数

$$K_{sen} = \frac{I_{0sys.min} - 3I_{0C.max}}{I_{op}} \geqslant 1.5$$

式中　$I_{0sys.min}$——系统最小运行方式下的接地电容电流。

电动机供电电网一般为非直接接地系统，电动机单相接地电流仅为电网对地电容电流，数值较低。零序电流互感器需要反映数值很小的单相接地电流，用高导磁铁芯构成，如图 7-2 所示环形电流互感器。

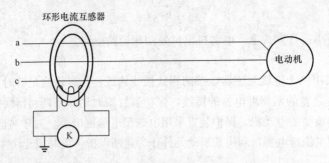

图 7-2　环形电流互感器及继电器 K 的接地保护

专用的电流互感器必须与规定的电流继电器成套使用，目的是使继电器阻抗与互感器励磁阻抗相匹配，以取得互感器最大的伏安数。

五、磁通平衡式纵差保护

磁通平衡式纵差保护兼有相间及接地保护的功能，又不受负荷及启动电流的影响，如图 7-3 所示。

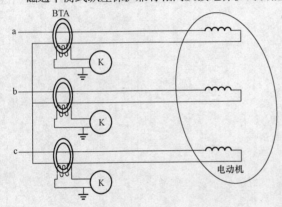

图 7-3　磁通平衡原理的差动保护

电动机每相绕组的始端和终端引线分别接入、出磁平衡式电流互感器的 BTA 的环形铁芯窗口一次。在电动机正常运行或启动过程中，各相始端和终端一进一出，电流互感器一次安匝为零，二次无输出，继电器不动作。当电动机发生故障，磁平衡被破坏，电流互感器二次输出电流，继电器动作。

磁通平衡式电流互感器必须与规定的电流继电器成套使用，目的是使继电器阻抗与互感器励磁阻抗相匹配，以取得互感器最大的伏安数。

继电器的动作电流应躲开电动机启动电流所产生的不平衡电流。

$$I_{op} = K_{rel} I_{unb.max} = K_{rel} K_{er} K_{st} I_N = 1.5 \times 0.005 \times 7 I_N \approx 0.05 I_N$$

式中　K_{rel}——可靠系数，取 1.5～2；

　　$I_{unb.max}$——电动机启动时的最大不平衡电流；

　　K_{er}——电动机两侧磁平衡误差，正常运行取最大值，根据实测 $K_{er} < 0.5\%$，取 0.5%；

　　K_{st}——电动机启动电流倍数，取 7；

根据经验取

$$I_{op} = (0.05 \sim 1) I_N$$

六、负序电流保护

（1）装设原则。负序电流保护是比较复杂的电流保护。当电动机的过电流保护灵敏系数不满足要求或电动机有可能断相运行时可装设负序电流保护。与相电流中的过电流保护相比在不对称短路时有较高的灵敏系数，能反应断相。

（2）整定原则：

1）躲过满负荷运行时的最大不平衡电流；

2）灵敏系数应大于 2。

七、电动机过负荷保护

过负荷保护的装设原则：

（1）运行中易遭受过负荷的电动机（如磨煤机、碎煤机等）及不允许自启动的电动机应装设过负荷保护。

（2）在不能保证电动机自启动，或必须停机后才能从机械上消除过负荷时，过负荷保护应作用于跳闸。其他作用于信号。

（3）运行中不易遭受过负荷的电动机及容易启动、自启动的电动机，不需要装设过负荷保护。

过负荷保护一般为具有反时限特性的继电器构成，电动机过负荷保护装置的动作时间应大于启动或自启动时间。一般取 10～15s。

八、电动机低电压保护

（一）低电压保护的装设原则

装设低电压保护的主要目的是：①保证重要电动机的自启动；②保证安全及工艺特点。

低电压保护的装设原则见表 7-1。

表 7-1　　　　　　　　　　厂用电动机低电压保护装设原则

序号	机 械 名 称	厂用电动机的分类		低电压保护装置
1	给水泵	不易遭受过负荷的电动机	Ⅰ类电动机	有备用电源自动投入装置时，装低电压保护，以 9～10s 时限动作于跳闸，否则不装低电压保护装置
2	凝结水泵			
3	循环水泵			
4	送风机			装低电压保护，以 9～10s 时限动作于跳闸
5	备用励磁机			
6	除尘器洗涤水泵			不装低电压保护装置
7	消防水泵			
8	吸风机			
9	排粉机			
10	直吹炉制粉系统的磨煤机	易遭受过负荷的电动机		装低电压保护，以 9～10s 时限动作于跳闸
11	中间煤仓制粉系统的磨煤机		Ⅱ、Ⅲ类电动机	装低电压保护，以 0.5s 时限动作于跳闸
12	灰渣泵			
13	灰浆泵			
14	碎煤机			
15	扒煤机绞车			
16	空气压缩机			
17	热网水泵	不易遭受过负荷的电动机		
18	热网凝结水泵			
19	冲灰水泵			
20	软水泵			
21	喷射水泵			

（1）能自启动的Ⅰ类电动机，不装设低电压保护。有备用电源自动投入装置时，为保证Ⅰ类电

动机能自启动,在Ⅱ、Ⅲ类电动机应装设电动机保护,动作于跳闸。

(2) 当电源短时消失或降低时,为保证Ⅰ类电动机能自启动,在Ⅱ、Ⅲ类电动机应装设低电压保护,动作于跳闸。

(3) 当电源长期消失或降低时,根据生产过程和技术保安等的要求,不允许自启动的电动机应装低电压保护,动作于跳闸。

(二) 低电压保护的整定

低电压保护接线图见图 7-4。

(1) 启动电压。按切除不重要电动机的条件整定。中温中压电厂整定为 $60\% \sim 65\%$,高温高压电厂整定为 $65\% \sim 70\%$。

电压长期消失应按保证电动机自启动的条件整定,需考虑可靠系数及返回系数。中温中压电厂为 $\dfrac{60\% \sim 65\%}{K_{rel}K_r}U_N$,一般取 $0.4U_N$;高温高压电厂为 $\dfrac{65\% \sim 70\%}{K_{rel}K_r}U_N$,一般取 $0.45U_N$。

(2) 动作时间。按切除不重要电动机的条件整定。躲过电动机速断保护动作时间,取 $t=0.5s$。按保证技术安全及工艺过程特点的条件整定。这个时限应足够大,只有电压长期降低或消失才断开电动机,可取 $t \geqslant 9s$。

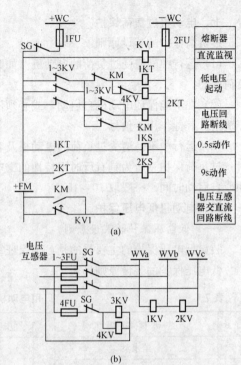

图 7-4　低电压保护接线图

(a) 直流回路;(b) 交流回路

WC—控制直流母线;FU—熔断器;1~4KV—电压继电器;1KT、2KT—时间继电器;KM—中间继电器;KV1—直流电源监视继电器;SG—断路器联锁触点

第四节　微机电动机保护

一、异步电动机特性

(一) 异步电动机的参数及其等值电路

在短路故障瞬间,异步电动机转子回路中存在电流,因此异步电动机的正序等值电路与隐极发电机相同,可用异步电动机的次暂态电抗。通常 $X''_* = 0.2$,等值电路如图 7-5 所示。

电动机各序阻抗:$X_1 = X''_*$、$X_2 \approx X_1$。

定子绕组一般接成三角形或不接地星形,零序电流无法通过。$X_0 = \infty$。

异步电动机启动瞬间,因转子处在静止状态,异步电动机相当于一个二次绕组短路的双绕组变压器,故异步电动机有较大的启动电流 I_{st}。

$$I_{st} = \frac{1}{X_{st}}$$

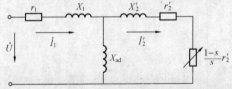

图 7-5　异步电动机稳态正序等值电路

r_1、r'_2—定子绕组、转子绕组折算到定子侧的电阻;X_1、X'_2—定子绕组、转子绕组折算到定子侧的漏抗;X_{ad}—定子绕组、转子绕组相互间的互感抗;$\dfrac{1-s}{s}r'_2$—机械负荷相应的转子绕组的折算电阻值;s—转差率,$s = \dfrac{n_0 - n}{n_0}$(n_0 为同步转速,n 为异步电动机的实际转速)

式中　X_{st}——电动机启动电抗值。

实际上,在电动机启动时的启动电流为

$$I_{st} = \frac{1}{X_S + X_T + X_{st}}$$

式中　X_S ——系统电抗；

　　　X_T ——供电变压器短路电抗。

当 $X_S \ll X_T$ 时，可以忽略不计，仅计算供电变压器的 X_T ，当电动机的容量较供电变压器容量小得多，则启动时稳态的电压不会降低，则亦可以不计 X_T 。

电动机的区外发生三相短路，电动机端电压小于异步电动机的次暂态电动势，则电动机变成临时电源向外提供电流，则称为电动机的反馈电流，最大的反馈电流是供电母线发生三相短路。

异步电动机的次暂态电抗 X'' 与在刚启动时的启动电抗 X_{st} 相等，但短路前异步电动机额定运行时次暂态电动势的数值，因为异步电动机的转子上并没有装设励磁绕组，故小于异步电动机的正常工作电压。同时，短路瞬间定子绕组要产生非周期分量电流，异步电动机中的电阻较大，由它所供给的周期分量电流和非周期分量电流都将迅速衰减，所以计及保护固有的动作时间，则电动机的反馈电流将比启动电流小。具体数值可以实测。

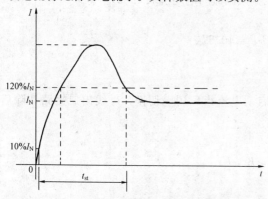

图 7-6　异步电动机启动电流特性

（二）异步电动机启动及自启动判据

（1）电动机启动判据一。

装置测量电动机启动时间 T_{st} 的方法：当电动机的最大相电流从零突变到 $10\% I_N$ 时开始计时，直到启动电流过峰值后下降到 $120\% I_N$ 为止，之间的历时称为 T_{st} ，如图 7-6 所示。若保护需要闭锁，即在这段时间内进行闭锁。

（2）电动机启动判据二。

当初始电流小于 $0.12I_N$ 时，保护判电动机在静止状态，在 60ms 时间内启动电流 I_{st} 上升到 $I_{st} > 1.5I_N$ 时，保护判电动机为启动状态，在启动时间 $t_{st} \leqslant t_{st.\,cal}$（$t_{st.\,cal}$ 为保护自动计算值）或 $t_{st} \leqslant t_{st.\,set}$（$t_{st.\,set}$ 为保护整定值）时，启动电流 I_{st} 下降到 $I_{st} \leqslant 1.25I_N$ ，保护判电动机启动结束。

启动时间：$t_{st.\,cal} = \left(\dfrac{I_{st.\,N}}{I_{st.\,m}}\right)^2 t_{st.\,al}$

式中　$I_{st.\,N}$ ——电动机额定启动电流；

　　　$I_{st.\,m}$ ——启动过程中保护测量到的启动电流；

　　　$t_{st.\,al}$ ——电动机允许的启动时间。

（3）电动机启动判据三。

当初始电流小于 $0.12I_N$ 时，保护判电动机在静止状态，在 60ms 时间内电流 I_{st} 上升到 $I_{st} > 1.5I_N$ 时，保护判电动机为启动状态，电动机在启动过程中，测到 100ms 时间内 I_{st} 下降到 $I_{st} < 1.25I_N$ 时，保护判电动机启动结束。

（4）电动机自启动判据。

当供电电源短时中断或者外部故障，引起电动机机端电压下降时，电动机的转差率 s 逐渐变大，转子转速降低，当电源恢复或者外部故障切除时，电动机机端电压恢复正常，进入自启动过程，如果自启动前的机端电流大于启动判别的最小电流（$0.1I_N$），启动判别将无法判断出自启动过程。对于某些大型电动机或者一般采用降压启动的电动机，此时的启动电流仍然很大（如果机端电压已经下降得很大，则相当于全压启动），往往导致过电流保护误动作。因此采用当电流大于

$1.2I_N$ 时，检测电压当电压小于 75% 额定电压后又突变上升沿来判别自启动过程。若保护需要闭锁，即在这段时间内闭锁。当没有测量电压互感器则不能使用此判据。

二、电流速断保护

电流速断保护设高值 $I_{op.h}$ 和低值 $I_{op.l}$，其主要目的是在电动机启动过程中以 $I_{op.h}$ 动作，在启动过程结束后，为提高电动机正常运行时速断保护的灵敏度，以 $I_{op.l}$ 动作。由电动机启动判据控制。

(1) 电流速断高定值 $I_{op.h}$ 的整定。

$$I_{op.h} = K_{rel} K_{st} I_N$$

式中　K_{rel} ——可靠系数，微机保护动作速度快，考虑非周期分量因素取 1.5；

　　　K_{st} ——电动机启动电流倍数，取 6～8；

　　　I_N ——电动机一次额定电流。

电流互感器一般为不完全星形接线，电动机启动电流倍数 K_{st} 应按实测值计算。如无实测，对直接启动的异步电动机一般取 7～8，对串励调速或变频调速的电动机取 4～5。

若按 $K_{st} = 7$ 计算，则

$$I_{op.h} = 1.5 \times 7I_N = 10.5I_N$$

(2) 电流速断低定值 $I_{op.l}$ 的整定。

$I_{op.l}$ 按下述条件计算，取最大值。

1) 按躲过电动机自启动电流计算，电动机自启动电流指厂用电切换，母线出口短路切除后，厂用电电压恢复过程中电动机自启动电流。

按经验或实测值

$$I_{op.ast} = K_{rel} K_{ast} I_N$$

式中　K_{rel} ——可靠系数，取 1.3；

　　　K_{ast} ——电动机自启动电流倍数，取 5。

则 $I_{op.ast} = 1.3 \times 5I_N = 6.5I_N$。

2) 按躲区外出口短路时，电动机最大反馈电流计算

$$I_{op.f} = K_{rel} I_{fb}$$

根据实测，电动机反馈电流 I_{fb} 的暂态值为 $(5.8\sim6.9)I_N$。考虑保护固有动作时间为 0.04～0.06s，以及反馈电流的衰减，一般取 $6I_N$ 计算，则

$$I_{op.f} = 1.3 \times 6I_N = 7.8I_N$$

3) 建议整定值。

对直接启动的异步电动机

$$I_{op.h} = (10.5 \sim 12)I_N$$

$$I_{op.l} = (7.5 \sim 8)I_N$$

电流速断的动作电流高、低值之比 K

$$K = \frac{I_{op.h}}{I_{op.l}} = 1.4 \sim 1.5$$

对串励磁调速或变频调速启动的异步电动机

$$I_{op.h} = I_{op.l} = (7.5 \sim 8)I_N$$

4) 目前国内的微机保护有的是固定 $K = 2$，即高定值为低定值的 2 倍，为了不影响保护在正常运行时发生误动作，因此按低定值 $I_{op.l}$ 整定，则高定值为 $I_{op.h} = 2I_{op.l}$，使高定值的灵敏度降

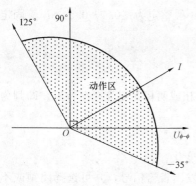

图 7-7 相间方向元件动作区域

低。若按 $I_{op.h}$ 值整定，则正常运行时由于电动机的最大反馈电流而误动。解决的办法：正常运行时，用方向元件判据，方向指向电动机，方向元件按 90°接线，I_AU_{BC}、I_BU_{CA}、I_CU_{AB}，最大灵敏角为 −45°，如图 7-7 所示。

为消除三相故障的死区，方向元件带有记忆作用，正确快速跳闸。当电压回路断线时，低定值退出运行。

既使用方向元件判据，但亦需躲开电动机自启动电流整定。

5）动作时间。速断保护时间为 0s，对于接触器控制的电动机，动作时间需与高压熔断器最长熔断时间配合，整定为 0.3s。

6）校验灵敏系数。最小运行方式下，电动机出口处两相短路，灵敏系数应大于 2，若低定值 $I_{op.l} = \frac{1}{3} I_k^{(3)}$，$I_k^{(3)}$ 为出口处三相短路的短路电流，则 $K_{sen} = \frac{\sqrt{3}/2}{1/3} = 2.6$。考虑到故障点的弧光电阻，可使 $K_{sen} \geqslant 2$，这主要决定于供电变压器的容量。

三、纵联差动保护

微机型纵联差动保护适用 2000kW 及以上大型电动机内部故障差动保护，与配套的微机型电动机综合保护装置共同构成大型电动机的全套保护。

（一）差动速断元件

按躲过电动机启动时的最大不平衡电流计算，一般电动机启动时的稳态最大不平衡电流不会超过 $2I_N$，但因考虑非周期分量电流和两侧电流互感器的负荷不平衡等因素，差动速断元件电流取 $(4 \sim 5)I_N$。

（二）比率制动纵联差动保护之一

为了保证内部故障时差动保护灵敏动作，同时防止外部故障时及电动机启动时暂态不平衡电流引起的误动，本装置采用三段式比率差动原理，差动动作特性曲线见图7-8，其动作方程如下：

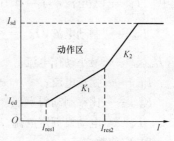

图 7-8 差动动作特性曲线

$$I_d > I_{cd} \qquad\qquad I_{res} < I_{res1}$$

$$I_d > K_1(I_{res} - I_{res1}) + I_{cd} \qquad\qquad I_{res1} \leqslant I_{res} \leqslant I_{res2}$$

$$I_d > K_2(I_{res} - I_{res2}) + K_1(I_{res2} - I_{res1}) + I_{cd} \qquad\qquad I_{res} > I_{res2}$$

式中　I_{cd} ——差动保护的启动电流定值；

　　　I_d ——差动电流；

　　　I_{res} ——制动电流；

　　　I_{res1} ——第一拐点电流定值；

　　　I_{res2} ——第二拐点电流（内部固定）；

　　　K_1 ——可整定制动曲线斜率；

　　　K_2 ——内部固定的系数。

$$I_d = |\dot{I}_1 + \dot{I}_2|, \quad I_{res} = |\dot{I}_1 - \dot{I}_2|/2$$

式中　$\dot{I}_1$ 和 $\dot{I}_2$ ——电动机两侧的电流，均以流入电动机为正方向。电动机两侧的电流互感器以指向电动机为同极性。

I_{cd} 一般整定为 $(0.3 \sim 0.4)I_N$，I_{res1} 一般整定为 $0.8I_N$，K_1 一般整定为 $(0.4 \sim 0.5)$，I_{res2} 固定为 $4I_N$，K_2 固定为 $0.7I_N$。

根据上述整定不需要校核灵敏系数，足够灵敏动作。

（三）电流互感器断线及差流越限告警

正常情况下判断 TA 断线是通过检查所有相别的电流中有一相或两相无流且存在差流，即判为 TA 断线。在有电流突变时，判据如下：

（1）发生突变后电流减小（而不是增大）；

（2）本侧三相电流中有一相或两相无流，且对侧三相电流无变化。

满足以上条件时判为 TA 二次回路断线。TA 二次断线后，发出告警信号，并可选择闭锁或不闭锁差动保护出口。

如差流大于 25% 的差动整定电流，经判别超过 10s 后，发出告警信号，并报告差流越限，但不闭锁差动保护。这一功能对保护装置交流采样回路进行监视。

（四）比率制动纵联差动保护之二

（1）比率制动特性曲线采用两折线的制动曲线。

动作判据为

$$I_d > I_{op.\,min} \qquad\qquad\qquad I_{res} < I_{res1}$$
$$I_d > K_{res}(I_{res} - I_{res1}) + I_{op.\,min} \qquad\qquad I_{res} \geqslant I_{res1}$$

式中　　I_d ——差电流，$I_d = |\dot{I}_1 + \dot{I}_2|$；

$\quad I_{res}$ ——制动电流，$I_{res} = \dfrac{|\dot{I}_1 - \dot{I}_2|}{2}$；

$I_{op.\,min}$ ——最小动作电流；

$\quad I_{res1}$ ——拐点电流；

$\quad K_{res}$ ——比率制动斜率；

$\quad\ I_N$ ——电动机额定电流。

（2）定值整定。

1）最小动作电流，根据经验得

$$I_{op.\,min} = (0.3 \sim 0.4)I_N$$

2）拐点电流为

$$I_{res1} = (0.8 \sim 1.0)I_N$$

（3）比率制动斜率应保证纵差保护在电动机启动和发生区外故障时可靠制动。考虑电动机两侧同型电流互感器的两侧负荷不平衡和暂态因素，可取

$$K_{res} = 0.4 \sim 0.6$$

区内短路时动作电流为

$$I_{d.\,op} = K_{res}(I_{res} - I_{res1}) + I_{op.\,min}$$
$$I_{res} = \frac{I_{k.\,min}^{(2)}}{2}$$

式中　　$I_{k.\,min}^{(2)}$ ——两相短路电流。

（4）二次谐波闭锁问题，需要深入研究，其一是普遍性启动电流测定的理论根据；其二是电动机启动时发生故障的可靠动作，较好的办法是在启动过程中，提高制动斜率和最小动作电流。

四、电动机堵转保护

电动机因机械故障，负荷过大，使转子处于堵转状态，滑差 $s=1$，转子卡住，在全电压下堵转

的电动机散热条件极差，电流很大，特别容易烧毁，应装设堵转保护，动作于跳闸。

电动机带负荷升速所需的启动时间为 t_{st}，最长的启动时间为 $t_{st.max}$，允许的堵转时间为 t_{lr}，电动机堵转电流为 I_{lr}。

堵转保护由过电流保护组成。电流的整定

$$I_{op} = \frac{I_{lr}}{K_{sen}}$$

式中，K_{sen} 为灵敏系数；I_{op} 一般整定为 $2.5I_N$；$t_{lr} > t_{op} > t_{st.max}$。

电厂实测电动机的最长启动时间 $t_{st.max}$ 可供参考。以实测为准。循环水泵、给水泵、吸风机、磨煤机为 20s，送风机、排粉机为 15s。

允许的堵转时间 t_{lr} 应由制造厂提供，暂无此值可按下式计算

$$t_{lr} = (1.2 \sim 1.5)t_{st.max}$$

$$t_{op} = K_{rel}t_{lr}$$

式中，K_{rel} 为可靠系数，取 0.9，则 $t_{op} = 20 \sim 30s$。

堵转保护在电动机启动时自动退出，启动结束后自动投入，对于电动机启动时发生的堵转，长启动保护可以动作，此时实际动作时间可能稍大于堵转保护的整定时间。

如果电动机在启动时就堵转，考虑到堵转前电动机空负荷，处于冷状态，允许适当延长跳闸时间。

当供电电源短时中断或发生区外故障，故障被切除，电压恢复，电动机进入自启动过程，为防止该保护误动作，应设置自启动判据，堵转保护在自启动中亦退出，自启动转入正常状态，保护自动投入。一般堵转保护整定时间较长，不会在自启动过程中动作。

五、电动机长启动保护

长启动保护功能为启动过程中电动机堵转或重负荷启动时间过长，电动机启动超过允许的启动时间，电动机启动失败，长启动保护出口动作跳闸，如电动机启动正常，电动机启动结束后，长启动保护自动退出，由过负荷保护保护电动机。长启动保护由过电流保护组成。

电流的整定：$I_{op} = 1.5I_N$；

时间的整定：$t_{op} = 1.5t_{st.max}$，一般取大于或等于 30s。

六、过负荷保护

（一）定时限特性

过负荷元件监视三相的电流，取其最大相电流。

$$I_{op} = K_{rel}I_N$$

过负荷元件使用正序电流元件

$$I_{1.op} = K_{rel}I_N$$

式中 K_{rel}——可靠系数，取 1.3。

动作时间按电动机允许过负荷时间内保证电动机安全运行，一般可取 $t_{op} = (30 \sim 60)s$。

（二）反时限特性之一

$$t = \frac{80}{\left(\dfrac{I_1}{I_{op}}\right)^2 - 1}$$

式中 I_1——过负荷正序电流；

I_{op}——正序电流整定值，一般为 $1.15I_N$。

电动机启动时，I_{op} 整定值自动增加一倍。

（三）反时限特性之二，SPAM150C 型保护

$$I_{* \text{st}} t_{\text{st}} \geqslant I_{* \text{st. set}} t_{\text{st. set}}$$

式中　$I_{* \text{st}}$ ——电动机启动电流倍数（以继电器额定电流为准）；

　　　t_{st} ——电动机启动时间，s；

　　　$I_{* \text{st. set}}$ ——电动机启动电流整定倍数（以继电器额定电流为准）；

　　　$t_{\text{st. set}}$ ——电动机启动时间整定值，s。

（1）电动机启动电流整定倍数，按折算至继电器额定电流计算，即

$$K_{\text{st. set}} = K_{\text{st}} \frac{I_{\text{N}}}{I_{\text{KN}}}$$

式中　K_{st} ——电动机启动电流倍数（以电动机额定电流为基准）；

　　　I_{N} ——电动机额定电流（二次值）；

　　　I_{KN} ——继电器额定电流。

（2）电动机启动时间整定

$$t_{\text{st. set}} = (1.2 \sim 1.5) t_{\text{st. max}}$$

对启动时间较长的重要电动机，$t_{\text{st. set}}$ 取 30s。

七、负序电流保护（不平衡电流保护）

电动机三相电流不对称时将产生负序电流，当电动机一次回路中的一相断线（包括熔断器一相熔断），电动机绕组不对称短路、匝间短路、电源相序接反等均出现较大的负序电流，能损坏电动机，因此可用负序电流作为电动机的不平衡电流保护。

当电动机供电回路发生一相断线时，流入电动机定子绕组的电流可分解为正序电流和负序电流，并在电动机定子与转子间的空气隙中分别产生正序和负序旋转磁场，这些旋转磁场与其在转子绕组中感应的电流相互作用分别产生方向相反的正序转矩 M_1（工作转矩）和负序转矩 M_2（制动转矩），电动机的综合旋转转矩为 $M = M_1 - M_2$，在电动机静止状态发生一相断线，因滑差 $s = 1$ 时，$M_1 = M_2$，$M = 0$，电动机不可能转动。在运行中 $s \neq 1$，电源发生一相断线，如综合旋转转矩大于电动机的机械阻力矩，则电动机仍能继续转动。此时需要运行的两相电流增大，使带重负荷的电动机绕组可能达到不允许的发热程度。

当电动机供电回路发生不对称短路，例如在电动机端子上发生两相短路，正序电压等于负序电压，其值约为 $\frac{1}{2} U_{\text{N}}$。电动机的转矩与电压平方成正比，故正序转矩减小到额定转矩的 $\frac{1}{4}$，则需要增加电流，同样使带重负荷的电动机绕组可能达到不允许的发热程度。

（一）定时限保护

负序过电流 I 段保护，主要保护电动机故障、断线、反相等的快速保护。

负序电流应躲过电动机启动的暂态不平衡电流，和区外不对称短路时电动机的负序反馈电流。同时保证电动机在较大负荷两相运行和电动机内部不对称短路时的灵敏度。

（1）电动机在 70% 额定功率两相运行时，电动机的电流为 $1.3 I_{\text{N}}$，如按负序过电流最低灵敏度 1.25 计算，即

$$I_{2. \text{op}} = \frac{1.3 I_{\text{N}}}{\sqrt{3} \times 1.25} = 0.6 I_{\text{N}}$$

（2）电动机在 58% 额定功率两相运行时，电动机的电流约为 I_{N}，则

$$I_{2. \text{op}} = \frac{I_{\text{N}}}{\sqrt{3} \times 1.25} = 0.46 I_{\text{N}}$$

（3）在系统最小运行方式下，电动机端两相短路时的最小短路电流负序分量电流 $I_{2.\,\min}^{(2)}$ 的灵敏度计算（应包括电动机馈电电缆的阻抗）。

$$I_{2.\,\mathrm{op}} = \frac{I_{2.\,\min}^{(2)}}{1.25}$$

（4）电动机区外不对称短路时，电动机负序反馈电流较大，可用保护动作时间躲开高压厂用系统的相邻设备的保护，如全部相邻设备都有快速保护，则电动机负序过电流Ⅰ段保护可取 0.5s，否则按时间配合整定。

区外发生故障防止电动机反馈电流引起误动，可采取下述措施。

异步电动机内部两相短路，流过电动机保护安装处的电流决定于系统的正、负序阻抗，即 $Z_{1\mathrm{S}} \approx Z_{2\mathrm{S}}$。而区外发生两相短路，流过电动机保护安装处的电流决定于电动机的正、负序阻抗，对于运行中的电动机由于滑差的影响，$Z_{1\mathrm{M}} > Z_{2\mathrm{M}}$，因此，$I_2 \geqslant 1.2I_1$，保护装置内部可设 $I_2 = 1.125I_1$ 时闭锁，但对于同步电动机应退出闭锁。

根据上述条件整定：

负序电流：$I_{2.\,\mathrm{op}} = (0.6 \sim 1.0)I_\mathrm{N}$；

动作时间：$t_{2.\,\mathrm{op}} = 0.5 \sim 1.0\mathrm{s}$。

负序过电流Ⅱ段保护，作为灵敏的不平衡电流保护，反映局部匝间短路之类的轻微故障和严重的不对称负荷。

在电动机正常及启动过程中，允许三相电压之间有持续性5%以内的误差，也会出现较长时间的负序电流，为此，负序电流Ⅱ段保护整定：

负序电流：$I_{2.\,\mathrm{op}} = (0.2 \sim 0.4)I_\mathrm{N}$；

动作时间：$t_{2.\,\mathrm{op}} = 10 \sim 25\mathrm{s}$。

当保护使用电流互感器为两相式，则需通过接线或软件合成 B 相电流，然后计算负序电流。

（二）反时限保护

（1）反时限特性一：

SPAM150C 型不平衡电流保护的动作判据为

$$\Delta I \geqslant \Delta I_{\mathrm{op.\,set}}$$

$$t \geqslant t_{2.\,\mathrm{op}}$$

不平衡电流为

$$\Delta I = \frac{I_{\mathrm{ph.\,max}} - I_{\mathrm{ph.\,min}}}{I_\mathrm{L}}$$

不平衡保护动作时间 $t_{2.\,\mathrm{op}}$ 由不平衡电流保护动作时间整定值 $t_{\Delta.\,\mathrm{set}}$ 和实际不平衡电流 ΔI 值决定，即

$$t_{2.\,\mathrm{op}} = f(t_{\Delta.\,\mathrm{set}}, \Delta I)$$

式中　　ΔI——不平衡电流的百分值，%；

　　$I_{\mathrm{ph.\,max}}$——电动机最大相电流，A；

　　$I_{\mathrm{ph.\,min}}$——电动机最小相电流，A；

　　I_L——电动机满负荷电流，A；

　　$\Delta I_{\mathrm{op.\,set}}$——不平衡动作电流整定值，%；

　　$t_{2.\,\mathrm{op}}$——不平衡保护动作时间，s；

$t_{\triangle.\,set}$ ——不平衡保护基本动作时间整定值，s。

图 7-9 中，不同的基本动作时间整定值 $t_{\triangle.\,set}$ 对应不同的动作时间特性曲线。$t_{2.\,op} = f(t_{\triangle.\,set}, \triangle I)$

整定：动作电流 $\triangle I_{op.\,set}$。

根据运行经验取 $\triangle I_{op.\,set} = (20\% \sim 30\%) I_N$。

对应的负序电流 $I_{2*} = \dfrac{0.2}{\sqrt{3}} \sim \dfrac{0.3}{\sqrt{3}} = (0.116 \sim$

$0.173) I_N$。

$t_{2.\,op}$ （s）动作时间 $t_{\triangle.\,set}$，应躲过区外两相短路时电动机的反馈负序电流，并应与切除区外短路最长时间配合。不平衡电流保护最小的动作时间（最快时间），恒定为 1s。

$$t_{2.\,op.\,min} = t_{op.\,max} + \triangle t = 1\text{s}$$

式中 $t_{2.\,op.\,min}$ ——不平衡电流保护基本最小动作时间整定值；

$t_{op.\,max}$ ——切除区外高压厂用系统保护最长动作时间；

$\triangle t$ ——时间级差，取 0.4s。

基本动作时间整定值根据不同情况选取 $t_{\triangle.\,set} = 40 \sim 100\text{s}$。

例如，整定 $\triangle I_{op.\,set} = 20\%$，$t_{\triangle.\,set} = 40\text{s}$，则从图 7-9 中可查得。

$\triangle I = 20\%$，$t_{2.\,op} = 15\text{s}$；$\triangle I = 40\%$，$t_{2.\,op} = 3\text{s}$；$\triangle I \geqslant 60\%$，$t_{2.\,op} = 1\text{s}$；

（2）反时限特性二：

整个特性分三段如图 7-10 所示。

ABC 段，当 $\dfrac{I_2}{I_{2.\,op.\,set}} = 1 \sim 1.05$，$t_{2.\,op} = 20\text{s}$。

CD 段，当 $1.05 < \dfrac{I_2}{I_{2.\,op.\,set}} \leqslant 2$，$t_{2.\,op} = \dfrac{1}{\dfrac{I_2}{I_{2.\,op.\,set}} - 1} T_{2.\,op.\,set}$。

DE 段，当 $\dfrac{I_2}{I_{2.\,op.\,set}} > 2$，$t_{2.\,op} = T_{2.\,op.\,set}$。

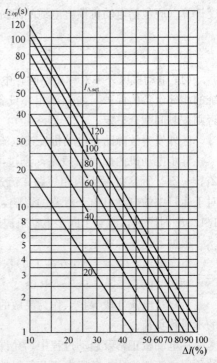

图 7-9   SPAM150C 型不平衡电流保护动作时间特性曲线

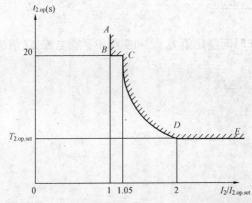

图 7-10   负序反时限过电流保护动作特性曲线

整定：$I_{2.\,op} = (0.3 \sim 0.6) I_N$。

正常运行时负荷电流接近 I_N 时，取 $I_{2.\,op} = 0.5 I_N$；电动机负荷电流较小时，取 $I_{2.\,op} = 0.3 I_N$。

动作时间计算，负序过电流动作时间应躲过区外两相短路时电动机的反馈负序电流，并应与切除区外短路最长时间配合。

$$T_{2.\,op.\,set} = t_{op.\,max} + \triangle t$$

式中 $t_{op.\,max}$ ——切除区外高压厂用系统保护最长动作时间；

$\triangle t$ ——时间级差，取 0.4s。

一般取 $T_{2.\,op.\,set} = 1\text{s}$。

（3）反时限特性三：

极端反时限动作方程

$$t = \frac{80t_{\mathrm{p}}}{\left(\dfrac{I_2}{I_{2.\,\mathrm{op.\,set}}}\right)^2 - 1}$$

式中　$I_{2.\,\mathrm{op.\,set}}$——负序电流整定值；

I_2——故障负序电流；

t_{p}——时间系数，取 $0.05\sim1.0$；

t——动作时间，s。

$I_{2.\,\mathrm{op.\,set}}$ 的整定值应躲过电动机启动时的不平衡电流，并校核母线相间故障时电动机反馈电流的负序电流，根据反时限特性计算的 t 值与相邻元件的时间配合。

使用反时限特性，应校核在电动机启动过程中出现负序电流能否误动作，否则提高时间系数或负序电流的启动值。

（4）反时限特性四：

$$\left(\frac{I_2^2}{I_{2.\,\mathrm{op}}^2} - 1\right)t \geqslant A$$

式中　I_2——负序电流；

$I_{2.\,\mathrm{op}}$——负序动作电流；

A——时间常数。

负序动作电流 $I_{2.\,\mathrm{op}}$ 可按电动机长期允许的负序电流下能可靠返回，可取 $1.05I_{2\infty}$（$I_{2\infty}$ 为电动机长期允许的负序电流）。

为整定方便，采用负序电流 $I_2 = 3I_{2.\,\mathrm{op}}$ 时的允许时间 $t_{3.\,\mathrm{op}}$ 来代替时间常数 A 的整定，即 $A = 8t_{3.\,\mathrm{op}}$。

八、热过负荷保护

（一）热过负荷保护之一

过热保护综合考虑了电动机正序、负序电流所产生的热效应，为电动机各种过负荷引起的过热提供保护，也作为电动机短路、启动时间过长、堵转等的后备。

用等效电流 I_{eq} 来模拟电动机的发热效应，即

$$I_{\mathrm{eq}} = \sqrt{K_1 I_1^2 + K_2 I_2^2}$$

式中　I_1——正序电流；

I_2——负序电流；

K_1——正序电流发热系数，电动机启动过程中取 0.5，电动机启动结束后取 1.0；

K_2——负序电流发热系数，一般取 6。

根据电动机的发热模型，有以下特性：

（1）冷态特性。当热过负荷发生之前电动机处于无负荷电流的基准和稳态条件时，热过负荷保护以热效应时间常数为基础的曲线，可表示为规定的动作时间和电流之间的特性曲线。由下述公式给出

$$t = \tau \ln \frac{I_{\mathrm{eq}}^2}{I_{\mathrm{eq}}^2 - I_{\mathrm{st}}^2}$$

式中　I_{st}——启动电流，即保护不动作所要求的规定的电流极限值，I_{st} 可按额定电流 I_{N} 的 $0.8\sim$

1.3 倍整定，一般取 1.05；

  τ——时间常数，反映电动机的过负荷能力；

  t——动作时间，s；

  I_{eq}——等效运行电流，可用以 I_N 为基量的标幺值表示。

（2）热态特性。把热过负荷发生之前电动机的稳态负荷电流的热效应考虑在内，其特性曲线与具有全记忆功能的继电器的预热相关，可表示为规定的动作时间和电流之间的特性曲线，由下式给出

$$t = \tau \ln \frac{I_{eq}^2 - I_p^2}{I_{eq}^2 - I_{st}^2}$$

式中 I_p——过负荷前的负荷电流，可用以 I_N 为基量的标幺值表示。

根据电动机可连续启动两次的原则，每次启动其热累积不应大于 50% 跳闸值，所以当热累积值达到 50% 以上时，装置合闸闭锁触点动作。过热保护跳闸后，装置的热记忆功能启动，合闸闭锁输出触点一直保持，直到热累积值下降到 50% 以下，过热合闸闭锁触点才返回，这时电动机可以重新启动或自启动。紧急情况，要求立即启动时，可对装置进行热复归操作。

发热时间常数 τ 应由电机厂提供，如果厂家没有提供，可按下述方法之一进行估算：

1）如果厂家提供电动机的热限曲线或一组过负荷能力的数据，则按下式计算 τ

$$\tau = \frac{t}{\ln \dfrac{I^2}{I^2 - I_{st}^2}}$$

求出一组 τ 后，取较小的值。

2）如已知堵转电流 I 和允许堵转时间 t，也可由下式估算 τ

$$\tau = \frac{t}{\ln \dfrac{I^2}{I^2 - I_{st}^2}}$$

3）按下式计算 τ

$$\tau = \frac{\theta_N K^2 T_{st}}{\theta_0}$$

式中 θ_N——电动机的额定温升；

  K——启动电流倍数；

  θ_0——电动机启动时的温升；

  T_{st}——电动机的启动时间。

4）设 $\tau = 32.15 t_{6N}$（t_{6N} 为 6 倍额定电流过热跳闸时间，即电动机最大安全启动时间）。

$$t_{op} = \frac{(6I_N)^2}{I_{st}^2} t_{6N} = \frac{(6I_N)^2}{(1.058 I_N)^2} t_{6N} = 32.15 t_{6N}$$

因为 $1.05 I_N$ 是启动电流的边界条件，$1.058 I_N$ 是启动值。

反时限过热特性曲线如图 7-11 所示。

5）当热累积值达到 70% 时，发出告警信号，达到 100% 的时候发出跳闸命令，散热时间与发热时间倍数 K 一般可取 4，散热时间倍率系数 $K = \dfrac{电动机散热时间常数}{电动机发热时间常数}$。

（二）热过负荷保护之二

电动机累积过热量 θ_Σ 为

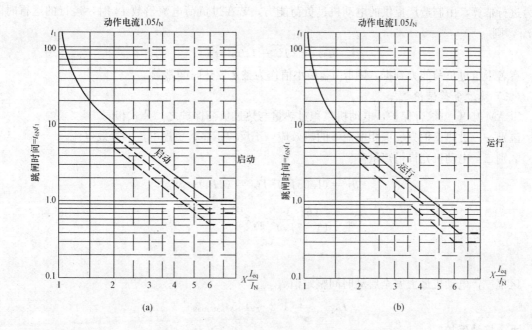

图 7-11 反时限过热特性曲线

(a) 启动；(b) 运行

$$\theta_\Sigma = \int_0^t \left[I_{eq}^2 - (1.05 I_N)^2\right] \mathrm{d}t = \Sigma \left[I_{eq}^2 - (1.05 I_N)^2\right] \Delta t$$

电动机允许过热量 θ_T 为

$$\theta_T = I_N^2 T_{he}$$

式中 T_{he}——电动机的允许发热时间常数。

电动机累积过热量程度 θ_r 为

$$\theta_r = \frac{\theta_\Sigma}{\theta_T}$$

1. 过热保护动作判据

(1) 电动机无累积过热量。当 $\theta_\Sigma = 0$ 或 $\theta_r = 0$，即 $I_{eq} \leqslant 1.05$ 时，表示电动机已达到热平衡，无累积过热量。

(2) 过热报警动作值，当 $\theta_r = 0.7$ 时，发出告警信号。

(3) 过热保护出口动作判据，当 $\theta_r = 1.0$ 时，即 $\theta_\Sigma = \theta_T$ 时表示过热极限，保护出口动作。

(4) 过热保护出口动作的动作时间，在电动机热平衡破坏时，$I_{eq} > 1.05$，由 $\theta_r = 0$ 开始至 $\theta_r = 1$ 的时间为过热保护动作时间 t_{op}，即

$$t_{op} = \frac{T_{he}}{\left(\dfrac{I_{eq}}{I_N}\right)^2 - 1.05^2}$$

(5) 过热保护动作后闭锁再启动解除判据：$\theta_r = 50\%$。

2. 发热时间常数 T_{he} 的计算

电动机的发热时间常数 T_{he} 应由电动机制造厂提供，若制造厂未提供该值，可按电动机过负荷

能力进行估算，由制造厂提供的电动机过负荷能力，若在过负荷电流倍数 I_* 时，运行的运行时间为 t_{a1}，则

$$T_{he} = (I_*^2 - 1.05^2)t_{a1}$$

有若干组过负荷能力判据，则取 T_{he} 最小值作为整定发热时间常数。

（三）热过负荷保护之三

SPAM-150C 型综合保护，电动机累积过热量与热过负荷保护之二公式相同。

区别一：过热保护只反应相电流 I 的热效应，不反应正序、负序电流的等效电流；

区别二：电动机允许过热量

$$\theta_T = (1.05I_N)^2 T_{he} = (6I_N)^2 t_{6N}$$

$$T_{he} = \frac{(6I_N)^2}{(1.05I_N)^2}t_{6N}$$

$$t_{6N} = t_{st.\,max}$$

区别三：电动机最大安全启动时间整定值 $t_{6N.\,set}$

$$t_{6N.\,set} = (1.2 \sim 1.5)t_{st.\,max}$$

九、接地保护

（一）中性点不接地系统单相接地保护

保护用零序电流，取自零序电流专用电流互感器。

（1）动作电流整定。按躲过区外单相接地时流过保护安装处单相接地电流计算

$$I_{op} = K_{rel}3I_{oC.\,max}$$

式中　K_{rel}——可靠系数，瞬时动作取 $4\sim5$，延时动作取 $1.5\sim2$，保护跳闸取 $2.5\sim3$；

　　$3I_{oC.\,max}$——当区外发生接地，通过被保护回路的最大接地电容电流，是零序电流互感器至电动机的电缆及电动机本身的电容电流。

（2）灵敏系数

$$K_{sen} = \frac{I_{osys.\,min} - 3I_{oC.\,max}}{I_{op}} \geqslant 1.5$$

式中　$I_{osys.\,min}$——系统最小运行方式下的接地电容电流。

（二）中性点不接地系统相电流作制动量的零序过电流保护

考虑电动机启动时，启动电流对零序过电流保护具有制动作用，可防止电动机启动时误动作，判据为：

当 $I_{max} \leqslant 1.05I_N$ 时

$$I_{op} = 3I_{0.\,op}$$

当 $I_{max} > 1.05I_N$ 时

$$I_{op} = \left(1 + \frac{\frac{I_{max}}{I_N} - 1.05}{4}\right) \times 3I_{0.\,op}$$

式中　I_{max}——最大相电流；

　　I_{op}——单相接地动作电流；

　　$I_{0.\,op}$——零序电流动作电流。

保护特性如图 7-12 所示。图中 $\dfrac{I_{\max}}{I_N} > 1.05$ 时，$3I_{0.op}$ 以斜率等于 0.25 按最大相电流递增。

（三）动作时间与作用方式

（1）单相接地电流大于或等于 10A，保护动作于跳闸，动作时间整定为 0.5～1.0s。

（2）单相接地电流小于 10A，保护动作于信号，动作时间整定为 0.5s。

（3）300MW 及以上的发电机—变压器组，6kV 常用系统实测单相接地电流在 6～8A 之间，当电缆发生单相接地时，在较短的时间内发生相间短路，因此保护作用于信号是不安全的。对于 300MW 及以上的发动机—变压器组的高压电动机，保护可以动作于跳闸，动作时间整定为 0.5～1.0s。

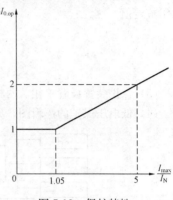

图 7-12　保护特性

（四）中性点经小电阻接地系统的单相接地保护

接地电流数值较大，保护可用三相电流互感器组成零序电流回路，或由三相电流之和取得。

厂用系统中性点经小电阻接地，应以在单相接地电流在短时内不导致一次设备破坏程度的原则，按 100～200A 比较安全。

$$R_N = \frac{U_N}{\sqrt{3}\,I_k^{(1)}} = 36 \sim 18\,\Omega。$$

动作电流整定值：

（1）按躲过区外单相接地计算

$$3I_{0.op} = K_{rel} I_k^{(1)}$$

$$I_k^{(1)} = 3I_C$$

式中　K_{rel}——可靠系数，取 2.5～3；

I_C——被保护设备的单相接地电流。

（2）按躲过电动机启动时零序不平衡电流计算

$$I_{0.op} = K_{rel} K_{unb} K_{st} I_N$$

式中　K_{rel}——可靠系数，取 1.5；

K_{unb}——不平衡系数，实测在额定电流下的不平衡电流与额定电流之比；

K_{st}——启动电流倍数。

$I_{0.op}$ 可取 $(0.05 \sim 0.1)I_N$，一般为 10～40A，动作时间为 0s。

电缆电抗可采用表 7-2 所列的平均值。

表 7-2　　　　　　　　电　缆　电　抗

元件名称	$X_1 = X_2$ (Ω/km)	X_0 (Ω/km)	元件名称	$X_1 = X_2$ (Ω/km)	X_0 (Ω/km)
1kV 三芯电缆	0.06	0.21	6～10kV 三芯电缆	0.08	0.28
1kV 四芯电缆	0.066	0.17	35kV 三芯电缆	0.12	0.42

十、低电压保护

（1）为保证重要高压电动机自启动，对于 Ⅱ、Ⅲ 类电动机，设低电压保护，其动作整定值

$$U_{op} = (0.6 \sim 0.7)U_N$$

$$t_{op} = 0.5s$$

（2）生产工艺不允许在电动机完全停转后突然来电时，自启动的电动机要求设低电压保护，其动作整定值

$$U_{op} = (0.4 \sim 0.5)U_N$$

$$t_{op} = 9s$$

（3）保护装置设置单相、两相或三相电压回路断线时，闭锁低电压保护。

（4）低电压保护的逻辑图，见图7-13。

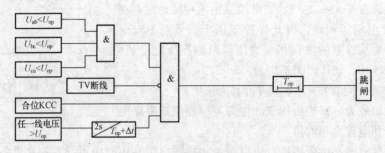

图7-13　低电压保护逻辑图

当测量线电压都低于定值，断路器或接触器处于合位，低电压保护动作。

为防止低电压保护失压误动，设置任一线电压大于 U_{op}，经过2s的时间才允许开放保护，其返回时间为 $T_{op} + \Delta t$，也就是说，低电压保护动作前有2s的时间，电压是正常的。

十一、高压熔断器

高压熔断器额定电流 $I_{FU.N}$ 计算：

（1）按躲开正常负荷电流计算

$$I_{FU.N} = K_{rel} I_N$$

式中　K_{rel}——可靠系数，一般取2；

I_N——电动机的额定电流。

（2）按躲过电动机的启动电流计算

电动机启动时间 $t_{st} \leqslant 5s$，选 $I_{FU.N} = \dfrac{I_{st}}{3}$。

电动机启动时间 $5s \leqslant t_{st} \leqslant 10s$，选 $I_{FU.N} = \dfrac{I_{st}}{2.5}$。

电动机启动时间 $10s \leqslant t_{st} \leqslant 30s$，选 $I_{FU.N} = \dfrac{I_{st}}{2}$。

式中　I_{st}——电动机的启动电流；

t_{st}——电动机的启动时间。

高压熔断器与真空接触器的配合：

真空接触器只能接通和断开电动机启动电流，不能切断6kV、3800A的短路电流，所以当电动机或电缆发生短路故障，$I_k \geqslant 3800A$ 时，应保证熔断器的熔件先熔断，真空接触器后断开的原则。一般综合微机保护无时限速断保护动作固有时间为0.06s，接触器断开时间大于0.02s，为可靠起见，真空接触器按可靠切断3400A短路电流。

1）熔断器额定电流 $I_{FU.N} < 125A$ 时，综合保护电流速断不带时限。

2）熔断器额定电流 $125A \leqslant I_{FU.N} \leqslant 225A$，当 $I_k = 3400A$ 时，熔断器熔件最长熔断时间约为

0.09s，电流速断需带时限0.3s；如果电动机综合保护带有FC回路闭锁跳闸出口，动作电流可不考虑配合，不需增加0.3s短延时。

3）用FC回路允许的高压电动机容量和启动时间，则高压熔断器最大额定电流不应超过225A，若超过此值，就不能使用真空接触器。

第五节 同步电动机保护

一、同步电动机失步

同步电动机在正常运行时，其转速必须和电网频率保持相同，当电网电压、励磁电流以及负荷变动时，同步电动机靠调节功率角来自动实现这种同步关系。但这种调节能力是有限的，当同步电动机受到较大的扰动时，有可能会产生失步现象。产生失步的原因可分为以下三类。

（一）瞬时断电失步

由于电网故障，断电再自动重合闸或切换电源，而造成断电失步。当同步电动机失电后再得电时，定子绕组有可能产生极大的冲击电流和非同步冲击转矩，在同步电动机定子电压与励磁电动势之间夹角为135°，滑差接近于零的最不利条件下合闸，非同步冲击电流可能高达电动机出口三相短路电流的1.8倍，非同步冲击转矩可能高达电动机出口三相短路冲击转矩的3倍以上。这将引起定子和转子绕组崩断、绝缘损伤、联轴器扭弯等后果，以致造成电动机内部短路和严重事故。电动机容量越大。非同步冲击所造成的损坏程度就越严重，因此规定大容量同步电动机当不允许非同步冲击时，装设防止电源短路中断再恢复时造成非同步冲击保护。

（二）带励失步

当同步电动机带重负荷运行时，由电网电压的大幅度下降，或电动机所带负荷的大幅度突增造成电动机失步。原先的直流励磁电流所引起的电磁转矩在失步后随着电网电压与励磁电动势之间角度的变化，变成了交变的磁转矩，电动机的电压、电流以及功率都将发生强烈的振荡，在一定的条件下会引起机械或电磁共振，对电动机造成极大的伤害。

（三）失磁失步

同步电动机励磁侧故障导致励磁电流消失，而造成电动机处于异步运行，失磁失步会引起定子电流增大，无功功率由正常运行时向电网输送无功功率变为从电网吸取无功功率。这对同步电动机的主要危害是引起转子绕组（尤其是阻尼绕组）的过热开焊，甚至烧坏，根据同步电动机阻尼绕组的热容量和散热条件，一般可以允许不大于10min的失磁失步运行。

同步电动机的保护有速断（无方向元件）、过电流、过负荷、长启动、过热、不平衡（负序电流）、接地、低电压等保护，与异步电动机保护相同，不考虑启动过程的保护，但需要增加失步、失磁和非同步冲击保护。

二、反应定子过负荷的过负荷保护兼作失步保护

过负荷保护电流整定值一般为$1.4\sim1.5I_N$，在有励磁情况下失步，则：短路比大于0.8的同步电动机，定子电流一般大于$1.4I_N$，过负荷保护能可靠动作；短路比小于0.8的同步电动机，定子电流小于$1.4I_N$，因此不宜采用过负荷保护作为失步保护。

同步电动机在失磁情况下，异步运行时定子脉动电流的平均值，决定于电动机的短路比、启动电流倍数、功率因数和负荷率。电动机的启动电流倍数和功率因数变化不大。当短路比大于1时，负荷率影响也不大，此时失磁引起失步，定子电流就可达到额定电流的1.4倍以上，过负荷保护能可靠动作。当短路比为$0.8\sim1.0$时，负荷率的影响就较大，负荷率较低时，电流倍数达不到1.4，故过负荷保护不能动作。

反应定子过负荷的过负荷保护兼作失步保护，仅用在短路比在 0.8 及以上且负荷平稳的同步电动机。

三、反应转子回路出现交流分量的失步保护

在电动机励磁回路内串接电流互感器，它的二次绕组接电流继电器。正常运行时，转子回路内流过直流，电流互感器二次侧没有电流输出，保护不动作。在失步时，在转子内感应交流电流，通过电流互感器二次侧输出电流，使电流继电器动作。考虑到：电动机短路时失步后有可能恢复同步运行和在电动机启动过程中保护不应误动，以及电网内不对称短路，定子内出现负序电流而在转子内感应交流电流可能引起的误动，保护应用一定的时限。

反应转子回路出现交流分量的失步保护，适应于任何性质的负荷，并与电动机短路比、负荷率、励磁状态等无关。但当转子回路断线时，失去作用。

四、失步保护

同步电动机在运行中，如果励磁电压降低或供电电压降低，将导致电动机驱动转矩减小，当转矩最大值小于机械负荷的制动力矩时，同步电动机失去同步，相当于系统发生振荡，电动机感应电动势与电源电动势之间的功角差在 0°～360° 之间作周期性变化。

失步保护在电动机启动结束后自动投入，在电动机失步时，带时限动作。对于重要电动机，动作于再同步控制回路，不能再同步或不需要再同步的电动机，则动作于跳闸。该保护动作出口有两种：一种动作于再同步控制回路，另一种动作于断路器跳闸和励磁开关跳闸。

失步保护应用检测电动机的功率因数角的原理构成，同步电动机正常运行时一般工作于过激状态，功率因数角 φ_M 为负；当同步电动机失步时必定会经过欠激的状态，φ_M 为正，所以可判同步电动机是否失步。保护动作区为

$$\varphi_{set} < \varphi_M < 180° - \varphi_{set}$$

式中　φ_{set}——功率因数角整定值；

　　　φ_M——实际测量功率因数角，该判据要求三个相间的测量功率因数角 φ_{MAB}、φ_{MBC}、φ_{MCA} 均满足条件时才会动作，一般可取（$30° < \varphi_M < 150°$）。

为防止电动机空负荷时和其他情况下保护误动，设有定子低电流闭锁元件。可按躲过同步电动机空负荷运行电流，也可按同步电动机凸极功率所对应的电流整定，一般可取 $0.5I_N$。

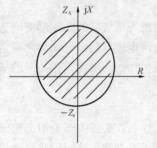

图 7-14　失步保护
静稳阻抗图

除了满足以上条件，还要满足阻抗条件，当阻抗在静稳阻抗圆外时，闭锁保护。如果机端阻抗进入静稳阻抗圆内，表明电动机已超过静稳极限，不能再同步运行，可以动作出口。失步保护静稳阻抗图见图 7-14。静稳阻抗 Z_t，相当于折算到电动机侧的供电变压器阻抗；Z_A 为电动机 x_d 的值。

由于同步电动机失步时，φ 有周期性变化的特性，故失步保护的动作延时不能大于 1/2 的振荡周期。失步保护逻辑图见图 7-15。

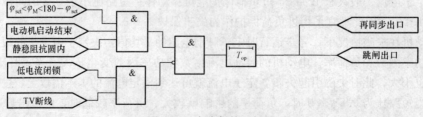

图 7-15　失步保护逻辑图

保护再同步出口是保护动作将同步电动机进行灭磁操作，在短时间内（25s）检测转子的转速，若满足转速升到额定转速的 95％，发出投励信号，将电动机投入同步，若拉不到同步或不满足转速到额定转速的 95％，就跳闸。

为躲过电动机的同步振荡，保护动作时限应大于同步振荡的半个周期，可取为 1s。

五、失磁保护

（一）同步电动机失磁后的机端测量阻抗

同步电动机在运行中励磁消失，则感应电动势 $\dot{E}_q$ 消失，输入同步电动机的有功功率减小，当机械负荷不变时，同步电动机将失步。失步后，同步电动机转速下降，产生异步转矩，进入异步运行。失磁后电动机有如下特点：励磁回路中感应出交变电流，无功功率反向，机端测量阻抗发生变化。本装置利用测量阻抗 Z_m 的变化检失磁。

从电动机失磁故障开始，到静稳破坏之前的一段时间内，有功功率基本不变，图 7-16 中的圆 1 为此阶段的等有功阻抗圆，即

$$Z_M = \frac{\dot{U}_M}{\dot{I}_M} = \frac{\dot{U}_S - j\dot{I}_M X_T}{\dot{I}_M} = \left(\frac{\dot{U}_S}{2P_S} - jX_T\right) + \frac{\dot{U}_S}{2P_S}e^{j2\varphi}, \varphi = \arctan(Q_S/P_S)$$

失磁前电动机有功功率越大，等有功阻抗圆越小，进入第一象限的区域越少，就越难检测故障初始阶段的失磁故障。

同步电动机处于临界失步状态时，功角 $\delta = 90°$，临界失步时 Z_m 的轨迹为静稳阻抗边界圆 2，此时电动机还没有失去同步。

失磁的电动机，由同步运行最终会进入异步运行，机端阻抗如异步阻抗边界圆 3 所示。

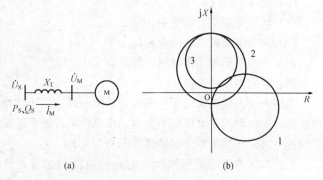

图 7-16 同步电动机的阻抗特性
(a) 接线图；(b) 阻抗图

因为异步边界阻抗圆比静稳阻抗圆小，所以装置采用异步边界圆作为失磁保护的动作判据，有利于减少非失磁故障时的误动几率。

但是，由于异步圆 3 较小，与等有功圆 1 相交很小，甚至有时候没有相交，在失磁故障开始阶段，失磁保护的延时就有可能使保护不能动作，只能等到完全进入异步运行才能动作。

（二）同步电动机失磁保护

同步电动机励磁消失或部分消失时，驱动转矩消失或减小，同步电动机失步转入异步运行。当同步电动机失磁，转差率高时，阻抗继电器感受阻抗接近为 jX''_d，转差率低时，对于隐极机，阻抗继电器感受阻抗接近 jX_d，对于凸极机，阻抗继电器感受阻抗接近为 $j\dfrac{X_d + X_q}{2}$。

失磁保护阻抗图见图 7-17。为了保证一定的灵敏度，异步阻抗可按下式整定。

隐极机：整定值中，异步阻抗 $Z_A = 1.2X_d$，异步阻抗 $Z_B = 0.8X''_d$。

凸极机：整定值中，异步阻抗 $Z_A = 1.2 \times \dfrac{X_d + X_q}{2}$，异步阻抗 $Z_B = 0.8X''_d$。

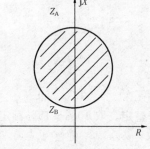

图 7-17 失磁保护阻抗图

失磁保护逻辑图见图 7-18。为防止故障时保护的误动作，增加大电流闭锁条件和负序电压闭锁条件。

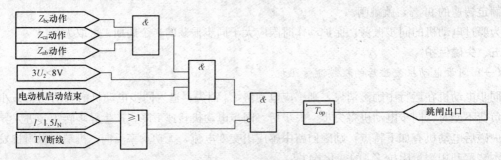

图 7-18　失磁保护逻辑图

同步电动机失磁保护在电动机启动结束后投入，动作判据为：

（1）阻抗进入异步阻抗圆内；

（2）$U_2 < U_{op}$（负序电压闭锁定值），$U_{op} = (0.05 \sim 0.06)U_N$；

（3）无 TV 断线；

（4）同步电动机启动结束；

（5）同步电动机启动结束，$I_{max} < 1.5 I_N$；

（6）失磁保护的动作时间一般取 $0.5 \sim 1.0 s$。

六、非同步冲击保护

非同步冲击保护采用低功率或逆功率原理，用于防止电源中断再恢复时造成同步电动机的非同步冲击，逆功率保护也可用于大型同步电动机近处系统发生三相短路时防止电动机送出的逆功率对系统的危害。非同步冲击保护逻辑图见图 7-19。

低功率保护适用于母线上没有其他负荷的情况，低功率保护通过开关位置触点（合闸位置 KCC）来进行闭锁；而逆功率保护适用于母线上有其他负荷的情况。该保护动作出口有两种：一种动作于再同步控制回路，另一种动作于断路器跳闸和励磁开关跳闸。对于重要电动机，动作于再同步控制回路，不能再同步或不需要再同步的电动机，则动作于跳闸。

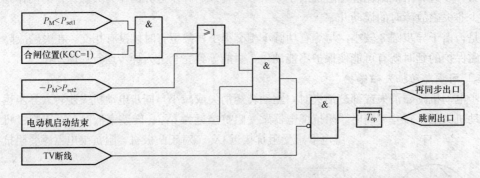

图 7-19　非同步冲击保护逻辑图

有功功率采用三相电压、电流计算，提高保护精度。

$$P = U_a I_a \cos\varphi_a + U_b I_b \cos\varphi_b + U_c I_c \cos\varphi_c$$

低功率保护整定：可按躲过空负荷运行时电动机消耗的有功功率整定，取 $10\% \sim 15\%$ 额定有功功率。

逆功率保护整定：按躲过区外故障时送出的有功功率整定，一般整定不超过 -20% 额定功率。

动作时间一般不大于 0.5s，取 0.3s。

保护装置也可用频率降低、频率下降速度等原理构成或由有关保护和安全自动装置联锁动作。

保护装置应确保在电源恢复前动作，为此动作时间应小于自动重合闸和备用电源自动投入时间。

第六节 低压电动机保护

380V 电动机保护装置与高压电动机保护装置的要求相同应装设相间短路保护、过负荷保护、低电压保护及零序接地保护等。

一、相间短路保护

（一）熔断器保护

熔断器熔丝应具有反时限熔断特性。作为短路保护，在电动机自启动和短时过负荷时，熔丝不应熔断。通常按以下原则选择溶丝：

（1）单台电动机

$$I_{FU.N} = (1.5 \sim 2.5) I_{M.N}$$

（2）馈电干线电动机单台启动

$$I_{FU.N} = (1.5 \sim 2.5) I_{M.Nmax} + \Sigma I_{M.N(n-1)}$$

（3）馈电干线电动机集中启动

$$I_{FU.N} = (1.5 \sim 2.5) \Sigma I_{M.N}$$

式中　$I_{M.N}$——电动机额定电流；

　　$I_{M.Nmax}$——最大一台电动机的额定电流；

　　$\Sigma I_{M.N}$——所有电动机额定电流之和。

继电保护方面是根据启动电流选择熔丝：

（1）单台电动机

$$I_{FU.N} = I_{st}/a$$

（2）馈电干线电动机单台启动

$$I_{FU.N} = (I_{st.max} + \Sigma I_{st.(n-1)})/a$$

（3）馈电干线电动机集中启动

$$I_{FU.N} = I_{ast}/a$$

式中　I_{st}——电动机的启动电流；

$\Sigma I_{st.(n-1)}$——去掉一台额定电流最大的电动机，其余各电动机启动电流之和；

　　$I_{st.max}$——最大的电动机的启动电流；

　　I_{ast}——馈电干线供电的所有自启动电动机启动电流之和；

　　a——系数，容易启动的电动机为 2.5，较困难或频繁的电动机为 1.6～2，Ⅰ类电动机为 1.6，用 RTO-300 以上熔断器的电动机为 3。

（二）用电流继电器构成的相间保护

用电流继电器构成的相间保护与高压电动机的相间保护相同。

二、过负荷保护

过负荷保护可由热继电器或电流继电器构成。

（1）用热继电器可以作为反时限过负荷保护。其动作特性见表 7-3。

表 7-3 热继电器的动作特性

热继电器整定电流倍数	动作时间（min）	原始状态
1	∞	
1.2	<20	热态开始
1.5	<2	热态开始
6	<5	冷态开始

注 热态开始，指以额定电流使热继电器发热到稳定（30min 内温度变化 $\Delta t < 1℃$）。热元件的额定电流应按接近电动机的额定电流选择。

（2）用电流继电器构成的过负荷保护与高压电动机的过负荷保护相同。

三、接地保护

对中性点直接接地的低压配电系统，通常容量为 100kW 以上的电动机装设接地保护；对 55kW 及以上的电动机如相间短路保护能满足单相接地短路的灵敏性时，可由相间短路保护兼作接地短路保护，当不能满足时，应装设接地短路保护。对于装设熔断器保护的电动机，其单相接地故障靠熔断器熔断。

保护装置由零序电流互感器组成。

电流整定值应躲过电动机启动时最大不平衡电流计算。

$$3I_{0.op} = K_{rel} K_{unb} K_{st} I_N$$

式中　$3I_{0.op}$——单相接地电流；

　　　K_{rel}——可靠系数，取 $1.5 \sim 2$；

　　　K_{unb}——不平衡电流系数，一般磁不平衡电流小于 $0.005 I_N$；

　　　K_{st}——电动机启动电流倍数。

$$3I_{0.op} = (0.05 \sim 0.15) I_N$$

400V 直接接地系统，单相接地电流很大，灵敏度足够，为保证安全，该定值可取大一些。

灵敏度为

$$K_{sen}^{(1)} = \frac{I_k^{(1)}}{3I_{0.op}} \geq 2$$

式中　$I_k^{(1)}$——电动机入口的单相接地电流，时间为 0s。

保护装置由三相电流互感器组成的零序电流：$3I_{0.op}$ 公式中的 K_{unb} 按电流互感器的 10% 误差计算，取 $0.1 I_N$；$3I_{0.op} = (1 \sim 1.5) I_N$。

四、低电压保护

低电压保护可由自动空气开关的失压脱扣器或低电压继电器构成。

失压脱扣器在系统电压降低到额定电压的 40% 时，自动断开使自动空气开关脱扣，起到低电压保护作用。

第七节　应用变频器高压电动机保护

一、变频器

随着电力电子技术、计算机、自动控制技术的迅速发展，带动了交流传动技术的进步。电动机交流调速取代其他调速及计算机数字控制技术取代模拟控制技术。变频调速以其优异的调速、启动和制动性能、高效率、高功率因数和节电效果，得到广泛的应用。

高压变频器的运用实现节能降耗，大幅度降低电动机启动电流，从而达到改善电动机的运行。

变频调速是通过改变电动机定子供电频率来改变旋转磁场同步转速进行调速的，是无附加转差损耗的高效调速方式。变频调速系统的关键装置是频率交换器，即变频器，由它来提供变频电源。变频器分为交直部分和直交部分。其中交直部分将电源全波整流成直流电，直交部分通过 ICBT 组成的逆变桥把直流电进行逆变成频率可调的交流电。

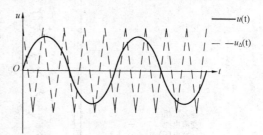

ICBT（绝缘栅双极型晶体管）是功率开关器件，通过控制 ICBT（或 IGBT）的开关得到所需的 PWM 波形。

载波 SPWM（正弦波脉宽调制）电压逆变器是变频电源的主流产品，其基本原理是利用三角载波 $u_\Delta(t)$ 与正弦调制波 $u(t)$ 比较，其交点作为变频电源的开关信号，以得到输出脉冲波 u_{out}，如图 7-20 所示。

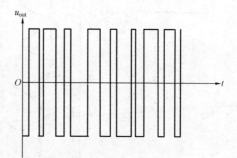

图 7-20　正弦波脉宽调制原理图

（一）主电路

图 7-21 所示为交流 3000V 的变频器主电路示意图。

电动机的每相由三个功率单元串联进行驱动，串联方式采用星形接法，中性线浮空。每个单元由一个隔离变压器的隔离二次绕组供电。九个二次绕组各自的额定电压均为交流 630V，功率为总功率的 1/9。功率单元与其对应的变压器二次绕组以及对地绝缘等级为 5kV。对于不同的输出电压等级，只需扩展每相串联的单元数目，其基本原理是一致的。5400V 变频器每相 5 个功率单元串联，隔离变压器有 15 个二次绕组。

每相三个交流 630V 功率单元串联可产生交流 1890V 相电压，五个交流 630V 功率单元串联时产生的相电压为交流 3150V，线电压可达到交流 5400V 所有的功率单元都接收来自同一个中央控制器的指令。这些指令通过光纤电缆传输以保证绝缘等级达到 5kV。

为功率单元提供电源的移相隔离变压器二次绕组在绕制时相互之间有一定的相位差，这样消除了大部分由独立功率单元引起的谐波电流，所以一次电流接近于正弦波，因而功率因数能保持较高，满负荷时典型为 95% 以上。

（二）单元控制方式

典型功率单元的原理图见图 7-22。本例中，由交流 630V 二次侧供电的三相二极管整流器将直流电容器组充电至约 900V，该直流电压提供给由 IGBT 组成的单相 H 形桥式逆变电路。

在任意时刻，每个单元仅有三种可能的输出电压，如果 VQ1 和 VQ4 导通，从 T1 到 T2 的输出将为＋900V，如果 VQ2 和 VQ3 导通，输出将为－900V，如果 VQ1 和 VQ3 或 VQ2 和 VQ4 导通，则输出为 0V。

每相三个功率单元，图 7-21 所示电路可提供七种不同的相电压（±2700V、±1800V、±900V 或0V）。每相 5 个功率单元可提供 11 种不同的电压等级。可提供许多不同电压等级的能力使得变频器能产生非常接近正弦波的输出波形。

由图 7-22 可知，一个完整的功率单元主要由熔断器、整流桥、电解电容、IGBT（绝缘门型双极晶体管）、单元控制电路等几个部分构成，其中：

（1）熔断器：主要起过电流保护作用。

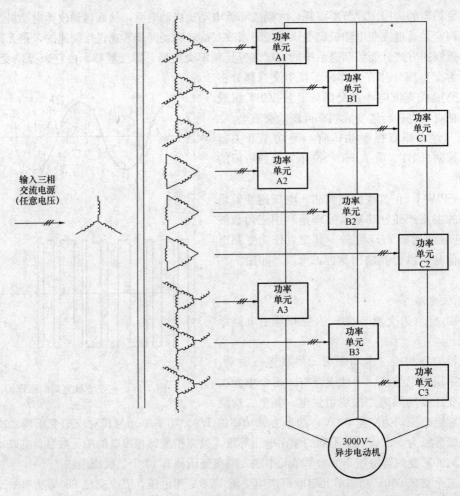

图 7-21 高压变频器主电路示意图（每相三个单元，输出交流 3000V）

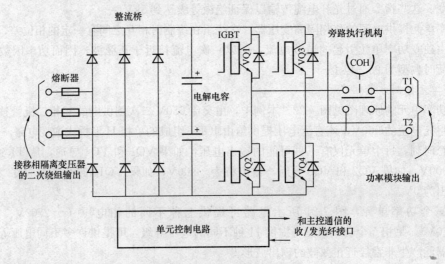

图 7-22 典型功率单元原理图

（2）整流桥：把三相交流整流成直流。

（3）电解电容：起储存能量以及滤波平滑波形的作用。

（4）IGBT：功率开关元件，通过控制 IGBT 的开关得到所需的 PWM 波形（DC-AC 的逆变过程）。

（5）单元控制电路：负责和主控通信，接收主控发送的 IGBT 的开关控制信号并把故障信息报告给主控（如过电压/欠电压/IGBT 损坏/通信异常等故障）；同时控制/驱动 4 个 IGBT 的开关。

二、变频电动机继电保护

变频电动机的一次回路如图 7-23 所示。

当变频器在运行中发生严重故障时，可将变频器推出运行。变频器可以自动由变频切换到工频运行，亦可人为的切换到工频。如图 7-23 中所示将隔离开关 QS1 和 QS2 断开，合上 QS3。因此保护的配置需满足变频和工频两种运行方式。

常规的综合保护装置作为变频器退出运行，电动机工频运行的保护装置。当变频器投入，电动机变频运行时，常规的综合保护装置是交流电源连接到变频器输入侧回路的主要保护。

变频电动机的保护可分为五部分：

（1）第一部分是输入移相隔离变压器的保护。当隔离变压器发生故障时会出现电压降低和电流增大，对于不对称故障会出现负序电流，同时当变压器二次侧整流回路发生故障时，也会出现负序电流，则就需要常规的综合保护装置的各种保护作为变频电动机第一部分的保护。这些保护的定值在工频运行和变频运行的整定是不同的，如果同时能兼顾，则可以用一种定值满足两种运行方式。

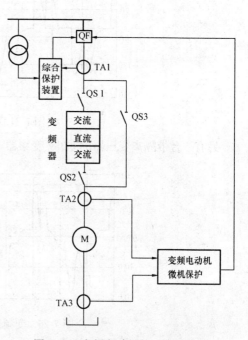

图 7-23　变频电动机的一次回路图

（2）第二部分是变频器内部直流部分和逆变回路输出交流部分的保护。主要是靠变频器本身的保护。变频器本身都具有过负荷保护，规定 150％过负荷 60s 跳闸，180％过负荷 0.5s 跳闸。过负荷保护亦可以作为变频后的电动机保护。

（3）第三部分是变频后的电动机保护。对于常规的电磁型继电保护，都是以模拟量的形式工作的，利用电流模拟量的有效值使继电器动作。因此动作值只与输入的电流有效值有关，对波形不敏感。故作为变频电动机的保护都是可以应用的。

对于电动机的差动保护可以采用磁平衡式纵差保护。电动机每相绕组的始端和终端引线分别穿过磁平衡式电流互感器一次。在电动机正常运行或外部短路时，各相始端和终端电流一进一出，互感器一次安匝数为零，二次侧无电流输出，保护不动作。在电动机启动和外部故障时，可以避免用常规的纵差保护，由于两侧电流互感器暂态特性不一致造成误动。

三、变频后电动机微机型保护的问题

微机型电动机保护存在电流互感器和算法两个主要问题。

（一）电流互感器问题

采用变频器后，电流互感器更易饱和。由电流互感器等效回路的计算可知，在一次电流频率宽范围变化的动态过程中，励磁电流包含两个分量：其一为周期分量，其二为衰减直流分量，当频率降低时，两者幅值均增大，从而使励磁电流幅值增加，电流互感器工作在励磁特性的非线性区，导致饱和。

应用变频器会产生大量的高次谐波，并使得波形严重畸变。图 7-24 是一台某厂应用的 ABB 公司 ACS600 型变频器在输入电流为 74.3A 时的电流波形。其中，基波分量为 93.8%，二次谐波分量为 5.3%，四次谐波分量为 3.6%，五次谐波分量为 29.9%，七次谐波分量为 15.6%，其整体波形严重畸变。

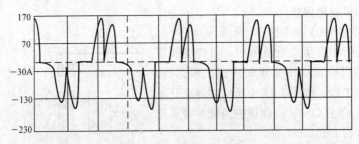

图 7-24　变频器输入电流波形

另有一台带隔离变压器的 380V 变频器，其波形如 7-25 所示。

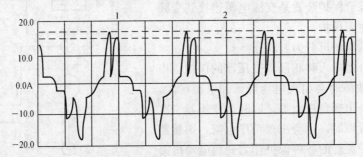

图 7-25　变频器隔离变压器输入电流波形

可以看到，由于正常运行时的波形畸变严重，基于波形识别技术的 TA 饱和判据有可能会失效，容易造成保护装置的拒动或误动。

（二）算法问题

1. 傅里叶算法的差动保护

相量差动保护的原理是用离散傅里叶算法根据一个周波采样点计算出电流的实、虚部，再计算出差动电流和制动电流的幅值、相位，然后用相量比较的方式构成动作判据。

当频率偏离工频时，离散傅里叶算法将产生误差，其误差随着频率偏离工频的程度而迅速增大。当频率低于 40Hz 时，FFT 计算误差将达到 25% 以上，远远超过了允许值。

另外，一般差动保护装置在计算 FFT 之前往往需要先进行一次差分运算，以消除故障过程中产生的衰减直流分量。差分运算将会使高次谐波被放大，有可能会影响保护行为，尤其是频率发生偏移时，此时，由于 FFT 的频谱泄露，会使得计算值受高次谐波影响较大。

其三是采样频率及每周波采样点的问题：

（1）如果保持采样频率不变，则每周波采样点数随频率变化而变化。通常的差动保护傅里叶系数是计算好后保存为定值直接取用，比较容易实现。而此方案则需要实时计算采样点的傅里叶系数，且傅里叶系数计算为超越函数运算，计算量较大，所以，这种方法实际操作困难。

（2）如果保持每周波采样点数不变，此时需要进行频率跟踪来实时调整采样率。这种方法的优点是进行傅里叶计算时，每个采样点的系数是固定的，计算量较小。但是，采样点数 N、采样率 f_s、系统基频 f_1 关系为：$N = f_s / f_1$。当 N 固定不变而频率很低时，采样频率 f_s 很小。对装设低通滤波器的差动保护，由采样定理知，$f_s > 2f_c$。其中 f_c 为截止频率。f_s 很小，则截止频率 f_c 很小。这样，频率高于 f_c 的频率成分都被滤去，采样电流幅值大大降低，严重影响测量精度。

综上所述，当频率宽范围变化时，基于相量法的差动保护将无法正确动作。

2. 采样值差动保护

采样值差动保护是纵联差动保护的一种特殊形式，同相量差动相比，采样值差动不需要计算采样电流的有效值，它只是根据各个采样点的瞬时值满足差动判据的情况来决定是否动作。

为保证动作的准确性，通常采用重复多次判别方法，即在连续 R 次采样判别中如有 S 次及以上符合动作判据，则输出动作信号。

变频器的输出电流含有较多的高次谐波，这对于采样点差动是非常不利的。

四、变频电动机微机保护

1. 保护启动元件

以相电流差流为主要的启动元件。

$$I_{dz. \phi. \max} > I_{st}$$
$$I_{dz. \phi. \max} = \max |I_{d\phi}| , \phi = A, B, C$$
$$I_{st} = 0.7 I_{op. \min}$$

式中　I_{st}——差动保护启动电流值；

　$I_{op. \min}$——差动保护电流定值；

　$I_{d\phi}$——相差动电流。

2. 基于 HHT（Hibert Huang）变换的差动保护

为了避免频率变化对傅氏算法的影响，采用了 HHT 变换的相量计算方法，再根据相量实现差动保护的计算。

（1）HHT 变换（希尔伯特变换）

HHT 变换，也称为希尔伯特变换，它的主要内容是：

对于一个实验值的信号 $x(t)$，可以构造它的解析信号 $X(t)$ 如下：

$$X(t) = x(t) + jH\{x(t)\}$$

其中，$H\{x(t)\}$ 是信号 $x(t)$ 的 HHT 变换，即

$$H\{x(t)\} = \frac{1}{\pi} \int_{-\infty}^{+\infty} \frac{x(\tau)}{t - \tau} d\tau$$

这样，就获得了信号 $X(t)$ 相量的实部和虚部，进而得到相量 $A(t)e^{j\theta(t)}$ 的幅值和相位，其中 $A(t) = \sqrt{x(t)^2 + H\{x(t)\}^2}$，$\theta(t) = \arctan[H\{x(t)\}/x(t)]$，再通过计算相位 $\theta(t)$ 的变化率进而得到该信号的频率信息，见如下公式

$$\omega(t) = \frac{d\theta(t)}{dt}$$

（2）HHT 变换差动保护

通过 HHT 变换，可以获得非平稳信号的各个频率分量的幅值和相位信息，选取其中能量最大（幅值最大）的频率成分，作为信号的主频率，考虑变频电动机的实际运行情况，可以认为主频率成分占据信号的主要成分，其他频率分量可以视为谐波分量。取电动机首端和尾端三相电流的 HHT 变换的主成分频率分量进行相量计算。

HHT 变换差动保护对应的比率制动特性曲线见图 7-26。

3. 自适应的采样值差动保护

考虑到电动机在故障前可能轻负荷运行，三相电流幅值较小，达不到进行 HHT 变换的门槛电流，故本装置增设了采样值差动保护。

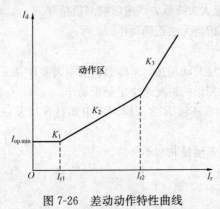

图 7-26 差动动作特性曲线

由于电动机的运行频率未知，故需要自适应选取数据窗的长度，以适应差动保护快速性和可靠性的要求。其工作原理如下：选取首端电流的一段数据窗（记为 W_1），计算该数据窗的电流差分，形成新的数据窗（记为 W_2），建立一个相关程度的隶属度函数来比较 W_1 和 W_2 的数据相关程度。当电动机运行频率较大时，单位时间波形变化率大，反之波形变化率小。根据相关程度的情况，调整数据窗的宽度。然后计算该数据窗内采样值差动进入动作区的点数占总点数的百分比，当达到门槛值时采样差动保护动作。

采样值差动动作曲线见图 7-26。

4. 比率制动特性

为了保证内部故障时差动保护灵敏动作，同时防止外部故障时及电动机启动时暂态不平衡电流引起的误动，本装置采用三段式比率差动原理，其动作方程如下

$$I_d > I_{cd}, \; I_{cd} = K_1 I_r + I_{op.min} \qquad (I_r < I_{r1})$$

$$I_d > K_2(I_r - I_{r1}) + I_{cd} \qquad (I_{r1} \leqslant I_r \leqslant I_{r2})$$

$$I_d > K_3(I_r - I_{r2}) + K_2(I_{r2} - I_{r1}) + I_{cd} \quad (I_r > I_{r2})$$

式中　$I_{op.min}$——差动保护的电流定值；

　　　I_d——差动电流；

　　　I_r——制动电流；

　　　I_{r1}——第一拐点电流定值；

　　　I_{r2}——第二拐点电流；

K_1、K_2 和 K_3——可整定制动曲线斜率。

差动电流和制动电流计算公式如下：

$$I_d = |\dot{I}_1 + \dot{I}_2|$$

$$I_r = |\dot{I}_1 - \dot{I}_2|/2$$

式中　$\dot{I}_1$ 和 $\dot{I}_2$——电动机两侧电流，均以流入电动机为正方向。电动机两侧的电流互感器以指向电动机为同极性。

$I_{op.min}$ 一般整定为 $(0.3\sim0.5)I_N$（I_N 为电动机额定电流），I_{r1} 一般整定为 $(0.8\sim1.2)I_N$，I_{r2} 装置内部固定为 4 倍的 I_{r1}；建议 K_1 整定为 0.2；K_2 一般整定为 $0.4\sim0.6$；K_3 内部固定为 0.7。

5. 工频运行差动保护

当电动机切换至工频启动时，对应的差动保护功能需要考虑常规的电动机自启动过程。为了保证工频运行时差动保护有足够灵敏度，又能可靠的躲过自启动过程中自启动电流导致的不平衡电流，工频运行差动保护设置有差动速断元件、比率差动元件、二次谐波闭锁、TA 断线及差流越限检测和电动机启动过程判别等功能。

（1）差动速断元件。当任一相差动电流大于差动速断整定值时，动作于总出口继电器。用于在电动机差动区内发生严重故障情况下快速切除电动机。差动速断功能无任何闭锁元件。

差动速断动作特性为：$I_d > I_{sd}$。

（2）比率差动元件。工频与变频时的比率制动特性相同，具体见图 7-26。

当电动机两侧的 TA 负荷特性相差较大时，为提高比率制动的可靠性，可通过控制字投入电动机启动判别，在电动机启动判别结束前，将比率差动定值抬高为 2 倍的 $I_{op.min}$，对应的 K_2 抬高至 0.7。对于电动机两侧 TA 负荷特性匹配的情况，可考虑退出电动机启动判别。

如果不考虑电动机的启动过程判别，可考虑采用二次谐波闭锁来避免启动过程中电动机差动保护误动。

二次谐波闭锁考虑各相的二次谐波与基波之比，当谐波比大于定值后闭锁比率差动保护，当低于定值时，开放对应相的比率差动保护。

当构成差动保护的电动机两侧 TA 特性差异较大时，可考虑投入二次谐波闭锁；如果电动机两侧 TA 特性匹配，则可不考虑二次谐波闭锁。

6. 后备保护

为了变频运行时，仍有相应的后备保护反映电动机的各种异常运行状态，设置有过电流、零序电流和负序电流功能；用于检测电动机的堵转、接地、匝间等故障。

后备保护实时检测变频电动机运行频率，并计算对应的电流有效值，判别电动机状态。当电动机工频启动时，对应的保护功能退出。此时考虑采用电动机原综合保护装置来完成后备保护。

当电动机在变频方式运行时，如果发生匝间故障，故障电流水平与发生故障时刻频率的大小有关系，为了提高负序电流保护对匝间故障的灵敏度，设置有多段定值，检测不同频率下的匝间故障。装置设置 4 段定值：20Hz 以下，20～30Hz（含 20Hz），30～40Hz（含 30Hz）和 40Hz 以上。频率低时，整定值降低，频率高时，整定值提高，动作时间相同。

整定值躲过电动机启动和额定负荷时的不平衡电流。

变频器的电动机，不考虑长延时保护。当母线电压降低，变频器本身能消耗可不设低电压保护。

对地故障时，若电动机出口处设电压互感器，采用零序电压。因电容电流很小，可不设零序电流保护。

7. 热累积保护

过热保护考虑电动机的热效应，为电动机各种过负荷引起的过热提供保护，也作为电动机短路、堵转等的后备保护。

由于变频电动机处于变频运行，采用与频率无关的采样值来计算其等效电流 I_{eq}。根据电动机的发热模型，电动机的动作时间 t 和运行电流 I_{eq} 之间的特性曲线见下式

$$t = \tau \ln \frac{I_{eq}^2 - I_p^2}{I_{eq}^2 - \alpha I_\infty^2}$$

式中　I_p——过负荷前的热累积等效电流，若过负荷前处于冷态，则对应的热累积从零开始；如果过负荷考虑热特性，则过负荷前的热容量累积为其中 α 为热累积程度，t 为达到此累计所需的时间。

　　I_∞——热过负荷告警或跳闸的定值，I_∞ 可按额定电流的 0.95～1.3 倍整定。

　　τ——时间常数，反映电动机的过负荷能力。

热容量的计算可变形为

$$QSUM_i = QSUM_{i-1} + \left(\frac{I_{eq}^2}{I_\infty^2} - QSUM_{i-1} \right) \times \Delta t / \tau$$

式中　$QSUM$——热容量；

　　Δt——计算间隔时间。

根据电动机可连续启动两次的原则，每次启动其热累积不应大于50％跳闸值，所以当热累积值达到50％以上时，装置合闸闭锁触点动作。热累积值（过热比率）可从装置运行工况测量中查询。过热保护跳闸后，装置的热记忆功能启动，合闸闭锁输出触点一直保持，直到热累积值下降到50％以下，过热合闸闭锁触点返回，这时电动机可以重新启动。紧急情况要求立即启动时，可对装置进行热复归操作，可用清除热累积开入来清除热容量。过热闭锁由控制字过热闭锁投退。此外还有过热告警功能，由控制字过热告警投退。过热跳闸需要通过过热跳闸和过热保护连接片。当热容量大于80％时进入启动判别，热容量大于100％时，则发出口跳闸命令；跳闸成功后热容量记忆，并做散热计算。

发热时间常数 τ（热容量）应由电动机厂提供。

五、变频电动机电流互感器

一般电流互感器的额定频率是50Hz的电流。在非工频情况下的运行的正确性和可靠性并不能得到保证。电磁式互感器在电压一定的情况下，频率和磁通成反比，频率越小，互感器通过的磁通越大，导致互感器更易饱和。

变频电动机运行的频率范围很宽，为使宽频率范围（5～60Hz）的电流能正确传变，应使用特殊的电流互感器。该电流互感器采用冷轧硅钢与超微晶混合铁芯，保证低频5Hz时，10倍额定电流不饱和，在5Hz频率的额定电流情况下的误差不超过5％。在工频运行时20倍额定电流不饱和，这样适用工频或变频运行。

电动机的纵差保护，母线供电出线电缆侧的电流互感器距离电动机中性点侧的电流互感器较远。二次负荷较大，而且两侧电流互感器的负荷不均等，造成电动机启动、区外故障时暂态特性的电流差异而误动。加装变频器后，使用变频器输出端的电流互感器和电动机中性点侧的电流互感器，距离近，减少负荷且保持两侧负荷接近，暂态特性一致，更好地适用于工频或变频运行。

当电动机在工频运行时，母线供电出线到电动机输入端的引线故障完全依靠供电出线端的电流速断保护。

六、应用变频器后高压电动机的继电保护整定

1. 速断保护

变频器的存在对电动机的短路故障有一定的影响。没有变频器时，速断保护是按躲过电动机的最大启动电流整定。但经过变频器后，由于变频控制的作用，电动机的冲击电流不会很大，实际上保护出口的冲击电流主要是高压变频器投入时，隔离变压器又称为移相变压器空负荷合闸时的励磁涌流。变压器的低压侧直接带功率单元。当变压器低压侧出现短路时，高压变频器必然应停止工作，因此不考虑其选择性，不必要按躲过低压侧故障整定。

变压器带含有大容量电容的功率单元合闸，其励磁涌流比空负荷投入时小，且变压器采用的特殊结构也抑制了励磁涌流。根据经验按8倍额定电流整定不仅能及时保护高压侧及变压器内部故障，还能延伸到变压器低压侧进行保护。

（1）按变压器励磁涌流整定

$$I_{op} = I_{N.T}$$

式中　$I_{N.T}$——隔离变压器的额定电流，当只知道高压电动机的额定电流 $I_{N.M}$，考虑到变频器本身的一定损耗，通常取 $1.05 I_{N.M}$ 作为隔离变压器的额定电流。

$$I_{op} = 8.4 I_{N.M}$$

（2）按灵敏度整定

设变频器的隔离变压器端发生三相短路时，系统侧供给的短路电流为 $I_k^{(3)}$，按灵敏度大于2整定。

$$I_{op} \leqslant \frac{1}{3} I_k^{(3)}$$

变压器端两相短路时的短路电流为 $\frac{\sqrt{3}}{2} I_k^{(3)}$。

$$K_{sen} = \frac{\sqrt{3}/2}{1/3} = 2.6$$

2. 过电流保护

变频器的输入电流基本反映了电动机电流变化的情况，即正常运转电动机的负荷变化，故按最大负荷电流整定。

$$I_{op} = \frac{K_{rel}K_{con}}{K_r} I_{N.M}$$

式中　　K_{rel}——可靠系数，取 1.2；

　　　K_{con}——接线系数；

　　　K_r——返回系数，取 $0.85 \sim 0.95$。

由于变频器过负荷能力很差，而且整定上没有上、下级配合问题，因此动作时间整定为 0.5s。

七、应用软启动器后电动机的继电保护

软启动器的基本原理是通过控制晶闸管的导通来控制输出电压。因此软启动器是一种能够自动控制的降压启动器。由于能够任意调节输出电压，作电流闭环控制，较串电阻启动、自耦变压器启动等的降压启动方式有大幅度降低电动机的启动电流，自动化程度高，降低损耗等优点。

一般软启动器只在电动机启动或软停过程中投入运行。正常运行中由旁路带电动机运行。软启动过程中晶闸管触发角为 90°时的电流波形与变频器相似，谐波较多。软启动的最大电流可以根据试验获得，因此电流保护要避开的最大启动电流应以此为根据，较一般电动机保护，可以降低整定值，提高灵敏度。

对于使用软启动的电动机，其输入和输出电流均是同一电流。所以将软启动器纳入差动保护的范围，其配置和普通电动机差动保护相同。

第八章

发电厂厂用电系统保护

第一节　高压厂用电系统中性点接地设备

高压厂用工作变压器负荷侧的中性点，随着电容电流的增大，优先采用电阻接地的方式。电阻接地方式：

(1) 电阻器直接接入系统的中性点，对电阻器要求耐压高，阻值大，但电流小。

$$R_N = \frac{U_N}{\sqrt{3}\,I_R}$$

式中　R_N——直接接入的电阻器阻值，$k\Omega$；

　　　U_N——高压厂用系统的额定相间电压，kV；

　　　I_R——接地电阻器电流，A，宜不小于系统的接地电容电流。

(2) 电阻器经单相变压器变换后接入系统的中性点。

把电阻器接到单相变压器的二次侧，变压器的一次侧接到系统的中性点。对电阻器要求耐压低，阻值小，但电流大。

$$R_{N2} = \frac{R_N \times 10^3}{n^2}$$

$$I_{R2} = nI_R$$

$$S_N \geqslant \frac{U_N}{\sqrt{3}} I_R$$

式中　R_N——系统中性点的等效电阻；

　　　R_{N2}——间接接入的电阻器值，Ω；

　　　n——单相变压器的变比，$n = \dfrac{U_N \times 10^3}{\sqrt{3}\,U_{R2}}$；

　　　U_{R2}——单相变压器的二次电压，V，宜取 220V；

　　　I_{R2}——电阻器中流过的电流，A；

　　　S_N——单相变压器的容量，kVA。

(3) 当高压厂用电系统中性点无法引出时，可采用将电阻器接于专用的三相接地变压器，宜采用间接接入方法。

三相接地变压器采用 YNd 接线，一次侧中性点直接接地，二次侧开口三角形接入电阻器；电阻为

$$r_N = \frac{9R_N \times 10^3}{n^2}$$

电阻 r_N 流过的电流为

$$I_{rN} = \frac{1}{3} n I_R$$

$$S_N \geqslant \sqrt{3} U_N I_R$$

$$n = \frac{\sqrt{3} U_N \times 10^3}{U_r} = \frac{\sqrt{3} U_N \times 10^3}{3 \times U_2} = \frac{U_1 \times 10^3}{U_2}$$

式中　I_R——中性点流过的电流；

R_N——系统中性点的等效电阻；

r_N——开口三角形中接入的电阻，Ω；

n——三相变压器的额定相电压比；

U_r——系统单相金属性接地时开口三角形两端的额定电压，V，$U_r = 3U_2$；

U_2——接地变压器二次侧三角形绕组额定相电压（等于相间电压），宜取 33.33V；

U_1——接地变压器一次侧星形绕组额定相电压（等于系统标称电压/$\sqrt{3}$），kV；

S_N——接地变压器的额定容量，kVA。

厂用系统中性点经小电阻接地方式，又称为中阻接地方式，其接地电阻应遵循各级零序过电流保护既有选择性又有足够的灵敏度，同时单相接地电流在短时间内不导致加重设备破坏程度的原则，作用于跳闸。

经过实践，零序过电流保护在 0～1s 时间内切除单相接地故障。高压厂用系统中性点接地电阻满足单相接地电流为 100～200A 比较合适。

$$接地电阻\ R_N = \frac{U_N}{\sqrt{3} I_k^{(1)}} = \frac{U_N}{\sqrt{3}(100 \sim 200)} (\Omega)。$$

当 U_N 为 6kV，则 $R_N = 36 \sim 18\Omega$。例如，采用 $R_N = 20\Omega$，则单相 接地电流为 182A。

第二节　高压厂用系统短路电流及自启动电流计算

一、高压厂用系统短路电流计算

（1）三相短路电流周期分量的起始值

$$I'' = I''_K + I''_M$$

$$I''_K = \frac{I_j}{X_{st} + X_T}$$

$$I''_M = K_{g.M} I_{N.M} \times 10^{-3} = K_{g.M} \frac{\sum P_{N.M}}{\sqrt{3} U_{N.M} \eta \cos\varphi} \times 10^{-3}$$

式中　I''_K——厂用电源短路电流周期分量的起始有效值，kA；

I''_M——电动机群反馈电流周期分量的起始有效值，kA；

I_j——基准电流，kA，当基准容量 $S_j = 100$MVA，基准电压 $U_j = 6.3$kV 时，$I_j = 9.16$，kA；

X_{st}——系统电抗，标幺值；

X_T——厂用变压器（电抗器）的电抗（标幺值）；

$\sum P_{N.M}$——多台电动机的总功率，kW；

$\eta\cos\varphi$——电动机平均的效率和功率因数乘积，取 0.8；

$I_{\text{N. M}}$——反馈电动机额定电流之和，A；

$U_{\text{N. M}}$——电动机的额定电压；

$K_{\text{g. M}}$——电动机平均的反馈电流倍数，取 6。

（2）短路冲击电流

$$i_{\text{ch}} = i_{\text{ch. k}} + i_{\text{ch. M}} = \sqrt{2}(K_{\text{ch. k}} I''_{\text{B}} + 1.1 K_{\text{ch. M}} I''_{\text{M}})$$

式中　$i_{\text{ch. k}}$——厂用电源的短路峰值电流，kA；

　　　$i_{\text{ch. M}}$——电动机群的反馈峰值电流，kA。

　　　$K_{\text{ch. k}}$——厂用电源短路电流的峰值系数，变压器短路电压大于 10.5%，分裂绕组变压器取 1.85；变压器短路电压小于或等于 10.5%，取 1.8。

　　　$K_{\text{ch. M}}$——电动机反馈电流的峰值系数，100MW 及以下机组取 1.4～1.6，125MW 及以上机组取 1.7。

（3）电动机反馈电流的衰减系数。

$$K_{\text{M}(t)} = e^{-\frac{t}{T_{\text{d}}}}$$

式中　T_{d}——时间常数，s，电动机群的平均值取 0.062s。

当短路时间 t 为 0.11s 时，$K_{\text{M}(t)} = 0.17$；

短路时间 t 为 0.15s 时，$K_{\text{M}(t)} = 0.09$。

（4）在具有电动机参数的条件下，必要时也可根据其参数逐个计算反馈电流，可按相角相同的算术和求总的反馈电流。

1）n 台电动机反馈电流周期分量的起始值

$$I''_{\text{M}} = \sum_{i=1}^{n} K_{\text{g. d}i} I_{\text{N. d}i} \times 10^{-3}$$

式中　I''_{M}——电动机群反馈电流周期分量的起始（有效）值之和，kA；

　　　$K_{\text{g. d}i}$——第 i 台电动机的反馈电流倍数，可取其启动电流倍数值；

　　　$I_{\text{N. d}i}$——第 i 台电动机的额定电流，A。

2）n 台电动机的 t 瞬间反馈电流

$$I''_{\text{M}(t)} = \sum_{i=1}^{n} K_{\text{M}(t)\text{d}i} K_{\text{g. d}i} I_{\text{N. d}i} \times 10^{-3}, \text{其中} K_{\text{M}(t)\text{d}i} = e^{-\frac{t}{T_{\text{d}}}}$$

式中　$K_{\text{M}(t)\text{d}i}$——第 i 台电动机反馈电流的衰减系数；

　　　$T_{\text{d}i}$——第 i 台电动机反馈电流的衰减时间常数，s。

可查图 8-1，6kV 异步电动机容量 P_{N} 与时间常数 T_{d} 的关系曲线。

二、380V 动力中心短路电流计算

三相短路电流周期分量的起始值，由低压厂用变压器和异步电动机供给。

$$I'' = I''_{\text{T}} + I''_{\text{M}}$$

$$I''_{\text{T}} = \frac{U}{\sqrt{3}\sqrt{R_{\Sigma}^2 + X_{\Sigma}^2}}$$

式中　I''_{T}——变压器短路电流周期分量的起始有效值，kA；

　　　I''_{M}——电动机反馈电流周期分量的起始有效值，kA；

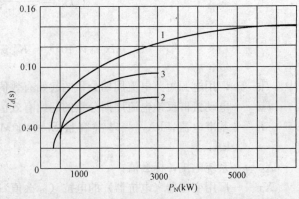

图 8-1　6kV 异步电动机容量 P_{N} 与时间常数 T_{d} 关系曲线

1—二极电动机；2—四极及以上电动机；3—平均值

U——变压器低压侧相间电压，取 400V；

$R_\Sigma X_\Sigma$——每相回路的总电阻和总电抗，$m\Omega$。

参加反馈的电动机额定电流之和，以电源变压器的额定电流来表达，则异步电动机反馈的总功率（kW），可取低压厂用变压器容量（kVA）的 60% 计算，即反馈的电动机计算容量 $K\sum P_M$ 为变压器额定容量 $S_{N.T}$ 的 60%，其中换算系数取 0.8，电动机的效率和功率因数之积平均取 0.8，则

$$I_M = 0.94 \times 10^{-3} I_{N.T}$$

电动机的反馈电流起始值计算，电动机的平均反馈电流倍数取 5，计及电动机回路的电缆阻抗对短路反馈电流影响的修正系数取 0.8，则

$$I''_M = 5 \times 0.8 \times 0.94 \times 10^{-3} I_{N.T} = 3.7 \times 10^{-3} I_{N.T}$$

电动机的反馈冲击电流计算。考虑周期分量与非周期分量按不同的衰减时间常数衰减，取周期分量时间常数为 0.04s，非周期分量时间常数为 0.011s，则半个周期 0.01s 的反馈电流峰值为

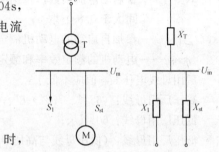

$$e^{-\frac{0.01}{0.04}} = 0.78, \quad e^{-\frac{0.01}{0.011}} = 0.4$$

$$I''_{M(t)} = \sqrt{2}(0.78 + 0.4) \times 3.7 \times 10^{-3} I_{N.T}$$
$$= 6.2 \times 10^{-3} I_{N.T}$$

380V 电动机电流周期分量的衰减系数，当 0.03s 时，

$$K_{M(t)} = e^{-\frac{t}{0.04}} = 0.47。$$

图 8-2 电动机正常启动等值图

三、电动机正常启动时的电压计算

电动机正常启动时的母线电压计算，如图 8-2 所示。

为简化计算，各元件的阻抗值近似的取电抗值。

$$U_m = U_0 \left| \frac{X_1 /\!/ X_{st}}{X_1 /\!/ X_{st} + X_T} \right| \approx \frac{U_N}{1 + \dfrac{X_T}{X_1 /\!/ X_{st}}} \approx \frac{U_N}{1 + (S_1 + S_{st})X_T} = \frac{U_0}{1 + SX_T}$$

式中 U_m——电动机正常启动时的母线电压，标幺值。

$\quad U_0$——厂用母线上的空负荷电压，标幺值，其基准电压取 380V、3kV、6kV 或 10kV。对变压器基准容量取低压绕组的额定容量 S_{2T}（kVA）。对变压器选择变比时已使二次侧空负荷电压高出电器额定电压 5%，故 $U_0 = 1.05$；对有载调压变压器取 $U_0 = 1.1$。

$\quad X_T$——变压器的电抗，标幺值。

$\quad S$——合成负荷，标幺值。

计算式得出的母线电压 U_m 是偏于安全的，它把原有负荷 S_1 看成是一个恒阻抗，实际上原有 S_1 中电动机在启动瞬间母线电压突然降低时，原有负荷具有电源特性，也要向启动电动机供给启动电流，因此母线电压实际比计算值高一些。

合成负荷为 $\qquad\qquad S = S_1 + S_{st}$

$$S_{st} = \frac{K_{st} P_N}{S_{2T} \eta \cos\varphi}$$

式中 S_1——电动机启动前，厂用母线上的已有负荷，标幺值；

$\quad S_{st}$——启动电动机的启动容量，标幺值；

$\quad K_{st}$——电动机的启动电流倍数；

$\quad P_N$——电动机的额定功率，kW；

$\quad \eta$——电动机的额定效率；

$\cos\varphi$——电动机的额定功率因数。

四、电动机群自启动时厂用母线电压的计算

$$U_m = \frac{U_0}{1 + S_\Sigma X_T}$$

$$S_\Sigma = S_1 + S_{ast\Sigma}$$

$$S_{ast\Sigma} = \frac{K_{ast\Sigma} \sum P_N}{S_{2T} \eta \cos\varphi}$$

式中　S_Σ——自启动的合成负荷，标幺值；

$S_{ast\Sigma}$——自启动容量，标幺值；

$K_{ast\Sigma}$——自启动电流倍数，备用电源为快速切换时取 2.5，慢速切换（指自动切换过程总时间大于 0.8s）取 5；

$\sum P_N$——参加自启动的电动机额定功率总和，kW；

$\eta\cos\varphi$——电动机的额定效率和额定功率因数的乘积，取 0.8。

厂用母线电压 U_m 值应不低于：

高压厂用母线：$(65\% \sim 70\%) U_N$；

低压厂用母线：$60\% U_N$；

低压厂用母线：（低压母线与高压母线串联自启动）$55\% U_N$。

五、电动机启动电流值的计算

$$I_{st} = \frac{I_{N.T}}{X_S + X_T + X_{st.M}}$$

式中　$I_{N.T}$——变压器额定电流，A；

X_S——系统至变压器高压侧母线的电抗标幺值，电抗的标幺值是以变压器额定容量为基准；

X_T——变压器的短路电压的百分值（$U_k\%/100$）；

$X_{st.M}$——电动机启动等效电抗标幺值。

最大型电动机启动等效电抗标幺值

$$X_{st.M.max} = \frac{X_{M.max}}{K_{st}}$$

式中　$X_{M.max}$——单机一台最大型电动机的等效电抗标幺值；

K_{st}——单机一台最大型电动机的启动电流倍数，取 $6 \sim 8$。

六、电动机群自启动电流值计算

$$I_{ast.\Sigma} = \frac{I_{N.T}}{X_S + X_T + \dfrac{S_{N.T}}{K_{ast.\Sigma} S_{M.\Sigma}} \left(\dfrac{U_{N.M}}{U_{N.T}}\right)^2} = \frac{I_{N.T}}{X_S + X_T + X_{ast.\Sigma}}$$

式中　$S_{N.T}$——变压器额定容量，kVA；

$S_{M.\Sigma}$——参加自启动电动机额定容量之和，kVA；

$U_{N.T}$——变压器低压侧额定电压；

$U_{N.M}$——电动机额定电压；

$X_{ast.\Sigma}$——电动机群总自启动等效电抗标幺值；

$K_{ast.\Sigma}$——电动机群总自启动电流倍数，$K_{ast.\Sigma}$ 取平均值 $4 \sim 5$。

第三节　启动/备用变压器和高压厂用变压器

启动/备用变压器一般接于 220kV 及以上系统母线上，相对于主变压器和联络变压器，因其容量很小，零序阻抗较大，它的运行和退出对系统零序阻抗改变不大，不会引起系统零序电流及其保护定值的变化，基本上可以忽略。为保证变压器的安全，变压器高压侧中性点是直接接地的。在变压器高压侧具备接地的零序电流保护。高压厂用变压器接于发电机的同侧电压上。因此变压器高压侧中性点是不接地的，可以不配置接地保护装置。

启动/备用变压器和高压厂用变压器的保护配置，除高压侧接地保护装置外，基本上相同。

一、变压器纵联差动保护

随着发电机容量的不断增大，以及对系统稳定运行要求的不断提高，对发电厂厂用系统的安全可靠运行也提出更高的要求，启动/备用变压器作为电厂多台机组的启动电源和备用电源，其可靠性将直接影响机组的安全运行。启动/备用变压器的特点是低压侧分支数较多，高压侧和低压侧的二次额定电流相差太大。例如一台 63MVA 的变压器，高压侧电压等级较高为 500kV，因此高压侧的短路电流水平很高。为了确保电流互感器的可靠工作和保证在区内高压侧出口短路故障时不至于造成电流互感器严重饱和，其变比不能选取太小，但由于启动/备用变压器容量相对较小，通常与高压厂用变压器容量相当，其高压侧额定电流很小，为了保证在区内轻微故障如匝间故障和经过过渡电阻接地故障时差动保护的可靠动作，电流互感器的变比又不能选取太大，因此选为 1250/1，低压侧电流互感器变比为 4000/5，则高压侧二次额定电流为 0.058A，低压侧二次额定电流为 7.22A，差动保护的平衡系数为 $0.058 \times 5/7.22 = 0.04$，按差动保护最少动作电流为 $0.4 \times 0.058A = 0.023A$。按 $\pm 5\%$ 允许的整定值误差计算为 1.2mA。这么小的电流在保护的硬件系统中很难满足。因此在高压侧每一相电流分别经两路数据采集系统。一路按照 1：1 传变，另一路通过放大 4 倍的方法。在相电流计算时，若电流幅值较小，则选用放大通道的数据，这样既保证了小电流下的计算精度，也保证了大电流下不因饱和或截波影响数据采集的正确性。

一般数据采集系统满足最大相差 16 倍的技术要求，这样 $1/0.04 = 25$ 倍，通过放大则为 6.25 倍，能满足 16 倍的要求。

（一）速断过电流保护

启动/备用变压器高压侧具有长电缆，而纵联差动保护又未包括长电缆的保护范围，则可设速断过电流保护作为长电缆的快速保护。

速断过电流定值：

（1）按躲过低压侧短路时，流过保护的最大短路电流整定。

$$I_{op} = K_{rel} I_{k.max}$$

式中　K_{rel}——可靠系数，取 1.3；

　　$I_{k.max}$——低压侧母线上三相短路时，流过保护安装处的最大短路电流。

（2）躲过变压器励磁涌流。取上述两计算结果的最大值作为电流的整定值。

（3）灵敏系数

$$K_{sen} = \frac{I_{k.min}}{I_{op}} \geqslant 2$$

式中　$I_{k.min}$——电缆末端发生两相短路时流过保护安装处的最小短路电流。

变压器的阻抗值甚大于长电缆的阻抗值，对于电缆末端故障灵敏度是足够的。

（二）两台启动/备用变压器共用一台断路器时的主保护配置

当公用负荷由两台机组配置的两台高压厂用启动/备用变压器供电，并由高压厂用工作变压器作为其备用电源或公用负荷由高压厂用工作变压器供电时，两台高压厂用启动/备用变压器高压侧可共用一台断路器。对于这种主接线方式，其主保护配置如图 8-3 所示。每台启动/备用变压器可以装设各自的主保护和后备保护，高压侧电缆可以装设短引线差动保护。

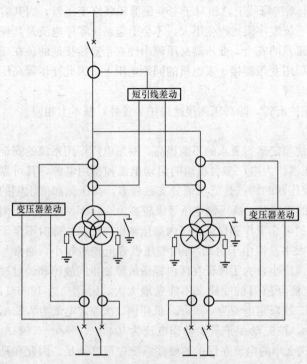

图 8-3 两台启动/备用变压器共用一台
断路器时的主保护配置

二、变压器高压侧过电流保护

（一）过电流保护一段

（1）过电流保护动作按下述两个条件整定，取其中的最大值。

1）躲过负荷自启动电流

$$I_{op} = K_{rel} K_{ast} I_N$$

式中 K_{rel}——可靠系数，取 1.2；

K_{ast}——自启动系数，可实测或计算决定，可取 $1.5 \sim 2.5$，一般动作电流为变压器额定电流 $1.8 \sim 3.0 I_N$。

2）与下一级过电流保护（低压侧分支过电流保护）配合

$$I_{op} = 1.1 I_{op.L} + I_{ld.max}$$

式中 $I_{op.L}$——低压侧分支过电流保护的动作电流，折算到高压侧；

$I_{ld.max}$——变压器正常运行时的最大负荷电流。

动作时间为

$$t_{op} = t_{op.L} + \Delta t$$

式中 $t_{op.L}$——低压侧分支过电流保护的动作时间；

Δt——时间级差，0.3s。

（2）灵敏系数校验

$$K_{sen} = \frac{I_{k.min}}{I_{op}} \geqslant 1.5$$

式中 $I_{k.min}$——变压器低压侧母线故障流过高压侧的最小短路电流。

一般系统阻抗远小于变压器阻抗，按无穷大电源计算，灵敏度是可以保证的。

（二）过电流保护二段

过电流保护动作电流按变压器额定电流整定

$$I_{op} = 1.3 I_N$$

动作时间按躲过电动机自启动过程整定

$$t_{op} = 15 \sim 20s$$

一般变压器 $1.3 I_N$ 的允许时间在 60s 以上，$1.8 I_N$ 的允许时间大于 20s。

（三）变压器高压侧复合电压过电流保护

启动/备用变压器接线如图 8-4 所示。启动/备用变压器高压侧后备保护只作变压器差动保护的后备保护，而不能作为高压侧出线的后备保护。高压侧的相间过电流保护整定只需考虑与低压侧相间过电流保护配合，其复压元件取自低压侧电压互感器（简称 TV），考虑到机组投运的分期性以及启动/备用变压器电源运行的特点（图 8-4 中的ⅠA、ⅠB 投入或ⅡA、ⅡB 投入），该复压元件应取自共箱封闭母线处的 TV（图 8-4 中的 TV1 和 TV2），而不是分支母线处的 TV（图 8-4 中的 TVA～TVD）。

复合电压过电流保护定值如下：

（1）电流定值。按变压器高压侧额定电流整定

$$I_{op} = \frac{K_{rel}}{K_r} I_N$$

式中　K_{rel}——可靠系数，取 1.2；

K_r——返回系数，取 0.85～0.95。

（2）低电压定值。按躲过电动机自启动电压。当低电压取变压器低压侧互感器时

$$U_{op} = (0.5 \sim 0.6)U_N$$

式中　U_N——低压侧额定相间电压。

（3）负序电压定值

$$U_{z.op} = (0.06 \sim 0.08)U_N$$

式中　U_N——低压侧额定相电压。

（4）当任一分支电压互感器断线时，使之变成无电压闭锁的过电流保护，失电压后自动抬高过电流定值为 $1.8I_N$。不采用退出该侧复合电压元件而退出该侧保护作用，以保持最后防线的作用。

（5）由于启动/备用变压器的负荷相对固定，且无过负荷的可能，变压器低压侧发生短路，按躲过负荷自启动电流整定，灵敏度能满足要求，而且

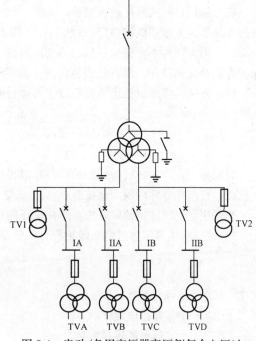

图 8-4　启动/备用变压器高压侧复合电压过电流保护的低压侧电压元件选取

变压器内部故障，电压的故障量难以计算和确定。电压量取低压侧多端电压互感器，电压断线又影响继电保护的正确动作性。为了简化后备保护，宜取消复合电压元件的闭锁。

三、变压器高压侧接地保护

对于 220kV 及以上的启动/备用变压器，高压侧变压器中性点采用直接接地方式，故装设零序电流保护。

零序电流保护有两种实现方式。

（1）外接式零序电流：接于变压器接地中性点回路的电流互感器的零序电流。

（2）自产式零序电流：接于高压侧三相电流互感器构成的零序电流。其特点是不平衡电流大，电流互感器一相二次电流断线将造成误动，为此用零序电压闭锁。

对于 YNd 接线的变压器因为高压侧中性点直接接地，出口接地故障相当于母线接地故障。高压绕组接地故障相当于匝间故障。此时外接式零序电流感受到的是短路环内的电流。当发生靠近中性点附近的接地故障时，外接式零序电流感受到较大的零序电流即灵敏度较高，而流过自产式零序电流较小即灵敏度较低。当靠近高压绕组发生接地故障时，由于系统零序阻抗相比于启动/备用变压器的零序阻抗要小的多，因此自产式零序电流数值大，具有很高的灵敏度。但很大的电流对差动保护和过电流保护也会灵敏动作，而对于外接式零序电流此时灵敏度较低。综合考虑以上因素，高压侧接地后备保护应采用外接式零序电流，主要保护靠近中性点附近的接地故障，以弥补差动保护和过电流保护的不足。

对于 YN/yn/yn 接线的变压器如图 8-4 所示。当高压绕组接地故障，因变压器的零序阻抗是变的，而且较三角形接线的变压器更大，零序电流变得更小，利用外接式零序电流对于接近中性点绕

组发生接地没有优越性，因此宜采用自产式零序电流。

低压侧中性点经电阻接地，当变压器零序阻抗较系统零序阻抗很大，可以按低压侧为不接地系统来考虑，当低压侧发生接地故障，低压侧中性点的电压为相电压。

高压侧用自产式零序电流保护，如果动作时间小于 0.5s，则动作电流按所在高压侧母线故障，流过变压器最大零序电流整定。对于主、后备保护一体化设计的装置，则该零序电流保护始终无机会动作。因为硬件系统完全一致。当变压器高压侧发生接地故障，零序电流达到动作时，此时差动保护肯定会优先动作，没有必要装设快速的零序电流保护段。

(1) 外接式零序电流定值按躲过正常运行时的最大不平衡电流整定

$$I_{op} = K_{rel} I_{unb}$$

式中　K_{rel}——可靠系数，取 1.5~2；

　　　I_{unb}——最大不平衡电流。

时间整定：与系统后备保护的最长延时段整定配合，通常取 3.5s。

(2) 自产式零序电流定值按躲过低压母线三相故障时的最大不平衡电流整定。

当采用自产零序电流时，投入零序电压闭锁。闭锁零序电压定值：

1) 按与变压器零序过电流保护配合，使零序过电压保护范围不至于限制零序电流保护范围。

$$U_{op} = \frac{I_{op} Z_{0.T}}{K_{rel}}$$

式中　K_{rel}——可靠系数，取 1.3~1.5；

　　　I_{op}——零序过电流定值；

　　　$Z_{0.T}$——变压器的零序阻抗。

2) 按躲过正常运行时的最大不平衡电压整定

$$U_{op} = K_{rel} U_{unb}$$

式中　K_{rel}——可靠系数，取 2；

　　　U_{unb}——最大不平衡电压，实测值，一般为 3~5V。

四、变压器低压侧分支限时速断保护

(1) 对发电厂的 3~10kV 分段母线应装设专用母线差动保护，快速切除母线上的故障。

(2) 不完全母线差动保护是在以母线上所连接某些电气设备不接入差动回路，因此不完全母线差动保护应与不接入差动回路的电气设备的速断保护配合，必需带有 0.3~0.5s 的时限。不完全母线差动保护电流回路内接入该段母线上的所有供电元件（包括母联断路器、分段断路器）和主要的厂用变压器、大型电动机。其目的可以不考虑接入电流回路的电气设备故障，降低动作电流整定值。

(3) 馈线电流闭锁式母线保护是使用分段母线上的所有电气设备（包括馈线、变压器、电动机等）的电流元件动作来闭锁低压侧分支过电流保护，以加速动作跳闸的方法。在原则上只要带有 0.15~0.2s 的时限。这种方法使分支过电流保护的动作电流与母线上电气设备的电流元件应取得配合，后者较前者灵敏，但是整定上存在困难和严重的隐患。因为电动机在母线发生故障时产生的反馈电流将闭锁该过电流保护，待反馈电流衰减后才动作，这个时限无法确定。为了节省投资和简化保护，最有效的方法是采用分支限时速断保护作为低压母线的主保护。

(一) 限时速断保护的整定

启动/备用变压器、高压厂用变压器低压分支的主要负荷为电动机和低压厂用变压器。若分支母线配置限时速断保护时，其定值可按照与相邻的电动机和低压厂用变压器的快速保护定值和延时相配合，同时按下述三个条件，取其中的最大值。

（1）躲过负荷自启动电流

$$I_{op} = K_{rel}I_{ast.\Sigma} = K_{rel}K_{ast}I_N$$

式中　K_{rel}——可靠系数，取1.2；

　　　K_{ast}——自启动系数，自启动电流与变压器低压侧额定电流之比，自启动电流可实测或计算决定。

一般动作电流为$3.5\sim4.5I_N$。

当考虑负荷自启动时，电压降低可按照降低的实际值计算，即如果考虑电压降低为0.8额定电压时，可取$0.8K_{ast}$计算。

（2）按躲过正常的最大负荷电流下，单独一台最大型电动机启动时，流过保护安装处的最大电流整定

$$I_{op} = K_{rel}(I_{ld.max} + K_{st}I_{N.M})$$

式中　K_{rel}——可靠系数，取1.2；

　　　K_{st}——单独一台最大型电动机启动电流倍数；

　　$I_{N.M}$——单独一台最大型电动机的额定电流；

　$I_{ld.max}$——最大负荷电流，可用变压器低压侧额定电流。

（3）与相邻元件的速断保护配合。低压侧母线上有相邻元件，因此与同级电压配合的相邻元件的速断保护配合，做到灵敏系数与动作时间两个方面都配合。对低压厂用变压器而言是变压器速断电流保护，对高压电动机而言是电动机速断电流高定值，对馈线是馈线速断电流保护。

$$I_{op} = K_{co}I'_{op.max}$$

式中　K_{co}——配合系数，取$1.1\sim1.2$；

　$I'_{op.max}$——与之配合的最大速断保护的动作电流。

分支限时速断保护的动作时间取0.5s。

（二）灵敏系数校验

$$K_{sen} = \frac{I_{k.min}}{I_{op}} \geqslant 1.5$$

式中　$I_{k.min}$——变压器低压侧母线两相故障的最小短路电流。

分支限时速断保护能满足灵敏系数是有意义的，否则应装设母线差动保护。

五、变压器低压侧分支过电流保护

低压侧分支过电流保护的动作电流原则上与限时速断保护整定相似。要躲过负荷自启动电流和正常的最大负荷电流下，单独一台最大型电动机的启动电流。因此整定值过大，无法作为同一一母线上的电气设备的后备保护作用。为了解决这个问题，降低过电流保护的整定值，只能增加复合电压闭锁元件，称为复合电压过电流保护。

（1）电流定值。

1）按变压器低压侧额定电流整定

$$I_{op} = \frac{K_{rel}}{K_r}I_N$$

式中　K_{rl}——可靠系数，取1.2；

　　　K_r——返回系数，取$0.85\sim0.95$。

2）与相邻元件的过电流保护配合。低压侧母线上有相邻元件，因此与同级电压配合的相邻元件的过电流保护配合，做到灵敏系数与动作时间两个方面都配合。

$$I_{op} = K_{co}I'_{op.max}$$

式中　K_{co}——配合系数，取$1.1\sim1.2$；

$I'_{\text{op.max}}$——与之配合的最大过电流保护的动作电流。

动作时间为

$$t_{\text{op}} = t'_{\text{op.max}} + \Delta t$$

式中　$t'_{\text{op.max}}$——与之配合的过电流保护的最长动作时间;

　　　　Δt——时间级差,0.3~0.5s。

灵敏系数校验应大于2.0。

(2) 低电压定值。按躲过电动机自启动电压,取本段母线电压。

低电压为额定相间电压 U_N 时

$$U_{\text{op}} = (0.5 \sim 0.6)U_N$$

负序电压为额定相电压 U_N 时

$$U_{\text{z.op}} = (0.06 \sim 0.08)U_N$$

当电压互感器断线,不退出过电流保护,失电压后自动抬高过电流定值为 $2.5I_N$。如果限时速断保护的灵敏系数高,能作为相邻元件的远后备作用,则电压断线时,复合电压过电流保护可以退出运行。

六、变压器低压侧接地保护

低压侧中性点接地方式不同,采取不同的接地保护:

(1) 低压侧不接地:零序电压保护,作用于信号。

(2) 低压侧高阻接地:具备零序电流保护和零序电压保护。零序电流保护作用于跳闸,零序电压保护作用于信号。当高阻接地系统,零序电流大于10A,应使用零序电流保护。

(3) 低压侧中阻接地:零序电流保护,作用于跳闸。

1. 零序电流保护

零序电流保护应接中性点零序电流互感器。

零序电流定值按照与相邻分支上各元件的零序保护配合整定

$$I_{\text{op}} = K_{\text{co}} I'_{0.\text{op}}$$

式中　K_{co}——配合系数,取1.1~1.2;

　　　$I'_{0.\text{op}}$——相邻分支上各元件的零序电流保护的零序电流最大值。

零序电流保护时间为

$$t_{\text{op}} = t'_{0.\text{op}} + \Delta t$$

式中　$t'_{0.\text{op}}$——相邻分支零序保护最大延时定值;

　　　Δt——时间级差,0.3~0.5s。

2. 各分支分段的零序电流保护

各分支分段的零序电流可取自产零序电流,并经零序电压闭锁,以防止一相电流断线而误动。零序电压按躲过正常时的不平衡零序电压整定。

3. 零序电压保护

零序电压保护的电压取电压互感器开口三角电压为100V,则零序电压的整定值为15%,即为15V,6s告警。

第四节　高压厂用电缆馈线

厂用电缆馈线一般为电缆线路,电缆总长度不超过1km,可采用电缆差动保护和定时限过电流保护。电缆总长度超过1km,不适合装设差动保护,则只能采用电流保护,但无法满足全线速动且具有选择性的切除故障。

一、电缆纵差保护

（1）差动保护采用简单的比率制动特性的纵差保护。动作方程为

$$\left. \begin{array}{l} I_{d} \geqslant I_{op} \\ I_{d} \geqslant K_{res} I_{res} \end{array} \right\}$$

其中

$$I_{d} = |\dot{I}_{L1} - \dot{I}_{L2}|, \quad I_{res} = |\dot{I}_{L1} + \dot{I}_{L2}|$$

式中　I_{d}——差动电流；

I_{res}——制动电流；

I_{op}——差动起始动作电流；

K_{res}——制动系数（制动斜率通过原点）；

$\dot{I}_{L1}$——电缆始端电流相量；

$\dot{I}_{L2}$——电缆末端电流相量。

因制动斜率通过原点则差动起始动作电流与制动系数相等。整定为

$$I_{op} = 0.4 I_{N}, \quad K_{res} = 0.4$$

式中　I_{N}——馈线的最大负荷电流。

（2）差动保护采用两折线比率制动特性的纵差保护。动作方程为

$$\left. \begin{array}{l} I_{d} \geqslant I_{op.\,min} \\ I_{d} \geqslant I_{op} = I_{op.\,min} + K_{b}(I_{res} - I_{res.\,o}) \end{array} \right\}$$

式中　I_{d}——差动电流；

I_{res}——制动电流；

I_{op}——保护动作电流；

$I_{op.\,min}$——最小动作电流；

$I_{res.\,o}$——起始制动电流；

K_{b}——动作特性折线的斜率。

整定：

1）最小动作电流为

$$I_{op.\,min} = (0.4 \sim 0.8) I_{N}$$

2）动作特性折线的斜率为

$$K_{b} = 0.5$$

3）起始制动电流

$$I_{res.\,o} = (0.8 \sim 1) I_{N}$$

按上述范围整定，则不需要校验差动保护灵敏度。

二、定时限过电流保护

（1）动作电流：

1）按躲过电动机自启动电流计算

$$I_{op} = K_{rel} I_{ast\Sigma} = K_{rel} K_{ast} I_{N}$$

式中　K_{rel}——可靠系数，取 1.2；

$I_{ast\Sigma}$——馈线所接电动机自启动电流；

K_{ast}——自启动系数；

I_{N}——馈线的最大负荷电流。

2）与电缆末端受电母线上所接设备的最大过电流保护配合时

$$I_{op} = K_{co} I'_{op.max}$$

式中　$I'_{op.max}$——下一级设备的最大过电流保护的定值；

$\qquad K_{co}$——配合系数，取 1.1。

如果灵敏度足够，尽量取较大的动作电流，尽可能与下一级设备的速断保护配合，以便缩短整个系统保护动作时间。

（2）动作时间：

1）动作电流与下一级瞬时电流速断保护动作电流配合时

$$t_{op} = 0.3s$$

2）动作电流与下一级过电流保护电流配合时

$$t_{op} = t'_{op} + \Delta t = t'_{op} + 0.3s$$

式中　t'_{op}——与之配合的过电流保护动作时间。

三、电流速断及延时速断保护

当电缆总长度超过 1km，可设电流速断或延时速断保护。对不重要负荷的 6.3kV 馈线，对短时停电不影响机组正常运行的设备，为简化保护并缩短保护动作时间，可以适当让瞬时电流速断保护少许伸入受电母线，按电缆末端两相短路的灵敏度 $K_{sen} = 1.25$ 整定。

延时速断保护，即动作电流与下一级瞬时电流速断保护动作电流配合整定，动作时间取 0.2~0.3s。

四、单相接地保护

1. 中性点不接地系统单相接地保护

装设零序电流互感器组成单相接地保护。

动作电流按躲过区外单相接地时，流过保护安装处单相接地电流计算。

$$3I_{0.op} = K_{rel} I_k^{(1)}, \quad I_k^{(1)} = 3I_C$$

式中　K_{rel}——可靠系数（保护动作发信号时，取 2~2.5；保护动作跳闸时，取 2.5~3）；

$\qquad I_k^{(1)}$——高压侧单相接地时，被保护设备供短路点的单相接地电流；

$\qquad I_C$——被保护设备的单相电容电流。

当单相接地电流小于 10A 时，动作于信号。实践证明，虽小于 10A，电缆的单相接地要发生相间故障，是不安全的。根据设备状况，对 300MW 及以上机组如果能满足选择性要求，也可作用于跳闸方式，带延时 0.5~1s。

当单相接地电流大于或等于 10A 时，作用于跳闸。

动作时间为
$$t_{0.op} = t'_{0.op.max} + \Delta t$$

式中　$t'_{0.op.max}$——下一级单相接地保护最长动作时间；

$\qquad \Delta t$——时间级差，取 0.3s。

灵敏系数为

$$K_{sen}^{(1)} = \frac{I_{k.\Sigma}^{(1)} - I_k^{(1)}}{3I_{0.op}} \geq 1.5$$

式中　$I_{k.\Sigma}^{(1)}$——单相接地故障总电流。

2. 中性点经小电阻接地系统单相接地保护

动作电流：

（1）按躲过区外单相接地电流计算

$$3I_{0.op} = K_{rel} I_k^{(1)}, \quad K_{rel} \text{ 取 } 2.5 \sim 3。$$

（2）与下一级单相接地保护配合

$$3I_{0.op} = K_{co} 3I'_{0.op.max}$$

式中　K_{co}——配合系数，取 $1.1\sim1.15$；

　　$3I'_{0.\,op.\,max}$——下一级单相接地保护最大动作电流。

灵敏系数为

$$K_{sen}^{(1)} = \frac{I_{k.\,\Sigma}^{(1)}}{3I_{0.\,op}} \geqslant 1.5$$

动作时间为

$$t_{0.\,op} = t'_{0.\,op.\,max} + \Delta t$$

式中　$t'_{0.\,op.\,max}$——下一级单相接地保护最长动作时间；

　　　　Δt——时间级差，取 $0.3s$。

保护动作于跳闸。

第五节　低压厂用变压器

低压厂用变压器用 Yyn12 和 Dyn11 接线组别的变压器，高压侧过电流保护应采用电流互感器完全星形或不完全星形的三电流元件的接线方式。

低压厂用变压器切除短路电流的方式是断路器或使用接触器加高压熔断器。额定电压为 7.2kV 的真空接触器在 6.3kV 回路内允许断开的最大短路电流为 3800A，当短路电流超过 3400A 时由高压熔断器切断短路电流，因此电流保护要与高压熔断器配合，同时要考虑与低压侧馈线保护配合。

一、电流速断保护

（1）按躲过低压侧母线的最大短路电流整定

$$I_{op} = K_{rel}I_{k.\,max}$$

式中　K_{rel}——可靠系数，取 1.3；

　　$I_{k.\,max}$——变压器低压侧母线故障最大短路电流。

（2）充电合闸时，躲过励磁涌流整定

$$I_{op} = (7 \sim 12)I_N$$

灵敏系数为

$$K_{sen} = \frac{I_{k.\,min}}{I_{op}} \geqslant 2$$

式中　$I_{k.\,min}$——变压器电源侧最小两相短路电流。

使用接触器加高压熔断器 FU 时速断保护略带延时动作。用 FU 过电流闭锁，任何一相故障电流超过接触器的速断电流，过电流保护出口被闭锁，由熔断器切除故障。

闭锁过电流整定

$$I_{op} = \frac{I_{FU}}{K_{rel}}$$

式中　I_{FU}——接触器允许的遮断电流；

　　K_{rel}——可靠系数，取 1.1。

当 $I_{FU}=3800A$，则 $I_{op}=3400A$。

二、过电流保护

（1）按变压器额定电流整定

$$I_{op} = \frac{K_{rel}}{K_r}I_{N.\,T}$$

式中　K_{rel}——可靠系数，取 1.2；

K_r——返回系数，取 $0.9\sim0.95$；

$I_{N.T}$——变压器的额定电流。

（2）按躲过电动机的自启动电流整定

$$I_{op} = K_{rel} I_{ast.\Sigma}$$

式中　K_{rel}——可靠系数，取 1.2；

$I_{ast.\Sigma}$——电动机群自启动电流，自启动电流可实测或计算决定。

一般动作电流为变压器额定电流的 $3.5\sim4.5 I_{N.T}$。

（3）按躲过正常的最大负荷电流下，单独一台最大型电动机启动时，流过保护安装处的最大电流整定

$$I_{op} = K_{rel}(I_{ld.max} + K_{st} I_{N.M})$$

式中　K_{rel}——可靠系数，取 1.2；

K_{st}——单独一台最大型电动机启动电流倍数；

$I_{N.M}$——单独一台最大型电动机的额定电流；

$I_{ld.max}$——最大负荷电流。

（2）和（3）的保护安装处在变压器高压侧，因此电流应折算到高压侧。

（4）与相邻元件的保护配合

低压侧母线上有相邻元件，因此与下一级配合的相邻元件电流保护之间做到灵敏系数与动作时间两个方面都配合。

动作电流为

$$I_{op} = K_{co} I'_{op.max} \frac{U_{N.L}}{U_{N.H}}$$

式中　K_{co}——配合系数，取 1.1；

$I'_{op.max}$——与之配合的过电流保护最大动作电流；

$U_{N.L}$——变压器低压侧额定电压，kV；

$U_{N.H}$——变压器高压侧额定电压，kV。

动作时间为

$$t_{op} = t'_{op.max} + \Delta t$$

式中　$t'_{op.max}$——与之配合的过电流保护最长动作时间；

Δt——时间级差，0.3s。

灵敏系数校验

$$K_{sen} = \frac{I_{k.min}}{I_{op}} \geqslant 1.5$$

式中　$I_{k.min}$——变压器低压侧母线故障流过高压侧的最小短路电流。

对于 Dyn11 接线的变压器，$I_{k.min}^{(3)}$；

对于 Yyn12 接线的变压器，$0.866 I_{k.min}^{(3)}$。

按上述四个条件整定，取其中的最大值为 I_{op}。但必须满足灵敏系数，否则按满足灵敏系数整定。同时采取措施，如延长保护动作时间，减少自启动的电动机台数等。

三、反时限过电流保护

反时限过电流元件动作时间特性：当 $I \geqslant 1.1 I_{op}$ 时动作，动作时间为

$$t_{op} = \frac{T_a}{\left(\dfrac{I}{I_{op}}\right)^b - 1} T_{op}$$

式中 T_a——反时限特性时间常数；

    b——反时限特性指数；

    I_{op}——整定的电流基准值；

    T_{op}——保护整定时间常数；

    I——通入电流元件的故障电流。

(1) 普通的反时限特性：$T_a=1$，$b=2$。

(2) IEEE 的四种反时限特性：

正常反时限特性：$T_a=0.14$，$b=0.02$；

非正常反时限特性：$T_a=13.5$，$b=1$；

极端反时限特性：$T_a=80$，$b=2$；

长时反时限特性：$T_a=120$，$b=1$。

(3) RXIDG 对数特性：$t_{op}=5.8-1.35\ln\left(\dfrac{I}{T_{op}I_{op}}\right)$。

(4) RI 型特殊时间特性：$t_{op}=\dfrac{1}{0.339-0.236\dfrac{I_{op}}{I}}T_{op}$。

要选择 T_a 和 b 值以及其他特性曲线，整定 I_{op} 和 T_{op} 的值，满足自启动等条件下，有足够时间保证不误动作。

反时限过电流保护必须校验与下一级相邻元件的保护时间配合。任何情况下，同一标幺值电流时的 $\Delta t \geqslant 0.5\text{s}$，不得出现交叉的情况。

四、负序过电流保护

低压厂用变压器综合保护均配置负序过电流保护，作为两相短路后备保护。定时限过电流保护作为低压馈线的远后备作用，显然灵敏度不足。为此设置负序过电流，其整定不需要躲过电动机的自启动，提高两相短路后备保护的灵敏度。

按与低压馈电线保护动作电流配合计算。

$$I_{2.op}=K_{co}\frac{I_{L.op.max}}{\sqrt{3}}\times\frac{U_{N.L}}{U_{N.H}}$$

式中 $I_{L.op.max}$——低压馈线相电流保护最大动作电流；

    K_{co}——配合系数，取 1.0；

    $U_{N.L}$——变压器低压侧额定电压，kV；

    $U_{N.H}$——变压器高压侧额定电压，kV。

动作时间按与低压侧馈线保护动作时间配合计算。

$$t_{2.op}=t_{op.max}+\Delta t$$

式中 $t_{op.max}$——低压厂用馈线保护过电流保护最长动作时间；

    Δt——时间级差，作为低压厂用馈线的总后备保护，取 0.5s。

五、高压侧单相接地零序过电流保护

动作判据（一）：$3I_{O.H}\geqslant 3I_{0.op}$。

动作判据（二）：相电流作制动量的零序过电流保护。

采用零序电流互感器组成的高压侧零序过电流保护，为防止在区外短路时，在变压器高压侧产生较大不平衡电流造成误动，保护采用最大相电流作制动量的零序过电流保护动作判据。

当 $I_{max}\leqslant 1.05I_{N.T}$ 时，$3I_{O.H}\geqslant 3I_{0.op}=3I_{0.op.set}$。

当 $I_{\max} > 1.05 I_{N.T}$ 时，$3I_{O.H} \geqslant 3I_{0.op} = \left(1 + \dfrac{\dfrac{I_{\max}}{I_{N.T}} - 1.05}{4}\right) \times 3I_{0.op.set}$

式中　$3I_{O.H}$——高压侧单相接地零序电流互感器的二次电流，A；

$3I_{0.op}$——动作电流，A；

$3I_{0.op.set}$——动作电流整定值，A；

$I_{\max}$——高压侧电流互感器最大相的二次电流，A；

$I_{N.T}$——高压侧电流互感器变压器额定二次电流，A。

实测 $I_{\max} > 1.05 I_{N.T}$ 时，$3I_{0.op}$ 以斜率等于 0.25 按最大相电流增量线性递增。

（一）中性点不接地系统单相接地保护

动作电流按躲过区外单相接地时，流过保护安装处单相接地电流计算。

$$3I_{0.op} = K_{rel} I_k^{(1)}, I_k^{(1)} = 3I_C$$

式中　K_{rel}——可靠系数（保护动作发信号时，取 2～2.5；保护动作跳闸时，取 2.5～3）；

$I_k^{(1)}$——高压侧单相接地时，被保护设备供短路点的单相接地电流；

I_C——被保护设备的单相电容电流。

当单相接地电流小于 10A 时，动作于信号。实践证明，虽小于 10A，根据设备状况如果能满足选择性要求，也可作用于跳闸方式，动作时间取 0.5～1s。

当单相接地电流大于 10A 时，动作于跳闸。动作时间取 0.5～1s。

灵敏系数为

$$K_{sen}^{(1)} = \frac{I_{k\cdot\Sigma}^{(1)} - I_k^{(1)}}{3I_{0.op}} \geqslant 1.5$$

式中　$I_{k.\Sigma}^{(1)}$——单相接地故障总电流。

（二）中性点经小电阻接地系统单相接地保护

（1）按躲过区外单相接地电流计算

$$3I_{0.op} = K_{rel} I_k^{(1)}, K_{rel} \text{ 取 } 2.5 \sim 3$$

（2）躲过低压母线三相短路时最大不平衡电流计算 ［实测三相电流漏磁不一致产生的不平衡电流小于 $0.005 I_p$（I_p 为平衡的三相电流）］。

$$3I_{0.op} = K_{rel} K_{unb} \frac{I_{N.T}}{X_T}$$

式中　K_{rel}——可靠系数，取 1.5；

K_{unb}——不平衡电流误差，取 0.005；

X_T——变压器阻抗标幺值（一般为 0.045～0.06）；

$I_{N.T}$——变压器高压侧额定电流，A。

按公式计算

$$3I_{0.op} = (0.15 \sim 0.2) I_{N.T}$$

灵敏系数为

$$K_{sen}^{(1)} = \frac{I_{k.\Sigma}^{(1)}}{3I_{0.op}} \geqslant 2$$

$$I_{k.\Sigma}^{(1)} = \frac{U_N}{\sqrt{3} R_N}$$

式中　$I_{k.\Sigma}^{(1)}$——小电阻接地系统单相接地电流，A；

U_N——高压侧额定相电压，V。

R_N——高压厂用变压器中性点接地电阻，Ω。

动作时间：0s。保护固有动作时间 0.04～0.06s。

六、低压侧中性点零序过电流保护

零序过电流动作电流计算。

（1）按躲过正常最大不平衡电流计算

$$3I_{0.\,op} = 0.25I_{N.\,T.\,L}$$

式中 $I_{N.\,T.\,L}$——变压器低压侧额定电流，A。

（2）与低压侧电动机及馈线保护配合。

1）电动机及馈线有零序过电流保护时，应与零序过电流保护最大动作电流配合

$$3I_{0.\,op} = K_{rel} \times 3I_{0.\,op.\,L\,max}$$

式中 K_{rel}——可靠系数，取 1.15；

$3I_{0.\,op.\,L\,max}$——电动机或馈线单相接地保护最大动作电流，A。

2）电动机及馈线没有零序过电流保护时，应与相电流保护最大动作电流配合

$$3I_{0.\,op} = K_{rel} \times I_{op.\,L\,max}$$

式中 K_{rel}——可靠系数，取 1.15；

$I_{op.\,L\,max}$——电动机或馈线相电流保护最大动作电流，A。

当动作电流 $3I_{0.\,op}$ 整定过大，不能满足灵敏度要求时，电动机及馈线应加装单相接地保护。

灵敏系数为

$$K_{sen}^{(1)} = \frac{I_k^{(1)}}{3I_{0.\,op}} \geqslant 2$$

式中 $I_k^{(1)}$——变压器低压母线单相接地短路电流。

零序过电流动作时间计算：

a. 与所有低压馈线零序保护最长动作时间配合，增加 $\Delta t = 0.3$s。

b. 当馈线无零序保护时，应与低压馈线相电流保护最长动作时间配合，增加 $\Delta t = 0.3$s。

c. 与熔断器熔断特性曲线配合，增加 $\Delta t = 0.5～0.7$s。

第九章

抽水蓄能水轮发电机保护

第一节 概 论

抽水蓄能机组是利用电力系统低谷负荷时的剩余电力抽水到高处蓄存，在高峰负荷时放水发电的机组，由水泵水轮机和发电电动机同轴组成，又称为可逆式机组。正向运行发电，反向运行抽水。因此其水泵水轮机，正向运行时为为水轮机，反向运行时为水泵，其发电电动机，正向运行时为发电机，反向运行时为电动机。

抽水蓄能电站是电网实现调峰填谷、事故备用和水力互济的有效电站，作为一种水电站，在水工建筑、机电设备方面与常规水电站既有很多共同之处，也有不少自己的特点。这就使得抽水蓄能电站在自动控制和继电保护等方面具有与常规水电站不同的特点。

第二节 抽水蓄能机组启动方式

抽水蓄能机组抽水和发电都是同一电机和转轮，仅是旋转方向不同，机组作为发电工况运行时，其启动过程与水轮发电机组一样。做抽水工况运行时，机组从静止状态启动到水泵工况需要外加启动力矩，采用电气启动方法。

常用的启动方式有异步启动、同步启动、半同步启动、同轴小电动机启动和静态变频器启动。

一、异步启动

在转子绕组经电阻短接的情况下，利用转子磁极的阻尼绕组产生的异步力矩。使机组按感应电动机原理启动并加速。待机组转速接近同步转速时加励磁，机组由同步力矩拉入同步。异步启动又分为全压启动和降压启动。

全压启动时冲击电流大，电力系统会产生较大的瞬时压降，对机组亦不利。

降压启动有电动机回路串接电抗器降压启动，当机组启动升速接近额定转速，投励磁拉入同步，将电抗器短接完成启动过程。也有利用主变压器△连接的低压侧对称中心抽头的半压启动，机组在半压启动后，切半压断路器投全压断路器，但必须注意半电压和全电压间相差60°，全压后与系统电压相位一致。

二、同轴小电动机启动

在可逆式发电电动机组轴上直接连接一台滑环式线绕转子感应电动机，转子绕组与液体变阻器相连。机组启动时，投感应电动机的电源断路器，使感应电动机在液体变阻器控制下，基本上按恒定力矩将机组启动加速。当转速接近额定值时，投励磁，在满足同步条件的情况下将机组投入电网，断开小电动机电源。为了同步调速的需要感应电动机的磁极要比主机少1～2对，使其最大转速大于主机的同步转速。这种方式对机组无冲击，对电网影响小。但这种方式增加机组总高度，影响轴系稳定。

三、同步启动又称"背靠背"启动

利用电站内一台容量足够的发电机作为发电机运行，而待启动为水泵工况的发电电动机组同步地拖动起来。

启动前两台机组在电气上互相连接，两台机分别利用外加的励磁电源或励磁装置加上合适的励磁电流，然后发电机缓慢启动并将电动机带动起来，两机同步升速，在转速约为80%额定转速时，励磁回路切换至机组自动的励磁装置上，发电机组的调速器投入工作，按自动准同步方式调节发电机的频率和电压，在满足同步条件时，将电动机投入电力系统，其后作拖动的发电机解列停机。这种方式对电力系统或电机都不会有什么冲击。

抽水蓄能机组多采用低压"背靠背"方式。为了减少启动过程中的阻力转矩，采用转轮室充气压水的方式，这样启动的功率仅为被启动机组额定功率的10%左右。"背靠背"启动不需要电网供给电源，可启动机组，对系统无扰动，但是电站中总有一台机组无法启动。目前抽水蓄能机组都以变频器启动方式为主，将"背靠背"同步启动作为备用启动方式。

先将被启动机组投入电力系统，其后将拖动的机组解列，将会使电网在短时间内同时接到两台机组上，如果此时机组发生短路，短路电流将很大。虽然发生这种事故的概率很低。但也可在并网之前断开驱动电源，按准同步方式并入电网。

四、半同步启动

半同步启动是异步启动和同步启动的混合方式，作拖动用的发电机与待启动的发电电动机组可以事先在电气上相互连接，不加励磁，发电机先启动，待转速升至50%~80%额定值时加励磁。也可以在发电机升速、加励磁后才将未励磁的电动机接入。此时电动机在异步力矩作用下启动并升速，发电机则因带负荷而减速。当两机转速相接近时，电动机加励磁，然后由发电机带着电动机同步加速到额定转速，在满足同步条件下，将电动机并入电网。

五、变频启动

变频启动装置(SFC)的功能是将工频50Hz的输入电压，转化为频率在0~50Hz范围可调的输出电压。SFC的容量一般为被启动电动机容量的5%~8%，机组转速、飞轮转矩、额定容量和用户要求的启动时间及各部分损耗均会影响到SFC装置的容量，一般要求SFC装置的容量应满足在3.5~4.0min内将机组从静止状态加速到同步状态所需的最大功率要求。SFC装置一般由输入变压器(或输入电抗器)、晶闸管整流器、平波电抗器、晶闸管逆变器、输出变压器(或输出电抗器)及避雷器等组成。机组在启动前，先要在转轮室内冲入压缩空气排水，以减少启动过程中的阻力矩。随着变频启动装置输出频率的逐渐上升，作为同步电动机的被驱动机组被不断加速，待转速达到同步转速时机组并入电网，断开与变频启动装置之间的连接。然后转轮室内注入水造压，并依此打开进水阀和导叶，开始抽水。SFC采用可编程控制器进行控制，它的继电保护也用软件集成在可编程控制器中。

当采用高—低—高接线方案如图9-1所示。

1. 输入变压器

输入变压器为降压变压器。为整流变压器在一次侧与二次侧之间要设屏蔽层并接地，以减少整流器的谐波对电站和电力系统的干扰。输入变压器可以限制短路电流。输入变压器接线组别多采用Yd或Dy，以大幅度削弱整流器产生的三次及阶次为二的整数倍的谐波，网桥采用十二脉冲方案时，则采用双二次绕组的输入变压器，利用星形及三角形绕组相位差30°的原理，将这些谐波对消。

2. 晶闸管整流器

SFC的晶闸管整流器也称为网桥，为一个或两个三相全控整流器，每个桥含6个桥臂，用于将

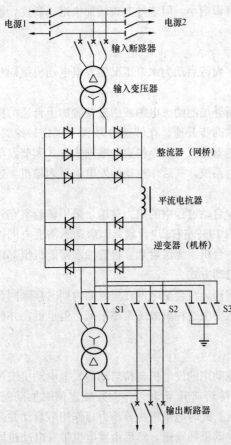

图 9-1　SFC 的构成

来自电网的交流电流转换为直流电流。当采用两个三相全控整流桥器串联的方式,可以进一步减少注入到电网的谐波含量。这种十二脉冲方案共有 12 个桥臂,相应的触发脉冲有 12 个。

每个晶闸管有其相关的门极触发单元,用电脉冲触发,信号来自 SFC 的控制器。控制器将电信号转化为光信号用光纤传输到各晶闸管,再经光电转换装置还原为电脉冲去触发晶闸管。

3. 平流电抗器

作为电流源型的 SFC,电抗器是电流储能型设备,保证 SFC 向负荷提供稳定的电流。

4. 晶闸管逆变器

SFC 的晶闸管逆变器也称为机桥,为三相全控逆变器,用于将直流电流转换为频率可调的交流电流。其构成、触发方式与整流器相似。

5. 输出变压器

输出变压器的功能是把机组电压降为逆变器适配的工作电压,以保证逆变器的换相。输出变压器从 5Hz 开始就要投入运行,在低频条件下可靠运行。

6. 旁路开关

当被拖动机组转速低于额定转速的 10% 时,由于电压和频率都很低,为了避免输出变压器运行在过低频率下,也为使机组得到较大的启动电流,通过旁路开关 S2 直接与发电电动机绕组相连,当机组转速大于额定转速的 10% 后,旁路开关 S2 断开,S1 合上,输出变压器接入。

7. 控制器

SFC 控制系统的核心是其控制器。

控制器的软件功能包括 SFC 的调节,根据从电流互感器、电压互感器和许多外部设备输入的数据,直接获得或经过计算获得机组的信息,包括当前转速和转子位置等。根据这些信息计算出应采用的控制角的大小,以及应当导通的桥臂,从而控制机组的转速和转矩。控制命令最终转化为经由光缆向每个晶闸管输出的触发信号。

SFC 的继电保护功能也用软件集成在控制器中。

SFC 逆变器的负荷是同步电动机,在转速高于 10% 时(5Hz),可以利用同步电动机的交流反电动势来关断逆变器中的晶闸管,实现自然换相。即逆变器按照预定的顺序和时刻实现晶闸管的换相。

在启动的初始阶段,当转速低于额定值的 10% 时,电动机的反电动势不足以关断逆变器中的晶闸管来换相,此时必须由 SFC 依次向电动机定子各相绕组提供电流脉冲,实现所谓强制换相(即脉冲耦合换相)。

SFC 作为电网的非线性负荷,会产生高次谐波,对厂用电造成污染,对电力系统也有影响,但是,蓄能电站的 SFC 是一种短时工作的设备,实践说明没有必要设置五、七、十一、十三、十五、十七次等高次谐波滤波器。

六、低频启动时低频特性

在上述 5 种启动过程中，采用异步启动方式和半同步启动方式无低频区。采用同轴小电动机启动虽有低频区，但感应电动机的容量很小，仅为被启动的机组容量的 8％～10％，因此发生故障时故障电流不大。危害较轻。对于"背靠背"启动方式和变频器启动方式，抽水蓄能机组的继电保护必须具有低频条件下正常工作的能力。要求保护装置的适应频率范围大，为 3～65Hz。

微机保护的电压、电流等参量进行采集，应不受频率偏离工频 50Hz 影响的算法。因此微机保护应具有频率跟踪技术，采样频率的自适应，应满足低频 10～65Hz 的需要。采用自适应跟踪频率采样算法。

第三节　抽水蓄能机组各种运行工况

一、电气接线及其对工况转换的有关设备

（1）电气接线。图 9-2 示出常用的抽水蓄能机组电气接线。

（2）换相开关。抽水蓄能电站多采用五极换相开关，G 和 M 分别对应发电和抽水时应当合上的三极。发电、旋转备用、发电方向调相（简称发电调相）、黑启动、线路充电等工况下 G 所对应的三极闭合；抽水、抽水方向调相（简称抽水调相）等工况下 M 所对应的三极闭合。

励磁、调速器、继电保护都要随着换相开关位置的不同和其他因素改变运行方式，以适应不同工况的要求。

（3）拖动开关 GD 和被拖动开关 MD。抽水蓄能电站都设有启动母线，当机组作为电动机被启动时，不论采用 SFC 还是背靠背方式，都应当合上 MD，从启动母线引入启动电流。当机组达到额定转速、满足同期条件时，合上 GCB，并立即断开 SFC 或拖动机的 GCB，然后打开 MD。

当机组作为背靠背方式的拖动机时，则应当合上 GD，将启动电流经过启动母线输到被启动机组。当被启动机组并网后，立即断开 GCB，然后打开 GD。

（4）电制动。抽水蓄能机组启停频繁，为了使机组尽快回到可用状态，也为了减少机组内的粉尘污染，普遍采用电制动作为主要的停机制动方式。电制动的原理是利用机端短路的短路电流对转子造成的电磁制动转矩来加速停机过程。电制动的效果在高转速时十分显著，低转速时则效果较差，所以在转速降到 5％左右时，退出电制动，投入机械制动。大多数情况下，所谓电制动实际上是混合制动。此外，如果电制动中途失败，必须转为机械制动。还应指出，只有在正常停机和机械事故停机时，才可以采用电制动。机组电气事故时，只能采用机械制动。

电制动停机的正常顺序如下：

1）机组按正常停机或机械事故停机程序跳开 GCB、灭磁、关闭导叶，转速逐渐下降；

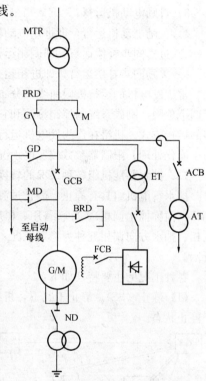

图 9-2　抽水蓄能机组的电气接线

ND—中性点接地开关；BRD—停机电制动开关；GCB—发电机断路器；GD—在其他机组背靠背启动、本机组作为拖动机（发电机）时应合的开关，简称拖动开关；MD—本机组作为电动机启动（不论是背靠背启动方式还是 SFC 方式）时应合的开关，简称被拖动开关；ET—励磁变压器；FCB—磁场断路器；ACB—厂用变压器高压侧断路器；AT—厂用变压器；PRD—换相开关；MTR—主变压器，高压侧通常为 500kV 或 220kV

2）转速降到 80％左右时，启动高压减载油泵；

3）灭磁完成且转速降到 50％左右时，合上 BRD；

4）BRD 合上后，重新加励磁，按励磁电流方式调节，维持定子电流在额定值附近；

5）转速降到 5％左右时，启动机械制动，压缩空气顶起制动闸块；

6）打开 BRD；

7）转速降到 0 时，解除机械制动。

（5）励磁。抽水蓄能机组励磁系统本身的主回路无异于常规机组，但功能远比常规机组的复杂。大多数常规机组的励磁变压器接在 GCB 的内侧，而抽水蓄能机组的励磁变压器多接在 GCB 的外侧，这对抽水工况的启动、电制动都十分方便。

抽水蓄能机组的发电电动机在电力系统中按以下方式运行。

1）过励发电机运行；

2）欠励发电机运行，即进相发电；

3）过励电动机运行；

4）欠励电动机运行，即进相电动机运行；

5）过励同步补偿运行，即调相运行；

6）欠励同步补偿运行，即进相运行。

常规发电机的运行极限曲线只分布在第一象限和第二象限，而发电电动机的运行极限曲线占据了四个象限。励磁系统的控制算法和它的各种限制器（过励限制器、欠励限制器等）必须适应如此多的运行方式。机组在作为发电机运行时的励磁电压和励磁电流要大于它作为电动机运行时的值。为了简化处理，限制器参数按发电工况参数设定。

二、抽水蓄能机组各种工况的转换

抽水蓄能机组具有静止、静止过渡、发电、抽水、发电方向调相（简称发电调相）、抽水方向调相（简称抽水调相）、旋转备用、黑启动、线路充电等工况。其中静止、发电、抽水、发电方向调相、抽水方向调相五种为稳定工况，而抽水和抽水方向调相则是抽水蓄能机组特有的。如图 9-3 所示。

各种工况的主要特征如下：

（1）静止（SS）。静止工况下，机组在电气和水力方面都处于隔绝状态，所有辅助设备也都处于停止状态。

（2）静止过渡（TS）。静止过渡工况下，机组在电气和水力方面也处于隔绝状态，但部分辅助设备已经投入运行。静止过渡是从静止到各种工况的过渡工况，也是从各种工况到静止的过渡工况。这一工况的设置使得很多转换过程可以经过此工况过渡，而不必回到完全的静止状态。

（3）发电（G）。

（4）发电方向调相（GC）。

（5）抽水（P）即电动机（水泵）工况。

（6）抽水方向调相（PC）。

（7）旋转备用（SP）。

（8）黑启动（BS）。黑启动是指失去正常厂用电的情况下启动机组，以恢复电站正常运行的

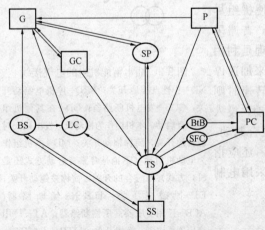

图 9-3　抽水蓄能机组的工况转换

BtB—背靠背启动；SFC—变频启动

过程。在黑启动中投入直流油压减载泵，在黑启动过程中启动减载以保证机组安全。当机组一旦成功启动，厂用电即可恢复。机组可以从黑启动工况很快转入发电工况。

（9）线路充电（LC）。

五个稳态工况之间可以实现从任何一个到另外一个的转换。主要的转换有下述几种：①静止至发电；②静止至发电方向调相；③静止至抽水；④静止至抽水方向调相；⑤发电至静止；⑥发电方向调相至静止；⑦抽水至静止；⑧抽水方向调相至静止；⑨发电至发电方向调相；⑩发电方向调相至发电；⑪抽水至抽水方向调相；⑫抽水方向调相至抽水；⑬抽水至发电；⑭发电至抽水。

三、运行工况识别

在继电保护的配置方案中，首先是保护要能够正确地判别机组的工况，然后再考虑每一种工况需配置什么保护，最后形成一个每一种保护在何时开放、何时闭锁的逻辑表。机组工况判别是通过几个辅助触点来完成。

（1）电制动开关辅助触点。

（2）抽水启动开关辅助触点（被拖机）。

（3）抽水启动开关辅助触点（主拖机）。

（4）换相开关于发电工况。

（5）换相开关于电动工况。

（6）发电电动机机端断路器。

（7）灭磁开关。

根据以上7个辅助触点的不同组合，继电保护可判别机组正处于哪一个工况，并由软件来投入相应的保护。

第四节　抽水蓄能机组各种保护

（1）发电机/电动机具有的保护配置见表9-1。

（2）主变压器具有的保护配置见表9-2。

表 9-1　　　　　　　　　　　发电机/电动机具有的保护配置

序号	保护类别	发电机工况	电动机工况	电机启动	电制动	备　注
1	纵差保护	√	√	√	见备注	接地开关在差动范围应退出
2	匝间保护	√	√	√	√	
3	低压记忆过电流保护	√	√	√	√	
4	次同步过电流	×	×	√	×	
5	过负荷保护	√	√	√	√	
6	负序过电流保护	√	√	√	√	
7	定子接地保护	√	√	√	见备注	根据保护原理决定
8	发电机逆功率保护	√	×	×	×	
9	电动机低功率保护	×	√	×	×	
10	低频保护	√	√	×	×	
11	过励磁保护	√	√	√	√	
12	过电压保护	√	√	√	√	

序号	保护类别	发电机工况	电动机工况	电机启动	电制动	备　注
13	电压相序保护	√	√	√	√	
14	失磁保护	√	√	×	×	
15	失步保护	√	√	×	×	
16	励磁绕组接地保护	√	√	√	√	
17	励磁绕组过负荷保护	√	√	√	√	
18	断路器失灵保护	√	√	×	×	
19	轴电流保护	√	√	√	√	

表 9-2　　　　　　　　　　　　　　　主变压器具有的保护配置

序号	保护类别	发电机工况	电动机工况	电机启动	电制动	备　注
1	纵差保护	√	√	√	见备注	接地开关在差动范围内应退出
2	瓦斯保护	√	√	√	√	
3	零序过电流	√	√	√	√	
4	低压侧接地保护	√	√	√	√	
5	高压侧过电流保护	×	√	√	√	
6	高压断路器失灵保护	√	√	—	—	

（3）抽水蓄能机组应增加的保护。

1）逆功率保护；

2）低功率保护；

3）电压相序保护；

4）过励磁保护；

5）低频保护；

6）失步保护；

7）次同步过电流保护；

8）主变压器过电流保护；

9）发电机断路器失灵保护。

一、差动保护

发电电动机和主变压器要分别设置纵联差动保护作为电机和变压器的主保护。抽水蓄能机组在发电机和电动机两种工况是由换相开关将 A 相与 C 相倒换来实现相序的改变，达到正转和反转。差动保护为此要改变相应的电流互感器的二次回路。根据换相开关在差动保护范围的位置有下述三种方式。

（一）换相开关在变压器差动保护之内

如图 9-4 所示：

（1）电机差动保护。这种方式对电机差动保护不存在换相问题，在各种工况下运行。

（2）主变压器差动保护。这种方式的主变压器差动保护跨越换相开关，必须解决不同工况下的相序适配。相序的适配可以用微机保护的软件来实现，即两种工况共用一个差动保护硬件模块，根据换相开关的位置，改变三相电流的相序，使之与高压侧的电流相序一致。为了主保护的绝对可靠，两种工况的差动保护还是采用不同的硬件模块，根据换相开关的位置，将相应的模块投入运行。

图 9-4 的 TG 和 TM 是对发电机工况和电动机工况分别设置的差动保护模块（87），两者之间的选择取决于换相开关的位置。

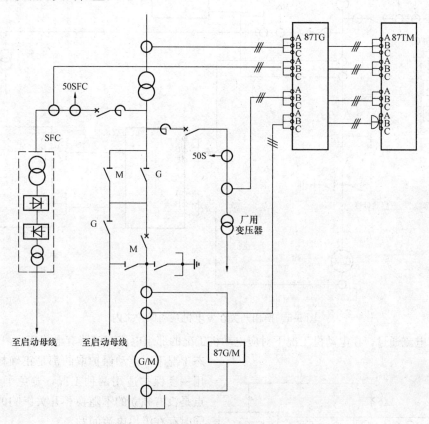

图 9-4 换相开关在变压器差动保护之内

对于在"背靠背"启动中，由于差动电流整定为 0.3~0.5 机组额定电流。保护不会误动。

在电制动过程中，虽然发电机断路器断开，此时差动回路中有发电机电流。其值约等于机组额定电流。足以使主变压器差动误动，所以主变压器差动必须退出。

（二）换相开关在发电机差动保护之内

如图 9-5 所示：

（1）电机差动保护。这种方式的电机差动保护跨越换相开关。必须解决不同工况下的相序适配。为了主保护的绝对可靠，两种工况的差动保护还是采用不同的硬件模块。根据换相开关的位置，将相应的模块投入运行。

机组作为电动机被启动、"背靠背"中机组作为发电机运行。由于差动电流整定为 0.2~0.3 机组额定电流。保护不会误动。在电制动过程中，流过机组的额定电流。差动保护要误动。所以电机差动必须退出。

（2）主变压器差动保护。主变压器差动保护不存在换相问题，可以在各种工况下运行。

（三）换相开关在发差和变差之内

如图 9-6 所示：

这种方式的电流互感器设在换相开关内，用于两组差动保护的电流是两种工况下所用互感器的电流。在换相开关侧 A、C 两相的和电流接入差动保护。在发电工况下，只有与发电工况对应的那

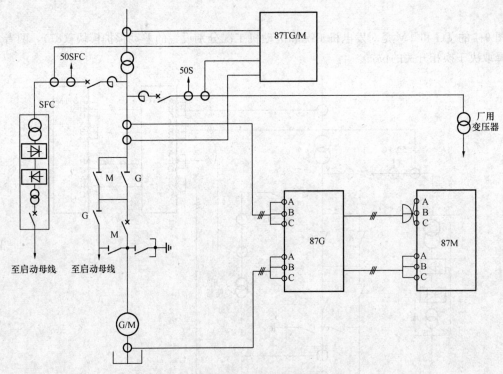

图 9-5　换相开关在发电机差动保护之内

组互感器有电流通过，在电动机工况下对应电动机工况的那组电流互感器有电流流过。这在任何稳

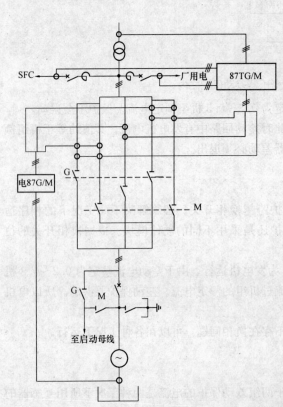

图 9-6　换相开关在发差和变差之内

态工况下，差动保护取的都是正确相序的电流。用一套保护适用两种工况，避免了切换。其缺点是没有独立的不随换相开关影响的差动保护，同时存在汲出电流问题。

汲出电流问题。如果电流互感器采用 TPY 型，发生短路时不流过电流的互感器成为通流互感器的负荷而分流，减少了流入保护的电流，降低了保护的灵敏度。普通 p 级保护电流互感器的汲出效应很小，可以不计其影响。

总之不论采用何种接线，应避免切换电流互感器的二次回路，以免造成互感器的二次回路开路等严重事故。

抽水蓄能机组空投变压器频繁，为防止空投误动，可将差动保护二次谐波制动比下调到 15%，为防止冲击电流对变压器的使用寿命。可加装励磁涌流抑制器。可控每次空投时的合闸角，减小励磁涌流。

二、负序过电流保护

负序过电流保护作为防止发电机/电动机因外部故障或不平衡负荷引起的负序电流所产生的过热。还作为发电/电动机及相邻设备不对称短路的后备保护。采用发电工况和电动工况各设一套负序过电流保护，由换相开关辅助触点或运行工况继电器触点，将相应工况的负序过电流保护投入。

在启动过程中和电气制动过程中闭锁。一般采用频率闭锁，当频率大于50％额定频率时闭锁解除。

三、低压过电流保护

自并励式发电机/电动机的励磁系统。励磁电源取自机端，当发电机外部发生短路时，机端电压下降，励磁电流随之减小。若机端三相短路，短路电流随机端电压逐渐衰减到零。因此过电流元件需要带有记忆功能，用电压自保持，使保护能可靠动作。

四、次同步过电流保护

在抽水蓄能机组启动过程中，为切除定子绕组及其连接母线设备的短路故障，应装设次同步过电流保护。

次同步过电流保护采用频率补偿的，或能在 $10\sim50\mathrm{Hz}$ 频率区段正确工作的过电流继电器构成，保护接于发电机/电动机的定子绕组中性点侧电流互感器上。动作电流要大于发电机/电动机在次同步运行条件下的电流值。按同步启动电流的 $1.5\sim2.0$ 倍整定。同步启动电流为 $10\%\sim15\%$ 电动机额定电流。

$$I_{op} = 0.2 I_{G.N}$$

式中　$I_{G.N}$——发电机/电动机工况额定电流。

动作时限：$t=0.5\mathrm{s}$ 或速动。

次同步过电流保护在启动过程中投入、并网后推出。

五、定子接地保护

（1）三次谐波定子接地保护（100％定子接地保护），是在发电工况和电动工况都投入。该保护原理同常规发电机组保护。反应机端和中性点侧三次谐波电压大小和相位而识别靠近中性点处接地故障。保护装置根据实际运行中三次谐波的大小和相位自动适应动作值。在运行中发现，在发电工况下整定好动作值，在电动工况下保护误动。在电动工况下整定好动作值，在发电工况下保护误动。究其原因，三次谐波的大小和相位受机组所带负荷影响较大。发电工况时功率方向向外，而在电动工况则功率反向，为此三次谐波的分布情况会有变化。无法同时适用于两种工况，目前采用发电工况时投入，电动工况闭锁的方法。

如果三次谐波的定子接地保护在调试中，在发电工况和电动工况都能满足要求，不会误动，仅是动作值有差异，也是可以的。

（2）注入式定子接地保护。一般是外加20Hz定子接地保护。该保护在未加励磁时，发生定子接地故障也会正确动作。在变频启动过程中保护不会误动，但是在低频转速的时候，电机定子会产生低频电压。若此时发生定子接地故障，大量的低频基波零序电压以及少量的三次谐波电压将进入故障零序回路，从而对注入式保护产生较大影响。保护测得的接地电阻值偏离于实际接地电阻值，造成保护误动或拒动。

为此注入式定子接地保护的滤波器应是高性能的带通滤波器即20Hz附近带通尽量窄，阻带衰减尽量大，过渡带尽量窄。保护装置对电机的启动过程采用频率跟踪，实时测量电机运行的频率，当电机频率处于测量误差较大区域内将注入式保护闭锁，仅依靠 $3U_0$ 保护辅助判别，在区间外时，由注入式和 $3U_0$ 共同构成100％定子接地保护。这样在启动的大部分时间内开放注入式保护，性能不受低频分量的影响。

（3）100％定子接地保护不论是三次谐波式或注入式定子接地保护，都必须具有基波零序电压（或基波零序电流）的90％定子接地保护。

六、逆功率保护

水轮发电机一般不装设逆功率保护，抽水蓄能机组转轮要考虑发电与抽水两种工况，转轮较一般水轮机直径大，在同一转速时，蓄能机组较常规水轮机离心力大，飞逸转速较常规水轮机低，而且特性也较常规水轮机陡，出现如图9-7所示的"S"形特性。

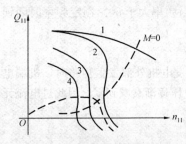

图9-7　水泵水轮机转速流量曲线

当发电机启动导叶在空负荷开度达到对应的飞逸转速时，或者发电机在高水头低流量（低功率运行）运行时，机组运行于靠近水泵区，随着反水泵深度的增加，机组振动加剧，会对机组造成危害。因而，除了在水机方面和启动运行程序中采取措施避免这种情况发生外，应设逆功率保护。在发电机方向调相时，机组要从电网吸收功率，此时运行于靠近水泵区，逆功率保护也要投入。

逆功率保护由灵敏的方向功率元件组成，按发电工况接线，方向指向发电机。保护在发电工况时投入，电动工况及同步启动过程应闭锁。

逆功率保护的整定计算：

（1）动作功率躲过调相时机组从电网吸收的有功功率

$$P_{op} = (0.05 \sim 0.25)P_{N.G}$$

式中　$P_{N.G}$——发电机/电动机组的发电工况额定有功功率。

（2）动作时限

$$t = 3 \sim 9\text{s}$$

保护动作于解列灭磁。

发电工况和电动工况均有逆功率故障，但两者所指有功功率流向刚好相反。电动工况下逆功率保护与低功率保护有相近的功能。而且低功率保护先于逆功率保护动作。如图9-8所示。

在电动工况下，有功功率由电网流向电动机，此时有功功率为负值。图9-8中定值$-P_{lzd}$上方为动作区。因此电动工况下无须设置逆功率保护，逆功率保护只在发电工况投入。

七、低功率保护

低功率保护是防止电动机工况下，输入功率过低或失去电源等情况出现而使机组产生剧烈的振动和反向扭矩而设置的保护。保护在抽水工况，导叶打开时投入，发电工况及同步启动过程保护闭锁。保护动作于停机。

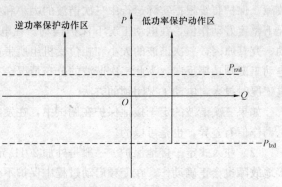

图9-8　水泵工况下低功率和逆功率保护的动作特性
P_{lzd}—低功率定值；P_{rzd}—逆功率定值

在水泵工况时，若突然失去电源（动力），水流在很短时间内即失去抽水向上的惯性，转为由水头压差作用而向下流动，但水泵和电动机的机械惯性使叶轮暂时仍为抽水旋转方向，这样水流冲击叶轮而对转轴呈制动作用；只有当叶轮的机械惯性全部消失后，完全由向下流动的水流决定叶轮的转动方向，即转为水轮机发电工况，但机组原为水泵用电工况，突然转成水力发电，轴上没有负荷制动力矩，最后将使机组达到飞逸转速，这种工况的突然改变，对机组和输水管均十分危险。利用这一工况转变的功率变化（由水泵工况的正常输入有功功率，逐渐减小，最终变为输出有功功率的发电工况），构成低功率保护。

保护装置由灵敏方向功率元件实现，功率方向电网指向电动机为正号，低功率保护的整定计算：

（1）动作功率

$$P_{op} = (0.05 \sim 0.2)P_{N.M}$$

式中 $P_{N.M}$——发电机/电动机组的电动机工况额定有功功率。

（2）动作时限

$$t \leqslant t_{iw}$$

式中 t_{iw}——实际失电后水流（向上的）惯性时间，一般取 $1 \sim 2s$。

低功率保护，在电动机工况和两个转向的调相工况都需投入，不同转向下可以合用功率元件，接线不变。只是根据换相开关的位置改变功率的正负号。

电动机工况机组启动过程中，励磁开关合上瞬间，会出现短时有功功率正负波动，为避免此过程中低功率保护误动，应该在励磁开关合上后，适当延时投入该保护，确保电动机工况启动成功。

八、溅水功率保护

溅水功率保护作为水泵工况启动时打水造压溅水功率过大的保护。保护由灵敏方向功率元件实现。保护动作于自动启动程序装置，起自动化元件作用，作为造压成功的条件，灵敏方向功率元件与低功率保护中灵敏方向功率元件相同。

此保护（自动化元件）按主机厂的建议取消，只取造压压力作为标志。

九、低频保护

低频保护可以防止发电机/电动机调相运行工况失去电源，并作为电动工况低功率保护的后备。

保护整定值宜按系统要求与低频减负荷相配合，在低频减负荷不成功时，对发电方向运行的可动作于调相转发电操作，对电动方向运行的可动作于解列到灭磁。保护在发电、电动工况下投入，在启动过程中退出。

动作频率整定

$$f_{op} < f_{IS} \leqslant 49\text{Hz}$$

式中 f_{IS}——系统低频减负荷第一段的频率整定值。

动作时限宜小于系统低频减负荷第一段的时限整定值，动作于信号或运行方式切换。

动作频率和动作时限亦可按系统要求整定 f_{op} 和 t_{op}，动作于解列灭磁。

十、过励磁保护

按照规程要求，常规机组容量在300MW及以上者设置过励磁保护。抽水蓄能机组在电动工况启动过程中则处于低频状态，容易发生过励磁，故应装设过励磁保护。

十一、电压相序保护

防止换相开关因故障或误操作，造成发电机/电动机组电压相序与旋转方向不一致。装设电压相序保护，保护在启动时检测启动过程中的相序，作为自动控制系统的闭锁和换相差错的保护。保护动作于闭锁自动操作回路和解列灭磁。

电压相序保护可由两个检测电压相序的低电压继电器（正序电压或负序电压）组成，接于发电机/电动机出口侧电压互感器上，其中一个继电器作为发电工况电压相序检测，另一个继电器作为电动工况电压相序检测。当发电机/电动机的频率小于90％额定频率时，保护闭锁，频率增大到90％额定频率后，按运行工况要求投入相应的电压相序保护。

电压相序保护的整定计算：

（1）动作电压

$$U_{op} = \frac{0.5U_N}{\sqrt{3}}$$

式中　U_N——额定相间电压。

（2）动作时间

$$t_1 = 0.5\mathrm{s}$$

动作于闭锁自动操作启动回路和信号。

$$t_{min} > t_2 > t_{max}$$
$$t_2 = 4 \sim 5\mathrm{s}$$

动作于解列灭磁。

式中　t_{max}——发电机/电动机的后备保护最大时限；

　　　t_{min}——发电机/电动机的 $90\%f_N$ 上升到 $95\%f_N$ 的最小加速时间。

（3）闭锁频率

$$f \geqslant 0.9 f_N$$

十二、失磁保护和失步保护

（1）失磁保护在发电、电动两种工况均应投入。

失磁保护中的阻抗元件若采用0°接线，换相后并不影响阻抗元件的接线，因此不需要切换，若采用90°接线需要进行换相切换，在电压回路切换。

（2）为了防止发电机/电动机失步运行，应装设失步保护，在发电工况，保护动作宜与系统配合，一般作用于信号。电动工况应动作于停机。

失步保护可由多阻抗元件或测量发电功角等原理构成，在短路故障、系统稳定振荡，电压回路断线等情况下，保护不应误动。保护在启动过程中闭锁。

阻抗元件采用0°接线不需要切换，若采用90°接线需要进行换相切换。

失步保护在系统故障时动作与系统完全紧密相关，因此，其整定值应由系统稳定情况决定。

十三、低阻抗保护

低阻抗保护的相序切换与频率闭锁。

（1）对采用0°接线的阻抗继电器构成低阻抗保护，由于换相后并不影响继电器的接线，仍为0°，只是发电工况测量的是 AB 相阻抗，电动工况测量的是 BC 相阻抗，不需切换。

（2）对采用90°接线的阻抗继电器构成低阻抗保护。由于换相后接入继电器的电流电压夹角变化180°，因此电动工况的接线方式与发电工况反向。应进行换相切换，为安全计，在电压回路切换。

（3）对采用正序和负序电流、电压的阻抗继电器。由于换相后制动量极性发生变化，应进行换相切换。在电压回路切换。

（4）在同步启动过程和电气制动过程中，阻抗保护应闭锁，一般采用频率闭锁，当频率大于80%额定频率时闭锁解除。

低阻抗保护无法作为发电机的后备作用，而且需要电压回路闭锁等措施，作为水力发电机，设置了低压过电流保护，就没有必要再设置低阻抗保护。

十四、发电机断路器失灵保护

抽水蓄能机组的发电机与主变压器之间存在断路器，因此需要考虑发电机断路器失灵保护，发电机断路器在多种保护动作跳闸状态，其电流判据并不一定满足条件。如发电机定子接地短路、定子匝间短路等。故障时，发电机定子电流可能较小，则保护可能拒动。

发电机断路器失灵保护最可靠的保护逻辑是保护动作、电流判别和断路器状态。三者为"与"的关系。在这种逻辑中可以降低电流判据的门槛，按躲机组轻负荷电流考虑。

发电机发生故障，保护动作后，故障电流不能瞬间为0，从发电机故障运行曲线中得出发电机出口三相短路故障电流衰减到额定电流的时间最短也大于 0.5s。发电机断路器失灵保护的电流判据取用发电机机端电流互感器二次电流。为此必须增加断路器状态的判据以防止误动。电流判据整定 $20\% I_N$，可以兼顾到故障后电流判据中电流偏小的情况。

十五、主变压器过电流保护

机组作为电动机运行时，主变压器事实上作为降压变压器运行，变频启动和"背靠背"启动时回路中的主变压器也在作为降压变压器运行。所以主变压器应设置电流取自高压侧电流互感器的过电流保护。作为差动保护的后备保护，为保证其灵敏度可以加复合电压闭锁成为低压过电流保护。在发电工况因与系统保护不配合应停用。

动作电流按保证变压器低压侧两相短路灵敏系数等于 2 整定。

动作时间较厂用变压器、励磁变压器的高压侧过电流保护的最大动作时限再增 Δt 整定。

十六、电动机锁滞保护

抽水蓄能机组如用异步启动，为防止转子处于堵转状态，阻尼绕组严重发热，应装设锁滞保护，保护动作于停机。

电动机锁滞保护采用单相式定限时过电流保护。保护装于发电机/电动机的出口侧电流互感器上，也可采用时间元件、断路器位置触点和机组转速继电器组成逻辑保护回路，与机组升速失败保护结合。

（1）单相过电流保护的动作电流。按躲过正常最大负荷电流，低于转子锁滞时的定子电流整定。

$$I_{op} = 1.3 I_{max} \leqslant 1.5 I_{L0}$$

式中　I_{max}——最大负荷电流；

I_{L0}——发电机/电动机锁滞时的定子电流。

时间按 1.2 倍异步启动正常的过程时间整定。

（2）逻辑保护的时限

$$t \geqslant t_{sas}$$

式中　t_{sas}——异步启动时机组转速达到预定值的时间。

参 考 文 献

[1] 国家电力公司东北公司. 电力工程师手册：电气卷. 北京：中国电力出版社，2002.

[2] 国家电力调度通信中心. 国家电网公司继电保护培训教材. 上、下册. 北京：中国电力出版社，2009.

[3] 国家电力调度通信中心. 电力系统继电保护实用技术问答. 2版. 北京：中国电力出版社，2003.

[4] 东北电业管理局. 电力工程电工手册. 第三分册. 北京：水利电力出版社，1990.

[5] 《中国电力百科全书》编辑委员会. 中国电力百科全书电力系统卷、输电与配电卷、火力发电卷. 北京：中国电力出版社，1995.

[6] 王梅义. 电网继电保护应用. 北京：中国电力出版社，1999.

[7] 朱声石. 高压电网继电保护原理与技术. 3版. 北京：中国电力出版社，2005.

[8] 王维俭. 电气主设备继电保护原理与应用. 北京：中国电力出版社，1996.

[9] 贺家李，宋从矩. 电力系统继电保护原理. 增订版. 北京：中国电力出版社，2004.

[10] 江苏省电力公司. 电力系统继电保护原理与实用技术. 北京：中国电力出版社，2006.

[11] 袁季修，盛和乐，等. 保护用电流互感器应用指南. 北京：中国电力出版社，2004.

[12] 高春如. 大型发电机组继电保护整定计算运行技术. 北京：中国电力出版社，2006.

[13] 蓝毓俊. 现代城市电网规划设计与建设改造. 北京：中国电力出版社，2004.

[14] 毛锦庆. 电力系统继电保护测试考核复习题解. 北京：中国电力出版社，2006.

[15] 毛锦庆，王澎. 从简化整定计算论线路的微机型继电保护装置. 电力自动化设备，2004(11). 94-98.

[16] 毛锦庆，屠黎明，邹卫华，等. 从加强主保护简化后备保护论变压器微机型继电保护装置. 电力系统自动化，2005(18)1-6.

[17] 屠黎明，苏毅，等. 微机可控高压并联电抗器保护的研制. 电力系统自动化，2007(24)94-98.

[18] 屠黎明，毛锦庆，聂娟红，等. 启动/备用变压器微机保护装置的配置及整定. 电力设备，2006(1).

[19] 姜树德. 抽水蓄能电站二次设备和接线. 电力设备，2004(12).

[20] 李实，屠黎明，苏毅，等. 发电机转子绕组接地保护综述. 电力设备，2006(11).